ラクしてうかる！
工事担任者 第1級デジタル通信

吉川忠久 著

Ohmsha

序文

電気通信事業法では，NTT などの公衆通信会社の電気通信回線設備に，電話機やネットワーク機器などの端末設備や自営電気通信設備を接続する利用者は，工事担任者資格者証の交付を受けている工事担任者に，その工事を行わせ，又は実地に監督させせなければならないことが規定されています．

工事担任者資格者証には，AI 第一種～ AI 第三種，DD 第一種～ DD 第三種，AI・DD 総合種がありましたが，2021 年（令和 3 年）4 月より AI 第二種と DD 第二種は廃止され，AI 第一種は第一級アナログ通信，AI 第三種は第二級アナログ通信，DD 第一種は第一級デジタル通信，DD 第三種は第二級デジタル通信，AI・DD 総合種は総合通信に名称が変わりました．第一級デジタル通信の資格はインターネットやデータネットワークに接続する光ケーブルなどの接続の工事，又は工事の監督を行うことができます．

いろいろなコンテンツがインターネットで配信され，インターネットに接続することがあたりまえになった現在では，高速で大容量である光回線に接続することの必要性が高まっています．光回線の工事に従事するためには国家試験に合格して，第一級デジタル通信や第二級デジタル通信の工事担任者資格者証を取得しなければなりません．

第一級デジタル通信の国家試験科目は，「電気通信技術の基礎」（基礎），「端末設備の接続のための技術及び理論」（技術），「端末設備の接続に関する法規」（法規）の 3 科目があります．国家試験の出題範囲は工業専門学校や大学レベルの内容ですので，試験問題を解くには専門的な知識が必要です．

本書は，

「ラクしてうかる！工事担任者第 1 級デジタル通信」

です．これらの 3 科目をラクに学習するために国家試験問題の出題範囲に合わせて，次の分野に分類しました．

Ⅰ編　電気通信技術の基礎
　1 章　電気工学の基礎
　2 章　電気通信の基礎
Ⅱ編　端末設備の接続のための技術及び理論
　1 章　端末設備の技術
　2 章　ネットワークの技術
　3 章　情報セキュリティの技術
　4 章　接続工事の技術
　5 章　工事の施工管理・工程管理・安全管理

Ⅲ編　端末設備の接続に関する法規

1章　電気通信事業法

2章　工事担任者規則等・有線電気通信法

3章　端末設備等規則

4章　有線電気通信設備令・有線電気通信設備令施行規則・不正アクセス禁止法・電子署名法

本書は，国家試験の出題順に合わせた目次構成になっていますので，試験に臨んだときに本書で学習した順番に問題を解くことができます．

補足
例えば「技術」の1章は試験の問1の範囲，2章は問2の範囲，のように学習を進めていくことができます．

練習問題には実際に国家試験に出題されている問題を使用し，重要知識の学習と合わせて各節にこまかく分類してありますので，練習問題を学習しながら重要知識の内容を容易に確認することができます．

練習問題の計算過程については，解答を導く途中の計算を詳細に記述してありますが，読むだけでは実際の試験で解答することはできません．自ら計算してください．

基礎と技術に出題される問題は，内容が同じものもありますので，各範囲の解説のなかで重複している内容もありますが，前後の節の解説と合わせて学習してください．

重要
「重要」でコメントしている用語などは，確実に覚えてください．

本書はラクして合格できるように，試験の合格に必要な内容に絞って掲載していますが，ラクに合格するといっても重要なことは覚えなければいけません．それには，本書を繰り返して学習することが合格への近道です．そのために，何度も読んでいただけるように，やさしく記述しています．

また，マスコットキャラクターが，試験に出題される重要なことや解説のポイントなどを教えてくれますので，本書で学習して，ラクに第一級デジタル通信の資格者証を取得しましょう．

資格者証の取得に向けてがんばろう！

2024年6月

筆者しるす

目次 CONTENTS

I 編

電気通信技術の基礎

1章は電気工学の基礎知識が広く問われ，13問程度出題されます．計算問題も出題されますので，繰り返し解いてしっかりと身につけましょう．
2章は電気通信の伝送方式が問われ，9問程度出題されます．各方式の違いや特徴をしっかり理解しておきましょう．

1章 電気工学の基礎

1.1 直流回路

出題のポイント

- オームの法則とキルヒホッフの法則を使った電流，電圧，抵抗の求め方
- 回路の定理を使った電流，電圧の求め方
- 電流，電圧，抵抗の値から電力の求め方
- ブリッジ回路の平衡条件と合成抵抗の求め方
- 電圧計や電流計の測定範囲を拡大するために接続する抵抗の求め方

1 電圧・電流

図 1.1（a）のように電池に電球を接続すると，回路に電流が流れて電球が点灯します．これを回路図で表せば図 1.1（b）のようになります．電球を電気的に同じ働きをする抵抗と置き換えることができるので，それを等価回路で表すと図 1.1（c）のようになります．

電流は電気の流れを表し，単位はアンペア（記号〔A〕）です．**電圧**は電気を送り出す強さを表し，電圧の単位はボルト（記号〔V〕）です．電流の大きさは，導線の断面を毎秒通過する電気量（電荷）で表されます．電気量（電荷）の単位はクーロン（記号〔C〕）です．1 秒間に 1〔C〕の電気量（電荷）が通過すると 1〔A〕です．

重要
1〔A〕の電流が 1 秒間流れて，蓄積する電気量（電荷）が 1〔C〕です．

電池の記号は長い方がプラスだよ．乾電池は電極が小さく飛び出している方がプラスだね．

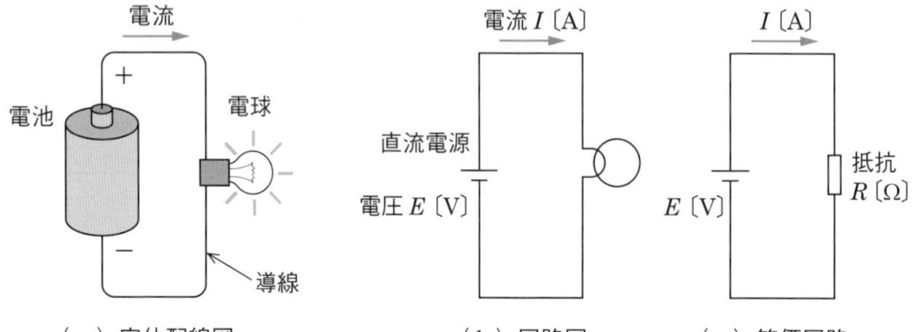

（a）実体配線図　（b）回路図　（c）等価回路

図 1.1　電圧・電流

時間が経過しても電圧や電流の大きさや向きが変わらない電気を**直流**といいます．電池の電圧や電流は直流です．商用電源を送る電灯線の電圧や電流は**交流**です．

交流については 1.4 節を見てね．

2 電気抵抗

［1］抵抗率

図 1.2 のような長さ l〔m〕，断面積 A〔m^2〕の導線の抵抗 R〔Ω〕《オーム》は，次式

で表されます．

$$R=\rho\frac{l}{A}\ 〔\Omega〕 \tag{1.1}$$

導線の断面が円形のとき**直径**を D〔m〕とすると**導線の抵抗** R〔Ω〕は，次式で表されます．

$$R=\rho\frac{l}{\pi\left(\dfrac{D}{2}\right)^2}=\rho\frac{4l}{\pi D^2}\ 〔\Omega〕 \tag{1.2}$$

ここで，ρ《ロー》〔Ω・m〕《オーム・メートル》は導線の材質と温度によって定まる比例定数で，**抵抗率**といいます．また，金属などの導体の抵抗率及び電気抵抗は温度が上昇すると増加します．

電流は水の流れに例えられるよ．断面積が大きいホースは抵抗が少なくて，水が流れやすいね．

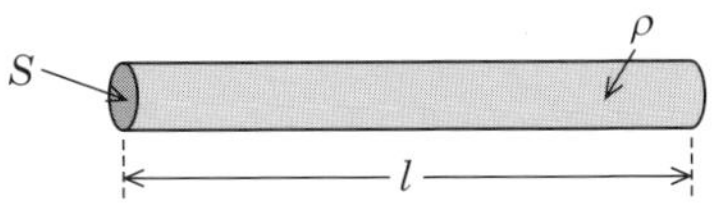

図 1.2　導線の抵抗

[2] 導電率

抵抗率の逆数を**導電率**と呼び，電気の通りやすさを表す定数です．導電率 σ《シグマ》〔S/m〕《ジーメンス毎メートル》は次式で表されます．

$$\sigma=\frac{1}{\rho}\ 〔\mathrm{S/m}〕 \tag{1.3}$$

重要

導電率 σ は抵抗率 ρ の逆数です．

$\sigma=\dfrac{1}{\rho}$〔S/m〕

$R=\dfrac{l}{\sigma A}$〔Ω〕

3 オームの法則

図 1.3 のように，抵抗 R〔Ω〕に電圧 V〔V〕を加えると流れる電流 I〔A〕は，電圧に比例し，抵抗に反比例します．この関係を表した法則が**オームの法則**です．式で表せば次のようになります．

$$I=\frac{V}{R}\ 〔\mathrm{A}〕 \tag{1.4}$$

抵抗 R〔Ω〕の逆数をコンダクタンス G〔S〕《ジーメンス》と呼びます．

重要

式 (1.1) を変形すると次式で表されます．

$V=RI$〔V〕

$R=\dfrac{V}{I}$〔Ω〕

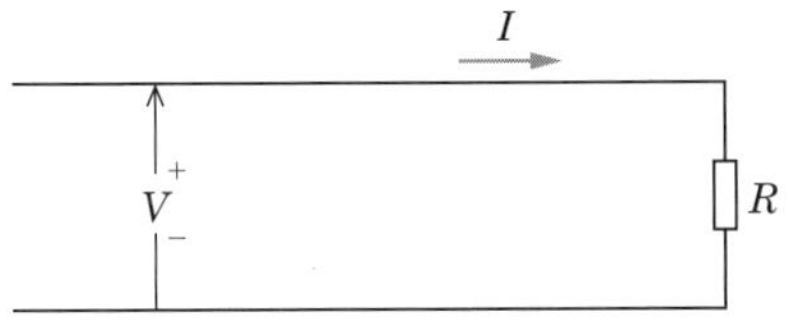

図 1.3　オームの法則

補足

$G=\dfrac{1}{R}$〔S〕です．

4 キルヒホッフの法則

いくつかの起電力や抵抗が含まれる電気回路は，キルヒホッフの法則によって表すことができます．

[1] キルヒホッフの第 1 法則（電流の法則）

図 1.4 の回路の接続点 a において，流入する電流 I_1 と I_2 の和と流出する電流 I_3 の和は等しくなり，次式が成り立ちます．

$$I_1 + I_2 = I_3 \text{〔A〕} \tag{1.5}$$

[2] キルヒホッフの第 2 法則（電圧の法則）

図 1.4 の閉回路①において，各部の電圧降下 V_1 と V_2 の和（向きが逆なので差）は電池の起電力 E_1 と E_2 の和（向きが逆なので差）と等しくなり，次式が成り立ちます．

補足 抵抗の電圧降下の向きは，抵抗に電流が流れ込む向きがプラスの向きとなります．起電力の向きとは関係ありません．

$$V_1 - V_2 = R_1 I_1 - R_2 I_2 = E_1 - E_2 \text{〔V〕} \tag{1.6}$$

閉回路②では，次式が成り立ちます．

$$V_2 + V_3 = R_2 I_2 + R_3 I_3 = E_2 \text{〔V〕} \tag{1.7}$$

閉回路は，電流が一回りして流れる回路のことだよ．

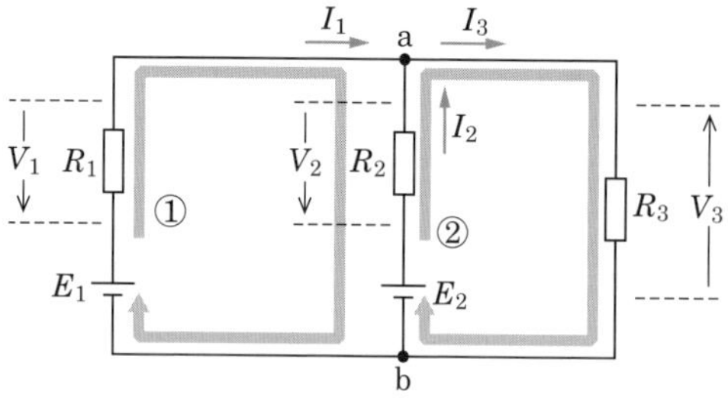

図 1.4

5 抵抗の接続

[1] 直列接続

抵抗を図 1.5 のように接続したとき，このような接続を**直列接続**といいます．これを一つの抵抗に置き換えた合成抵抗 R_S〔Ω〕は次式で求めることができます．

抵抗の直列接続は，各抵抗に同じ大きさの電流が流れるよ．

$$R_S = R_1 + R_2 + R_3 \text{〔Ω〕} \tag{1.8}$$

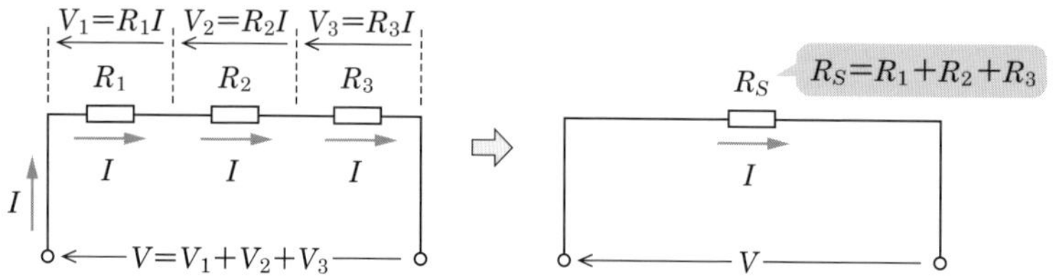

図 1.5　直列接続

同じ値の抵抗 R〔Ω〕を n 個直列接続したときの合成抵抗 R_S〔Ω〕は次式によって求めることができます.

$$R_S = nR \text{〔Ω〕} \tag{1.9}$$

［2］並列接続

図 1.6 のような抵抗の接続を**並列接続**といいます.

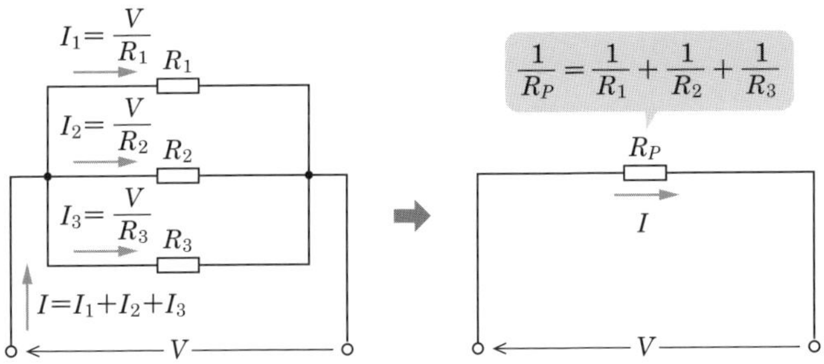

図 1.6　並列接続

並列接続は，各抵抗に同じ大きさの電圧が加わるよ.

合成抵抗を R_P〔Ω〕とすると，次式が成り立ちます.

$$\frac{1}{R_P} = \frac{1}{R_1} + \frac{1}{R_2} + \frac{1}{R_3} \tag{1.10}$$

R_P を求めるときは，式（1.10）の逆数を計算します.

抵抗が二つの場合は次式によって求めることができます.

$$R_P = \frac{R_1 R_2}{R_1 + R_2} \text{〔Ω〕} \tag{1.11}$$

試験問題は，二つの抵抗の並列接続が多いので，式（1.11）は便利だね.「和分の積」と覚えてね.

式（1.11）は抵抗が二つの場合しか使えないよ.

同じ値の抵抗 R〔Ω〕を n 個並列接続したときの合成抵抗 R_P〔Ω〕は次式によって求めることができます.

$$R_P = \frac{R}{n} \text{〔Ω〕} \tag{1.12}$$

抵抗 R〔Ω〕と n 倍の値の抵抗 nR を並列接続したときの合成抵抗 R_P〔Ω〕は次式によって求めることができます.

$$R_P = \frac{R \times nR}{R + nR} = \frac{n}{1+n} R \text{〔Ω〕} \tag{1.13}$$

$n = 1$ の同じ値のときは，$R_P = R/2$〔Ω〕，$n = 2$ のときは $R_P = 2R/3$〔Ω〕となります.

コツ　試験問題の並列接続では，同じ値の接続や n 倍の値との接続が，よく出題されるので覚えておくと計算が楽です.

抵抗を並列接続すると，合成抵抗は小さいほうの抵抗値よりも小さくなるよ.

[3] ブリッジ回路

図 1.7 のように抵抗を接続した回路を**ブリッジ回路**といいます．各抵抗の比が次式の関係にあるとき，**ブリッジ回路が平衡した**といいます．このとき，a-b 間の電圧が等しくなるので，電流 $I_5 = 0$〔A〕となります．

$$\frac{R_1}{R_2} = \frac{R_3}{R_4} \quad \text{あるいは} \quad R_1 R_4 = R_2 R_3 \tag{1.14}$$

コツ

ブリッジ回路が平衡すると，R_5 には電流が流れなくなります．そのため，端子 a-b 間の合成抵抗を求めるときは，R_5 を切り離すあるいは短絡（線で接続）して求めることができます．

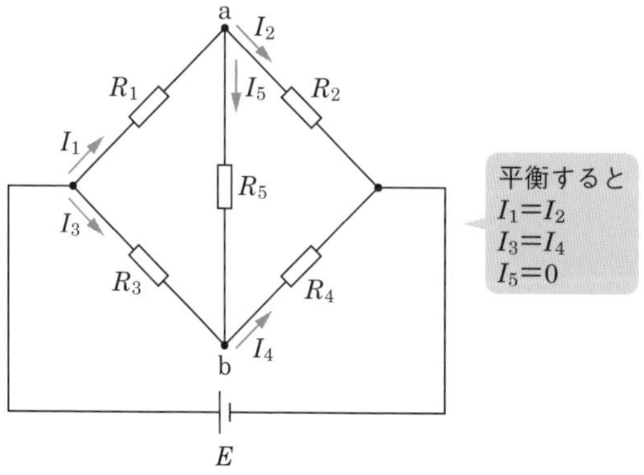

図 1.7　ブリッジ回路

6 回路の定理

複雑な回路網の電圧や電流を求めるときに，回路の定理を用いると簡単に求めることができます．

[1] テブナンの定理

図 1.8 (a) のように回路網の端子 a-b を開放したときの電圧を V_0〔V〕，端子 a-b から回路網を見た合成抵抗を R_0〔Ω〕とすると，図 1.8 (b) のように抵抗 R〔Ω〕を接続したとき，R に流れる電流 I〔A〕は，次式で表されます．これを**テブナンの定理**といいます．

$$I = \frac{V_0}{R_0 + R} \text{〔A〕} \tag{1.15}$$

補足

電圧源，電流源，抵抗がいくつも接続された回路を回路網といいます．回路の定理を使うと，複雑な回路網を簡単な等価回路で表したり，電圧や電流の値を簡単な式で求めることができます．直流回路の試験問題では，複雑な回路網がよく出題されるので回路の定理を覚えておくと計算が楽です．

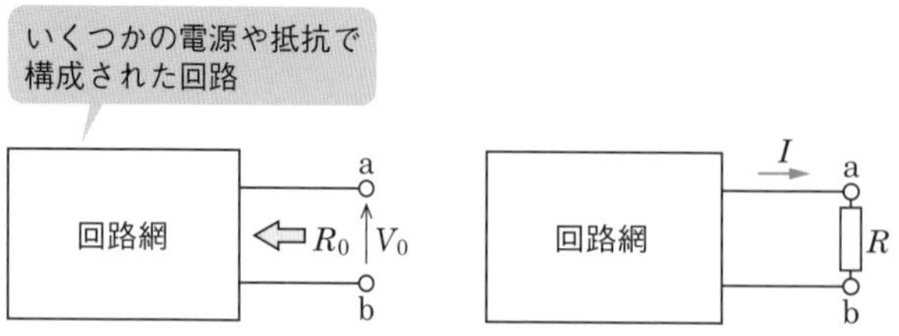

（a）端子 ab を開放　（b）端子 ab に抵抗を接続

図 1.8　テブナンの定理

[2] ノートンの定理

図 1.9 (a) のように回路網の端子 a-b を短絡したときに流れる電流を I_0〔A〕，端子 a-b から回路網を見たときの合成コンダクタンスを G_0〔S〕とすると，図 1.9 (b) のようにコンダクタンス G を接続したとき，端子 a-b 間の電圧 V〔V〕は，次式で表されます．これを**ノートンの定理**といいます．

$$V = \frac{I_0}{G_0 + G} \text{〔V〕} \tag{1.16}$$

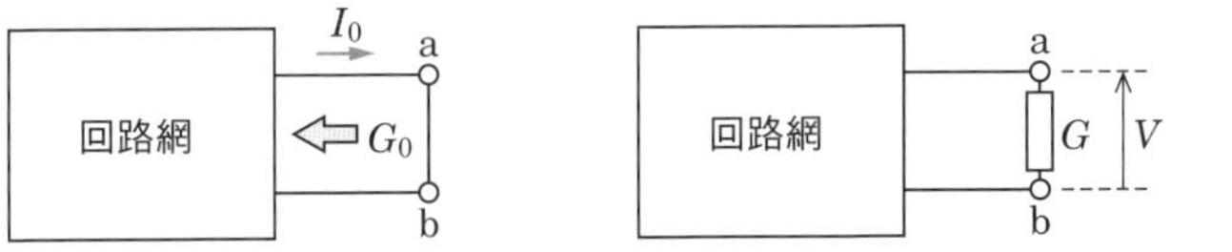

（a）端子 a-b を短絡　（b）端子 a-b にコンダクタンスを接続

図 1.9　ノートンの定理

図 1.8 の回路網は，図 1.10 (a) の等価回路で表すことができます．このとき，V_0 を等価電圧源，R_0 を内部抵抗といいます．

図 1.9 の回路網は，図 1.10 (b) の等価回路で表すことができます．このとき，I_0 を等価電流源，G_0 を等価コンダクタンスといいます．

補足
電池の等価回路は電圧源で，トランジスタの出力側の等価回路は電流源で表されます．

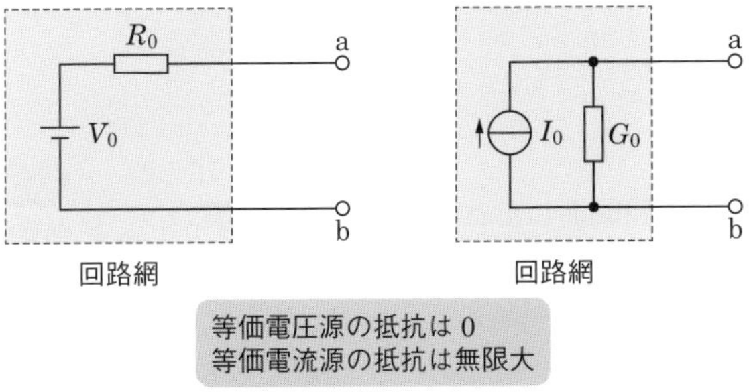

（a）テブナンの定理の等価回路　（b）ノートンの定理の等価回路

図 1.10

図 1.10 (a) と (b) の等価回路は，相互に変換することができるよ．

[3] ミルマンの定理

図 1.11 のように，いくつかの枝路が並列に接続されているとき，その端子電圧 V〔V〕は，次式で表されます．これを**ミルマンの定理**といいます．

$$V = \frac{\dfrac{E_1}{R_1} + \dfrac{E_2}{R_2} - \dfrac{E_3}{R_3}}{\dfrac{1}{R_1} + \dfrac{1}{R_2} + \dfrac{1}{R_3}} \text{〔V〕} \tag{1.17}$$

図 1.11 の E_3 のように，V の向きと E の向きが逆向きのときは，式 (1.17) のように $-E_3$ とします．

出る
国家試験問題では，図のような電圧源が三つ又は二つの回路が出題されます．電流を未知数として連立方程式を立てて計算することはできますが，時間がかかるので，ミルマンの定理を使ったほうが楽に計算することができます．

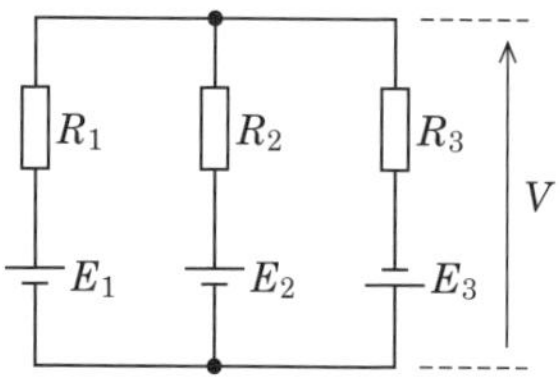

図 1.11　ミルマンの定理

7 電　力

抵抗に電流が流れると熱が発生します．また，モータに電流を流すと力が発生します．このように，電気が 1 秒間に行う仕事を**電力**といいます．抵抗 R〔Ω〕の回路に電圧 V〔V〕を加えたとき，電流を I〔A〕とすると，電力 P〔W〕《ワット》は，次式で表されます．

電力は電圧と電流に比例するんだね．抵抗で計算するときは電圧や電流を 2 乗するよ．

$$P = VI \text{〔W〕} \quad (1.18)$$

オームの法則より，$V = RI$ なので

$$P = VI = (RI) \times I = RI^2 \text{〔W〕} \quad (1.19)$$

また，$I = V/R$ より

$$P = VI = V \times \frac{V}{R} = \frac{V^2}{R} \text{〔W〕} \quad (1.20)$$

の式で表されます．

R〔Ω〕の抵抗に I〔A〕の電流を t〔s〕の時間流したときに発生する熱量 Q〔J〕《ジュール》は，次式で表されます．

補足
熱量の単位〔J〕は仕事と同じ単位です．

$$Q = Pt = RI^2 t \text{〔J〕} \quad (1.21)$$

8 電流計・電圧計

直流の電流や電圧を測定するときは，主に図 1.12 のような永久磁石可動コイル形計器が用いられます．永久磁石可動コイル形電流計は，回転するコイルに流れる電流と永久磁石の間に働く電磁力によって動作します．電流計や電圧計を電気回路で表すと，等価的な抵抗として表すことができます．

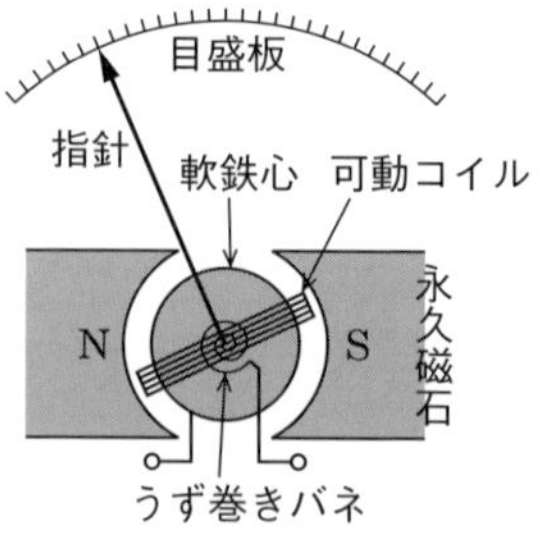

図 1.12　永久磁石可動コイル形計器

永久磁石可動コイル形計器は次の特徴があります．

① 目盛りが等間隔である．
② 感度が良い．
③ 直流電流や直流電圧を測定できる．

[1] 分流器

電流計の測定範囲を広げるために，図 1.13 のように電流計と並列に接続する抵抗のことを**分流器**といいます．電流計の内部抵抗を r_A〔Ω〕，測定範囲の倍率を N とすると，分流器の抵抗 R_A〔Ω〕は次式で表されます．

$$R_A = \frac{r_A}{N-1}\ 〔\Omega〕 \qquad (1.22)$$

補足

内部抵抗が $r_A=8$〔Ω〕で，測定範囲の倍率が $N=11$ 倍のとき，分流器の抵抗値は，$R_A=8/(11-1)=0.8$〔Ω〕です．

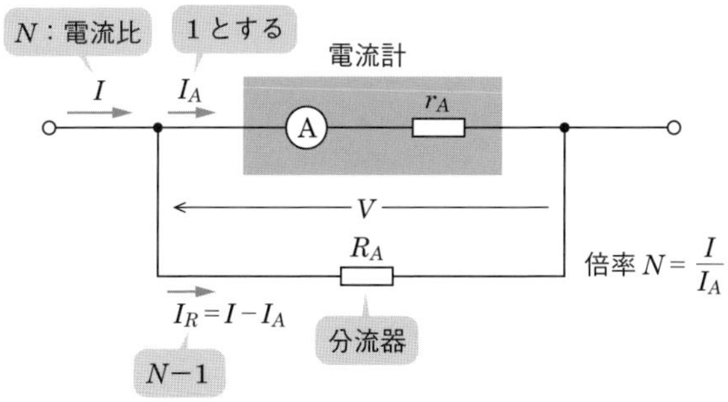

図 1.13　分流器

[2] 倍率器

電圧計の測定範囲を広げるために，図 1.14 のように電圧計と直列に接続する抵抗のことを**倍率器**といいます．電圧計の内部抵抗を r_V〔Ω〕，測定範囲の倍率を N とすると，倍率器の抵抗 R_V〔Ω〕は次式で表されます．

$$R_V = (N-1)\times r_V\ 〔\Omega〕 \qquad (1.23)$$

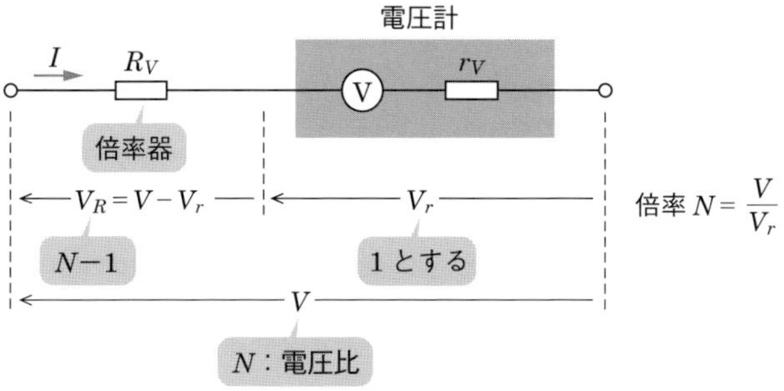

図 1.14　倍率器

column　累乗の計算

ゼロがたくさんある数を表すときに，累乗（10 を何乗したか）を用います．このときゼロの数を表す数字を**指数**と呼び，次のように表されます．

$$1 = 10^0 \qquad 10 = 10^1 \qquad 100 = 10^2$$

累乗の掛け算は

$$100 \times 10 = 10^2 \times 10^1 = 10^{2+1} = 10^3 = 1\,000$$

このように指数の足し算で計算します．割り算（分数）は

$$0.1 = 1 \div 10 = \frac{1}{10} = \frac{10^0}{10^1} = 10^{0-1} = 10^{-1}$$

このように指数の引き算で計算します．試験問題では抵抗の単位（〔kΩ〕，〔MΩ〕）や電流の単位（〔mA〕）などに接頭語が用いられることがあります．

補足

大きな数字や小さな数字の単位を表すため，接頭語が用いられます．これらの接頭語はよく使われるので覚えておきましょう．

T（テラ）= 10^{12}
G（ギガ）= 10^{9}
M（メガ）= 10^{6}
k（キロ）= 10^{3}
m（ミリ）= 10^{-3}
μ（マイクロ）= 10^{-6}
n（ナノ）= 10^{-9}
p（ピコ）= 10^{-12}

問 1　導体の導電率を σ，抵抗率を ρ とすると，これらの間には，$\sigma =$ [　　] の関係がある．

① $\dfrac{1}{\rho^2}$　② $\dfrac{1}{\rho}$　③ $\dfrac{1}{\sqrt{\rho}}$　④ $\sqrt{\rho}$　⑤ ρ^2

解説　導電率 σ《シグマ》〔S/m：ジーメンス毎メートル〕は，抵抗率 ρ《ロー》〔Ω・m：オーム・メートル〕の逆数で表されます．導電率は電気の通りやすさを表す定数です．

解答　②

問 2　導線の長さを l，断面積を A，抵抗を R，導電率を σ とするとき，これらの間には，$R =$ [　　] の関係がある．

① $\dfrac{A}{\sigma l}$　② $\dfrac{l}{\sigma A}$　③ $\dfrac{\sigma}{Al}$　④ $\dfrac{\sigma A}{l}$　⑤ $\dfrac{Al}{\sigma}$

解説　長さ l〔m〕，断面積 A〔m^2〕，導電率 σ〔S/m〕，抵抗率 ρ〔Ω・m〕の導線の抵抗 R〔Ω〕は，次式で表されます．

$$R = \rho \frac{l}{A} = \frac{l}{\sigma A} \text{〔Ω〕}$$

導線の抵抗は，長さ l に比例し，断面積 A に反比例するよ．

解答　②

問3 図に示す回路において，端子 a-b 間の電圧は，［　　］ボルトである．ただし，電池の内部抵抗は無視するものとする．

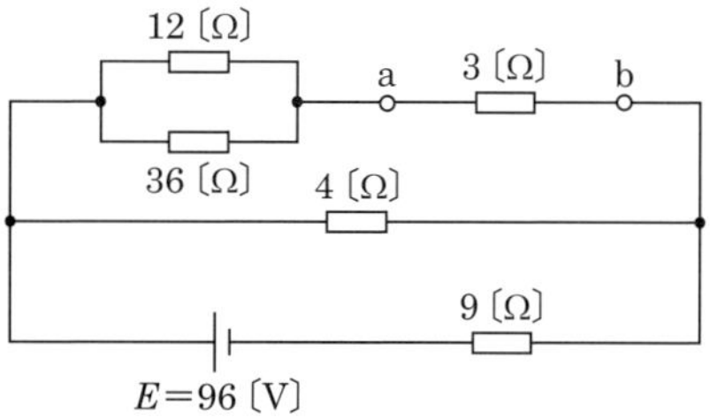

① 2　② 3　③ 4　④ 6　⑤ 9

解説 解説図の抵抗 R_1〔Ω〕と R_2〔Ω〕の並列合成抵抗 R_{12}〔Ω〕を求めると

$$R_{12}=\frac{R_1R_2}{R_1+R_2}=\frac{12\times 36}{12+36}=\frac{432}{48}=9\ 〔\Omega〕$$

抵抗 R_{12} と R_3 の直列抵抗と R_4 の並列合成抵抗 R_x〔Ω〕を求めると

$$R_x=\frac{(R_{12}+R_3)R_4}{R_{12}+R_3+R_4}=\frac{(9+3)\times 4}{9+3+4}=\frac{48}{16}=3\ 〔\Omega〕$$

電池 E〔V〕から流れる電流 I〔A〕は

$$I=\frac{E}{R_x+R_5}=\frac{96}{3+9}=8\ 〔\mathrm{A}〕$$

並列合成抵抗 R_x の端子電圧 V_x〔V〕は

$$V_x=R_xI=3\times 8=24\ 〔\mathrm{V}〕$$

抵抗 R_3 を流れる電流を I_3〔A〕とすると，R_3 の端子電圧 V_3〔V〕は

$$V_3=R_3I_3=R_3\frac{V_x}{R_{12}+R_3}=3\times\frac{24}{9+3}=6\ 〔\mathrm{V}〕$$

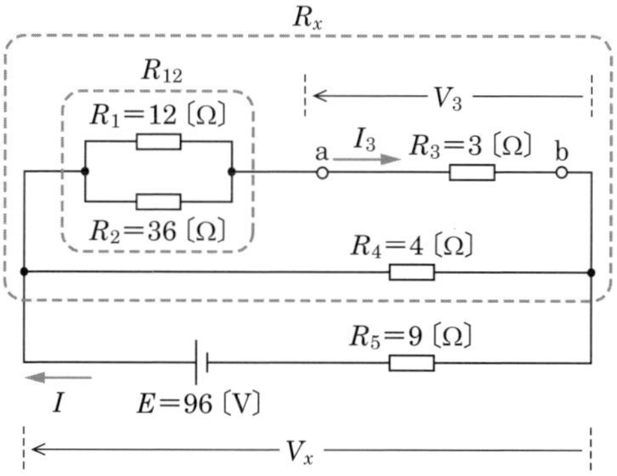

解説図

解答 ④

補足

$R_2=nR_1=3R_1$ なので

$$R_{12}=\frac{n}{1+n}R_1=\frac{3}{1+3}\times 12=9\ 〔\Omega〕$$

と求めることができます．

補足

試験問題の問題文では，単位は記号ではなくて，読み方が書かれています．

複雑な回路なので，問題に合成抵抗や電圧と電流を書き込んでいくとわかりやすいね．

問 4　図に示す回路において，端子 a-b 間の電圧は，［　　］ボルトである．ただし，電池の内部抵抗は無視するものとする．

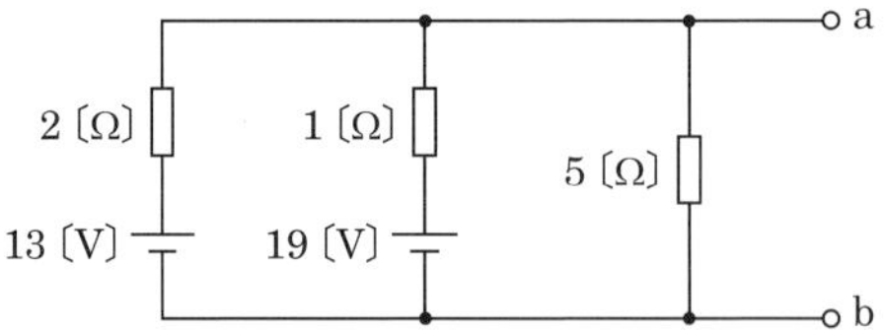

① 12　② 14　③ 15　④ 16　⑤ 18

解説　問題図の抵抗 $R_1 = 2$〔Ω〕，$R_2 = 1$〔Ω〕，$R_3 = 5$〔Ω〕，電圧電源 $E_1 = 13$〔V〕，$E_2 = 19$〔V〕の回路にミルマンの定理を適用して，端子 a-b 間の電圧 V〔V〕を求めると

$$V = \frac{\dfrac{E_1}{R_1} + \dfrac{E_2}{R_2}}{\dfrac{1}{R_1} + \dfrac{1}{R_2} + \dfrac{1}{R_3}} = \frac{\dfrac{13}{2} + \dfrac{19}{1}}{\dfrac{1}{2} + \dfrac{1}{1} + \dfrac{1}{5}}$$

$$= \frac{13 \times 5 + 19 \times 10}{5 + 10 + 2} = \frac{65 + 190}{17} = 15 \text{〔V〕}$$

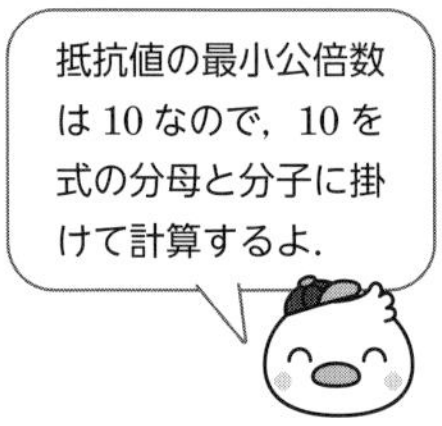

解答　③

問 5　図に示す回路において，抵抗 R_3 に流れる電流 I は，［　　］アンペアである．ただし，電池の内部抵抗は無視するものとする．

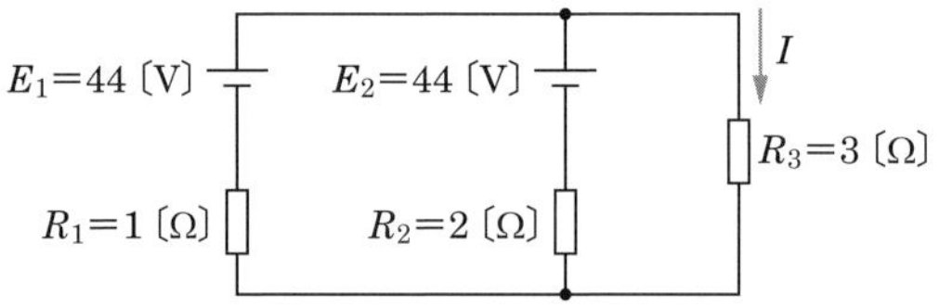

① 6　② 8　③ 10　④ 12　⑤ 14

解説　問題図の回路にミルマンの定理を適用して，抵抗 R_3 の端子電圧 V〔V〕を求めると

$$V = \frac{\dfrac{E_1}{R_1} + \dfrac{E_2}{R_2}}{\dfrac{1}{R_1} + \dfrac{1}{R_2} + \dfrac{1}{R_3}} = \frac{\dfrac{44}{1} + \dfrac{44}{2}}{\dfrac{1}{1} + \dfrac{1}{2} + \dfrac{1}{3}}$$

$$= \frac{(44 + 22) \times 6}{6 + 3 + 2} = \frac{66 \times 6}{11} = 6 \times 6 = 36 \text{〔V〕}$$

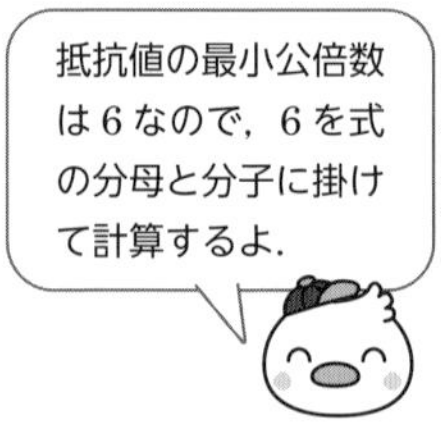

R_3 に流れる電流 I〔A〕を求めると

$$I=\frac{V}{R_3}=\frac{36}{3}=12\ 〔\mathrm{A}〕$$

解答 ④

問 6 図に示す回路において，抵抗 R_4 に流れる電流は，[　　]アンペアである．ただし，電池の内部抵抗は無視するものとする．

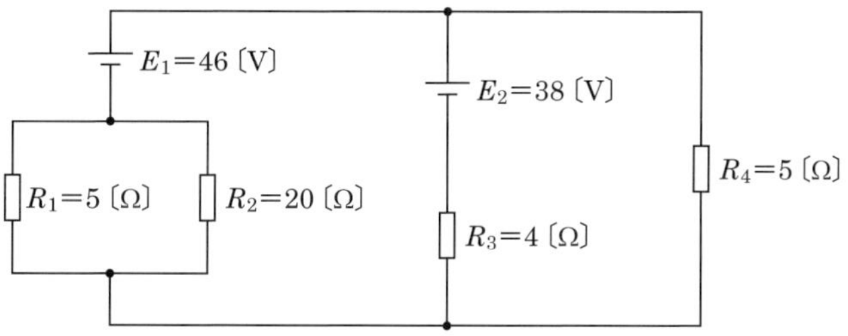

① 2　② 4　③ 6　④ 8　⑤ 10

解説 問題図の抵抗 R_1〔Ω〕と R_2〔Ω〕の並列合成抵抗 R_{12}〔Ω〕を求めると

$$R_{12}=\frac{R_1R_2}{R_1+R_2}=\frac{5\times 20}{5+20}=\frac{100}{25}=4\ 〔\Omega〕$$

問題図の回路にミルマンの定理を適用して，抵抗 R_4 の端子電圧 V〔V〕を求めると

$$V=\frac{\dfrac{E_1}{R_{12}}+\dfrac{E_2}{R_3}}{\dfrac{1}{R_{12}}+\dfrac{1}{R_3}+\dfrac{1}{R_4}}=\frac{\dfrac{46}{4}+\dfrac{38}{4}}{\dfrac{1}{4}+\dfrac{1}{4}+\dfrac{1}{5}}$$

$$=\frac{46\times 5+38\times 5}{5+5+4}=\frac{230+190}{14}=30\ 〔\mathrm{V}〕$$

R_4 に流れる電流 I〔A〕を求めると

$$I=\frac{V}{R_4}=\frac{30}{5}=6\ 〔\mathrm{A}〕$$

解答 ③

補足

$R_2=nR_1=4R_1$ なので

$$R_{12}=\frac{n}{1+n}R_1=\frac{4}{1+4}\times 5=4\ 〔\Omega〕$$

と求めることができます．

抵抗値の最小公倍数は 20 なので，20 を式の分母と分子に掛けて計算するよ．

問 7 図に示す回路において，2 オームの抵抗に流れる電流は，［　　］アンペアである．ただし，電池の内部抵抗は無視するものとする．

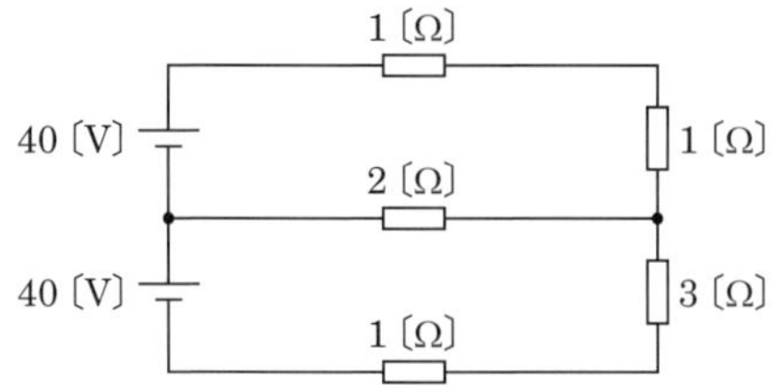

① 1　② 2　③ 3　④ 4　⑤ 5

解説　直列接続された抵抗を合成抵抗にすると，問題図は解説図のように書き換えることができます．解説図の回路にミルマンの定理を適用して，抵抗 R_3 の端子電圧 V〔V〕を求めると

$$V = \frac{\dfrac{E_1}{R_1} - \dfrac{E_2}{R_2}}{\dfrac{1}{R_1} + \dfrac{1}{R_2} + \dfrac{1}{R_3}} = \frac{\dfrac{40}{2} - \dfrac{40}{4}}{\dfrac{1}{2} + \dfrac{1}{4} + \dfrac{1}{2}}$$

$$= \frac{(20 - 10) \times 4}{2 + 1 + 2} = \frac{40}{5} = 8 \text{〔V〕}$$

R_3 に流れる電流 I〔A〕を求めると

$$I = \frac{V}{R_3} = \frac{8}{2} = 4 \text{〔A〕}$$

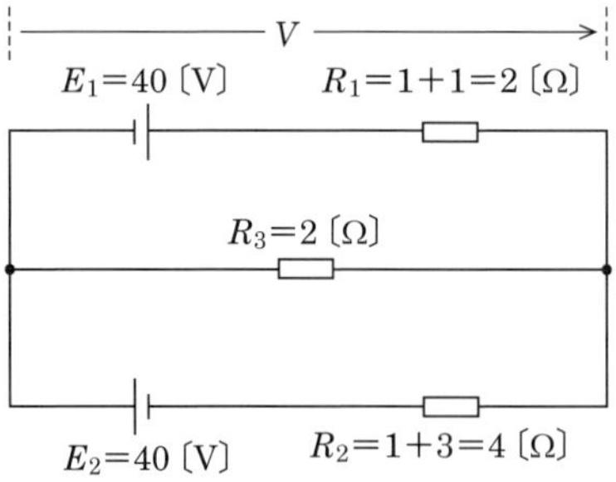

解説図

解答 ④

問8 図に示す回路において，端子 a-b 間の合成抵抗が 8 オームのとき，抵抗 R は，［　　］オームである．

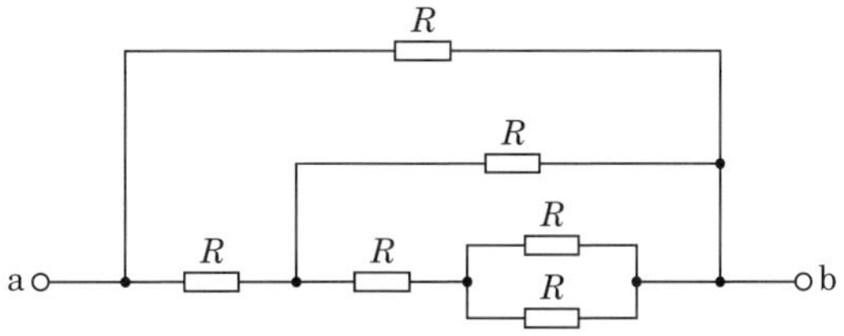

① 8　② 13　③ 16　④ 24　⑤ 26

解説 問題図の回路を解説図のような合成抵抗とすると，並列合成抵抗 $R_1 = R/2$〔Ω〕となります．R_1 と R の直列合成抵抗 $R_2 = R_1 + R = R/2 + R = 3R/2 = 1.5R$〔Ω〕となるので，$R_2$ と R の並列合成抵抗 R_3〔Ω〕を求めると

$$R_3 = \frac{R_2 \times R}{R_2 + R} = \frac{1.5R \times R}{1.5R + R} = \frac{1.5R}{2.5} = \frac{3R}{5}\ 〔\Omega〕$$

R_3 と R の直列合成抵抗 $R_4 = 3R/5 + R = 8R/5 = 1.6R$〔Ω〕となるので，$R_4$ と R の a-b 間の並列合成抵抗 R_{ab}〔Ω〕を求めると

$$R_{ab} = \frac{1.6R \times R}{1.6R + R} = \frac{1.6R}{2.6} = \frac{8R}{13}\ 〔\Omega〕$$

題意より，$R_{ab} = 8$〔Ω〕なので，R を求めると

$$8 = \frac{8R}{13} \quad よって \quad R = 13\ 〔\Omega〕$$

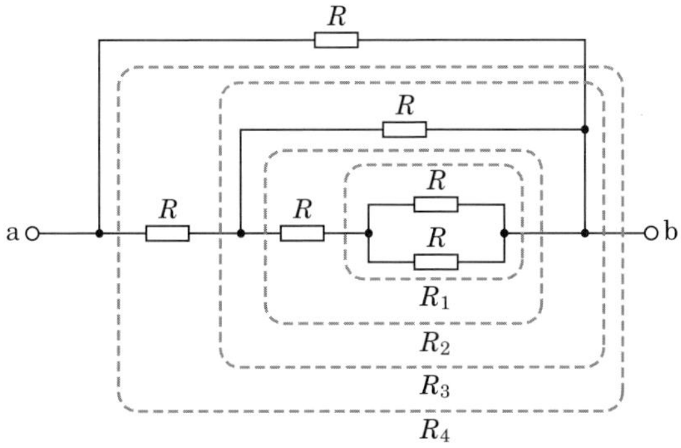

解説図

解答 ②

1.2 電気磁気（静電気）

出題のポイント

- 静電誘導とクーロンの法則
- 静電容量，電圧，電荷の求め方
- コンデンサの直列接続と並列接続の合成容量の求め方
- 静電エネルギーの求め方

1 静電気

物体を摩擦すると静電気が発生します．このとき物体の持つ電気を**電荷**といいます．電荷には，プラス（+）とマイナス（−）があり，図1.15 (a) のように，同じ種類の電荷どうしは互いに反発し合い，図1.15 (b) のように，異なる種類の電荷は互いに引き合います．電気による力の状態を表した線を**電気力線**といいます．また，電気による力の影響がある状態を**電界**といいます．電気力線の向きは電界の向きを表します．

電気力線や磁石から発生する磁力線は，電気や磁気の影響が及ぼすところを表す仮想な線だよ．
電荷に近いところの密度が大きいから影響も大きいね．

電界は電場ともいうよ．

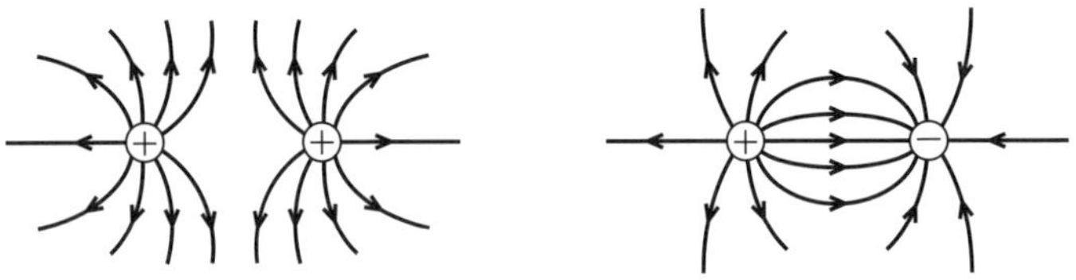

（a）同種の電荷　　（b）異種の電荷

図1.15　電気力線

電気的な性質は物質中の電子によって生じます．電子が多いか少ないかによって静電気の性質が表れます．その電子が移動すると電流が流れます．電子はマイナスの電荷を持っているので電流の向きと反対方向に移動します．

2 クーロンの法則

図1.16のように真空中で r〔m〕離れた二つの点電荷 Q_1，Q_2〔C《クーロン》〕の間に働く力の大きさ F〔N《ニュートン》〕は，次式で表されます．

$$F = k\frac{Q_1 Q_2}{r^2}\ \text{〔N〕} \tag{1.24}$$

ただし，k は空間によって定まる定数で，真空中では，$k \fallingdotseq 9\times 10^9$

補足
≒は約を表す記号です．
静電気力は，電荷の大きさに比例して，距離の2乗に反比例します．

静電気によって生じる力は，図1.16のように，**同種の電荷には反発し合う力**が働き，**異種の電荷には引き合う力**が働きます．

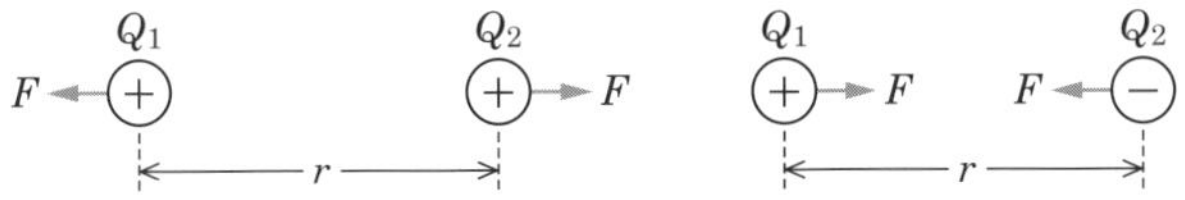

（a）同種の電荷　　（b）異種の電荷

図 1.16　クーロンの法則

3 静電誘導

図 1.17 のようにプラスに帯電している物体 a を帯電していない導体 b に近づけると，導体 b において，物体 a に近い側には異種のマイナスの電荷が，遠い側にはプラスの電荷が生じます．また，マイナスに帯電している物体 a を近づけると，a に近い側にはプラスの電荷が，遠い側にはマイナスの電荷が生じます．この現象を**静電誘導**といいます．

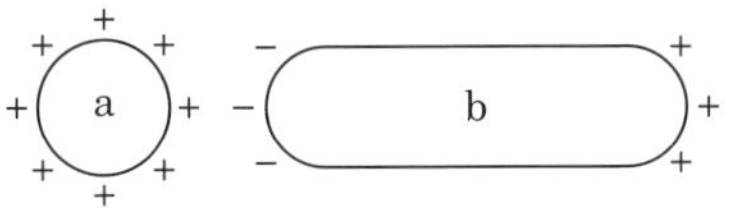

図 1.17　静電誘導

重要
電荷を帯びてない導体に帯電体を近づけると，引き合う力が働きます．

4 静電容量

図 1.18 のように 2 枚の金属板を平行に置き，金属板の間に V〔V〕の電圧を加えると，金属板には電荷 Q〔C〕が蓄えられます．このとき静電容量を C〔F〕《ファラド》とすると，次式が成り立ちます．

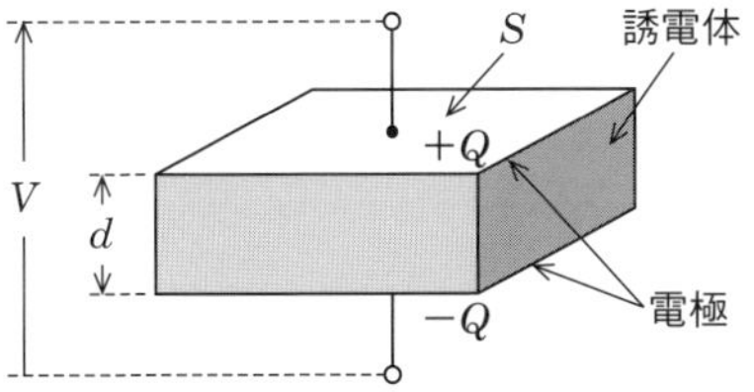

図 1.18　静電容量

静電容量は，同じ電圧を加えたときにどのくらいの電気量（電荷）を蓄えられるかを表すよ．

$$Q = CV \text{〔C〕} \tag{1.25}$$

電圧 V〔V〕や静電容量 C〔F〕は，次式で表されます．

$$V = \frac{Q}{C} \text{〔V〕} \tag{1.26}$$

$$C = \frac{Q}{V} \text{〔F〕} \tag{1.27}$$

重要
静電容量は，コンデンサに蓄えられる電気量とコンデンサの端子間の電圧の比で表されます．

電荷を蓄えることができる部品を**コンデンサ**といいます．図 1.18 に示す平行平板形のコンデンサの電極の面積を A〔m^2〕，電極の間隔を d〔m〕，誘電体の誘電率を ε《イプシロン》〔F/m〕とすると，平行板コンデンサの静電容量 C〔F〕は，次式で表されます．

$$C = \varepsilon \frac{A}{d} \text{〔F〕} \tag{1.28}$$

ここで，$\varepsilon = \varepsilon_r \varepsilon_0$　ただし，ε_r は比誘電率，ε_0 は真空の誘電率

重要
静電容量を大きくするには，①電極板の面積を大きくする，②電極板の間隔を狭くする，③誘電率の大きい物質を挿入する，の三つの方法があります．

［1］直列接続

コンデンサを図1.19 (a) のように直列接続したとき，合成静電容量を C_S〔F〕とすると，次式が成り立ちます．

$$\frac{1}{C_S}=\frac{1}{C_1}+\frac{1}{C_2}+\frac{1}{C_3} \qquad (1.29)$$

コンデンサが二つの場合は次式によって求めることができます．

$$C_S=\frac{C_1C_2}{C_1+C_2}\ \text{〔F〕} \qquad (1.30)$$

［2］並列接続

コンデンサを図1.19 (b) のように並列接続したとき，合成静電容量 C_P〔F〕は，次式で表されます．

$$C_P=C_1+C_2+C_3\ \text{〔F〕} \qquad (1.31)$$

補足

オームの法則の電圧 V，電流 I，抵抗 R の関係は

$I=\frac{V}{R}$

コンデンサの電圧 V，電荷 Q，静電容量 C の関係は

$Q=CV$

これらの式より抵抗と静電容量は逆数の関係となって，抵抗の接続とコンデンサの接続では，直列と並列の計算式が逆の関係になります．

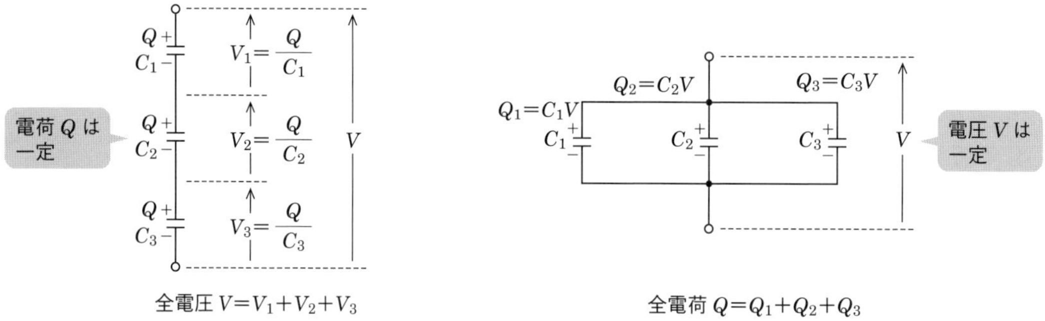

（a）直列接続　　（b）並列接続

図1.19　コンデンサの接続

5 コンデンサに蓄えられるエネルギー

コンデンサは電荷によって，電気エネルギーを蓄えることができます．電圧が V〔V〕，電荷が Q〔C〕，静電容量が C〔F〕のとき，エネルギー W〔J〕は次式で表されます．

$Q=CV$ により，式を変形するよ．

$$W=\frac{1}{2}QV=\frac{1}{2}CV^2\ \text{〔J〕} \qquad (1.32)$$

問 1 絶縁された導体 A に帯電体 B を近づけると，導体 A には，帯電体 B に近い側に帯電体 B と異種の電荷が現れ，遠い側（反対側）に同種の電荷が現れる．この現象は、[　　]といわれる．

① 増幅　② 自己誘導　③ 電磁誘導　④ 相互誘導　⑤ 静電誘導

解説 導体 A には，帯電体 B に近い側に帯電体 B と異種の電荷が現れ，遠い側（反対側）に同種の電荷が現れる現象は，**静電誘導**といわれます．

解答 ⑤

問 2 静電容量 C ファラドのコンデンサに蓄えられている電荷を Q クーロンとすると，このときのコンデンサの端子電圧は，[　　]ボルトである．

① $\dfrac{C}{Q}$　② $\dfrac{2C}{Q}$　③ $2CQ$　④ $\dfrac{Q}{2C}$　⑤ $\dfrac{Q}{C}$

解説 コンデンサの端子電圧 V〔V〕は，コンデンサに蓄えられる電荷 Q〔C〕に比例して，静電容量 C〔F〕に反比例するので，次式で表されます．

$$V = \frac{Q}{C}\ \text{〔V〕}$$

解答 ⑤

問 3 平行板コンデンサにおいて，二つの電極板の面積をそれぞれ 4 倍，電極板の間隔を 2 倍にすると，このコンデンサの静電容量は，[　　]倍となる．ただし，電極板間の誘電体の誘電率は変わらないものとする．

① $\dfrac{1}{2}$　② 1　③ 2　④ 4　⑤ 8

解説 平行板コンデンサの電極板の面積を A〔m^2〕，電極板の間隔を d〔m〕，誘電体の誘電率を ε〔F/m〕とすると，平行平板コンデンサの静電容量 C〔F〕は，次式で表されます．

$$C = \varepsilon \frac{A}{d}\ \text{〔F〕}$$

面積 A を 4 倍にすると，静電容量 C は 4 倍になり，間隔 d を 2 倍にすると静電容量 C は 1/2 になるので，題意のコンデンサの静電容量 C は，$4 \times (1/2) = 2$ 倍となります．

重要

平行板コンデンサの静電容量 C は，電極板の面積 A に比例して，間隔 d に反比例します．

解答 ③

1.3 電気磁気（電流と磁気，単位）

出題のポイント

- ●電磁力とフレミングの左手の法則
- ●コイルのインダクタンス求め方
- ●国際単位の表し方
- ●電流の流れている導線間に働く力
- ●磁気回路のオームの法則
- ●磁気エネルギーの求め方

1 物質の電気的・磁気的な性質

電気を通しやすい銀，銅，金，アルミニウム，鉄，鉛などの金属を**導体**といい，電気を通しにくいビニール，プラスチック，ガラス，油，空気などを**絶縁体**といいます．導体と絶縁体の中間の電気を通しやすい性質を持ったものを**半導体**といい，ゲルマニウムやシリコンなどがあります．導体は温度が上がると抵抗率が増加しますが，半導体は温度が上がると抵抗率が減少する特徴があります．

磁気的な性質を磁化といい，磁化する物質を磁性体といいます．鉄やニッケルなどの金属に磁石を近づけると，磁石に近い側に反対の磁極が生じて磁石との間に引き合う力が働きます．磁気誘導を生じる鉄，ニッケル，コバルトなどの物質を強磁性体といい，加えた磁気と同じ方向に磁化されます．加えた磁気と反対方向にわずかに磁化される銅や銀などは反磁性体といいます．

抵抗率は面積 1〔m^2〕で長さ 1〔m〕の物質の抵抗値だよ．

補足

半導体は，他の物質（ヒ素やホウ素など）をすこし混ぜて，トランジスタの材料などに用いられます．

2 右ねじの法則

導線に電流を流すと図 1.20 (a) のように導体のまわりに回転する磁力線が発生します．この状態を表す法則を**アンペアの右ねじの法則**といいます．図 1.20 (b) のように導線を巻いた部品を**コイル**といい，磁力線の向きは図のようになります．また，磁気による力の影響がある状態を**磁界**といいます．

磁界は磁場ともいうよ．

直線状電流⇔進む向き，磁界⇔回す向き．回転電流⇔回す向き，磁界⇔進む向きだよ．

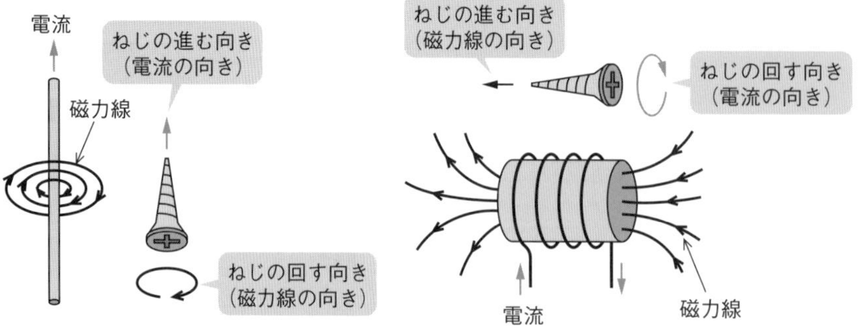

（a）直流電流　　（b）コイル

図 1.20　アンペアの右ねじの法則

3 磁界中の電流に働く力とフレミングの左手の法則

磁界の中に電流の流れている導線を置くと導線に電磁力が生じます．この方向を表すのが**フレミングの左手の法則**です．図 1.21 のように左手の親指，人さし指，中指を互いに直角に開き，**人さし指を磁界の方向**，**中指を電流の方向**に合わせると**親指が力の方向**を表します．

補足

磁力線の向きは磁界の向きを表します．

長い中指から順番に，電・磁・力と覚えてね．

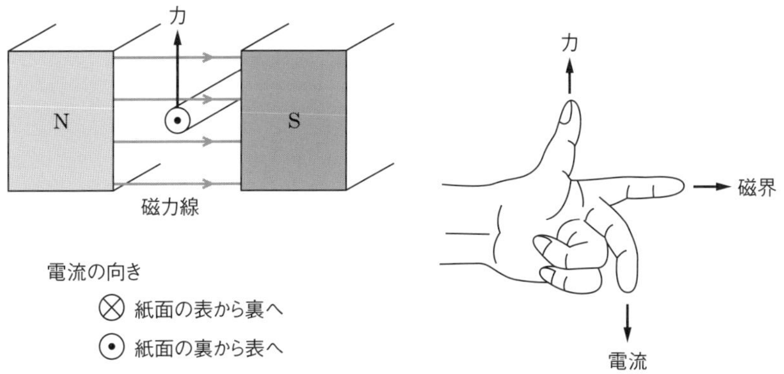

図 1.21　フレミングの左手の法則

磁界の磁束密度を B〔T〕，電流を I〔A〕とすると，磁界と直角に置かれた導線の長さ L〔m〕当たりに働く力の大きさ F〔N〕は，次式で表されます．

$$F = BIL \text{〔N〕} \qquad (1.33)$$

重要

導線と磁界の成す角度が θ のときは，次式で表されます．
$F = BIL \sin\theta$

4 導線間に働く力

図 1.22 のように 2 本の導線が平行に置かれているとき，導線に互いに**同じ向きに直流電流を流すと互いに引き合う力**が働き，互いに**反対向きに直流電流を流すと互いに反発し合う力**が働きます．

同じ向きが引き合う力で，反対向きが反発し合う力だよ．静電気は同じ種類が反発だよ．間違わないでね．

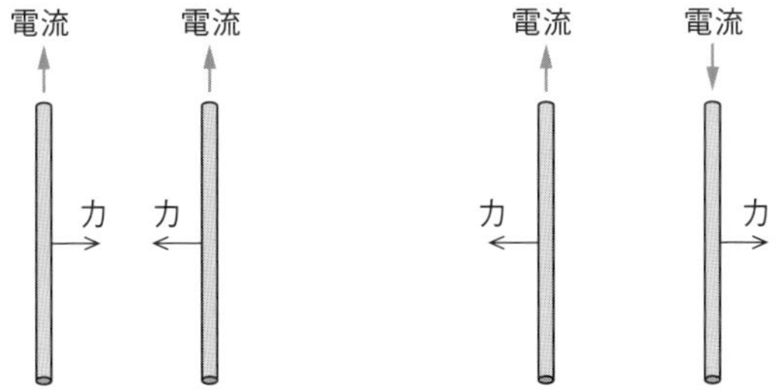

（a）同じ向き　（b）逆の向き

図 1.22　導線間の力

5 電磁誘導とフレミングの右手の法則

一様な磁界中にある導線を移動させると導線に起電力（電圧）が発生します．これを**電磁誘導**と呼び，これらの向きを表すのが**フレミングの右手の法則**です．右手の親指，人さし指，中指を互いに直角に開き，人さし指を磁界の向き，親指を力の向きに合わせると中指が起電力の向きを表します．

補足
起電力は，電力ではなく電圧が発生することです．

6 磁界と磁束

電流が流れると発生する磁気の大きさは磁界 H〔A/m〕《アンペア毎メートル》で表されます．空気や鉄などの磁界が存在する空間の媒質による値を**透磁率**と呼び μ〔H/m〕《ヘンリー毎メートル》で表します．コイルなどの磁界が通過する断面積を S〔m^2〕とすると，磁束 Φ《ファイ》〔Wb〕は次式で表されます．

$$\Phi = \mu HS \text{〔Wb〕} \tag{1.34}$$

真空の透磁率を μ_0 とすると，媒質（磁性体）の透磁率は μ《ミュー》$= \mu_r \mu_0$ で表されます．このとき，μ_r を**比透磁率**と呼びます．

7 ファラデーの法則

図 1.23 のように，断面積 S〔m^2〕のコイルを通過する磁束 Φ〔Wb〕《ウェーバ》が，微小時間 Δt〔s〕の間に微小な変化 $\Delta\Phi$〔Wb〕するとき，コイルに誘導起電力 e〔V〕が発生します．これを**ファラデーの法則**と呼び，コイルの巻数を N 回とすると，誘導起電力の大きさは次式で表されます．

補足
Δ《デルタ》は少ない量を表します．

$$e = N\frac{\Delta\Phi}{\Delta t} \text{〔V〕} \tag{1.35}$$

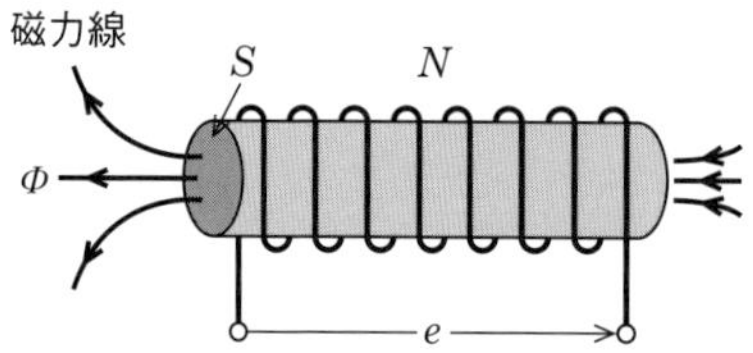

図 1.23　ファラデーの法則

磁束が変化しないと起電力は発生しないよ．

このとき発生する誘導起電力の向きは，起電力によってコイルに生じる電流の作る磁界が，外部から加えられた磁束の変化を妨げる向きに発生します．これを**レンツの法則**といいます．

8 コイルの接続

[1] コイルのインダクタンス

コイルの磁束は電流によって発生するので，電流が変化すると起電力が発生します．発生する起電力の大きさによって定まるコイルの定数を**インダクタンス** L〔H《ヘンリー》〕と呼びます．

微小時間 Δt〔s〕の間に電流が微小変化 ΔI〔A〕するとき，コイルに発生する誘導起電力 e〔V〕は次式で表されます．

$$e = L\frac{\Delta I}{\Delta t}\ \text{〔V〕} \tag{1.36}$$

補足

コイルに流れる電流が変化しないと電圧は発生しないので，直流電流を流しても電圧は発生しません．交流電流を流したときに電圧が発生します．

コイルの**インダクタンスを大きくする**には，次の方法があります．

① コイルの**巻数を増やす**．

② コイルの**断面積を大きくする**（直径を大きくする）．

③ **コイルの中心に比透磁率の大きな磁性体を挿入する**．

コイルのインダクタンスを大きくするには，次の方法があるよ．①巻数を増やす．②断面積を大きくする．③比透磁率の大きな磁性体を挿入する．

[2] 直列接続

互いの磁束が影響しない状態のコイルを図 1.24（a）のように直列接続したとき，合成インダクタンス L_S〔H〕の値は次式で表されます．

$$L_S = L_1 + L_2 + L_3\ \text{〔H〕} \tag{1.37}$$

コイルを接続したときの計算法は，抵抗と同じだよ．

[3] 並列接続

互いの磁束が影響しない状態のコイルを図 1.24（b）のように並列接続したとき，合成インダクタンス L_P〔H〕とすると，次式が成り立ちます．

$$\frac{1}{L_P} = \frac{1}{L_1} + \frac{1}{L_2} + \frac{1}{L_3} \tag{1.38}$$

コイルが二つの場合は次式によって求めることができます．

$$L_P = \frac{L_1 L_2}{L_1 + L_2}\ \text{〔H〕} \tag{1.39}$$

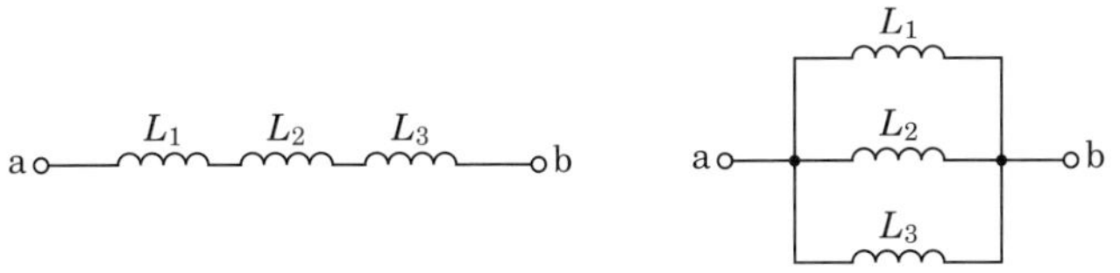

（a）直列接続　　（b）並列接続

図 1.24　コイルの接続

9 電磁エネルギー

インダクタンス L〔H〕のコイルに電流 I〔A〕を流すとコイルの周りの空間に磁界が発生することにより，コイルには磁気のエネルギーが蓄えられます．このとき蓄えられる電磁エネルギー W〔J〕は，次式で表されます．

$$W = \frac{1}{2}LI^2 \text{〔J〕} \tag{1.40}$$

重要

電磁エネルギーは，次式で表されます．

$W = \frac{1}{2}LI^2$〔J〕

10 磁気回路

図 1.25 のように，環状鉄心に導線を N 回巻いた環状コイルに電流 I〔A〕が流れているとき，鉄心の平均円周を l〔m〕，真空の透磁率を μ_0，鉄心の比透磁率を μ_r，鉄心の透磁率を $\mu = \mu_r \mu_0$，断面積を S〔m^2〕とすると，鉄心内の磁束 Φ〔Wb〕は次式で表されます．

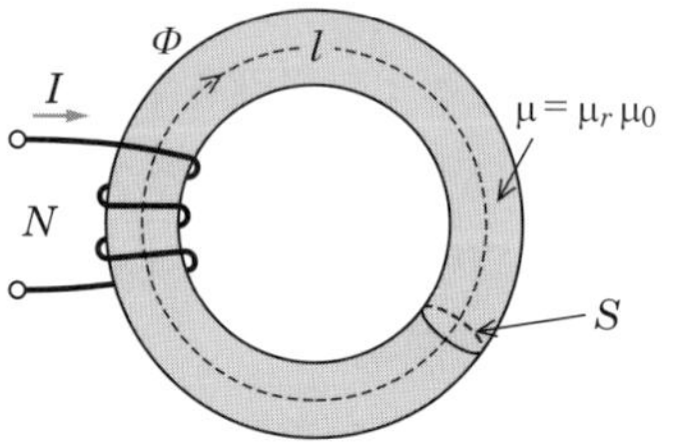

図 1.25　磁気回路

$$\Phi = \frac{\mu_r \mu_0 SNI}{l} \text{〔Wb〕} \tag{1.41}$$

ここで，次式のように起磁力を F_m〔A〕，磁気抵抗を R_m〔H^{-1}〕とすると

$$F_m = NI \text{〔A〕} \tag{1.42}$$

$$R_m = \frac{l}{\mu_r \mu_0 S} \text{〔}H^{-1}\text{〕} \tag{1.43}$$

起磁力と磁気抵抗を用いて，磁束 Φ〔Wb〕は次式で表すことができます．

$$\Phi = \frac{F_m}{R_m} \text{〔Wb〕} \tag{1.44}$$

磁束 Φ を電流 I に，起磁力 F_m を起電力 E に，磁気抵抗 R_m を抵抗 R に置き換えたときに，電気回路のオームの法則と同様に計算することができるので，式（1.44）の関係を**磁気回路のオームの法則**といいます．

補足

オームの法則は，次式で表されます．

$I = \frac{E}{R}$

電気回路の起電力が磁気回路では電流を表す起磁力だよ．

11 電気磁気などに関する単位

電気磁気量は国際単位系（SI）で表されます．それらの量及び単位の名称と単位記号などを次の表 1.1 に示します．

表 1.1　電磁気などの単位

量	名称及び単位記号	量記号	量記号と関係する式と単位
長さ	メートル〔m〕	l	
質量	キログラム〔kg〕	m	
時間	秒〔s〕	t	
力	ニュートン〔N〕	F	
仕事 （エネルギー）	ジュール〔J〕	W	$W=P\times t$〔W·s〕
電流	アンペア〔A〕	I	$I=\dfrac{V}{R}$〔V/Ω〕
電圧	ボルト〔V〕	V	$V=\dfrac{P}{I}$〔W/A〕
抵抗	オーム〔Ω〕	R	$R=\dfrac{V}{I}$〔V/A〕
電力	ワット〔W〕	P	$P=V\times I$〔V·A〕
電荷	クーロン〔C〕	Q	$Q=I\times t$〔A·s〕
磁束	ウェーバ〔Wb〕	Φ	$\Delta\Phi=V\times\Delta t$〔V·s〕
静電容量	ファラド〔F〕	C	$C=\dfrac{Q}{V}$〔C/V〕
インダクタンス	ヘンリー〔H〕	L	$L=\dfrac{\Delta\Phi}{\Delta I}$〔Wb/A〕
周波数	ヘルツ〔Hz〕	f	$f=\dfrac{1}{t}$〔1/s〕

問 1　磁束密度 B テスラの平等磁界内において，磁界に直交して長さ L メートルの直線導体を置き，この直線導体に I アンペアの直流電流を流したとき，この直線導体には，磁界及び電流に垂直な方向に，［　　］ニュートンの力が働く．

①　BIL　②　BI^2L　③　BI^3L　④　B^2IL　⑤　B^3IL

解説　磁束密度を B〔T〕の磁界に直交して長さ L〔m〕の直線導体を置き，この直線導体に I〔A〕の直流電流を流したとき，この直線導体に働く力の大きさは次式で表されます．

$$F=BIL\ \text{〔N〕}$$

解答　①

問 2 コイルを貫く磁束が変化したとき，電磁誘導によってコイルに生ずる[　　　]は，これによって生ずる電流の作る磁場が，与えられた磁束の変化を妨げるような向きに発生する．これは，レンツの法則といわれる．

① 起電力　② 電磁力　③ 保持力　④ 起磁力　⑤ 磁化力

解説 レンツの法則は，コイルを貫く磁束が変化したときに，コイルに発生する誘導起電力の向きを表す法則です．起電力の大きさは，ファラデーの法則で表されます．

解答 ①

問 3 インダクタンスLヘンリーのコイルにIアンペアの直流電流が流れているとき，このコイルに蓄えられている電磁エネルギーは，[　　　]ジュールである．

① $2LI^2$　② $2L^2I$　③ LI　④ $\frac{1}{2}LI^2$　⑤ $\frac{1}{2}L^2I$

解説 インダクタンスL〔H〕のコイルにI〔A〕の直流電流が流れているとき，このコイルに蓄えられている電磁エネルギーW〔J〕は，次式で表されます．

$$W=\frac{1}{2}LI^2 \text{〔J〕}$$

解答 ④

1.4 交流回路

出題のポイント

- コイルとコンデンサに流れる交流電流と電圧の位相
- リアクタンス，インピーダンスの値の求め方
- インピーダンスの電流と電圧の求め方
- 直列共振回路の特性
- 交流電力の求め方
- ひずみ波交流の周波数成分
- 抵抗とリアクタンス回路の過渡現象の特性

1 交 流

図 1.26 のように時間とともに電圧や電流の大きさや向きが変化する電気を**交流**といいます．商用電源を送る電灯線の電圧や電流は交流で，電池の電圧や電流は直流です．

図 1.26 の交流波形は + − に変化する状態を繰り返します．一つのサイクルを繰り返す時間を**周期** T〔s〕と呼び，1 秒間の周期の数を**周波数** f〔Hz《ヘルツ》〕といいます．

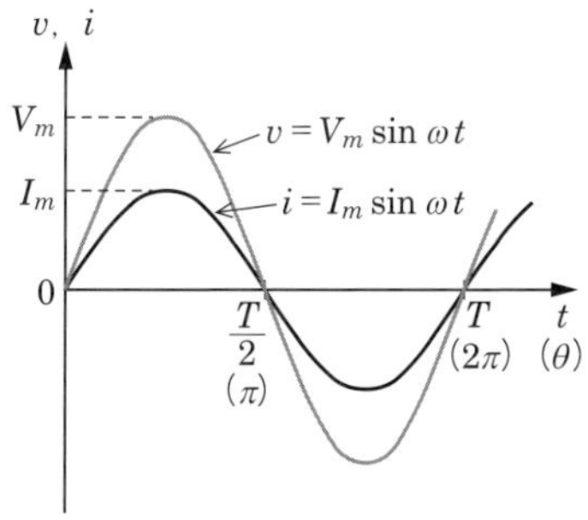

図 1.26　正弦波交流の電圧と電流

図 1.26 の交流電源の正弦波電圧 v〔V〕と電流 i〔A〕は三角関数を用いて表します．三角関数は三角形の角度の関数なので，θ〔rad〕又は〔°〕の単位で表されますが，時間とともに変化する電圧は，時間 t〔s〕を角度に変換する角周波数 ω〔rad/s〕を用いて，次式で表されます．

$$v = V_m \sin \theta = V_m \sin \omega t \text{〔V〕} \tag{1.45}$$

$$i = I_m \sin \theta = I_m \sin \omega t \text{〔A〕} \tag{1.46}$$

ω は周波数 f〔Hz〕を用いると，$\omega = 2\pi f$ で表されます．

ただし，π は円周率 $\pi \fallingdotseq 3.14$ です．

交流は，時間とともに電圧や電流の大きさが変化するので，直流と比較して同じ働き（熱や明るさなど）ができる大きさを表す量が必要です．これを**実効値**といい，一般に交流は実効値で表されます．図 1.26 の正弦波交流電圧の最大値を V_m〔V〕とすると，実効値 V〔V〕は，次式で表されます．

$$V = \frac{V_m}{\sqrt{2}} \fallingdotseq \frac{V_m}{1.4} \fallingdotseq 0.7 \times V_m \text{〔V〕} \tag{1.47}$$

商用電源の電圧の実効値 V は 100〔V〕，その最大値 V_m は約 140〔V〕です．

家庭のコンセントの電気は 100〔V〕だけど，最大値は 140〔V〕だね．周波数は東日本では 50〔Hz〕，西日本では 60〔Hz〕だよ．

2 交流回路

[1] 抵抗

抵抗 R〔Ω〕に交流の電圧 v_R〔V〕が加わっているとき，直流と同じように電流 i_R〔A〕が流れます．このとき，電圧と電流の関係を図に示すと図 1.27 のようになります．電圧と電流は時間的なずれがないので，このような関係を電圧と電流は同位相であるといいます．交流電圧の実効値を V〔V〕とすると，回路を流れる電流の実効値 I_R〔A〕は次式で表されます．

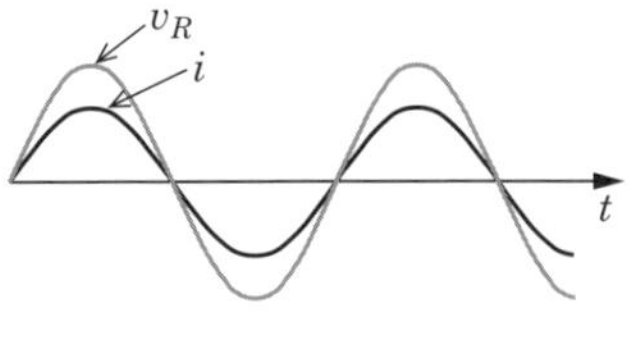

図 1.27　抵抗の電圧と電流

$$I_R = \frac{V}{R}\ 〔\mathrm{A}〕 \qquad (1.48)$$

抵抗はレジスタンス，静電容量はキャパシタンス，コイルはインダクタンスだよ．それぞれ，〔Ω〕，〔F〕，〔H〕の別な単位の値だよ．リアクタンスやインピーダンスは電圧と電流の関係を表すので，コイルやコンデンサでも抵抗と同じ単位の〔Ω〕だね．

[2] リアクタンス

コイル（インダクタンス）やコンデンサ（静電容量）に交流電圧を加えると電流が流れるのを妨げる作用があります．これを**リアクタンス**といい，単位は抵抗と同じオーム（記号〔Ω〕）です．交流の周波数を f〔Hz〕，コイルのインダクタンスを L〔H〕，コンデンサの静電容量を C〔F〕とすると，**コイルのリアクタンス** X_L〔Ω〕，**コンデンサのリアクタンス** X_C〔Ω〕は，次式で表されます．

$$X_L = \omega L = 2\pi f L\ 〔\Omega〕 \qquad (1.49)$$

$$X_C = \frac{1}{\omega C} = \frac{1}{2\pi f C}\ 〔\Omega〕 \qquad (1.50)$$

コイルのリアクタンスは周波数が高くなるほど大きくなり，コンデンサのリアクタンスは周波数が高くなるほど小さくなります．

重要

コイルのリアクタンスは周波数に比例し，コンデンサのリアクタンスは周波数に反比例します．

回路を流れる電流の実効値を I〔A〕とすると，コイルとコンデンサの電圧の実効値 V_L，V_C〔V〕は次式で表されます．

$$V_L = X_L I\ 〔\mathrm{V}〕 \qquad (1.51)$$

$$V_C = X_C I\ 〔\mathrm{V}〕 \qquad (1.52)$$

$V = XI$

$I = \frac{V}{X}$

$X = \frac{V}{I}$

だよ．

また，図 1.28 のように，コイルやコンデンサの電流と電圧は時間的なずれが生じます．これを**位相差**といいます．位相差は角度（〔°〕又は〔rad〕）で表され，1 周期を 360〔°〕（2π〔rad〕）として表します．**電流を基準**とすると**コイルの電圧は 90〔°〕（$\pi/2$〔rad〕）進み**，**コンデンサの電圧は 90〔°〕（$\pi/2$〔rad〕）遅れ**ます．電圧を基準とするとコイルの電流は 90〔°〕（$\pi/2$〔rad〕）遅れ，コンデンサの電流は 90〔°〕（$\pi/2$〔rad〕）進みます．

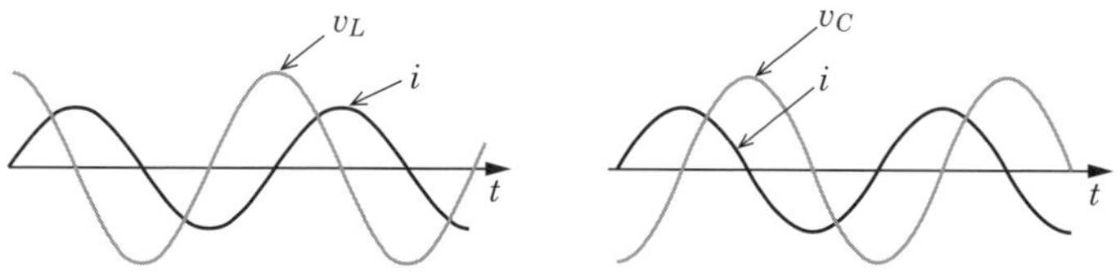

（a）コイル　（b）コンデンサ

図 1.28　コイルとコンデンサの電圧と電流

電圧と電流の関係は，図 1.29 のようなベクトル図で表すことができます．$\dot{V}$ や $\dot{I}$ のように・が付いている記号は，複素数で表されるベクトル量です．

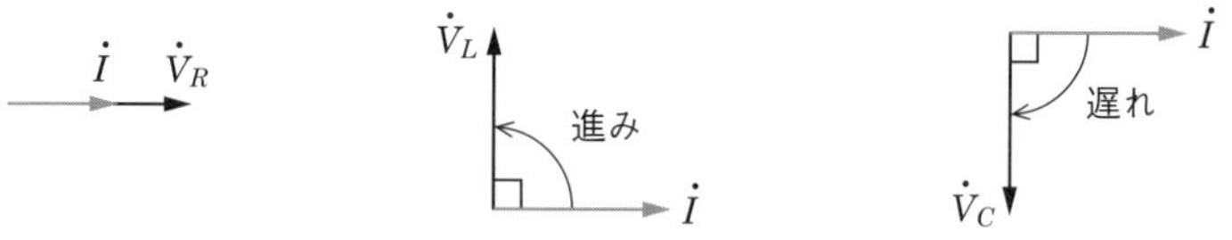

（a）電流と抵抗の電圧　（b）電流とコイルの電圧　（c）電流とコンデンサの電圧

図 1.29　ベクトル図

重要

コイル（インダクタンス）に流れる電流の位相に対して，電圧の位相は 90〔°〕進みます．インダクタンスと抵抗の直列回路でも電流の位相に対して，電圧の位相は 90〔°〕までの範囲で進みます．

[3] コイルとコンデンサのリアクタンス

電流を基準とすると，コイルの電圧 V_L の位相が 90〔°〕（$\pi/2$〔rad〕）進み，コンデンサの電圧 V_C の位相は 90〔°〕（$\pi/2$〔rad〕）遅れます．したがって，V_L と V_C の位相差は 180〔°〕（π〔rad〕）の逆位相となるので，V_L を + とすると V_C は − として計算します．同様に，コイルのリアクタンス X_L〔Ω〕とコンデンサのリアクタンス X_C〔Ω〕は，X_L を + として X_C を − として計算します．

コイルは電流が変化しようとすると電圧が発生するので，電流がすぐには流れないんだね．なので電流の位相は電圧より遅れるんだね．
コンデンサは電流が流れると電荷が貯まって電圧が上がるので，電圧の位相は電流より遅れるんだよ．

[4] インピーダンス

抵抗 R〔Ω〕，コイルやコンデンサのリアクタンス X_L〔Ω〕，X_C〔Ω〕が直列や並列に接続された回路全体の交流の電流を妨げる値を**インピーダンス** Z〔Ω〕といいます．抵抗やリアクタンスのみの場合でもインピーダンスということもあります．抵抗やリアクタンスが接続されたインピーダンスを求めるときは，抵抗とリアクタンスに生じる電圧の位相が 90〔°〕（$\pi/2$〔rad〕）異なるので，単純な代数和では求める事ができません．そこで，ベクトル図を用います．図 1.30 (a) の回路図のベクトル図は図 1.30 (b) のようになり，回路に加わる電圧 V〔V〕と抵抗とコイルの電圧 V_R，V_L〔V〕は，直角三角形の三平方の定理を用いて，次式のように表すことができます．

$$V=\sqrt{V_R^2+V_L^2}\ \text{〔V〕} \qquad (1.53)$$

$V_R=RI$，$V_L=X_LI$ の関係から，図 1.30 (a) の直列回路のインピーダンス Z〔Ω〕は，次式で表されます．

$$Z=\sqrt{R^2+X_L^2}\ \text{〔Ω〕} \qquad (1.54)$$

重要

コイルとコンデンサが直列接続しているときのリアクタンスの大きさ X〔Ω〕は $X=|X_L-X_C|$ によって求めます．

図 1.30 (a) の直列回路に流れる電流 I〔A〕は，次式で表されます．

$$I=\frac{V}{Z}=\frac{V}{\sqrt{R^2+X_L{}^2}}\ \text{〔A〕} \qquad (1.55)$$

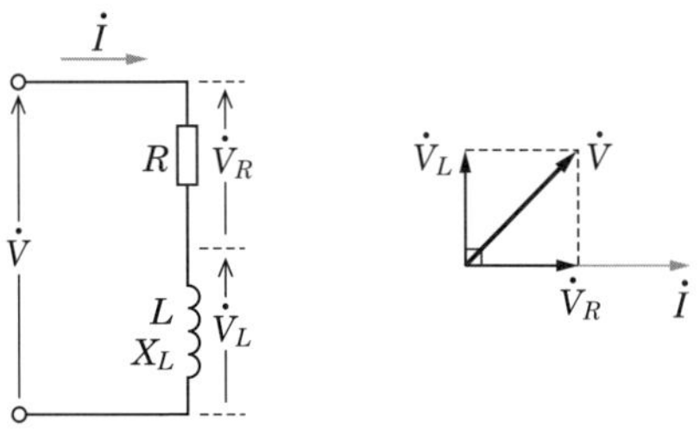

（a）回路図　（b）ベクトル図

図 1.30　抵抗とリアクタンスの直列回路

[5] アドミタンス

図 1.31 (a) のように，抵抗 R〔Ω〕とコイルのリアクタンス X_L〔Ω〕が並列に接続された回路において，電圧を基準とすると，コイルの電流 I_L の位相は 90〔°〕（$\pi/2$〔rad〕）遅れるので，ベクトル図は図 1.31 (b) のようになります．回路を流れる電流 I〔A〕は，抵抗とコイルに流れる電流 I_R，I_L〔A〕より，直角三角形の三平方の定理を用いて，次式によって求めることができます．

$$I=\sqrt{I_R{}^2+I_L{}^2}\ \text{〔A〕} \qquad (1.56)$$

電圧を V〔V〕とすると次式が成り立ちます．

$$I=\frac{V}{Z}=\sqrt{\left(\frac{V}{R}\right)^2+\left(\frac{V}{X_L}\right)^2}=VY\ \text{〔A〕} \qquad (1.57)$$

補足
抵抗とコイルに加わる電圧は同じで，抵抗とコイルを流れる電流の値と位相が異なります．

ここで，Y〔S：ジーメンス〕はインピーダンスの逆数を表し，**アドミタンス**と呼び，次式で表されます．

$$Y=\sqrt{\left(\frac{1}{R}\right)^2+\left(\frac{1}{X_L}\right)^2}\ \text{〔S〕} \qquad (1.58)$$

また，合成インピーダンスは，次式によって求めることができます．

$$Z=\frac{1}{Y}=\frac{1}{\sqrt{\frac{1}{R^2}+\frac{1}{X_L{}^2}}}=\frac{RX_L}{\sqrt{R^2+X_L{}^2}} \qquad (1.59)$$

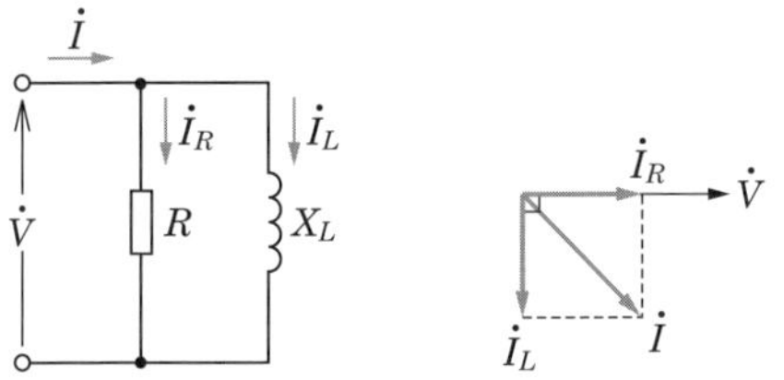

（a）回路図　（b）ベクトル図

図 1.31　抵抗とリアクタンスの並列回路

図 1.32 (a) のように，抵抗 R〔Ω〕，コイルやコンデンサのリアクタンス X_L〔Ω〕，X_C〔Ω〕が並列に接続された回路において，各素子に加わる電圧は同じなので，電圧を基準とすると，コイルの電流 I_L の位相は 90〔°〕($\pi/2$〔rad〕) 遅れ，コンデンサの電圧 I_C の位相は 90〔°〕($\pi/2$〔rad〕) 進みます．したがって I_L と I_C の位相差は 180〔°〕(π〔rad〕) の逆位相となるので，I_C を + とすると I_L は − として計算します．ベクトル図は図 1.32 (b) のようになり，回路を流れる電流 I〔A〕は，抵抗，コイル，コンデンサに流れる電流 I_R，I_L，I_C〔A〕より，直角三角形の三平方の定理を用いて，次式によって求めることができます．

$$I = \sqrt{I_R{}^2 + (I_C - I_L)^2}\ \text{〔A〕} \tag{1.60}$$

重要
並列回路では
$I = \sqrt{I_R{}^2 + (I_C - I_L)^2}$
直列回路では
$V = \sqrt{V_R{}^2 + (V_L - V_C)^2}$

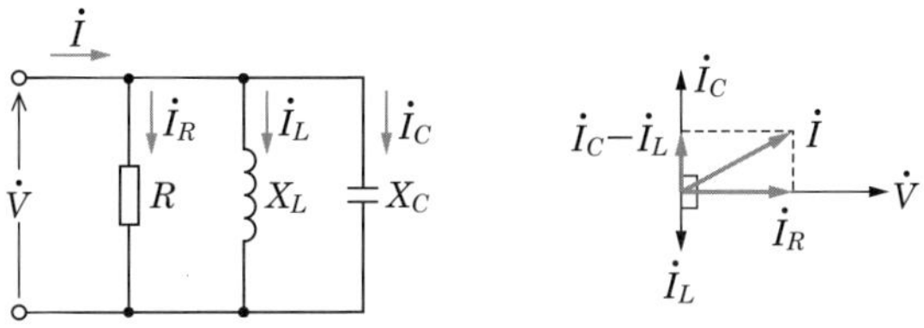

（a）回路図　（b）ベクトル図

図 1.32　抵抗とリアクタンスの並列回路

［6］共振回路

図 1.33 (a) のように抵抗 R〔Ω〕とコイルやコンデンサのリアクタンス X_L〔Ω〕，X_C〔Ω〕を接続した回路を**直列共振回路**といいます．直列回路の合成インピーダンス Z〔Ω〕は，次式で表されます．

$$Z = \sqrt{R^2 + (X_L - X_C)^2} = \sqrt{R^2 + \left(\omega L - \frac{1}{\omega C}\right)^2}\ \text{〔Ω〕} \tag{1.61}$$

補足
$X_L - X_C$ の値が − となっても，2 乗するので，− の符号はなくなります．

電源の周波数 f〔Hz〕を変化させていくと，周波数がある値のときに，回路のリアクタンス ($X_L - X_C$)〔Ω〕の値が 0〔Ω〕となります．このとき，**共振**したといい，**インピーダンスは最小** ($Z = R$)，**回路を流れる電流は最大**になります．このときの周波数を**共振周波数** f_r〔Hz〕と呼び，次式で表されます．

$$f_r = \frac{1}{2\pi\sqrt{LC}} \text{〔Hz〕} \tag{1.62}$$

また，図 1.33 (b) のようにコイルとコンデンサを並列に接続した回路を**並列共振回路**と呼びます．並列共振回路が共振したときの**インピーダンスは最大**となり，**電流は最小**になります．

重要

直列共振回路のインピーダンスは，共振時に最小になります．

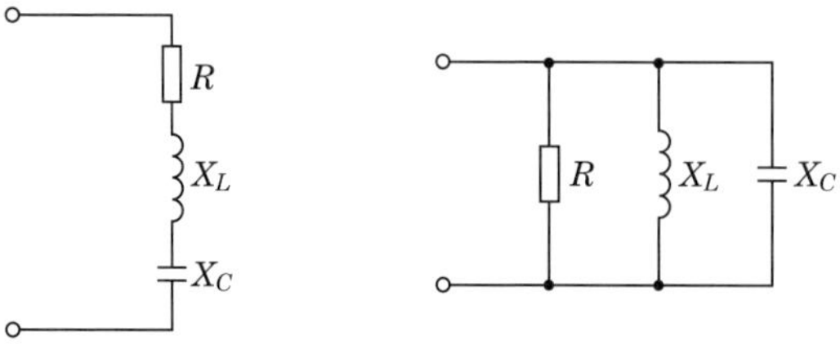

（a）直列共振回路　（b）並列共振回路

図 1.33　共振回路

3 交流の電力

抵抗はエネルギーとして電力を消費しますが，コイルやコンデンサなどのリアクタンスは，一時的にエネルギーを蓄積しますが電力を消費しません．図 1.34 (a) のような抵抗とリアクタンスの直列回路では，インピーダンスで消費される電力は，回路を流れる電流 I〔A〕と抵抗 R〔Ω〕より，次式で表されます．

補足

抵抗とリアクタンスの並列回路も抵抗とリアクタンスの電力を求めることができます．並列回路では抵抗とリアクタンスの電圧を同じ値として計算します．

$$P_a = I^2 R \text{〔W〕} \tag{1.63}$$

P_a〔W〕はインピーダンス回路の抵抗で消費される電力を表し，**有効電力**と呼びます．また，抵抗の端子電圧 V_R〔V〕より次式で表すことができます．

$$P_a = V_R I \text{〔W〕} \tag{1.64}$$

リアクタンス X〔Ω〕の電力は，次式で表されます．

$$P_q = I^2 X \text{〔var: バール〕} \tag{1.65}$$

P_q〔var〕はインピーダンス回路のリアクタンスの電力を表し，**無効電力**と呼びます．また，リアクタンスの端子電圧 V_X〔V〕より次式で表すことができます．

補足

無効電力は電力を消費しません．リアクタンスの電圧と電流から計算により求めることができる等価的な電力です．

$$P_q = V_X I \text{〔var〕} \tag{1.66}$$

ここで，インピーダンス回路の電圧 V，電流 I より見かけの電力 P_s〔VA：ボルトアンペア〕を求めると，次式で表されます．

$$P_s = VI \text{〔VA〕} \tag{1.67}$$

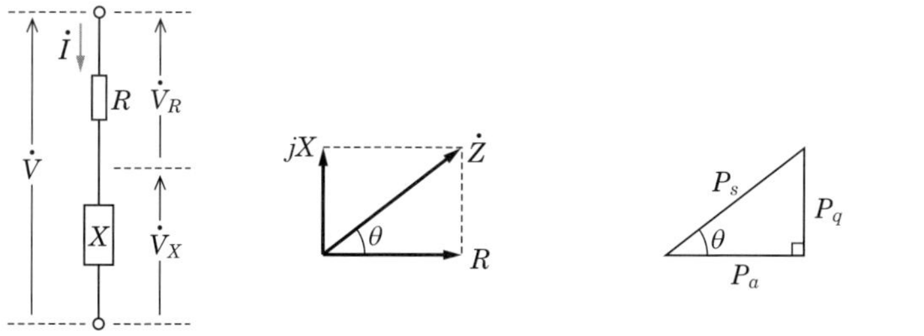

（a）回路図　（b）ベクトル図　（c）インピーダンスの電力

図 1.34　抵抗とリアクタンスの直列回路

P_s〔VA〕は**皮相電力**といいます．

図 1.34（b）のようなインピーダンスのベクトル図より，次式が成り立ちます．

$$\cos\theta = \frac{R}{Z} \tag{1.68}$$

ここで，θ〔rad〕はインピーダンス回路に流れる電流と回路に加わる電圧の位相差を表します．P_a, P_q, P_s はインピーダンスと比例するので図 1.34（c）のような直角三角形を描くことができます．このとき次式が成り立ちます．

力率 $\cos\theta$ は 1 になると最良だよ．

$$\cos\theta = \frac{P_a}{P_s} \tag{1.69}$$

式（1.69）の $\cos\theta$ を**力率**と呼びます．また，次式が成り立ちます．

$$P_a = VI\cos\theta \text{〔W〕} \tag{1.70}$$

$$P_q = VI\sin\theta \text{〔var〕} \tag{1.71}$$

4　ひずみ波交流

図 1.35 のように，正弦波ではない周期波形は，基本波とその整数倍の正弦波の合成波として表されます．このとき，基本波の周波数 f〔Hz〕の 2 倍，3 倍，…n 倍の周波数成分を**高調波**と呼びます．

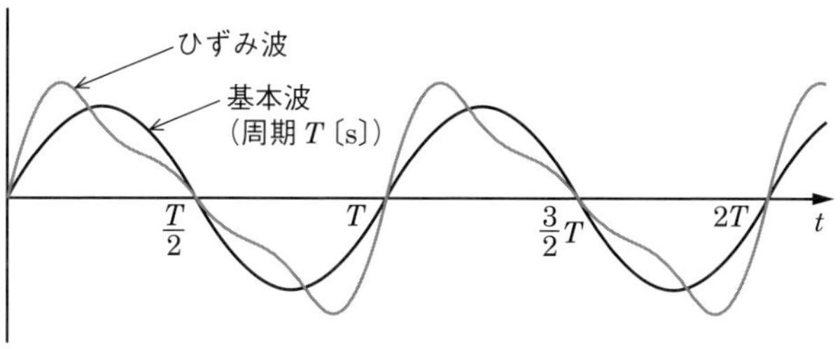

図 1.35　ひずみ波交流

補足

一般にトランジスタなどの半導体素子を用いた増幅回路に正弦波を入力すると，出力波形が入力波形と異なり，ひずみが発生します．

5 過渡現象

電気回路において，ある定常状態から電流や電圧の変化により別の定常状態に変化するとき，状態が落ち着くまでの間の現象を**過渡現象**といいます．過渡現象は，コイルやコンデンサを含む回路において発生します．図 1.36 (a) のコイル L〔H〕と抵抗 R〔Ω〕の直列回路において，スイッチ SW を閉じて回路に電流が流れ始めると，コイルの両端の電圧 v_R は電流の変化に比例する電圧が発生するので，電流は図 1.36 (b) のように徐々に増加します．このとき回路を流れる電流 i は，次式で表されます．

重要
安定した状態（定常状態）に落ち着くまでの間の現象を過渡現象といいます．

$$i=\frac{E}{R}\left(1-e^{-Rt/L}\right)$$
$$=\frac{E}{R}\left(1-e^{-t/T}\right)\ \text{〔A〕} \qquad (1.72)$$

補足
長時間経過すると
$e^{-\infty}=\frac{1}{e^{\infty}}=\frac{1}{\infty}=0$
となります．

ただし，e は，自然対数の底 $e=2.718\cdots$

T は，時定数（$T=R/L$〔s〕）

長時間経過すると，$i=E/R$〔A〕の定常状態となります．

抵抗の代わりにコンデンサを用いると，時刻 $t=0$〔s〕のときの電流が $i=E/R$〔A〕となり，長時間経過すると $i=0$〔A〕の定常状態となります．

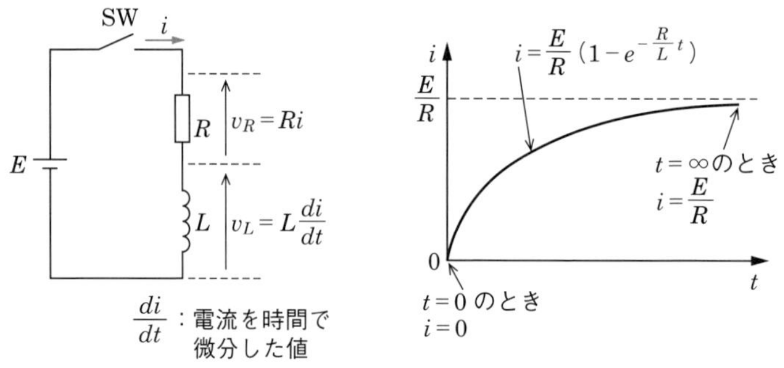

図 1.36　*RL* 直列回路の過渡現象

問 1　自己インダクタンスが L ヘンリーのコイルの誘導性リアクタンスを X_L オームとすると，X_L の大きさは，コイルに流れる［　　］に比例する．

① 交流電流の周波数　② 直流電流の最大値
③ 交流電流の実効値　④ 直流電流の平均値
⑤ 交流電流の波高値

解説　インダクタンス L〔H〕のコイルに流れる交流電流の周波数を f〔Hz〕とすると，コイルのリアクタンス X_L〔Ω〕は，次式で表されます．

$$X_L = \omega L = 2\pi f L \text{〔Ω〕}$$

X_L の大きさは，コイルに流れる**交流電流の周波数** f に比例します．

解答　①

問 2　図に示す回路において，端子 a-b 間の電圧が 24 ボルト，端子 b-c 間の電圧が 7 ボルトであった．このとき，端子 a-c 間に加えた交流電圧は，［　　］ボルトである．

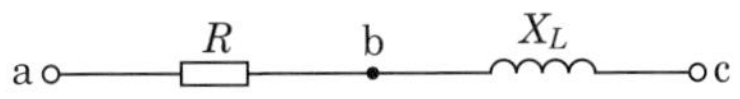

① 15　② 17　③ 20　④ 25　⑤ 31

解説　端子 a-b 間の交流電圧の大きさを V_R〔V〕，端子 b-c 間の交流電圧の大きさを V_L〔V〕とすると，端子 a-b 間の交流電圧の大きさ V〔V〕は次式で表されます．

$$V = \sqrt{V_R^2 + V_L^2}$$
$$= \sqrt{24^2 + 7^2} = \sqrt{576 + 49}$$
$$= \sqrt{625} = \sqrt{25^2} = 25 \text{〔V〕}$$

解答　④

問 3　図に示す回路において，端子 a-b 間の合成インピーダンスは，［　　］オームである．

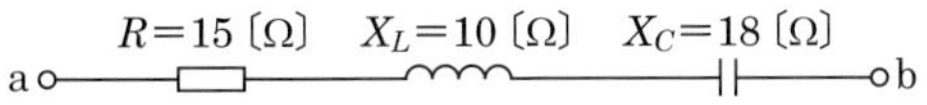

① 11　② 13　③ 15　④ 17　⑤ 25

解説　端子 a-b 間の合成インピーダンスの大きさ Z〔Ω〕は次式で表されます．

$$Z = \sqrt{R^2 + (X_L - X_C)^2}$$
$$= \sqrt{15^2 + (10 - 18)^2} = \sqrt{15^2 + 8^2}$$
$$= \sqrt{225 + 64} = \sqrt{289} = \sqrt{17^2} = 17 \text{〔Ω〕}$$

解答　④

√が開きにくいときは，選択肢の数値を2乗して答えを見つけることができるよ．途中まで計算すれば，15より大きくなるのがわかるので，$17^2 = 289$ と計算すれば見つかるね．

問 4　図に示す回路において，端子 a-b 間の合成インピーダンスは，［　　］オームである．

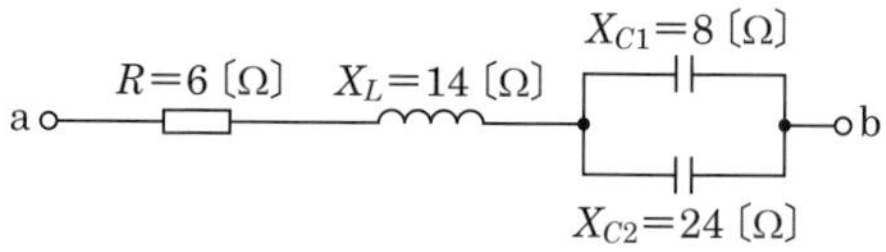

①　8　　②　10　　③　12　　④　15　　⑤　18

解説　問題図のコンデンサのリアクタンス X_{C1}〔Ω〕と X_{C2}〔Ω〕の並列リアクタンス X_C〔Ω〕を求めると

$$X_C=\frac{X_{C1}X_{C2}}{X_{C1}+X_{C2}}=\frac{8\times 24}{8+24}=\frac{8\times 8\times 3}{8\times(1+3)}=\frac{8\times 3}{4}=6\ 〔\Omega〕$$

端子 a-b 間の合成インピーダンスの大きさ Z〔Ω〕は次式で表されます．

$$Z=\sqrt{R^2+(X_L-X_C)^2}$$
$$=\sqrt{6^2+(14-6)^2}=\sqrt{6^2+8^2}$$
$$=\sqrt{36+64}=\sqrt{100}=10\ 〔\Omega〕$$

合成インピーダンスの大きさを求めるとき，X_L と X_C の計算は，どちらか大きい値から小さい値を引いてね．

解答　②

問 5　図に示す回路において，抵抗 R，コイル L 及びコンデンサ C にそれぞれ図に表記した大きさの電流が流れているとき，回路に流れる全電流 I は，［　　］アンペアである．

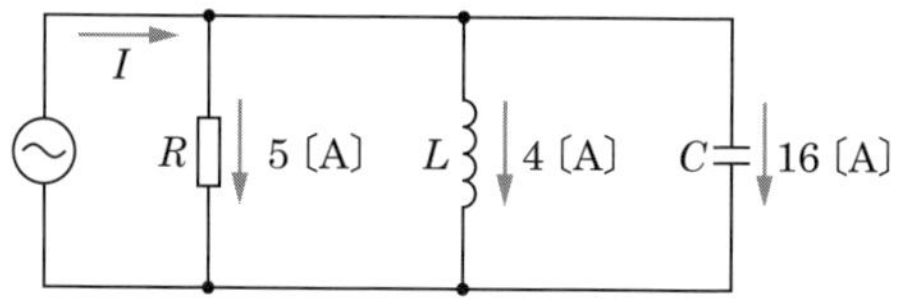

①　11　　②　13　　③　15　　④　17　　⑤　19

解説　抵抗とコイルやコンデンサのリアクタンスに流れる電流を I_R，I_L，I_C〔A〕とすると，回路を流れる電流 I〔A〕は，次式で表されます．

$$I=\sqrt{{I_R}^2+(I_C-I_L)^2}$$
$$=\sqrt{5^2+(16-4)^2}=\sqrt{5^2+12^2}$$
$$=\sqrt{25+144}=\sqrt{169}=\sqrt{13^2}=13\ 〔A〕$$

合成電流の大きさを求めるとき，I_C と I_L の計算は，どちらか大きい値から小さい値を引いてね．

解答　②

問 6 図に示す回路において，交流電流 I が 15 アンペアであるとき，抵抗 R に流れる電流 I_R は，[　　]アンペアである．

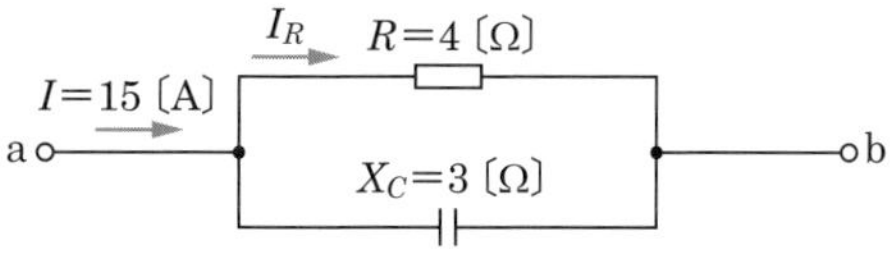

① 4　② 6　③ 9　④ 10　⑤ 12

解説 端子 a-b 間の抵抗とコンデンサのリアクタンスによる合成インピーダンス Z〔Ω〕を求めると

$$Z=\frac{1}{\sqrt{\dfrac{1}{R^2}+\dfrac{1}{X_C{}^2}}}=\frac{X_C R}{\sqrt{X_C{}^2+R^2}}$$

$$=\frac{3\times 4}{\sqrt{3^2+4^2}}=\frac{12}{\sqrt{25}}=\frac{12}{5}=2.4\ 〔\Omega〕$$

端子 a-b 間の交流電圧の大きさ V〔V〕は次式で表されます．

$$V=ZI=2.4\times 15=36\ 〔\mathrm{V}〕$$

抵抗を流れる電流 I_R〔A〕は，次式で表されます．

$$I_R=\frac{V}{R}=\frac{36}{4}=9\ 〔\mathrm{A}〕$$

解答 ③

問 7 図に示す回路において，端子 a-b 間に 45 ボルトの交流電圧を加えたとき，回路に流れる全電流 I は，[　　]アンペアである．

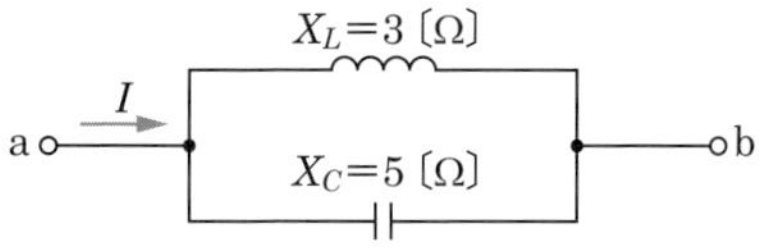

① 3　② 6　③ 9　④ 12　⑤ 15

解説 端子 a-b 間の交流電圧 V〔V〕を加えたとき，コイルのリアクタンス X_L〔Ω〕に流れる電流 I_L〔A〕は，次式で表されます．

$$I_L=\frac{V}{X_L}=\frac{45}{3}=15\ 〔\mathrm{A}〕$$

コンデンサのリアクタンス X_C〔Ω〕に流れる電流 I_C〔A〕は，次式で表されます．

$$I_C=\frac{V}{X_C}=\frac{45}{5}=9\ 〔\mathrm{A}〕$$

コイルとコンデンサを流れる電流は逆位相なので，回路に流れる全電流 I〔A〕はそれらの差で求めることができるから，次式で表されます．

$$I = I_L - I_C = 15 - 9 = 6 \text{〔A〕}$$

解答 ②

問 8 R オームの抵抗，L ヘンリーのコイル及び C ファラドのコンデンサを直列に接続した回路の共振周波数は，［　　］ヘルツである．

① $\dfrac{1}{2\pi\sqrt{LC}}$　② $\dfrac{R}{2\pi\sqrt{LC}}$　③ $\dfrac{1}{2\pi LC}$　④ $\dfrac{R}{2\pi LC}$　⑤ $\sqrt{\dfrac{1}{2\pi LC}}$

解説 直列共振回路の共振周波数 f_r〔Hz〕は，次式で表されます．

$$f_r = \frac{1}{2\pi\sqrt{LC}} \text{〔Hz〕}$$

解答 ①

問 9 正弦波交流電流の流れる回路における力率は，［　　］を皮相電力で除することで表される．

① 実効電流　② 実効電圧　③ 最大電力　④ 無効電力　⑤ 有効電力

解説 有効電力を P_a〔W〕，皮相電力を P_s〔VA〕とすると，力率 $\cos\theta$ は次式で表されます．

$$\cos\theta = \frac{P_a}{P_s}$$

力率 $\cos\theta$ は，**有効電力** P_a を皮相電力 P_s で除することで表されます．

解答 ⑤

問10 正弦波交流回路において，電流と電圧の位相差を小さくすれば，この回路の［　　］は，大きくなる．

① 皮相電力　② アドミタンス　③ 力率
④ 無効電力　⑤ インピーダンス

解説 電流と電圧の位相差を θ とすると，この回路の力率は $\cos\theta$ で表されます．

θ〔rad〕が $0 \sim \pi/2$ の区間において，$\cos\theta$ は $1 \sim 0$ の値をとるので，位相差 θ を小さくすれば，**力率**は大きくなります．

解答 ③

問11 正弦波交流電流の流れる抵抗 R とリアクタンス X の直列回路において，リアクタンス X の値がゼロのとき，力率は，[　　]となる．

① -1　② 0　③ 0.5　④ 1　⑤ 無限大

解説 抵抗 R とリアクタンス X の直列回路の合成インピーダンスの大きさ Z と力率 $\cos\theta$ は，次式で表されます．

$$Z=\sqrt{R^2+X^2}$$

$$\cos\theta=\frac{R}{Z}$$

$X=0$ のとき，$Z=R$ なので，力率 $\cos\theta=1$ となります．

X が大きくなると Z が大きくなるので力率 $\cos\theta$ は 1 より小さくなるよ．

解答 ④

問12 正弦波交流回路において，電圧の実効値を E ボルト，電流の実効値を I アンペア，電圧と電流の位相差を ϕ ラジアンとすると，この回路の[　　]電力は，$EI\sin\phi$ で表される．

① 瞬時　② 相対　③ 皮相　④ 有効　⑤ 無効

解説 **無効**電力 P_q〔var〕は次式で表されます．

$$P_q=EI\sin\phi\ \text{〔var〕}$$

解答 ⑤

重要
有効電力は
$P_a=EI\cos\phi$〔W〕
で表されます．

問13 図に示す回路の皮相電力は，[　　]ボルトアンペアである．

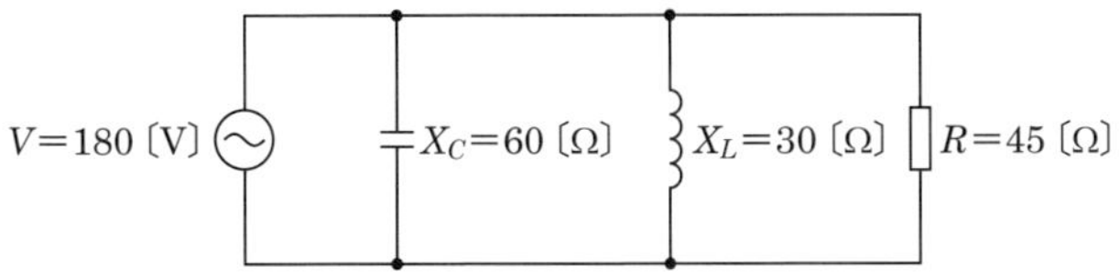

① 450　② 600　③ 750　④ 900　⑤ 1 050

解説 抵抗とコイルやコンデンサのリアクタンスに流れる電流 I_R, I_L, I_C〔A〕は，次式で表されます．

$$I_R=\frac{V}{R}=\frac{180}{45}=4\ \text{〔A〕}$$

$$I_L=\frac{V}{X_L}=\frac{180}{30}=6\ \text{〔A〕}$$

$$I_C=\frac{V}{X_C}=\frac{180}{60}=3\ \text{〔A〕}$$

I_L 回路を流れる電流 I〔A〕は，$I_L > I_C$ なので次式で表されます．

$$I = \sqrt{I_R{}^2 + (I_L - I_C)^2}$$
$$= \sqrt{4^2 + (6-3)^2} = \sqrt{4^2 + 3^2}$$
$$= \sqrt{16+9} = \sqrt{25} = 5 \text{〔A〕}$$

皮相電力 P_s〔VA〕は次式で表されます．

$$P_s = VI = 180 \times 5 = 900 \text{〔VA〕}$$

直角三角形の長さの整数比の3：4：5，6：8：10，……から求められる値が答えになることが多いよ．

解答　④

問14　電気回路において，ある定常状態から電流や電圧の変化により別の定常状態に変化するとき，その状態が安定した状態に落ち着くまでに時間がかかる．状態が落ち着くまでの間の現象は，［　　］現象といわれる．

①　過渡　②　飽和　③　波動　④　共鳴　⑤　共振

解説　定常状態に落ち着くまでの間の現象を**過渡**現象といいます．抵抗とコイルやコンデンサで構成された回路に，電圧を加えたとき，安定した定常状態になるまでに流れる電流の変化などの状態を表す現象です．

解答　①

1.5 半導体・ダイオード

出題のポイント

- 真性半導体，不純物半導体の種類と特性
- エネルギーバンド図の構成
- ダイオードの種類，特徴，用途
- ダイオードを用いた波形整形回路の動作

1 n形半導体・p形半導体

物質の電気伝導は，原子に存在する電子のうちの価電子帯の電子によります．不純物を含まない**真性半導体**の**ゲルマニウム**や**シリコン**は**4価**の価電子を持ち，**ヒ素**や**リン**など**5価**の価電子を持つ不純物を混ぜたものを**n形半導体**といいます．半導体の原子は隣り合う原子が電子を共有する**共有結合**している結晶構造ですが，**不純物を加えると**電子の過不足が生じることによりキャリアが発生し，**導電率が大きく**なります．n形半導体の電気伝導は，自由電子によって行われます．**ホウ素**や**インジウム**など**3価**の価電子を持つ不純物を混ぜたものは**p形半導体**と呼び，電気伝導は価電子が不足してプラスの電荷と考えることができる正孔（ホール）によって行われます．**n形半導体では自由電子**を，**p形半導体では正孔**（ホール）を**多数キャリア**と呼びます．少ない方のキャリアを**少数キャリア**と呼び，**n形半導体では正孔**が少数キャリア，**p形半導体では自由電子**が少数キャリアです．

シリコンなどの半導体は，導体と絶縁体の中間の抵抗率なので，半導体だね．

重要 シリコンは4価，リンは5価，インジウムは3価です．

また，正孔（ホール）はプラスの電荷，電子はマイナスの電荷を持っていますので，電流の向きと電子の移動する向きは逆向きです．p形半導体に加える不純物を**アクセプタ**，n形半導体に加える不純物を**ドナー**と呼びます．

重要 p形半導体の不純物はアクセプタ，n形半導体の不純物はドナーです．

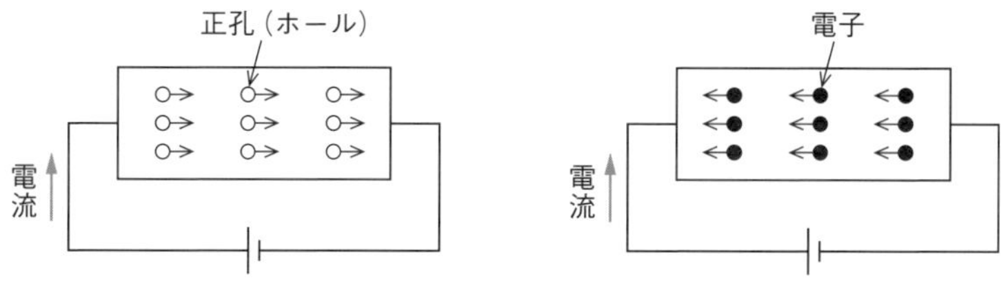

（a）p形半導体　（b）n形半導体

図1.37　半導体

半導体に電界を加えると，半導体中の自由電子や正孔は，電界によって発生する力によって，半導体中を移動します．この現象を**ドリフト**といいます．また，半導体中の自由電子や正孔に濃度差があるとき，濃度の高い方から低い方に自由電子や正孔が移動する現象を**拡散**といいます．

重要 自由電子や正孔が電界によって移動するのはドリフト，濃度差によって移動するのは拡散です．

図 1.38 に真性半導体，n 形半導体，p 形半導体のエネルギーバンド図を示します．真性半導体の電子は，**荷電子帯**に存在します．温度の上昇などによって電子のエネルギーが，禁止帯のエネルギーギャップを超えると電子は伝導帯に移動して電気伝導が行われます．n 形半導体では自由電子によって，p 形半導体ではホール（正孔）によって，電気伝導が行われます．図 1.38 のフェルミ準位は電子の存在確率の平均値を表し，真性半導体では禁止帯の中央のレベルです．

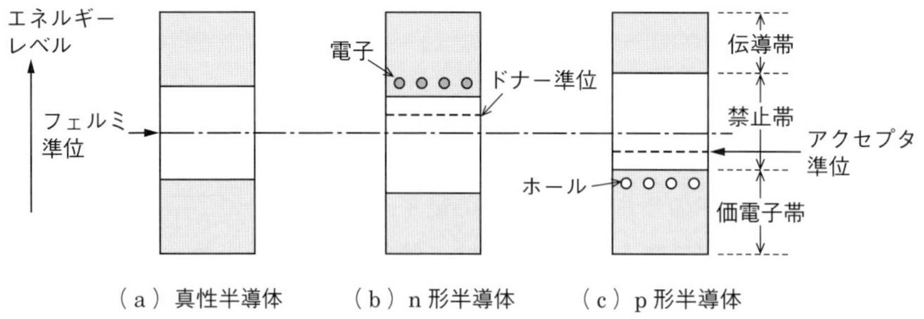

図 1.38　エネルギーバンド図

半導体は導体と絶縁体の間の抵抗率を持っています．一般に金属などの導体は，周囲温度が上昇すると抵抗率が大きくなりますが，半導体は周囲温度が上昇すると抵抗率が小さくなる特性を持っています．

2 ダイオード

p 形半導体と n 形半導体を接続した素子を**ダイオード**といい，記号を図 1.39 (a) に示します．pn 接合面では，正孔と自由電子が結合してキャリアが存在しない**空乏層**と呼ばれる領域が発生します．図 1.39 (b) のようにダイオードの p 形半導体に正，n 形半導体に負の向きの電圧を加えると電流が流れます．図 1.39 (c) のように電流の向きを逆にすると電流が流れない性質を持っています．**逆方向電圧を加えると** n 形半導体の多数キャリアの自由電子は電源の正（+）の電極に引かれ，p 形半導体の多数キャリアの正孔は負（−）の電極に引かれることによって，**空乏層が広がります**．

重要
キャリアの存在しない領域を空乏層といいます．
逆方向電圧を加えると空乏層は広がります．

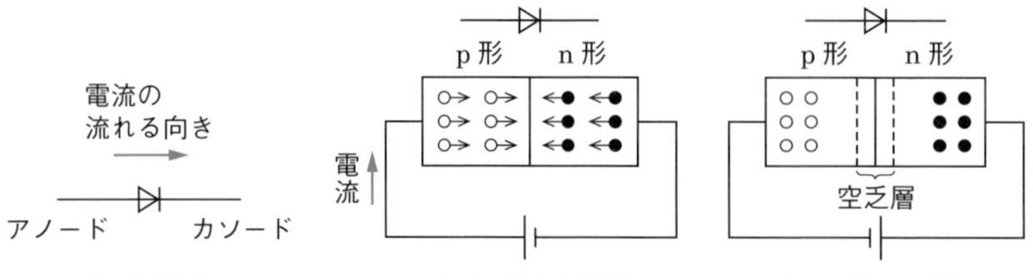

図 1.39　ダイオード

ダイオードの**順方向抵抗**は，**周囲温度が上昇すると小さくなる**特性を持っています．

各種ダイオードの名称や特徴を表 1.2 に示します．

表 1.2　各種ダイオードの名称と特徴

名称及び図記号	特　徴
接合ダイオード 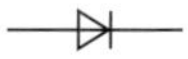	電源の整流用にはシリコンダイオードが用いられます．
点接触ダイオード 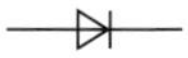	低い順方向電圧でも整流作用があるので，検波回路などに用いられます．
ツェナーダイオード 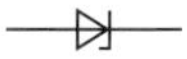	**逆方向電圧**を増加させていくと**ある値を超えると急激に電流が増加する**特性を持ちます．それを**降伏現象**といいます．このとき広い電流の範囲でダイオードの電圧がほぼ一定となるので定電圧回路に用いられます．
可変容量ダイオード（バラクタダイオード） 	逆方向電圧を加えるとダイオードが静電容量を持ち，**逆方向電圧**の大きさを変化させると**静電容量**が変化する特性を利用したダイオードです．
発光ダイオード（LED） 	**順方向電圧を加えて**，電流を流すと**発光する**特性を利用したダイオードです．
ホトダイオード 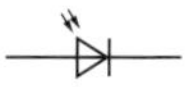	pn 接合部に**逆方向**電圧を加え，**光を照射すると**光の強さに応じて**電流が流れる**特性を利用した素子です．この現象を**光電効果**といいます．
アバランシホトダイオード 	電子なだれ増倍現象による電流増幅作用を利用した受光素子であり，光検出器などに用いられます．**電子なだれ増倍現象**をアバランシ効果といいます．
PIN ホトダイオード 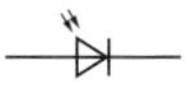	p 形半導体の p 層と n 形半導体の n 層の間に不純物濃度の低い i 層を設けた構造の受光素子で，動作電圧が低い特徴があります．
バリスタ 	ダイオードではありませんが，半導体を利用した素子です．酸化亜鉛などの半導体材料に添加物を加えたセラミックスで作られています．電圧が低いときは電流が流れませんが，**印加電圧がある値を超えると抵抗値が急激に低下**して電流が増大する特性を持ちます．

重要

ツェナーダイオードは，回路の電流が広い範囲で電圧を一定に保つ特性があります．

可変容量ダイオードに順方向電圧を加えると電流が流れるので，静電容量を持たないね．電流が流れない逆方向だね．

特性によって，個別の図記号があるダイオードもあるけど，同じ記号を用いるダイオードもあるよ．

重要

バリスタはダイオードのような極性がありません．電話器の衝撃性雑音やサージ電圧の吸収回路などに用いられます．

3 波形整形回路

入力波形の周期は変えずに，波形を整形する回路を**波形整形回路**といいます．波形整形回路には，次のような回路などがあります．

[1] クリップ回路

図 1.40 のダイオードを用いた回路は**クリップ回路**といいます．クリップ回路は入力波形の一部を切り取り，波形を整形することができます．図 1.40 (a) のように入力波形の電圧が低い部分を切り取るベースクリッパと図 1.40 (b) のように高い部分を切り取るピーククリッパがあります．

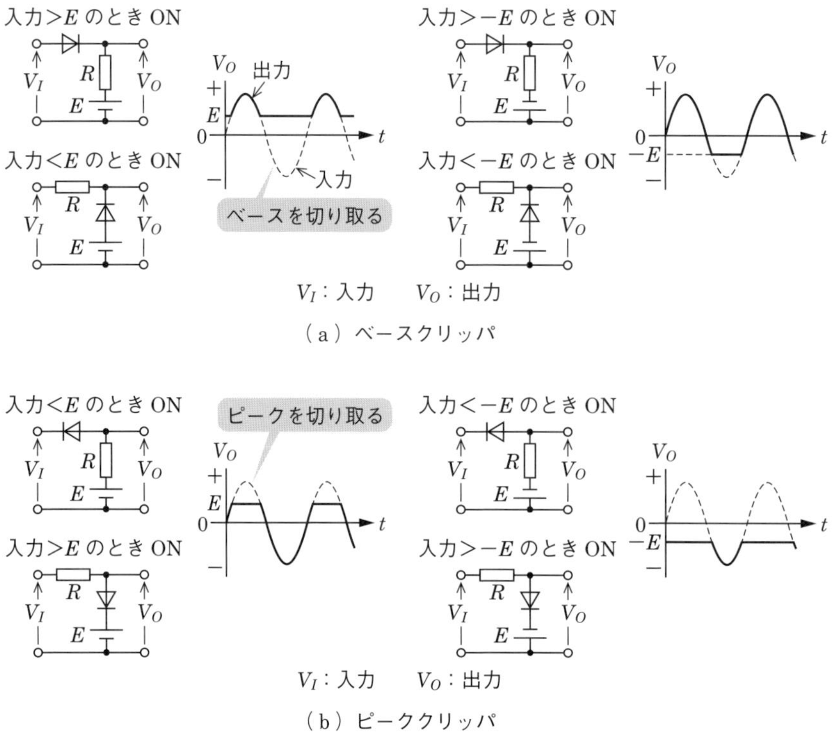

図 1.40　クリップ回路

重要

ダイオードに順方向電圧が加わると，ダイオードはスイッチを ON にしたときと等価的に動作します．逆方向電圧を加えると，ダイオードはスイッチが OFF になったときと等価的に動作します．

[2] スライサ回路

図 1.41 のように入力信号波形から，上の基準電圧以上と下の基準電圧以下を切り取り，上下の基準電圧の間に入る中央部の信号波形だけを取り出す回路を**スライサ回路**といいます．

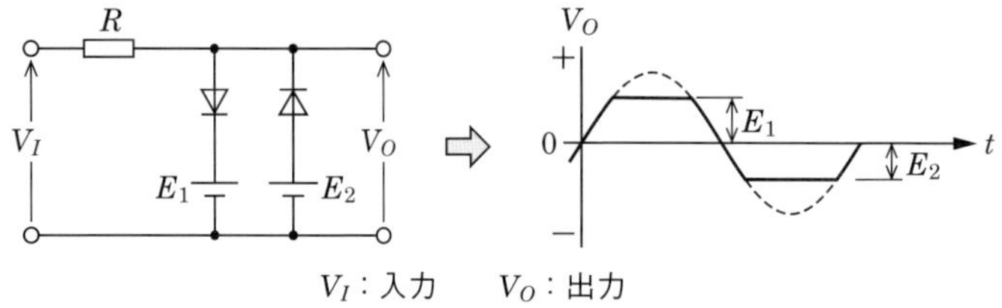

図 1.41　スライサ回路

スライサ回路はリミッタ回路ともいうよ．

[3] クランプ回路

図 1.42 は**クランプ回路**といいます．図の直流分付加正クランプ回路の出力波形は電源電圧 E〔V〕の値を最も低い値として変化する波形となります．

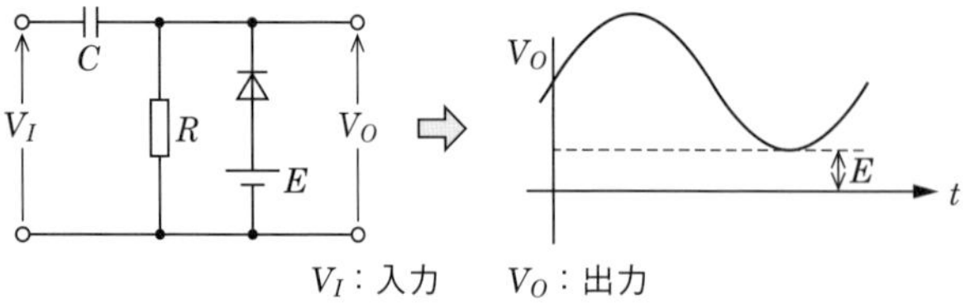

図 1.42　クランプ回路

ダイオードに加わる電圧が順方向ならダイオードをショートして，逆方向ならダイオードを切り離して考えればいいんだね．

問 1 半導体の結晶内において共有結合をしている電子は，□といわれるエネルギー帯にある．

① 価電子帯　② 伝導帯　③ 禁制帯　④ アクセプタ　⑤ ドナー

解説 半導体の原子は隣り合う原子が電子を共有する共有結合をしています．共有結合をしている電子は，**価電子帯**といわれるエネルギー帯にあります．なお，誤っている選択肢の禁制帯は電子が存在できない領域，伝導体は価電子帯の電子が遷移して移動する領域です．

解答 ①

問 2 半導体に電界を加えたとき，半導体中の正孔や自由電子が電界から力を受けて移動する現象は，□といわれる．

① 拡散　② ドリフト　③ 整合　④ リプル　⑤ 再結合

解説 半導体中の正孔や自由電子が電界から力を受けて移動する現象は，**ドリフト**といいます．電界は半導体の外部から加える電圧によって発生します．p 形半導体と n 形半導体を接合したトランジスタのコレクタ電極とエミッタ電極に接続された半導体内を移動するときの現象はドリフトです．

解答 ②

問 3 半導体中の自由電子又は正孔に濃度差があるとき，自由電子又は正孔が濃度の高いほうから低いほうに移動する現象は，□といわれる．

① 整合　② イオン化　③ 拡散　④ 再結合　⑤ 帰還

解説 自由電子又は正孔が濃度の高いほうから低いほうに移動する現象は，**拡散**といいます．p 形半導体と n 形半導体を接合したトランジスタのベース電極に接続された半導体内を移動するときの現象は拡散です．

解答 ③

問 4 半導体について述べた次の二つの記述は，□．

A　正孔が多数キャリアである p 形半導体と，自由電子が多数キャリアである n 形半導体は，いずれも真性半導体に不純物を加えて作られる．

B　p 形半導体に含まれる不純物はドナーといわれ，n 形半導体に含まれる不純物はアクセプタといわれる．

① A のみ正しい　② B のみ正しい

③ A も B も正しい　④ A も B も正しくない

解説　B：「p 形半導体に含まれる不純物は**ドナー**といわれ，n 形半導体に含まれる不純物は**アクセプタ**といわれる」ではなく，正しくは「p 形半導体に含まれる不純物は**アクセプタ**といわれ，n 形半導体に含まれる不純物は**ドナー**といわれる」です．

解答　①

p 形半導体は電子が不足していて，n 形半導体は電子が多いよ．アクセプタは受け取る意味で，ドナーは与える意味だよ．

問 5　p 形半導体では，［　　］価のシリコン（Si）の真性半導体に，3 価のインジウム（In）などの元素が微量に加えられていることにより，生成される正孔が電気伝導の主たる担い手となる．

①　2　　②　3　　③　4　　④　5　　⑤　6

解説　p 形半導体では，**4** 価のシリコン（Si）の真性半導体に，3 価のインジウム（In）などの元素が微量に加えられていることにより，生成される正孔が電気伝導の主たる担い手となります．p 形半導体に加えるインジウムなどの元素はドナーと呼ばれます．

解答　③

出る

下線の部分は，ほかの試験問題で穴埋めの字句として出題されています．

問 6　電子デバイスに使われる半導体には p 形と n 形があり，このうち n 形半導体は，4 価のシリコンなどの真性半導体に［　　］などの 5 価の元素を微量に加えて作られる．

①　アルミニウム　　②　ガリウム　　③　インジウム　　④　ホウ素　　⑤　リン

解説　n 形半導体は，4 価のシリコン（Si）などの真性半導体に，**リン**（P）などの 5 価の元素を微量に加えて作られます．n 形半導体に加えるリンなどの元素はアクセプタと呼ばれます．

解答　⑤

問 7　定電圧ダイオードは，逆方向に加えた電圧がある値を超えると，急激に電流が増加する［　　］現象を生じ，広い電流範囲で電圧を一定に保つ特性を有する．

①　降伏　　②　ドリフト　　③　誘導　　④　漏話　　⑤　発振

解説　定電圧ダイオードは，逆方向に加えた電圧がある値を超えると，急激に電流が増加する**降伏**現象を生じ，広い電流範囲で電圧を一定に保つ特性を有します．負荷に流れる電流が変化しても電圧を安定にすることができる定電圧回路などに用いられます．

解答　①

定電圧ダイオードは，ツェナーダイオードともいうよ．

問8 ホトダイオードは，＿＿電圧を加えたダイオードの pn 接合部に光が当たると，光の強さに応じた電流を生ずる半導体素子である．

① ベース　② コレクタ　③ トリガ　④ 順方向　⑤ 逆方向

解説 ホトダイオードは，**逆方向**電圧を加えたダイオードの pn 接合部に光が当たると，光の強さに応じた電流が生じます．光ファイバの受光素子などに用いられます．

解答 ⑤

重要
発光ダイオードは，順方向電圧を加えて電流が流れると発光します．

問9 アバランシホトダイオードは，＿＿による電流増幅作用を利用した受光素子であり，光検出器などに用いられる．

① マイクロ波　② トンネル効果　③ 励起光
④ ポッケルス効果　⑤ 電子なだれ増倍現象

解説 アバランシホトダイオードは，**電子なだれ増倍現象**による電流増幅作用を利用した受光素子であり，光検出器などに用いられます．電子なだれ増倍現象をアバランシ効果といいます．なお，誤った選択肢のトンネル効果とは，空乏層などの電位障壁を電子が通り抜け移動する現象です．ポッケルス効果とは，物質に電圧を加えると，屈折率が変化する現象です．

解答 ⑤

誤った選択肢のマイクロ波は，電波の周波数帯だよ．

問10 回路素子について述べた次の二つの記述は，＿＿．

A　バリスタは，印加電圧がある値を超えると，その抵抗値が急激に低下して電流が増大する非直線性の特性を持つ素子であり，電話機の衝撃性雑音の吸収回路などに用いられる．

B　可変容量ダイオードは，逆方向電圧の大きさにより，静電容量が変化する特性を持つ素子であり，周波数変調回路などに用いられる．

① A のみ正しい　② B のみ正しい
③ A も B も正しい　④ A も B も正しくない

解説　A：バリスタはダイオードのような極性がなく，電話器の衝撃性雑音やサージ電圧の吸収回路などに用いられます．

B：可変容量ダイオードは，逆方向電圧によって発生する空乏層が静電容量を持つ素子です．逆方向電圧によって静電容量を変化させることができるので，電圧によって共振回路の共振周波数を変化される特性を利用して，周波数変調回路などに用いられます．

解答　③

問11　サイリスタは，p 形と n 形の半導体を交互に二つ重ねた pnpn の 4 層構造を基本とした半導体[　　]素子であり，シリコン制御整流素子ともいわれる．

①　受光　　②　発光　　③　フィルタリング　　④　圧電　　⑤　スイッチング

解説　サイリスタは，pnpn の 4 層構造の半導体**スイッチング**素子です．ダイオードのようなアノードとカソードのほかに，ゲートの三つの電極を持ちます．ゲート-カソード間の電流によって，アノード-カソード間の整流動作を制御することができる素子です．

解答　⑤

問12　ダイオードについて述べた次の二つの記述は，[　　]．

A　ホトダイオードは，pn 接合面に光を照射すると光の強さに応じた電流が流れる現象を利用して光信号を電気信号に変換する半導体素子である．

B　定電圧ダイオードは，逆方向に加えた電圧がある値を超えると急激に電流が増加する降伏現象を生じ，広い電流範囲で電圧を一定に保つ特性を有する半導体素子である．

①　A のみ正しい　　②　B のみ正しい

③　A も B も正しい　　④　A も B も正しくない

解説　A：ホトダイオードは，光電効果を利用して光信号を電気信号に変換する機能を持つ半導体素子です．

B：定電圧ダイオードは，逆方向に加えた電圧がある値を超えると急激に電流が増加する降伏現象を利用した素子で，ツェナーダイオードとも呼ばれます．

解答　③

問13 半導体受光素子について述べた次の二つの記述は，［　　］．

A　アバランシホトダイオードは，電子なだれ増倍現象による電流増幅作用を利用した受光素子であり，光検出器などに用いられる．

B　PIN ホトダイオードは，3 層構造の受光素子であり，電流増幅作用は持たないが，アバランシホトダイオードと比較して動作電圧が低い．

① A のみ正しい　② B のみ正しい
③ A も B も正しい　④ A も B も正しくない

解説　A：アバランシホトダイオードは，電子なだれ増倍現象による電流増幅作用を利用した受光素子であり，光検出器などに用いられます．電子なだれ増倍現象をアバランシ効果といいます．

B：PIN ホトダイオードは，p 層と n 層の間に不純物濃度の低い i 層を設けた構造の 3 層構造の受光素子であり，電流増幅作用は持たないが，アバランシホトダイオードと比較して動作電圧が低い特徴があります．なお，i 層は不純物濃度が低濃度の p 形半導体又は n 形半導体の層です．

重要
PIN ホトダイオードは，i 層を設ける 3 層構造で動作電圧を低くしています．

解答 ③

問14 ダイオードを用いた波形整形回路において，入力信号波形から，上の基準電圧以上と下の基準電圧以下を切り取り，中央部（上下の基準電圧の間に入る部分）の信号波形だけを取り出す回路は，［　　］といわれる．

① ドライバ　② ピーククリッパ　③ ベースクリッパ
④ スライサ　⑤ フリップフロップ

解説　ダイオードを用いた波形整形回路において，中央の信号波形だけを取り出す回路は，**スライサ**といわれます．

入力信号波形から，上の基準電圧以上や下の基準電圧以下を切り取る回路はクリッパといわれます．

解答 ④

1.6 トランジスタ

出題のポイント

- ●トランジスタの各電極と流れる電流
- ●FETの構造と特性
- ●ICとメモリの種類

1 接合形トランジスタ

n 形半導体の間にきわめて薄い p 形半導体を接合したものを **npn 形トランジスタ**，p 形半導体の間にきわめて薄い n 形半導体を接合したものを **pnp 形トランジスタ**と呼び，これらを**接合形トランジスタ**（バイポーラトランジスタ）といいます．構造図及び記号を図 1.43 に示します．図の電極のうち，ベースとエミッタ間の電流をわずかに変化させると，コレクタとエミッタの間の電流を大きく変化させることができます．この特性を利用して増幅回路などに用いられます．

補足
一般に「トランジスタ」というと npn 形又は pnp 形の接合形トランジスタを指します．

補足
npn 形トランジスタは，B から E の向きに，C から E の向きに電流が流れます．

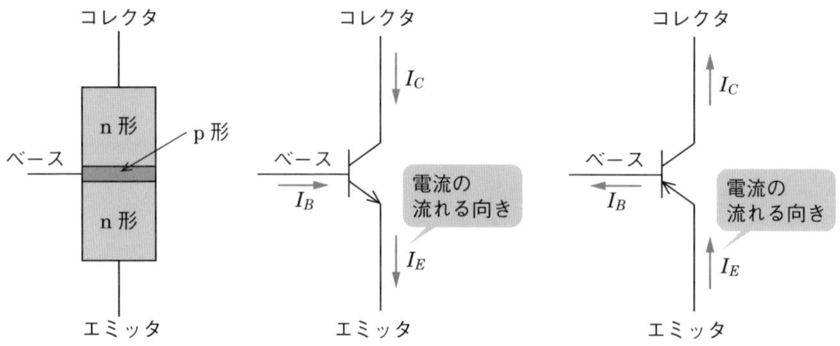

（a）npn 形構造図　（b）npn 形　（c）pnp 形

図 1.43　トランジスタ

トランジスタのベース電流を I_B，コレクタ電流を I_C，エミッタ電流を I_E とすると，次式の関係があります．

$$I_E = I_B + I_C \text{〔A〕} \tag{1.73}$$

重要
$I_E = I_B + I_C$
$I_B = I_E - I_C$
$I_C = I_E - I_B$

2 電界効果トランジスタ

図 1.44 のように n 形半導体で構成されたチャネルに p 形半導体のゲートを接合したものを **n チャネル接合形電界効果トランジスタ（FET）** といいま

す．図 1.44 の電極のうち，n 形半導体のドレインとソース間に電流を流して，ゲートに逆方向電圧を加えると，n 形半導体の内部に空乏層が発生して，n 形半導体の内部を移動する多数キャリアのチャネルが狭められることで，電流を制御することができます．よって，ソースとゲート間の電圧をわずかに変化させると，ソースとドレイン間の電流を大きく変化させることができます．この特性を利用して増幅回路などに用いられます．n 形半導体の多数キャリアの電子をゲートとソース間の加えた電圧による電界で制御するので，**電圧制御型トランジスタ**と呼ばれます．電界は**ゲートとソース間**の加えた電圧による空間の電位差によって発生します．また，接合形トランジスタは電流制御型トランジスタです．

重要

電界効果トランジスタは，多数キャリアをゲート電極に加えた電圧による電界で制御します．

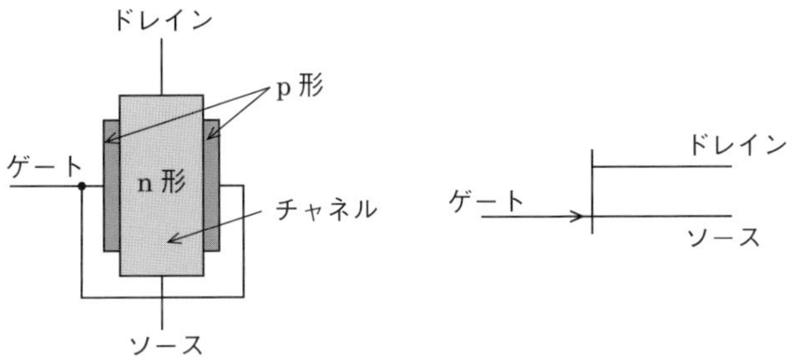

（a）構造図　（b）記号

図 1.44　n チャネル接合形 FET

電界効果トランジスタの電流が流れるチャネルは p 形又は n 形なので**ユニポーラ**（単極）**トランジスタ**といいます．これに対して，接合形トランジスタは，pn 接合間を電流が流れるので**バイポーラ**（2 極）**トランジスタ**といいます．

重要

電界効果トランジスタは，ユニポーラトランジスタといいます．

FET には，図 1.45 のような接合形 FET や MOS 型 FET があります．

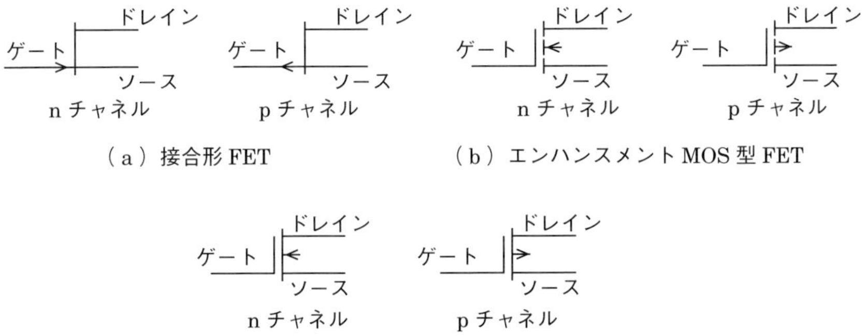

（a）接合形 FET　（b）エンハンスメント MOS 型 FET

（c）デプレッション MOS 型 FET

図 1.45　FET の図記号

補足

図記号の矢印はチャネルが p 形か n 形かを表します．矢印は p 形から n 形の半導体に電流が流れる向きを表すので，チャネルに内向きの矢印が付いているときは，チャネルに電流が流れ込む向きを表し n チャネル形，チャネルに外向きの矢印が付いているときは p チャネル形です．

接合形 FET は，ゲートに電圧を加えない状態でドレイン－ソース間に電圧を加えると電流が流れ，ゲートに電圧を加えるとその電流が減少します．同様にデプレッション（減少）MOS 型 FET もゲート電圧を加えると電流が減少

します．エンハンスメント（増大）MOS 型 FET は，ゲートに電圧を加えない状態ではドレイン－ソース間の電流が流れませんが，ゲートに電圧を加えると電流が流れます．

3 IC

半導体の集積回路を **IC** と呼びます．IC は用いられる半導体素子の種類によって，バイポーラ型 IC 又はユニポーラ型 IC に分類されます．ユニポーラ型 IC の代表的なものに MOS 型 FET を用いた MOS 型 IC があります．

記憶素子（メモリ）は IC で構成され，データやプログラムを格納する素子として利用されています．データなどを随時読み書き可能なメモリを **RAM**（Random Access Memory），読み出し専用のメモリを **ROM**（Read Only Memory）と呼びます．**EPROM**（Erasable Programmable Read Only Memory）は，紫外線を照射することにより記憶内容を消去し，データの書き直しをすることができます．RAM のうち一定時間ごとにデータのリフレッシュ（再書き込み）が必要な RAM を**揮発性メモリ**と呼び，その一つに **DRAM**（Dynamic RAM）があります．DRAM の記憶素子は，一つの半導体と一つのコンデンサで構成されています．コンデンサに電荷を蓄えておくことにより 1 ビットの情報を保持していますが，電荷が時間とともに減少するので，一定時間ごとにデータの再書き込みが必要となります．データのリフレッシュが不要なメモリを**不揮発性メモリ**と呼び，その一つに **SRAM**（Static RAM）があります．SRAM と同様に読み書きのできるメモリで，読み書きの速度が遅いので USB メモリや SD メモリーカードなどの外部記憶装置に用いられるメモリを**フラッシュメモリ**といいます．

重要
EPROM は，紫外線の照射で記憶内容を消去できます．

重要
フラッシュメモリは，電気的にデータの消去と書き換えを繰り返すことができます．

ある特定の用途のために設計，製造された集積回路を **ASIC**（Application Specific Integrated Circuit）又は特定用途向け集積回路といいます．ゲートアレイなどで構成され，デバイス同士の接続箇所を減らすことができるので，故障を減らし，大量生産時のコストを下げることができるなどの特徴があります．

問 1 電界効果トランジスタについて述べた次の二つの記述は，［　　］．

A　電界効果トランジスタは，電子又は正孔のどちらか一方をキャリアとするので，ユニポーラトランジスタともいわれる．

B　電界効果トランジスタは，ドレーン-ソース間にチャネルといわれる電流の通路があり，ゲートに加える電流によって出力電圧が制御される．

①　A のみ正しい　　②　B のみ正しい

③　A も B も正しい　　④　A も B も正しくない

解説　B：「ゲートに加える**電流**によって出力**電圧**が制御される」ではなく，正しくは「ゲートに加える**電圧**によって出力**電流**が制御される」です．

解答　①

問2　接合型電界効果トランジスタは，半導体内部の多数キャリアの流れを，［　　　］電極に加える電圧により制御する半導体素子である．

① ドレイン　② ゲート　③ ベース　④ ソース

解説　接合型電界効果トランジスタは，ドレイン，ゲート，ソースの三つの電極を持ち，半導体内部の多数キャリアの流れを，**ゲート**電極に加える電圧により制御する半導体素子です．ゲート電極に加えた逆方向電圧によって，半導体内部の多数キャリアが流れるチャネルを狭くすることで，電流を制御します．

解答　②

問3　代表的な半導体メモリである［　　　］の記憶素子を構成する基本単位となるメモリセルは，MOSFET 1 個とコンデンサ 1 個から構成され，コンデンサに電荷があるときは 1，電荷がないときは 0 として記憶される．

① CCD　② DRAM　③ SRAM　④ ROM　⑤ フラッシュメモリ

解説　代表的な半導体メモリである **DRAM**（Dynamic Random Access Memory）の記憶素子を構成する基本単位となるメモリセルは，MOSFET 1 個とコンデンサ 1 個から構成されています．DRAM は揮発性メモリで，不揮発性メモリには SDRAM があります．

解答　②

問4　DRAM はコンデンサに電荷を蓄えておくことにより情報を保持しているが，この電荷は時間とともに減少するためそのまま放置しておくと情報が失われる．このため［　　　］といわれる再書き込みが行われる．

① リフレッシュ　② バックアップ　③ ミラーリング
④ ライトバック　⑤ ライトスルー

解説　DRAM はコンデンサに電荷を蓄えておくことにより情報を保持しています．この電荷は時間とともに減少するためそのまま放置しておくと情報が失われます．このため一定時間ごとにデータの再書き込みが必要です．それを**リフレッシュ**といいます．

解答　①

問5 半導体メモリのうち，紫外線を照射することにより記憶内容を消去し，書き直しができるようにしたものは，□といわれる．

① マスク ROM　② SRAM　③ EPROM
④ DRAM　⑤ フラッシュメモリ

解説 半導体メモリのうち，紫外線を照射することにより記憶内容を消去し，書き直しができるようにしたものは，**EPROM**（Erasable Programmable Read Only Memory）といわれます．

解答 ③

問6 USB メモリ，SD カードなどに用いられる□は，電気的にデータの消去と書換えを繰り返すことができる半導体メモリである．

① DRAM　② DVD-RAM　③ ROM
④ ASIC　⑤ フラッシュメモリ

解説 USB メモリ，SD メモリカードなどに用いられる**フラッシュメモリ**は，電気的にデータの消去と書き換えを繰り返すことができる不揮発性の半導体メモリです．

解答 ⑤

問7 ある特定の用途のために設計，製造された集積回路は，一般に，□といわれ，ゲートアレイなどがある．

① CMOS　② HEMT　③ VLSI　④ DRAM　⑤ ASIC

解説 ある特定の用途のために設計，製造された集積回路は，一般に，**ASIC**（Application Specific Integrated Circuit）又は特定用途向け集積回路といわれ，ゲートアレイなどがあります．デバイス同士の接続箇所を減らすことができるので，故障を減らすことができるなどの特徴があります．

解答 ⑤

1.7 電子回路

出題のポイント

- トランジスタの電流増幅率の求め方
- トランジスタの各電極の電圧と電流の静特性
- トランジスタ増幅回路の接地方式と特徴
- トランジスタのバイアス回路
- トランジスタのスイッチング動作
- 帰還増幅回路の特性

1 トランジスタ増幅回路

トランジスタは，ベース電流の変化に伴って，コレクタ電流を大きく変化する増幅作用があります．小さい振幅の信号をより大きな振幅の信号にするための電子回路を**増幅回路**と呼びます．

トランジスタは，小さなベース電流の変化でコレクタ電流を大きく変化させることができるので，増幅作用があるんだね．

[1] 接地方式

トランジスタのどの電極を入力側と出力側で共通に使用するかを**接地方式**といい，ベース接地増幅回路，エミッタ接地増幅回路，コレクタ接地増幅回路があります．各接地方式を図 1.46 に示します．

重要

入力側と出力側で共通に使う電極の名称が接地方式の名称になります．

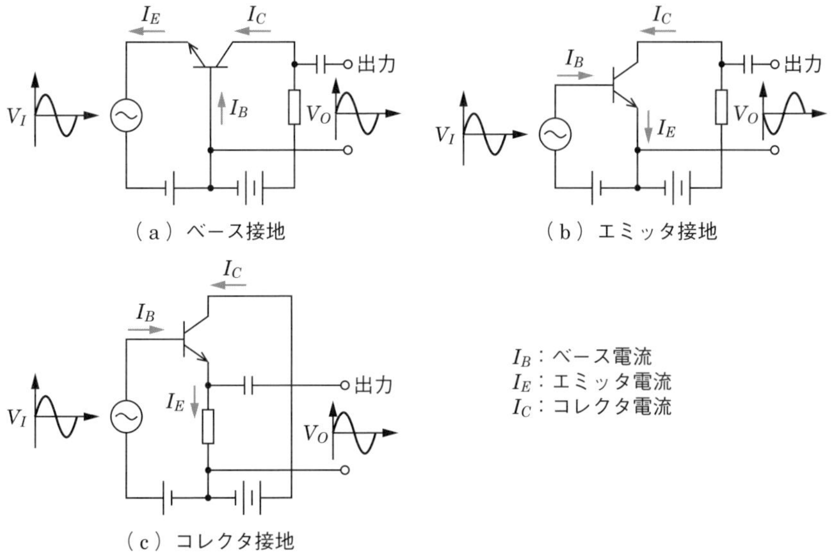

図 1.46　接地方式

補足

エミッタ接地増幅回路において，入力電圧 V_I が最大になるとベース電流 I_B とコレクタ電流 I_C は最大になります．このとき，V_O は最小になります．

直流電源自体のインピーダンスは 0〔Ω〕なので，交流増幅回路では，直流電源は短絡していると見なして，図 1.46（c）はコレクタ接地増幅回路と呼びます．

[2] 電流増幅率

出力電流と入力電流の比を**電流増幅率**といいます．図 1.46 (a) のベース接地増幅回路において，エミッタ電流の変化分を I_E〔A〕，コレクタ電流の変化分を I_C〔A〕とすると，ベース接地増幅回路の電流増幅率 α は，次式で表されます．

$$\alpha = \frac{I_C}{I_E} \tag{1.74}$$

図 1.46 (b) のエミッタ接地増幅回路において，ベース電流の変化分を I_B〔A〕，コレクタ電流の変化分を I_C〔A〕とすると，エミッタ接地増幅回路の電流増幅率 β は次式で表されます．

$$\beta = \frac{I_C}{I_B} \qquad I_C \text{ を求めるときは} \quad I_C = \beta I_B \text{〔A〕} \tag{1.75}$$

重要
ベース接地電流増幅率
$\alpha = \frac{I_C}{I_E}$
エミッタ接地電流増幅率
$\beta = \frac{I_C}{I_B}$

β はトランジスタの特性を表す h パラメータによって h_{FE} の記号で表されることがあります．β は，かなり大きい 100 くらいの値を持ち，α は 1 より小さい 0.99 くらいの値を持ちます．エミッタ接地増幅回路は，入力のベース電流を小さく変化させるとコレクタ電流を大きく変化させることができるので，増幅回路として用いることができます．

[3] 静特性

エミッタ接地増幅回路の各電極間に加える直流電圧と電流を変化させたときの特性曲線の例を図 1.47 に示します．図 1.47 において，第 1 象限の $V_{CE} - I_C$ 特性曲線は**出力特性**で，第 3 象限の $I_B - V_{BE}$ 特性曲線は入力特性です．

第 1 象限の $V_{CE} - I_C$ 特性曲線は，I_B の値 I_{B1} から I_{B5} の一定の値に設定して，V_{CE} を変化させたときの I_C の特性です．

第 2 象限の $I_B - I_C$ 特性曲線は，V_{BE} を一定の値に設定して，I_B を変化させたときの I_C の特性です．この曲線において，I_B の微小変化を ΔI_B，I_C の微小変化を ΔI_C とすると，次式で表されます．

一般的なトランジスタでは，I_B の単位は〔μA〕，I_C の単位は〔mA〕，V_{BE} と V_{CE} の単位は〔V〕だよ．V_{BE} の範囲は 1〔V〕以下で，V_{CE} の範囲は数 10〔V〕以下だよ．

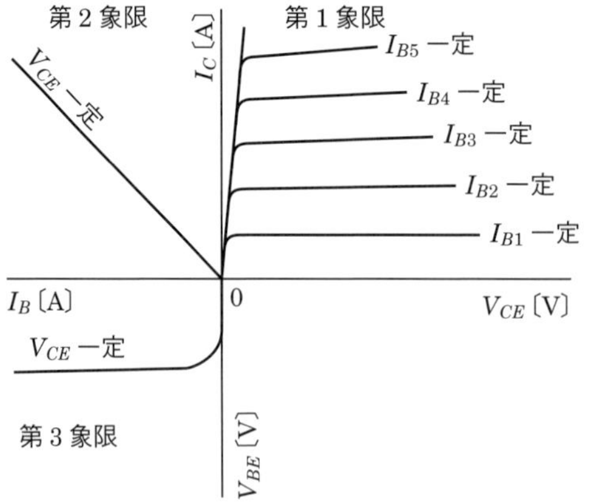

図 1.47　トランジスタの静特性

補足
直流の電圧と電流で測定した特性を静特性といいます．

$$h_{FE} = \frac{\Delta I_C}{\Delta I_B} \tag{1.76}$$

式（1.76）で表される h_{FE} を**電流増幅率**といいます．また，この特性を**電流伝達特性**ともいいます．

第 3 象限の $V_{BE} - I_B$ 特性曲線は，V_{BE} の値を変化させたときの I_B の特性です．この曲線において，V_{BE} の微小変化を ΔV_{BE}, I_B の微小変化を ΔI_B とすると，次式で表されます．

$$h_{IE} = \frac{\Delta V_{BE}}{\Delta I_B} \tag{1.77}$$

式（1.77）で表される h_{IE} を**入力インピーダンス**といいます．

I_B を一定な値に設定して，V_{BE} の微小変化を ΔV_{BE}，V_{CE} の微小変化を ΔV_{CE} とすると，次式で表されます．

$$h_{OE} = \frac{\Delta V_{CE}}{\Delta V_{BE}} \tag{1.78}$$

式（1.78）で表される h_{OE} を**電圧帰還率**といいます．

［4］各接地方式の特徴

① **ベース接地**：**電流増幅度が 1 より小さい（ほぼ 1）．入力インピーダンスが低い．出力インピーダンスが高い**．出力から入力の帰還が少ない．入力電圧と出力電圧は同位相．

② **エミッタ接地**：電流増幅度が大きい．**電力増幅度が大きい**．入力電圧と出力電圧は**逆位相**．

③ **コレクタ接地**：電圧増幅度が 1 より小さい（ほぼ 1）．**入力インピーダンスが高い．出力インピーダンスが低い**．入力電圧と出力電圧は同位相．エミッタホロワ回路とも呼ぶ．

［5］動作点

トランジスタは，ダイオードと同じように片方向にしか電流が流れません．そこで + − に変化する交流信号を増幅するためには，図 1.48（a）のように入力信号電圧に直流電圧を加えてベース電圧とします．この加える電圧のことを**バイアス電圧**といいます．また，図 1.48（b）の点 P_A，P_B，P_C のことを**動作点**といい，この動作点の位置によって増幅回路は A 級，B 級，C 級の 3 種類に分類することができます．

A 級増幅回路は入力信号の全周期の信号を増幅することができますが，B 級や C 級増幅回路では，入力信号の一部しか増幅することができません．そこで，主に B 級増幅回路は正と負の半周期ずつ別なトランジスタで増幅するプッシュプル増幅回路に用いられ，C 級増幅回路は出力に基本波を通過させるフィルタを設けた高周波増幅回路に用いられます．

トランジスタの出力特性は，電圧を大きくしていっても電流の値がほぼ変わらない特性だよ．増幅回路は，電流の値がほぼ変わらない範囲で用いられるよ．

重要

ベース接地は，入力インピーダンスが低く，出力インピーダンスが高い．
コレクタ接地は，入力インピーダンスが高く，出力インピーダンスが低い．

交流の特性は，抵抗ではなくインピーダンスで表すよ．

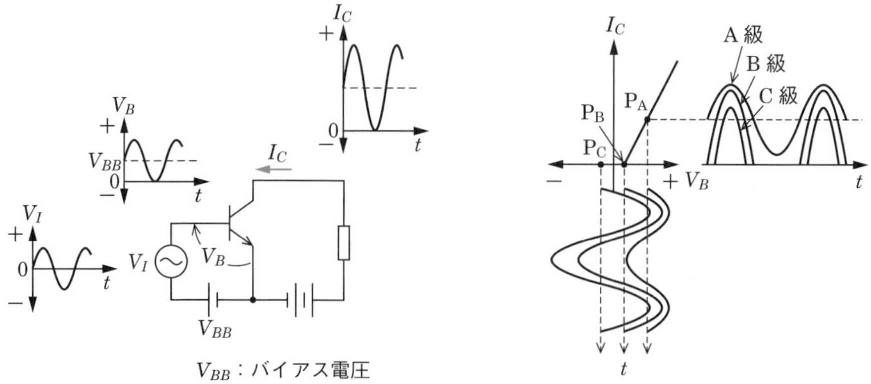

（a）バイアス回路　　（b）動作点

図 1.48　増幅回路の動作点

［6］バイアス回路

バイアス回路は**トランジスタの動作点を設定する**ために，ベースに**直流電流を供給する**ときに必要な回路です．ベースのバイアス電圧として，コレクタ側の電源を使用するために用いられるバイアス回路の種類を図 1.49 に示します．トランジスタの特性の違いや温度変化などで動作点が変化しますが，固定バイアス回路はそれらの影響を受けやすく，電流帰還バイアス回路が最も安定に動作します．

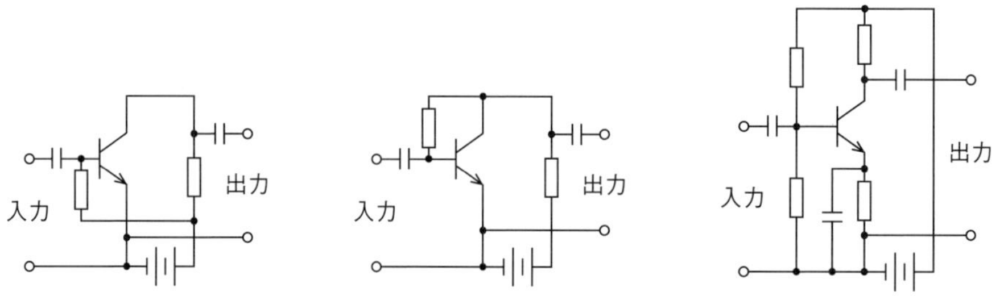

（a）固定バイアス回路　（b）自己バイアス回路　（c）電流帰還バイアス回路

図 1.49　バイアス回路の種類

図 1.49 のトランジスタ増幅回路では，入力端子からコンデンサを通してベース-エミッタ間に交流信号が加えられます．出力側のコレクタ-エミッタ間の電圧は，コンデンサを通して，出力端子に交流信号が出力されます．これらのコンデンサを用いることによって，バイアス回路の動作に影響を与えることなく，交流信号を増幅することができます．

［7］スイッチング動作

エミッタ接地増幅回路において，トランジスタにベース電流 I_B を流さないとコレクタ-エミッタ間の抵抗値は非常に大きな値になります．ベース電流 I_B

を十分大きく流すとコレクタ電流 I_C が I_B の電流増幅率 β 倍の範囲（$I_C = \beta I_B$）において，コレクタ-エミッタ間の抵抗値は非常に小さな値を持ちます．この状態をトランジスタの**飽和領域**といいます．このときコレクタ-エミッタ間の電圧はほぼ 0〔V〕となります．

図 1.50 のように，入力電圧 V_I を加えてベース電流を ON-OFF させることによって，コレクタ-エミッタ間をあたかもスイッチのような回路として動作させることができます．これを**トランジスタのスイッチング動作**と呼びます．

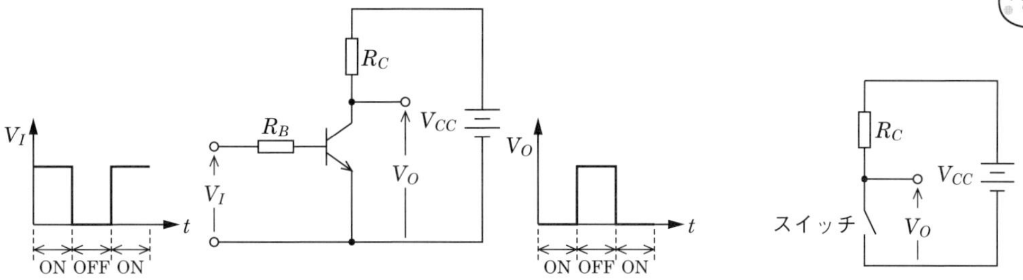

（a）トランジスタ回路　（b）等価回路

図 1.50　スイッチング動作

2 負帰還増幅回路

図 1.51 の帰還増幅回路において，出力電圧 V_O を帰還回路を通して入力と逆位相の電圧 $-V_F$ で入力に戻すことを**負帰還**といいます．負帰還をかけると負帰還増幅回路の増幅度は小さくなりますが，増幅回路を安定に動作させることができ，出力インピーダンスや入力インピーダンスを変えることができます．また，周波数特性が改善され周波数帯域幅が広くなる，雑音やひずみが減少するなどの特徴があります．

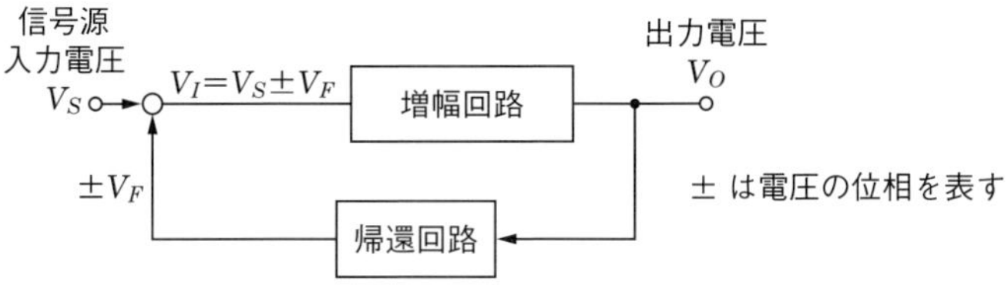

図 1.51　帰還増幅回路

3 正帰還増幅回路

出力電圧を帰還回路で同位相で入力に戻すことを**正帰還**といいます．正帰還をかけると出力に含まれる雑音などが帰還され，回路の特性で決まる特定の周波数の出力電圧が出力に現れます．これを**発振回路**と呼びます．

問 1　トランジスタ増幅回路を接地方式により分類したとき，入力インピーダンスが最も小さく，出力インピーダンスが最も大きいものは，［　　］接地の回路である．

①　コレクタ　　②　エミッタ　　③　ベース　　④　カソード　　⑤　アノード

解説　トランジスタの接地方式により分類したとき，入力インピーダンスが最も小さく，出力インピーダンスが最も大きいものは，**ベース**接地の回路です．ベース接地の回路は，ベースを入出力の共通電極（接地）として，エミッタとベース間に入力電圧を加えて，コレクタとベース間に出力されます．

解答　③

問 2　トランジスタ回路を接地方式により分類したとき，入力インピーダンスが高く，出力インピーダンスが低いため，インピーダンス変換回路として用いられるものは，［　　］接地方式である．

①　エミッタ　　②　コレクタ　　③　ベース　　④　ソース　　⑤　ゲート

解説　トランジスタの接地方式により分類したとき，入力インピーダンスが高く，出力インピーダンスが低いため，インピーダンス変換回路として用いられるものは，**コレクタ**接地方式です．コレクタ接地方式は，コレクタを入出力の共通電極（接地）として，ベースとコレクタ間に入力電圧を加えて，エミッタとコレクタ間に出力されます．

解答　②

問 3　ベース接地トランジスタ回路の電流増幅率が 0.97 で，エミッタ電流が 4 ミリアンペアのとき，ベース電流は，［　　］ミリアンペアとなる．

①　0.12　　②　3.88　　③　4.97　　④　120　　⑤　388

解説　エミッタ電流を I_E，コレクタ電流を I_C とすると，ベース接地トランジスタ回路の電流増幅率 α は，次式で表されます．

$$\alpha = \frac{I_C}{I_E} \quad ①$$

ベース電流を I_B とすると，次式の関係があります．

$$I_B = I_E - I_C \quad ②$$

式①より，$I_C = \alpha I_E$ なので，これを式②に代入して I_B〔mA〕を求めると

$$I_B = I_E - \alpha I_E = (1 - \alpha) I_E$$
$$= (1 - 0.97) \times 4 = 0.03 \times 4 = 0.12 \text{〔mA〕}$$

解答　①

問 4 トランジスタの静特性の一つである入力特性は，エミッタ接地方式において，コレクタ-エミッタ間の電圧 V_{CE} を一定に保ったときの［　　］とベース電流 I_B との関係を示したものである.

① コレクタ電流 I_C　② ベース-エミッタ間の電圧 V_{BE}
③ エミッタ電流 I_E　④ ベース-コレクタ間の電圧 V_{BC}

解説 トランジスタの静特性の一つである入力特性は，エミッタ接地方式において，コレクタ-エミッタ間の電圧 V_{CE} を一定に保ったときの**ベース-エミッタ間の電圧 V_{BE}** とベース電流 I_B との関係を示したものです．入力特性の曲線の変化より入力インピーダンスを求めることができます.

解答 ②

問 5 トランジスタの静特性のうち，エミッタ接地方式においてコレクタ-エミッタ間の電圧 V_{CE} を一定に保ったときのベース電流 I_B とコレクタ電流 I_C との関係を示したものは，［　　］特性といわれる.

① 電圧帰還　② 電流伝達　③ 入力　④ 出力　⑤ 変調

解説 トランジスタの静特性のうち，エミッタ接地方式においてコレクタ-エミッタ間の電圧 V_{CE} を一定に保ったときのベース電流 I_B とコレクタ電流 I_C との関係を示したものは，**電流伝達**特性といわれます．電流伝達特性の曲線の変化よりエミッタ接地電流増幅率を求めることができます.

解答 ②

問 6 トランジスタの静特性のうち，エミッタ接地方式においてベース電流 I_B を一定に保ったときのコレクタ電流 I_C とコレクタ-エミッタ間の電圧 V_{CE} との関係を示したものは，V_{CE}-I_C 特性又は［　　］特性といわれる.

① 電圧帰還　② 電流伝達　③ 入力　④ 出力　⑤ 増幅

解説 トランジスタの静特性のうち，エミッタ接地方式においてベース電流 I_B を一定に保ったときのコレクタ電流 I_C とコレクタ-エミッタ間の電圧 V_{CE} との関係を示したものは，V_{CE}-I_C 特性又は**出力**特性といわれます．出力特性の曲線の変化より出力アドミタンスを求めることができます.

解答 ④

問 7

トランジスタによる増幅回路を構成する場合のバイアス回路は，トランジスタの［　　　］の設定を行うために必要な直流電流を供給するために用いられる．

① 発振周波数　② 遮断周波数　③ 飽和点　④ 動作点　⑤ 降伏電圧

解説 トランジスタによる増幅回路を構成する場合のバイアス回路は，トランジスタの**動作点**の設定を行うために必要な直流電流を供給するために用いられます．トランジスタ増幅回路で，正負に変化する交流電流を増幅するために，動作点の値の直流電流を流します．

解答 ④

問 8

トランジスタ増幅回路で出力信号を取り出す場合には，バイアス回路への影響がないようにコンデンサを通して［　　　］のみを取り出す方法がある．

① 高調波成分　② 雑音成分　③ 直流分　④ 交流分　⑤ 漏話信号分

解説 トランジスタ増幅回路で出力信号を取り出す場合には，バイアス回路への影響がないようにコンデンサを通して**交流分**のみを取り出す方法があります．コンデンサのリアクタンスは直流では無限大となるので，直流成分と交流成分の加わったトランジスタの出力電圧から，コンデンサを直列接続した出力から交流分のみを取り出すことができます．このとき，コンデンサのリアクタンスを交流分の周波数において十分に小さい値とします．

解答 ④

問 9

図に示すトランジスタ回路において，V_{CC} が 18 ボルト，R_C が 4 キロオームのとき，コレクタ-エミッタ間の電圧 V_{CE} は，［　　　］ボルトである．ただし，直流電流増幅率 h_{FE} を 80，ベース電流 I_B を 25 マイクロアンペアとする．

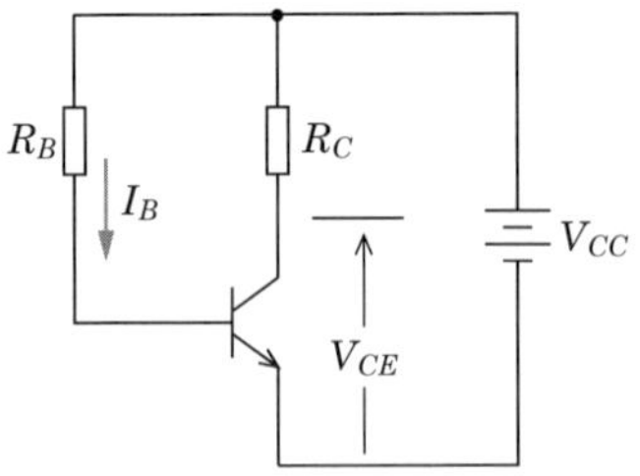

① 4　② 6　③ 8　④ 10　⑤ 12

解説 直流電流増幅率 $h_{FE}=80$，ベース電流 $I_B=25$〔μA〕$=25\times10^{-6}$〔A〕より，コレクタ電流 I_C〔A〕は次式で表されます．

$$I_C=h_{FE}I_B=80\times25\times10^{-6}=2\,000\times10^{-6}=2\times10^{-3}\ 〔A〕$$

コレクタ抵抗 $R_C=4$〔kΩ〕$=4\times10^3$〔Ω〕の電圧降下 V_C〔V〕は，次式で表されます．

$$V_C=R_CI_C=4\times10^3\times2\times10^{-3}=8\times10^{3-3}=8\ 〔V〕$$

コレクタ-エミッタ間の電圧 V_{CE}〔V〕は，次式で表されます．

$$V_{CE}=V_{CC}-V_C=18-8=10\ 〔V〕$$

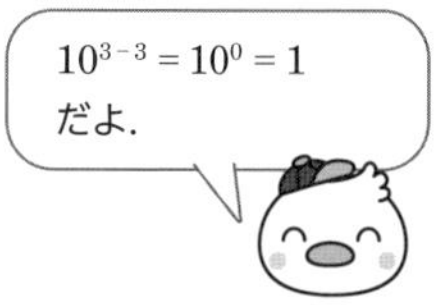

解答 ④

問10 図に示すトランジスタ増幅回路において，V_B を 2 ボルト，V_C を 9 ボルト，R_B を 30 キロオーム，R_C を 1 キロオーム，電流増幅率 β を 100，ベース-エミッタ間の電圧 V_{BE} を 0.8 ボルトとするとき，コレクタ-エミッタ間の電圧 V_{CE} は，［　　］ボルトである．

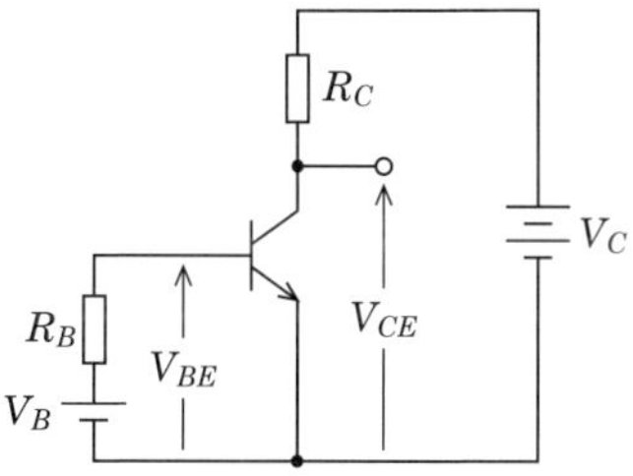

① 2　② 4　③ 5　④ 6　⑤ 7

解説 ベース側の回路において，$V_B=2$〔V〕，$R_B=30$〔kΩ〕$=30\times10^3$〔Ω〕，$V_{BE}=0.8$〔V〕より，ベース電流 I_B〔A〕は次式で表されます．

$$I_B=\frac{V_B-V_{BE}}{R_B}=\frac{2-0.8}{30\times10^3}=\frac{1.2}{30}\times10^{-3}=0.04\times10^{-3}\ 〔A〕$$

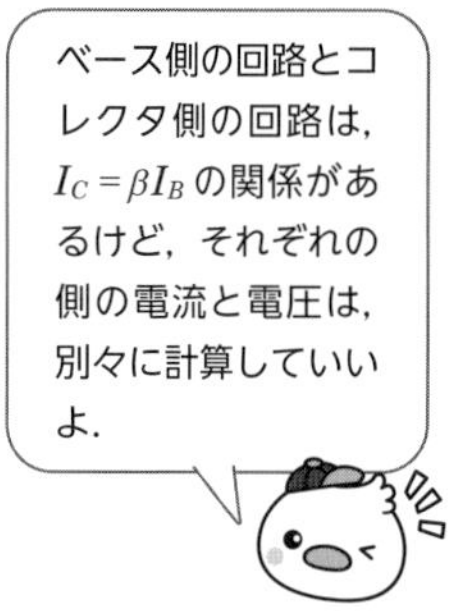

電流増幅率 $\beta=100$，$I_B=0.04\times10^{-3}$〔A〕より，コレクタ電流 I_C〔A〕は次式で表されます．

$$I_C=\beta I_B=100\times0.04\times10^{-3}=4\times10^{-3}\ 〔A〕$$

コレクタ抵抗 $R_C=1$〔kΩ〕$=1\times10^3$〔Ω〕の電圧降下 V〔V〕は，次式で表されます．

$$V=R_CI_C=1\times10^3\times4\times10^{-3}=4\times10^{3-3}=4\ 〔V〕$$

コレクタ-エミッタ間の電圧 V_{CE}〔V〕は，次式で表されます．

$$V_{CE}=V_C-V=9-4=5\ 〔V〕$$

解答 ③

問11 図1に示すトランジスタ増幅回路において，この回路のトランジスタの各特性が図2及び図3で示すものであるとき，コレクタ-エミッタ間の電圧 V_{CE} は，[　　] ボルトとなる．ただし，抵抗 R_1 は100オーム，R_2 は2.4キロオーム，R_3 は4キロオームとする．

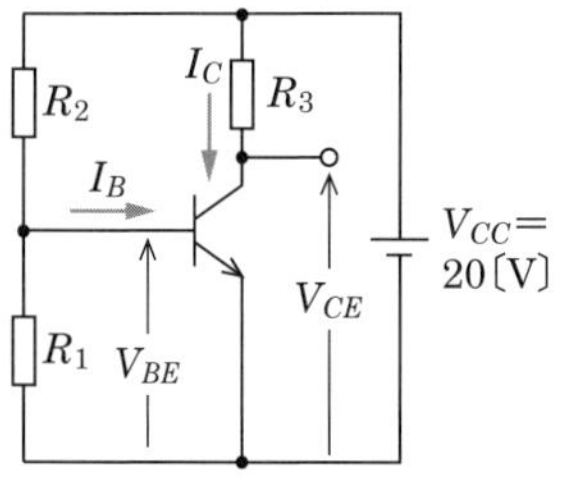

図1

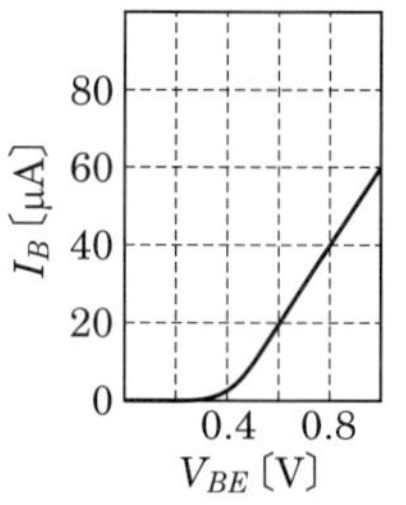

図2

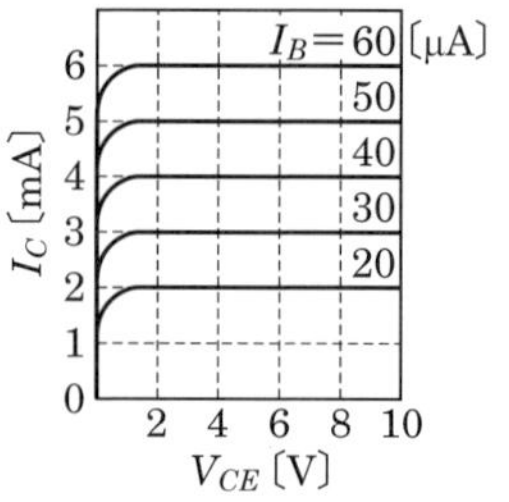

図3

① 2　② 4　③ 6　④ 8　⑤ 10

解説　バイアス抵抗 R_1，R_2 を流れる電流に比較して，ベース電流 I_B が十分に小さいものとすれば，ベース側の回路において，抵抗の比より V_{BE} を求めることができます．

$$V_{BE} = \frac{R_1}{R_1 + R_2} V_{CC} = \frac{100}{100 + 2\,400} \times 20 = \frac{2\,000}{2\,500} = 0.8 \text{〔V〕}$$

直列抵抗の比から抵抗の端子電圧を求めることができるよ．

問題図2より $V_{BE} = 0.8$〔V〕のときの I_B を求めると解説図1のように $I_B = 40$〔μA〕と読み取ることができます．問題図3の出力特性において，動作点は特性曲線が平坦な部分なので $I_B = 40$〔μA〕のときの I_C を求めると解説図2のように $I_C = 4$〔mA〕と読み取ることができます．

コレクタ抵抗 $R_3 = 4$〔kΩ〕$= 4 \times 10^3$〔Ω〕の電圧降下 V_C〔V〕は，次式で表されます．

$$V_C = R_3 I_C = 4 \times 10^3 \times 4 \times 10^{-3} = 16 \times 10^{3-3} = 16 \text{〔V〕}$$

$10^{3-3} = 10^0 = 1$ だよ．抵抗の〔kΩ〕と電流の〔mA〕を掛けると単位の接頭語のkとmがなくなって〔V〕になるよ．

コレクタ-エミッタ間の電圧 V_{CE}〔V〕は，次式で表されます．

$$V_{CE} = V_{CC} - V_C = 20 - 16 = 4 \text{〔V〕}$$

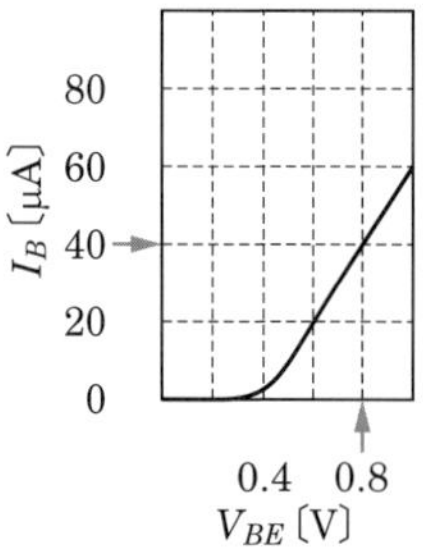

解説図1

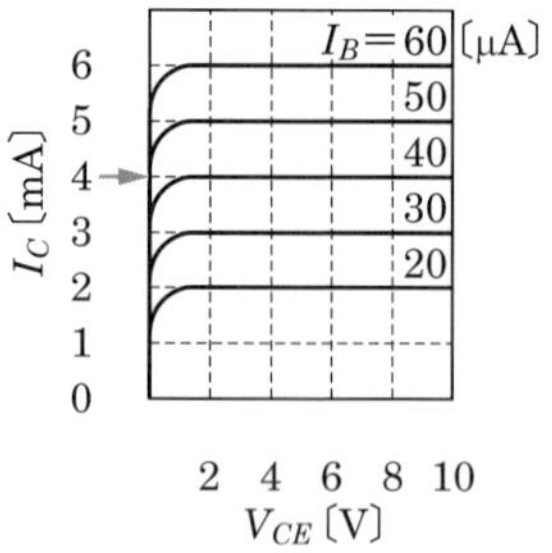

解説図2

解答　②

問12 図1に示すトランジスタ増幅回路においてベース-エミッタ間に正弦波の入力信号電圧 V_I を加えたとき，コレクタ電流 I_C が図2に示すように変化した．I_C とコレクタ-エミッタ間の電圧 V_{CE} との関係が図3に示すように表されるとき，V_I の振幅を40ミリボルトとすれば，電圧増幅度は，[　　]である．

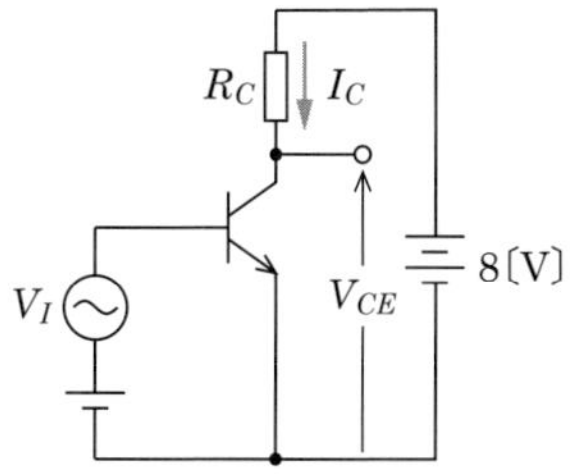

図1

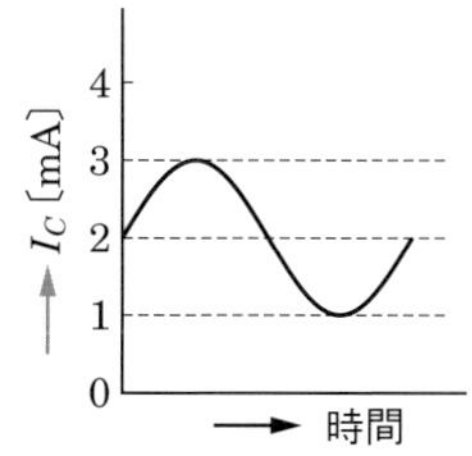

図2

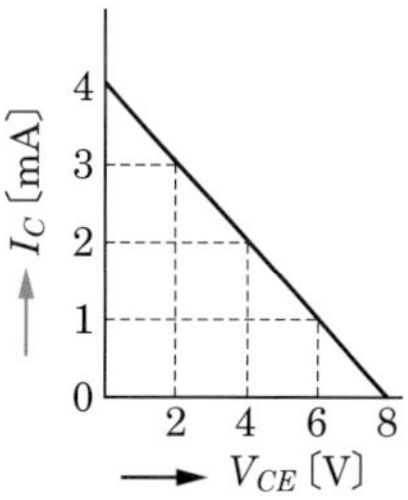

図3

① 20　② 30　③ 40　④ 50　⑤ 60

解説 問題図2より，I_C の振幅は $3-2=1$〔mA〕と読み取ることができます．

I_C が2〔mA〕から3〔mA〕に変化するとき，V_{CE} は問題図3より4〔V〕から2〔V〕に変化します．

変化した電圧の大きさが $V_{CE}=4-2=2$〔V〕，入力電圧の振幅が $V_I=40$〔mV〕$=0.04$〔V〕なので，電圧増幅度 A_V は次式で表されます．

$$A_V=\frac{V_{CE}}{V_I}=\frac{2}{0.04}=\frac{200}{4}=50$$

解答 ④

1.8 論理回路

出題のポイント

- 論理素子の種類と動作
- ベン図によるブール代数の表し方
- 2進数と10進数の変換
- タイミングチャートによるデジタル回路の動作
- フリップフロップ回路の動作
- ブール代数の公式を使った式の変形

1 論理素子

論理素子はコンピュータなどに用いられるデジタル回路の基本回路のことです．電圧の高い状態（H又は“1”）及び低い状態（L又は“0”）のみで電子回路を構成します．

図1.52に論理回路の論理素子（論理ゲート）を示します．

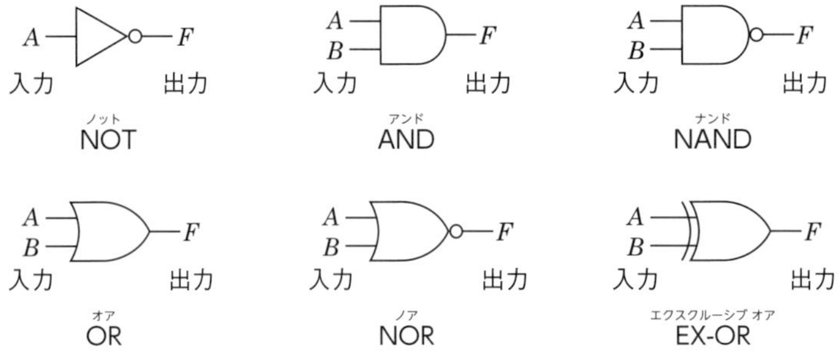

図1.52　論理回路のシンボル

重要

NOT《ノット》回路は，逆にすること．
$1 \to 0$，$0 \to 1$
AND《アンド》回路は，掛け算すること．
$1 \times 1 = 1$，$1 \times 0 = 0$
OR《オア》回路は，足し算すること．
$1 + 0 = 1$
ただし，$1 + 1 = 1$

2 真理値表

論理素子の入力と出力の状態を表した表を**真理値表**といいます．基本論理回路の真理値表を表1.3に示します．

補足

ブール代数の計算式で未知数の記号に入る数値は，2進数の“1”か“0”のみです．

表1.3　真理値表

入　力		出力 F					
A	B	NOT	AND	NAND	OR	NOR	EX-OR
0	0	1	0	1	0	1	0
0	1	1	0	1	1	0	1
1	0	0	0	1	1	0	1
1	1	0	1	0	1	0	0
論理式		$F=\overline{A}$	$F=A\cdot B$	$F=\overline{A\cdot B}$	$F=A+B$	$F=\overline{A+B}$	$F=A\oplus B$

「―」否定　「・」積　「＋」和　「⊕」排他的論理和　NOTの B 入力はありません．

また，論理素子の演算ではブール代数が用いられます．各論理素子の論理式は表 1.3 のとおりです．

補足

ブール代数とは，論理値（“1”，“0”），否定，論理積，論理和の基本演算を用いる代数のことです．

3 ベン図

ベン図はブール代数の変数全体を四角形の枠内として，そこに変数用のいくつかの円を重ねて描き，円の内側が “1” の領域，外側が “0” の領域として関数の領域を図 1.53 のように色で表した図です．

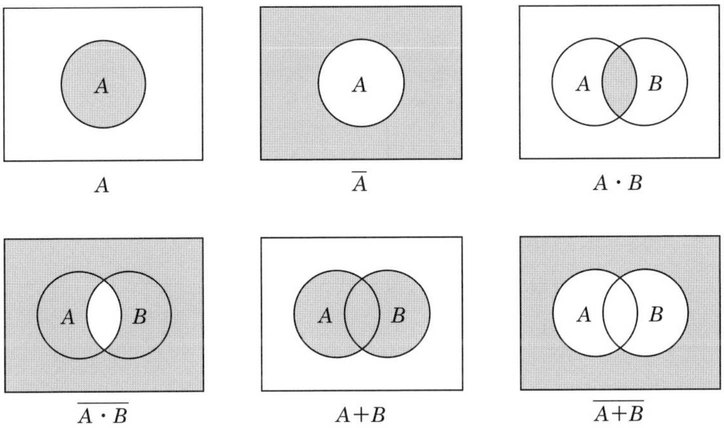

図 1.53　ベン図

補足

$A \cdot B$ は A と B の円が重なったところで，$A+B$ は両方の円の領域です．

4 2進数

デジタル回路では，“0” と “1” のみで表した **2 進数**が使われています．2 進数では 10 進数の 10 の桁が 2 を表し，桁数が増えるにしたがって 2 の倍数の数値を表します．また，2 進数の一つの桁を **bit**（ビット）と呼びます．

$2^0 = 1$
$2^1 = 2$
$2^2 = 4$
$2^3 = 2^2 \times 2^1 = 8$
$2^4 = 2^2 \times 2^2 = 16$
$2^5 = 2^2 \times 2^3 = 32$
$2^6 = 2^3 \times 2^3 = 64$
$2^7 = 2^3 \times 2^4 = 128$
$2^8 = 2^4 \times 2^4 = 256$
$2^9 = 2^8 \times 2^1 = 512$
の数値を覚えよう．

［1］2 進数から 10 進数への変換

2 進数の各桁に，“1” のときは下の位から 2^0，2^1，2^2，2^3，2^4，2^5…の 10 進数の数値に直して，それらの和を求めます．

2 進数 1101 を 10 進数に直すと下から 4 桁目と 3 桁目と 1 桁目が “1” なので $2^3 + 2^2 + 2^0 = 8 + 4 + 1 = 13$ となります．

［2］10 進数から 2 進数への変換

図 1.54 に示す手順のように，10 進数を 2 で次々に割っていき，“1” 又は “0” になるまで繰り返します．最後の “1”（あるいは “0”）と余りを下から 2 進数の上の桁の順番に並べていけば，2 進数に変換することができます．

［3］2 進数から 16 進数への変換

2 進数を 4 桁に分けて，それぞれを表 1.4 のように 16 進数で表します．

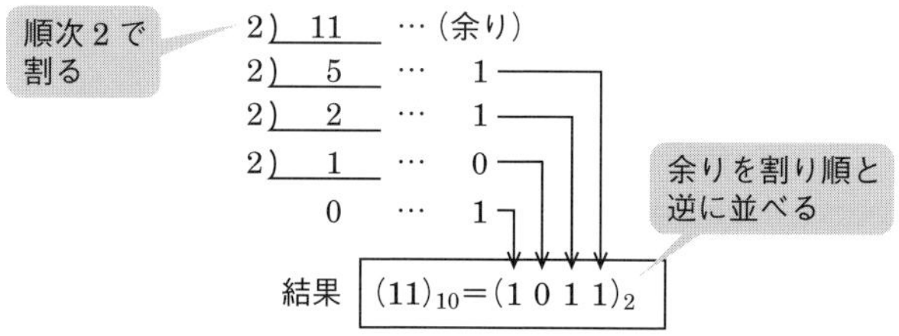

図 1.54　10 進数から 2 進数への変換

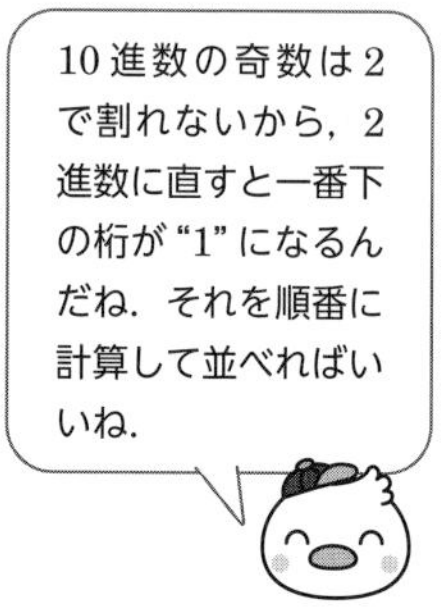

表 1.4　10 進数と 2 進数・16 進数の対応

10 進数	2 進数	16 進数	10 進数	2 進数	16 進数
0	0	0	8	1000	8
1	1	1	9	1001	9
2	10	2	10	1010	A
3	11	3	11	1011	B
4	100	4	12	1100	C
5	101	5	13	1101	D
6	110	6	14	1110	E
7	111	7	15	1111	F

16 進数では数字として用いられる

5 タイミングチャート

図 1.55 のように論理素子の入力を変化させたときの出力の変化を時間的に表したものを**タイミングチャート**といいます．

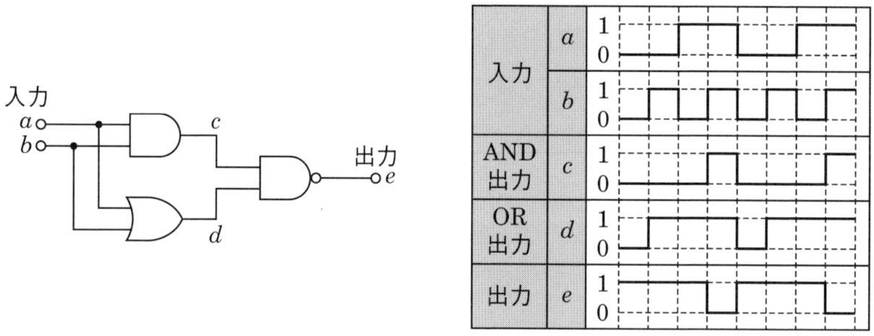

図 1.55　タイミングチャート

6 フリップフロップ回路

フリップフロップ回路（FF）は，入力した値の順序によって出力が決まる順序論理回路です．

図 1.56 に NAND を用いたフリップフロップ回路を，表 1.5 にその真理値表を示します．

図 1.56 の回路において，入力 S，R が “0”，“1” のときをセット状態，入

力 S，R が "1"，"0" のときをリセット状態と呼び，真理値表のように出力が決まります．

入力 S，R が "1"，"1" のときはホールド状態となり，前の状態を保持するので出力 Q と $\overline{Q}$ の状態によって決まります．

また，入力 S，R が "0"，"0" のときは禁止状態と呼び，出力が "1"，"1" になります．

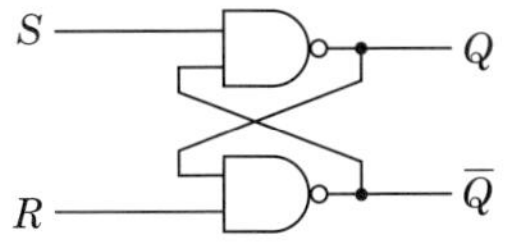

図 1.56　RS・FF の回路（NAND ゲート構成）

表 1.5

S	R	Q	$\overline{Q}$	動作
0	0	1	1	禁止
0	1	1	0	セット
1	0	0	1	リセット
1	1	保持		ホールド

図 1.57 に NOR を用いたフリップフロップ回路を，表 1.6 にその真理値表を示します．

図 1.57 の回路において，入力 S，R が "1"，"0" のときをセット状態，入力 S，R が "0"，"1" のときをリセット状態と呼び，真理値表のように出力が決まります．

入力 S，R が "0"，"0" のときはホールド状態となり，前の状態を保持するので出力 Q と $\overline{Q}$ の状態によって決まります．

また，入力 S，R が "1"，"1" のときは禁止状態と呼び，出力が "0"，"0" になります．

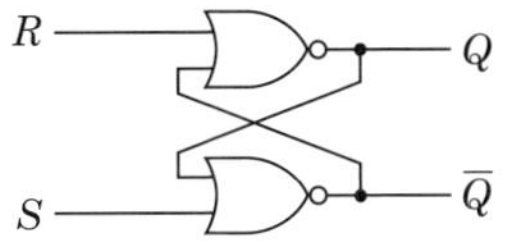

図 1.57　RS・FF の回路（NOR ゲート構成）

表 1.6

S	R	Q	$\overline{Q}$	動作
0	0	保持		ホールド
0	1	0	1	リセット
1	0	1	0	セット
1	1	0	0	禁止

7 ブール代数の公式

ブール代数の公式を次に示します．

論理和　$A+A=A$　　$A+1=1$　　$A+0=A$　　$A+\overline{A}=1$

論理積　$A\cdot A=A$　　$A\cdot 1=A$　　$A\cdot 0=0$　　$A\cdot\overline{A}=0$

交換則　$A+B=B+A$　　$A\cdot B=B\cdot A$

結合則　$(A+B)+C=A+(B+C)$　　$(A\cdot B)\cdot C=A\cdot(B\cdot C)$

分配則　$A+(B\cdot C)=(A+B)\cdot(A+C)$

　　　　$A\cdot(B+C)=(A\cdot B)+(A\cdot C)$

吸収則　$A+(A\cdot B)=A$　　$A\cdot(A+B)=A$

ド・モルガンの定理　$\overline{A+B}=\overline{A}\cdot\overline{B}$　　$\overline{A\cdot B}=\overline{A}+\overline{B}$

問 1　図 1，図 2 及び図 3 に示すベン図において，A，B 及び C が，それぞれの円の内部を表すとき，図 1，図 2 及び図 3 の斜線部分を示すそれぞれの論理式の論理積は，［　　　］と表すことができる．

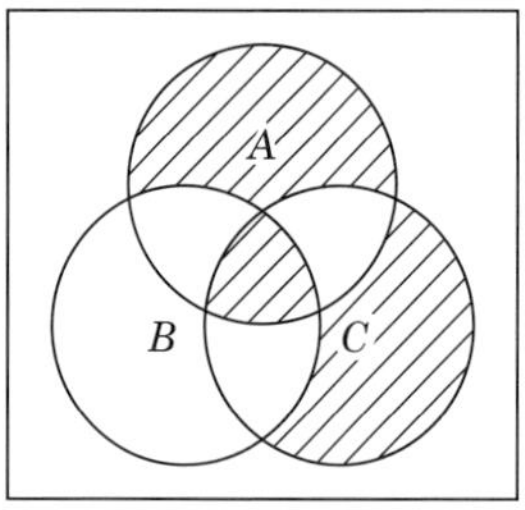

図 1

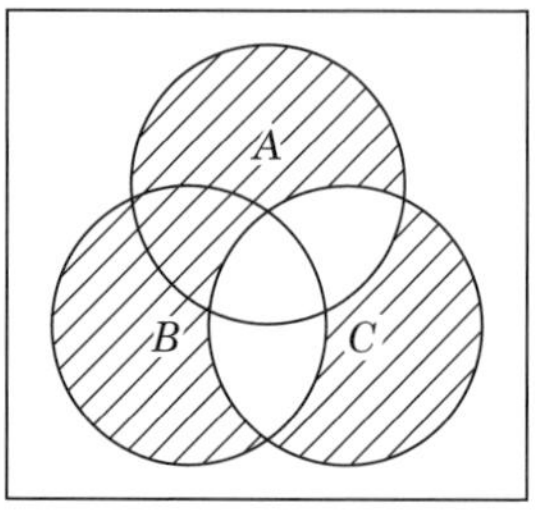

図 2

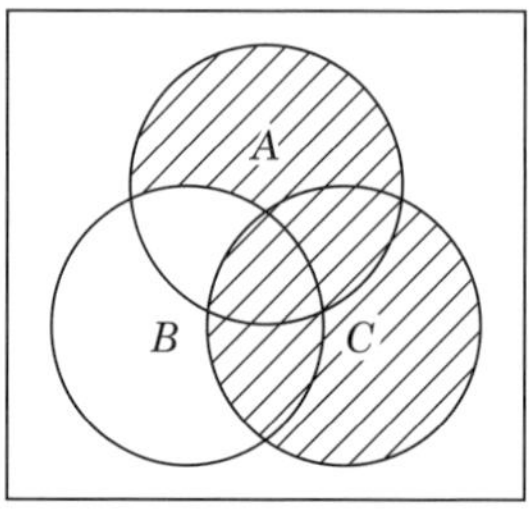

図 3

① $A\cdot\overline{B}\cdot\overline{C}+A\cdot B\cdot C$　② $A\cdot\overline{B}+A\cdot C+B\cdot C$　③ $A\cdot\overline{C}$

④ $A\cdot\overline{B}\cdot\overline{C}$　⑤ $A\cdot\overline{B}\cdot\overline{C}+\overline{A}\cdot\overline{B}\cdot C$

解説　問題の図 1 ～図 3 の論理積をとると，解説図 1 のようになります．

解説図 1 のベン図より，二つの斜線部分の論理和をとると，次式で表されます．

$$F=A\cdot\overline{B}\cdot\overline{C}+\overline{A}\cdot\overline{B}\cdot C$$

上式より，解答は⑤となります．

問題図 1 ～図 3 の論理積は，すべての斜線の部分が重なっているところだよ．

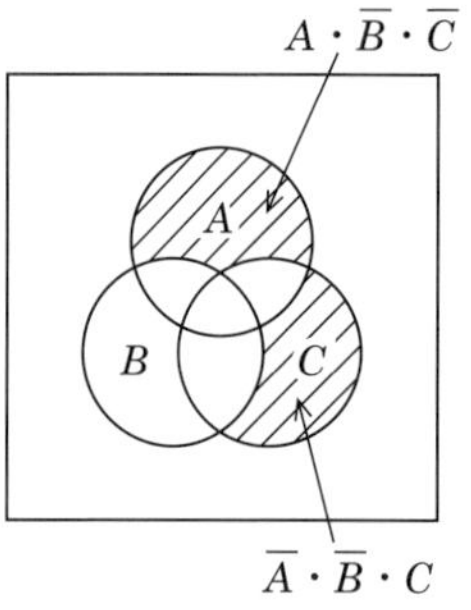

解説図 1

解答　⑤

問2 図1，図2及び図3に示すベン図において，A，B及びCが，それぞれの円の内部を表すとき，図1，図2及び図3の斜線部分を示すそれぞれの論理式の論理和は，［　　　］と表すことができる．

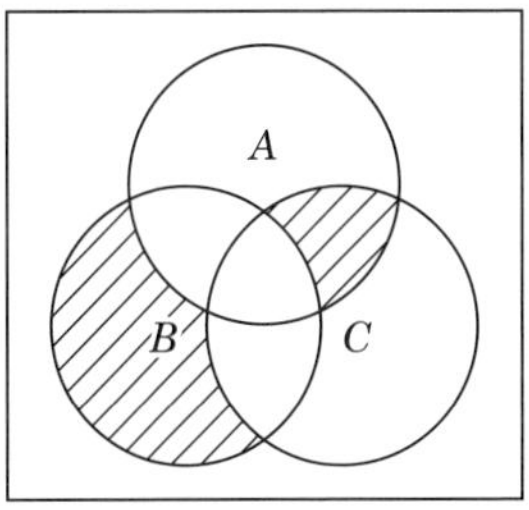

図1

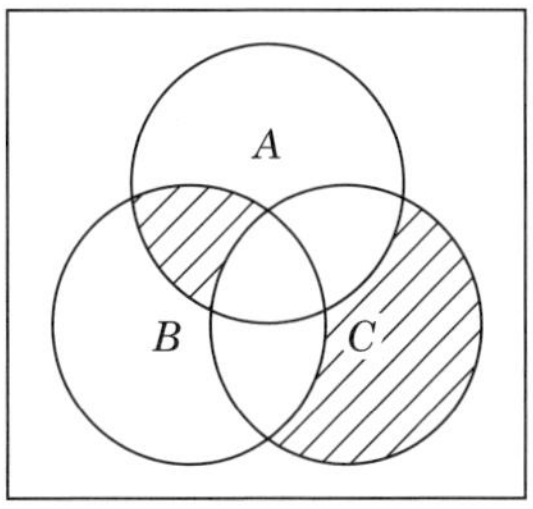

図2

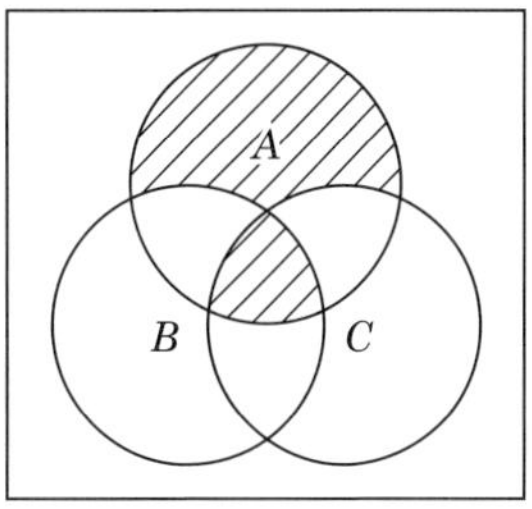

図3

① $\overline{A}+B\cdot\overline{C}+\overline{B}\cdot C$　② $B+A\cdot\overline{C}+\overline{A}\cdot C$　③ $C+A\cdot\overline{B}+\overline{A}\cdot B$

④ $\overline{B}+A\cdot\overline{C}+\overline{A}\cdot C$　⑤ $A+B\cdot\overline{C}+\overline{B}\cdot C$

解説　問題の図1～図3の論理和をとると，解説図1のようになります．解説図2と解説図3のベン図より，解説図1の斜線の部分は，次式で表されます．

問題の図1～図3の論理和は，すべての斜線の部分の和だよ．

$$F=(A+B+C)\cdot(\overline{\overline{A}\cdot B\cdot C}) \longleftarrow \text{ド・モルガンの定理}$$

$$=(A+B+C)\cdot(\overline{\overline{A}}+\overline{B\cdot C}) \longleftarrow \text{ド・モルガンの定理}$$

$$=(A+B+C)\cdot(A+\overline{B}+\overline{C})$$

$$=A\cdot A+A\cdot\overline{B}+A\cdot\overline{C}+B\cdot A+B\cdot\overline{B}+B\cdot\overline{C}+C\cdot A$$
$$+C\cdot\overline{B}+C\cdot\overline{C}$$

公式$A\cdot A=A$，$B\cdot\overline{B}=0$，$C\cdot\overline{C}=0$より

$$=A+A\cdot\overline{B}+A\cdot\overline{C}+B\cdot A+B\cdot\overline{C}+C\cdot A+C\cdot\overline{B}$$

$$=A\cdot(1+\overline{B}+\overline{C}+B+C)+B\cdot\overline{C}+C\cdot\overline{B}$$

公式$1+\overline{B}+\overline{C}+B+C=1$より

$$=A+B\cdot\overline{C}+C\cdot\overline{B} \qquad ①$$

式①より，解答は⑤となります．

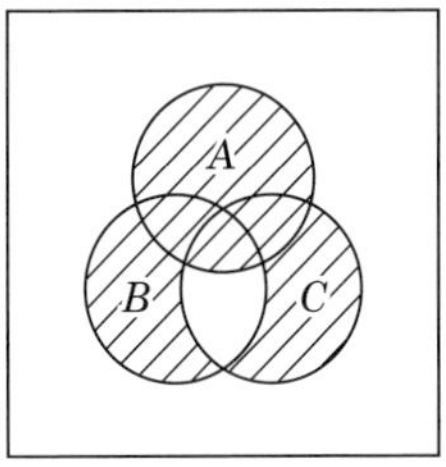

解説図1

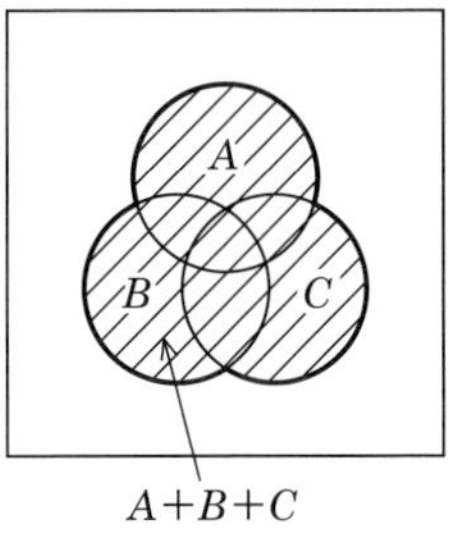

解説図2

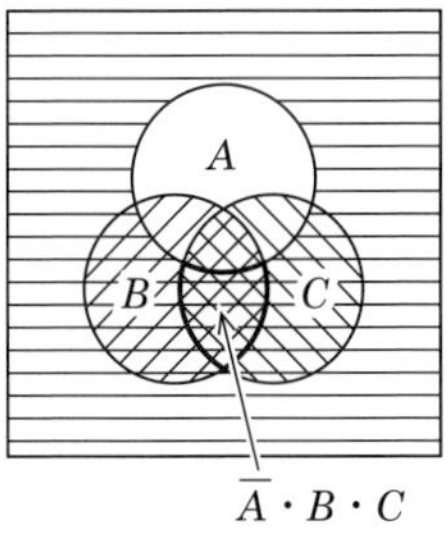

解説図3

解答 ⑤

問 3　図 1，図 2 及び図 3 に示すベン図において，A，B 及び C が，それぞれの円の内部を表すとき，図 1，図 2 及び図 3 の斜線部分を示すそれぞれの論理式の論理和は，［　　］と表すことができる．

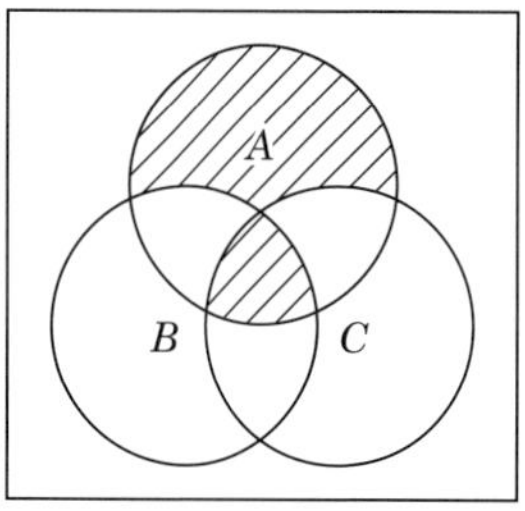

図 1

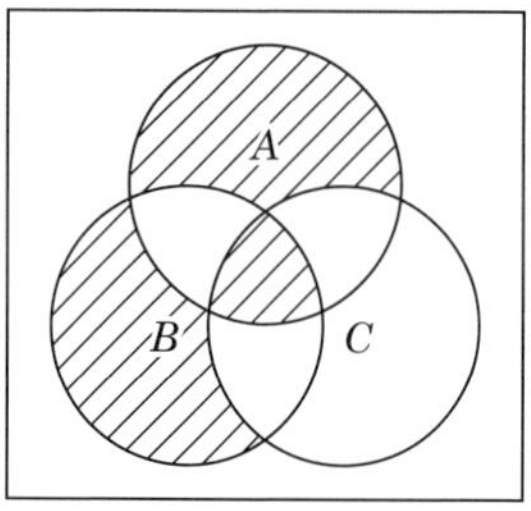

図 2

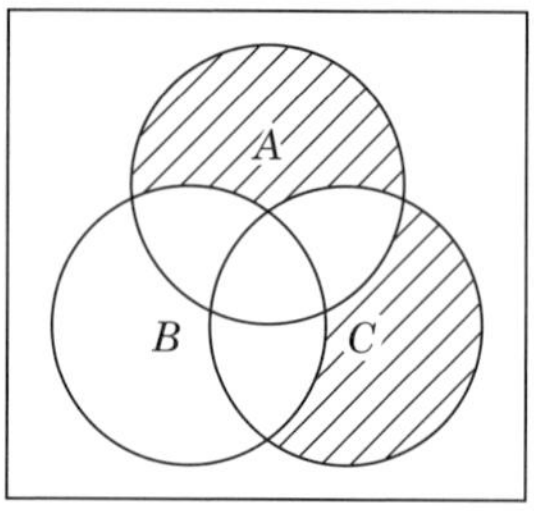

図 3

① $A \cdot B \cdot C + A \cdot \overline{B} \cdot \overline{C} + \overline{A} \cdot \overline{B} \cdot C$

② $A \cdot B \cdot C + A \cdot B \cdot \overline{C} + A \cdot \overline{B} \cdot C + \overline{A} \cdot B \cdot C$

③ $A \cdot \overline{B} \cdot \overline{C} + \overline{A} \cdot B \cdot \overline{C} + \overline{A} \cdot \overline{B} \cdot C$

④ $A \cdot B \cdot C + A \cdot \overline{B} \cdot \overline{C} + \overline{A} \cdot B \cdot \overline{C} + \overline{A} \cdot \overline{B} \cdot C$

⑤ $A \cdot \overline{B} \cdot \overline{C} + \overline{A} \cdot B \cdot \overline{C} + \overline{A} \cdot \overline{B} \cdot C + \overline{A} \cdot \overline{B} \cdot \overline{C}$

解説　問題の図 1～図 3 の論理和をとると，解説図 1 のようになります．

解説図 1 の斜線の部分は，解説図 2 の四つの斜線の部分の和となるので，論理和をとると，次式で表されます．

$$F = A \cdot B \cdot C + A \cdot \overline{B} \cdot \overline{C} + \overline{A} \cdot B \cdot \overline{C} + \overline{A} \cdot \overline{B} \cdot C$$

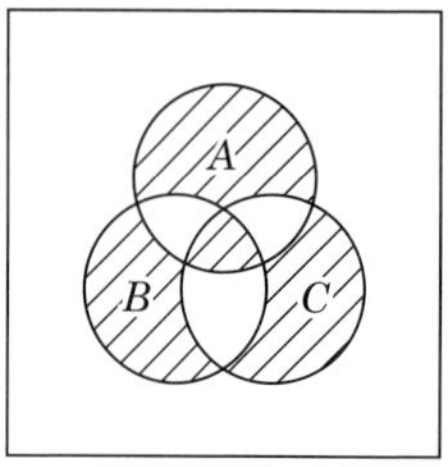

解説図 1

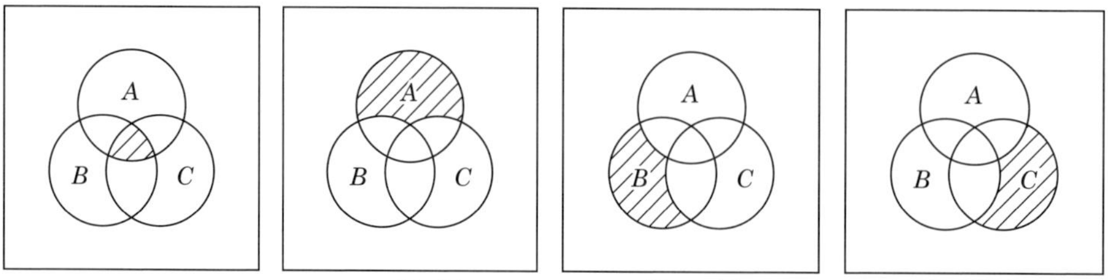

$A \cdot B \cdot C$　　$A \cdot \overline{B} \cdot \overline{C}$　　$\overline{A} \cdot B \cdot \overline{C}$　　$\overline{A} \cdot \overline{B} \cdot C$

解説図 2

解答 ④

問4 図１～図５に示すベン図において，A，B 及び C が，それぞれの円の内部を表すとき，斜線部分を示す論理式が $A \cdot \overline{B \cdot C} + \overline{A \cdot B} \cdot C$ と表すことができるベン図は，［　　］である．

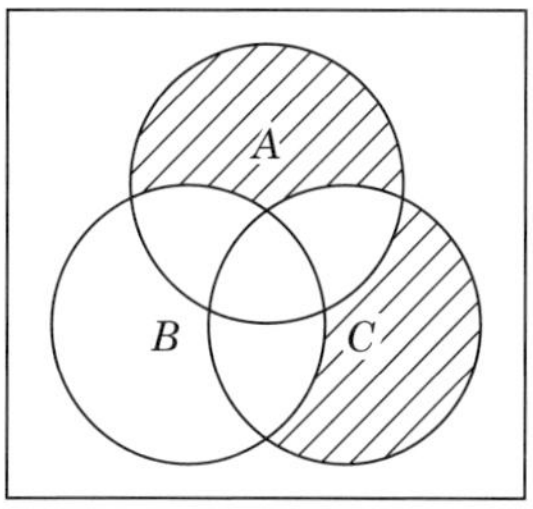

図１

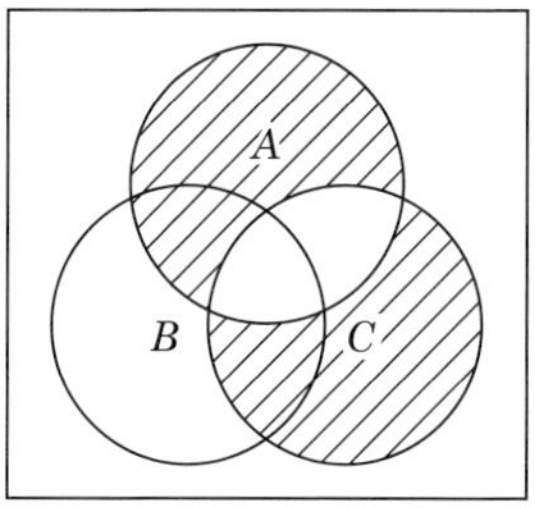

図２

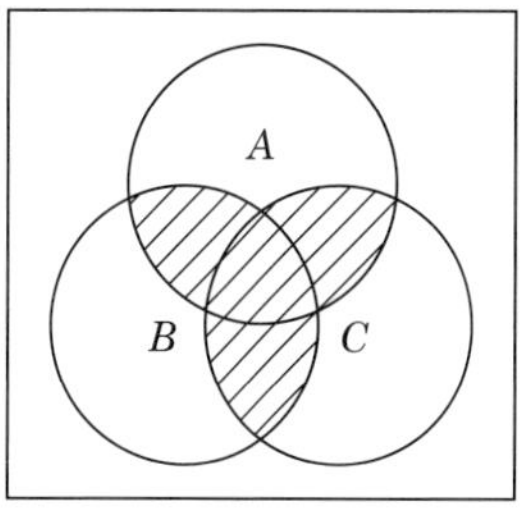

図３

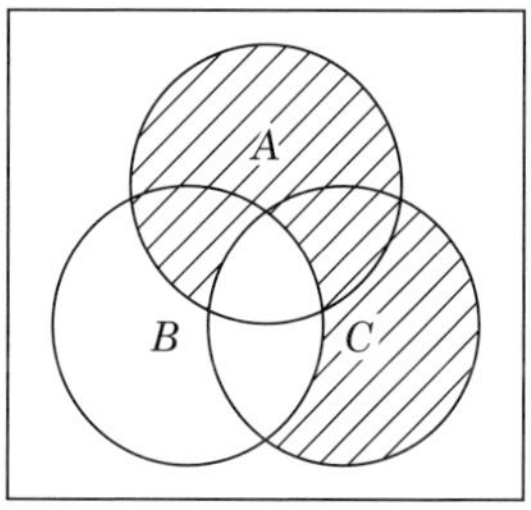

図４

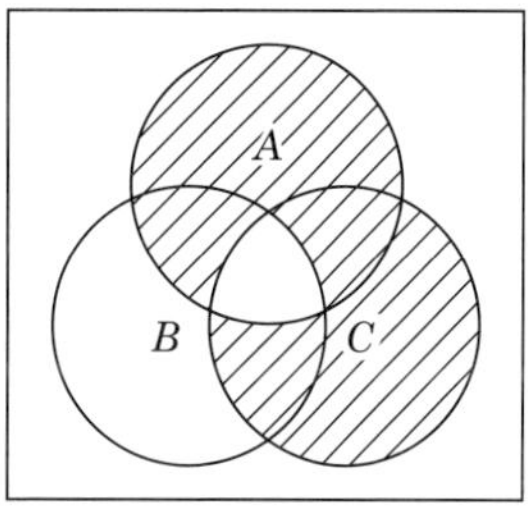

図５

① 図１　② 図２　③ 図３　④ 図４　⑤ 図５

解説 問題で与えられた論理式において，$A \cdot \overline{B \cdot C}$ をベン図で表すと解説図１のようになります．$\overline{A \cdot B} \cdot C$ は解説図２のようになるので，これらの論理和をとった $A \cdot \overline{B \cdot C} + \overline{A \cdot B} \cdot C$ のベン図は解説図３のようになるので，解答は⑤となります．

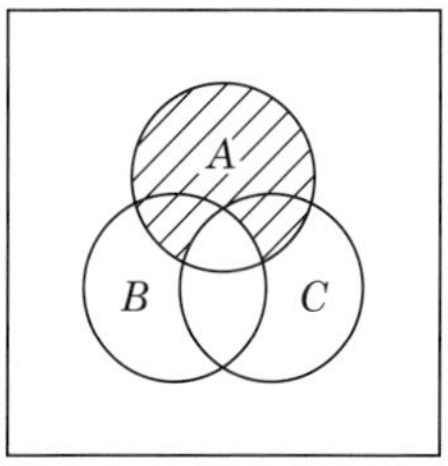

$A \cdot \overline{B \cdot C}$

解説図１

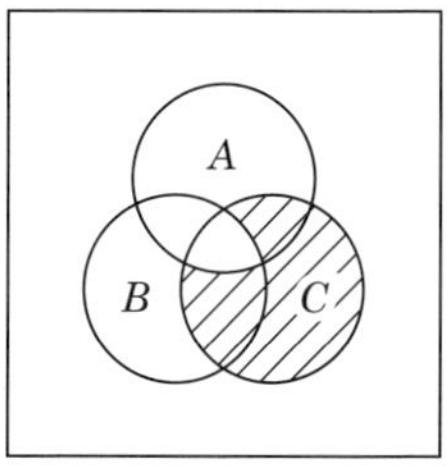

$\overline{A \cdot B} \cdot C$

解説図２

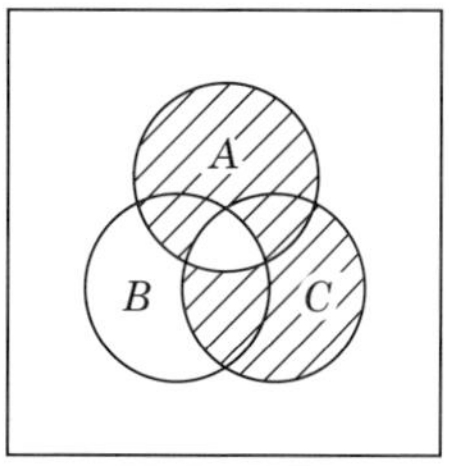

$A \cdot \overline{B \cdot C} + \overline{A \cdot B} \cdot C$

解説図３

解答 ⑤

問5

表に示す2進数の X_1，X_2 を用いて，計算式（乗算）$X_0 = X_1 \times X_2$ から X_0 を求め，2進数で表示し，X_0 の先頭から（左から）2番目と3番目と4番目の数字を順に並べると，□である．

①　000　②　001　③　010　④　011　⑤　100

2進数
X_1＝10110
X_2＝ 1101

解説　$X_0 = X_1 \times X_2$ を求めると

```
         10110
  ×)      1101
  ------------
         10110
        00000
       10110
      10110
  ------------
     100011110
```

100011110（_は桁上げした桁を示します）

左からの順番　1**234**56789

左から2番目と3番目と4番目の数字を順に並べると，000です．

解答　①

問6

表に示す2進数の $X_1 \sim X_3$ を用いて，計算式（加算）$X_0 = X_1 + X_2 + X_3$ から X_0 を求め，2進数で表示し，X_0 の先頭から（左から）4番目と5番目と6番目の数字を順に並べると，□である．

①　000　②　001　③　010　④　101　⑤　111

2進数
X_1＝10111001
X_2＝ 1111001
X_3＝ 110111

解説　$X_1 + X_2$ を求めると

```
      10111001
  +)   1111001
  ------------
     100110010
```

100110010（_は桁上げした桁を示します）

$X_0 = X_1 + X_2 + X_3$ を求めると

```
     100110010
  +)    110111
  ------------
     101101001
```

101101001（_は桁上げした桁を示します）

左からの順番　123**456**789

左から4番目と5番目と6番目の数字を順に並べると，101です．

解答　④

問 7 表に示す2進数のX_1，X_2を用いて，計算式（加算）$X_0=X_1+X_2$からX_0を求め，これを16進数で表すと，［　　］になる．

①　AC　　②　B4　　③　2D　　④　50　　⑤　5C

2進数
$X_1=101111$
$X_2=101101$

解説　$X_0=X_1+X_2$を求めると

$$\begin{array}{rr} & 10\ 1111 \\ +) & 10\ 1101 \\ \hline & 01\underline{0}1\ \underline{1100} \end{array}$$

（＿は桁上げした桁を示します）

4桁ずつに区切って16進数で表すと

$(0101)_2=(5)_{16}$

$(1100)_2=(C)_{16}$

よって，5Cとなります．

解答　⑤

問 8 表に示す16進数のX_1，X_2を用いて，計算式（加算）$X_0=X_1+X_2$からX_0を求め，これを16進数で表すと，［　　］になる．

①　D0D　　②　E1D　　③　E1E

④　141D　　⑤　1489

16進数
$X_1=\mathrm{A7E}$
$X_2=\mathrm{39F}$

解説　16進数を2進数に変換すると

$X_1=(\mathrm{A7E})_{16}=(1010\ 0111\ 1110)_2$

$X_2=(\mathrm{39F})_{16}=(0011\ 1001\ 1111)_2$

$X_0=X_1+X_2$を求めると

$$\begin{array}{rr} & 1010\ 0111\ 1110 \\ +) & 0011\ 1001\ 1111 \\ \hline & 11\underline{10}\ \underline{0001}\ \underline{110}1 \end{array}$$

（＿は桁上げした桁を示します）

4桁ずつに区切って16進数で表すと

$(1110)_2=(E)_{16}$

$(0001)_2=(1)_{16}$

$(1101)_2=(D)_{16}$

よって，E1Dとなります．

解答　②

問 9 図 1 に示す論理回路は，NAND ゲートによるフリップフロップ回路である．入力 a 及び b に図 2 に示す入力がある場合，図 1 の出力 c は，図 2 の出力のうち［　　］である．

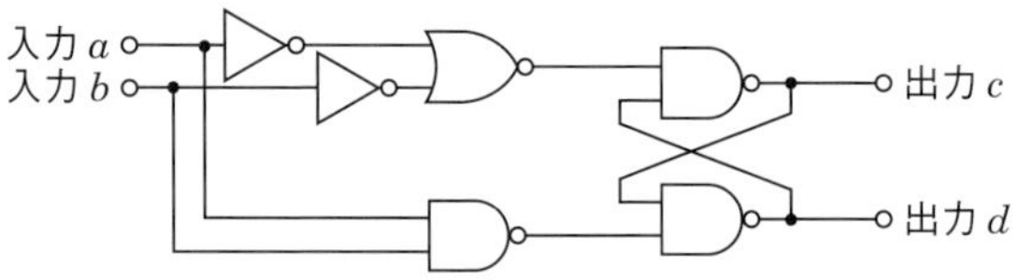

図 1

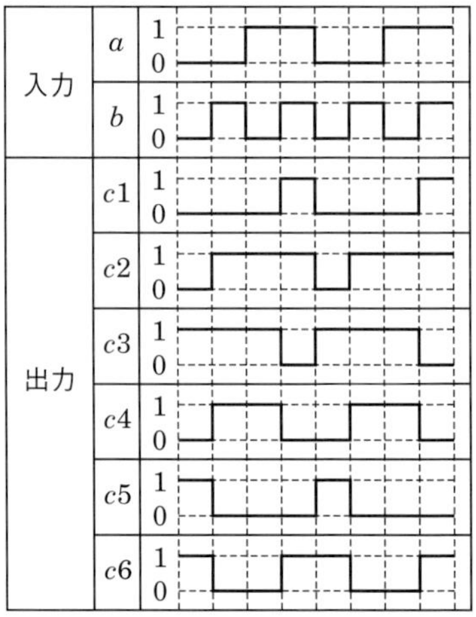

図 2

① $c1$　② $c2$　③ $c3$　④ $c4$　⑤ $c5$　⑥ $c6$

解説 各論理素子の端子を解説図 1 とすると，タイミングチャートは解説図 2 のように表されます．二つの NAND よって構成されたフリップフロップ回路 FF の真理値表は解説表 1 なので，出力 c のタイミングチャートは Q となるので，解答は③となります．

解説表 1

S	R	Q	$\overline{Q}$	動作
0	0	1	1	禁止
0	1	1	0	セット
1	0	0	1	リセット
1	1	保持		ホールド

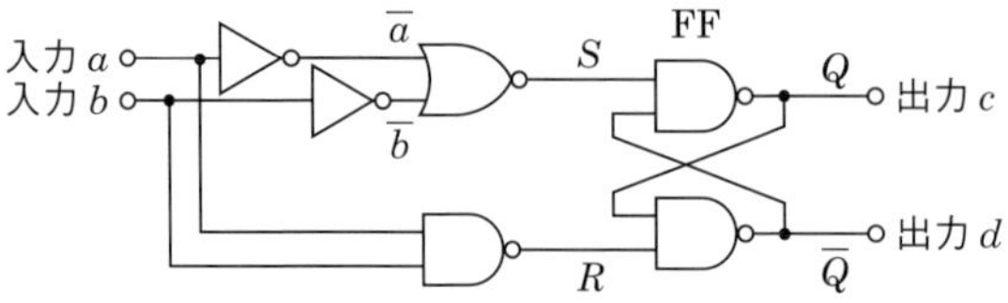

解説図 1

NOR の二つの入力に NOT がついた回路は AND と同じだよ．

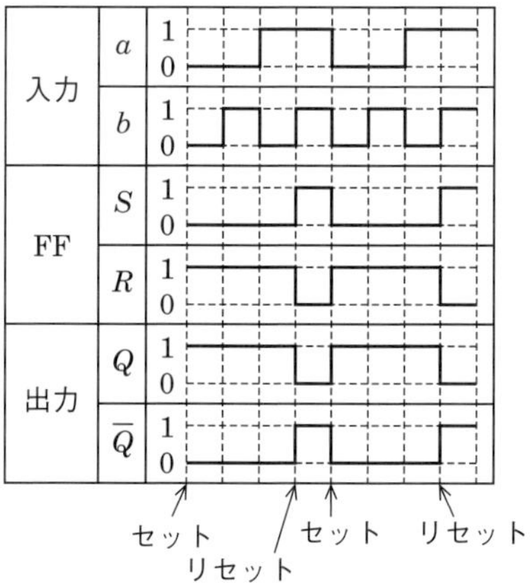

解説図 2

解答 ③

問10 図 1 に示す論理回路は，NAND ゲートによるフリップフロップ回路である．入力 a 及び b に図 2 に示す入力がある場合，図 1 の出力 c は，図 2 の出力のうち［　　］である．

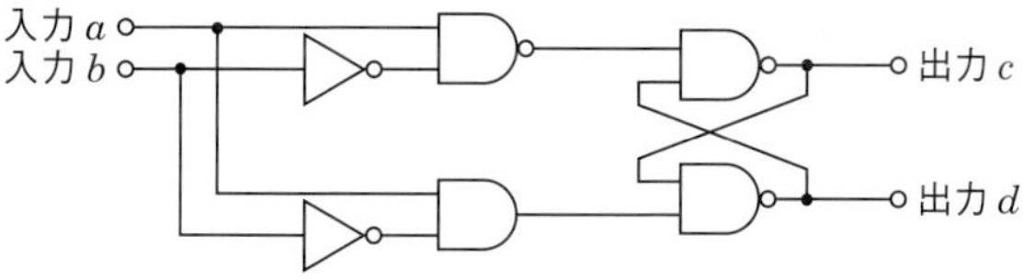

図 1

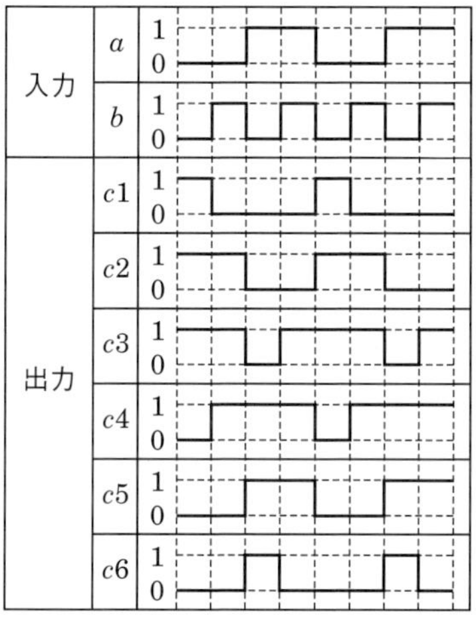

図 2

① $c1$　② $c2$　③ $c3$　④ $c4$　⑤ $c5$　⑥ $c6$

解説　各論理素子の端子を解説図 1 とすると，タイミングチャートは解説図 2 のように表されます．二つの NAND よって構成されたフリップフロップ回路 FF の真理値表は解説表 1 なので，出力 c のタイミングチャートは Q となるので，解答は⑥となります．

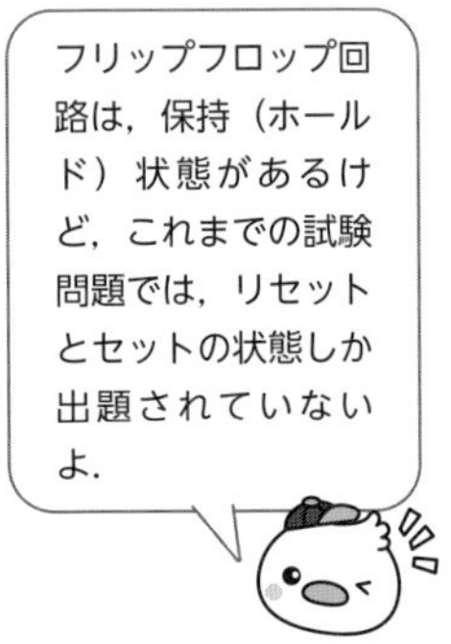

解説表 1

S	R	Q	$\overline{Q}$	動作
0	0	1	1	禁止
0	1	1	0	セット
1	0	0	1	リセット
1	1	保持		ホールド

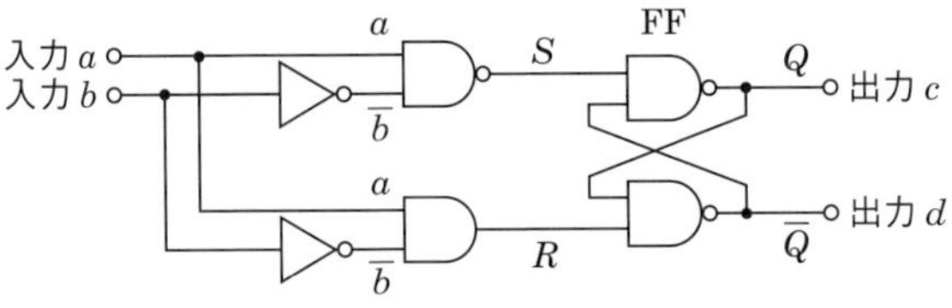

解説図 1

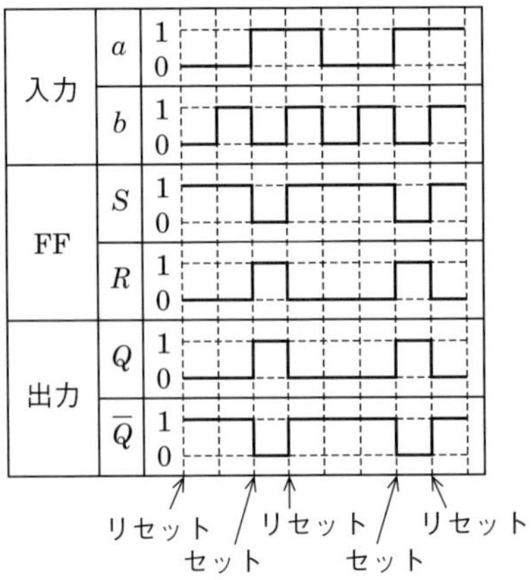

解説図 2

解答　⑥

問11 図1に示す論理回路は，NORゲートによるフリップフロップ回路である．入力a及びbに図2に示す入力がある場合，図1の出力dは，図2の出力のうち□である．

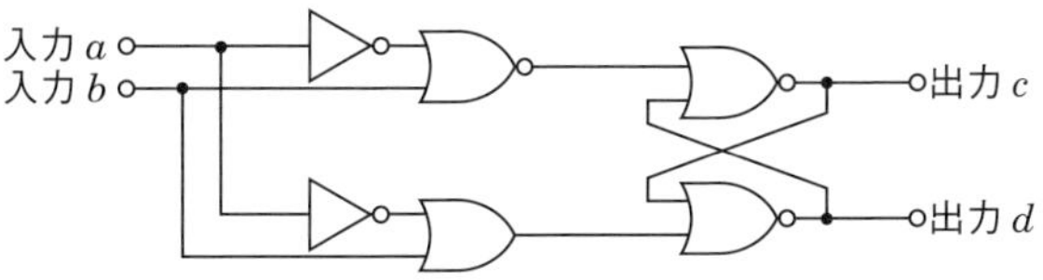

図1

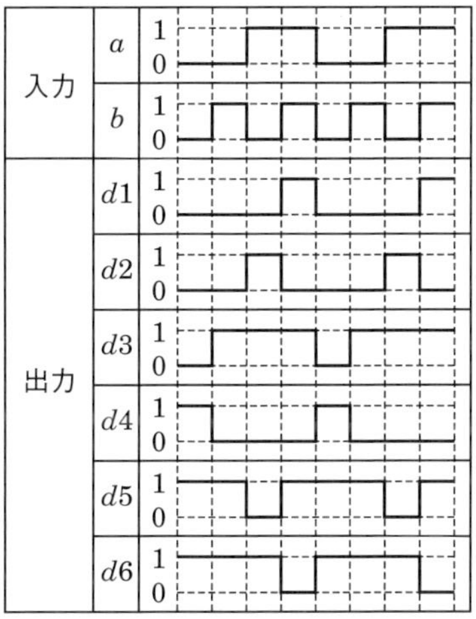

図2

① $d1$　② $d2$　③ $d3$　④ $d4$　⑤ $d5$　⑥ $d6$

解説　各論理素子の端子を解説図1とすると，タイミングチャートは解説図2のように表されます．二つのNORよって，構成されたフリップフロップ回路FFの真理値表は解説表1となるので，出力dのタイミングチャートは$\overline{Q}$となり，解答は②となります．

解説表1

S	R	Q	$\overline{Q}$	動作
0	0	保持		ホールド
0	1	0	1	リセット
1	0	1	0	セット
1	1	0	0	禁止

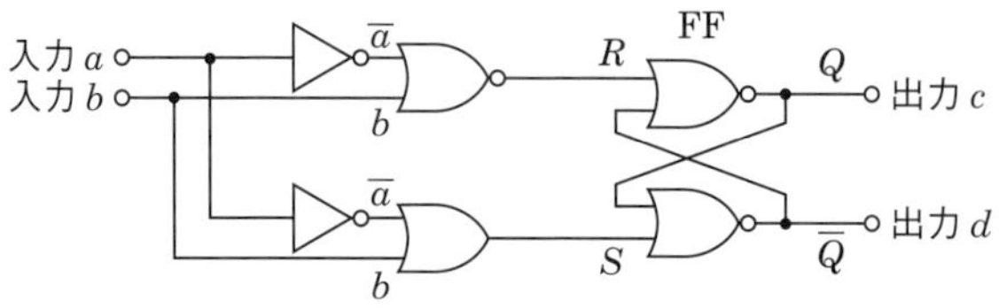

解説図 1

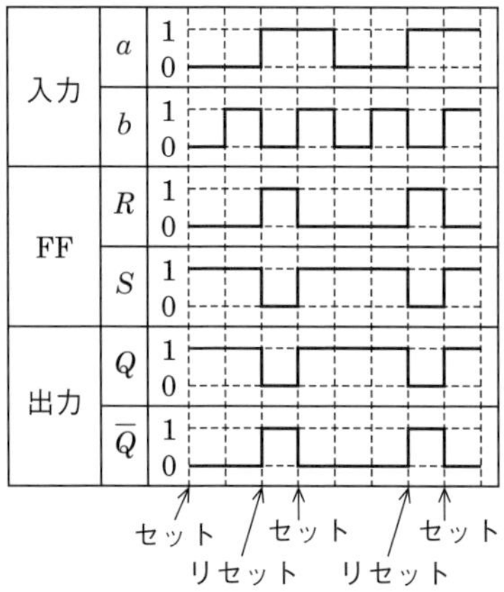

解説図 2

解答　②

問12　図 1 に示す論理回路において，M の論理素子が[　　]であるとき，入力 a 及び入力 b と出力 c との関係は，図 2 で示される.

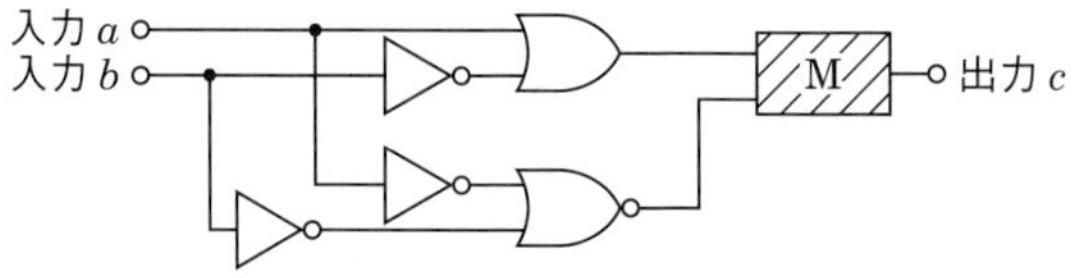

図 1

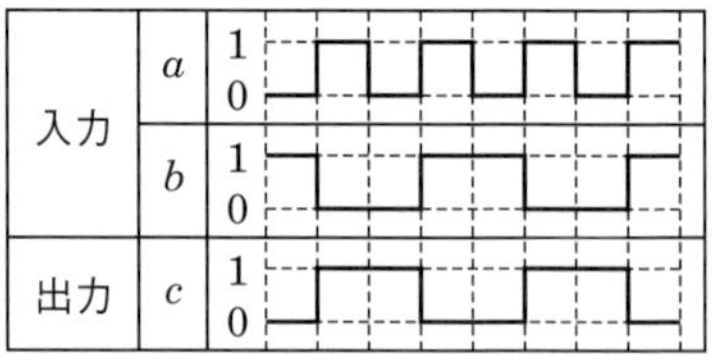

図 2

① 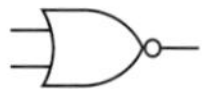　② 　③ 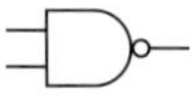　④ 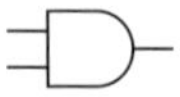　⑤ 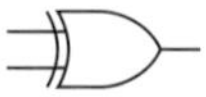

解説　M の論理素子は入力が二つなので組合せは 4 通りとなります．各論理素子の端子を解説図 1 として，問題の図 2 のタイミングチャートから真理値表を作ると解説表 1 のように表されます．

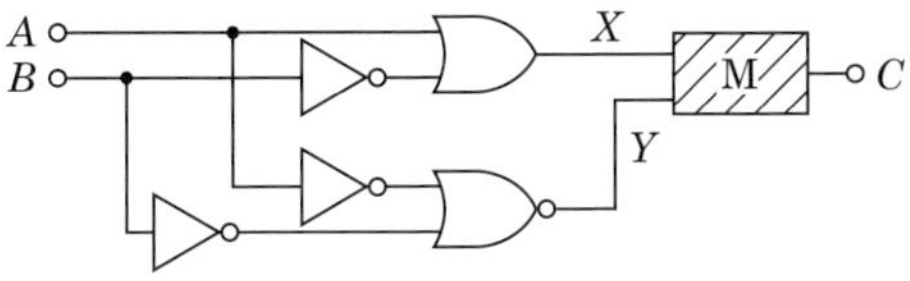

解説図 1

解説表 1

A	B	X	Y	C
0	1	0	0	0
1	0	1	0	1
0	0	1	0	1
1	1	1	1	0

真理値表の X，Y を入力として，C が出力となる論理素子は EX-OR なので，解答は⑤です．

解答 ⑤

問13　図 1 に示す論理回路において，M の論理素子が［　　］であるとき，入力 a 及び b と出力 c との関係は，図 2 で示される．

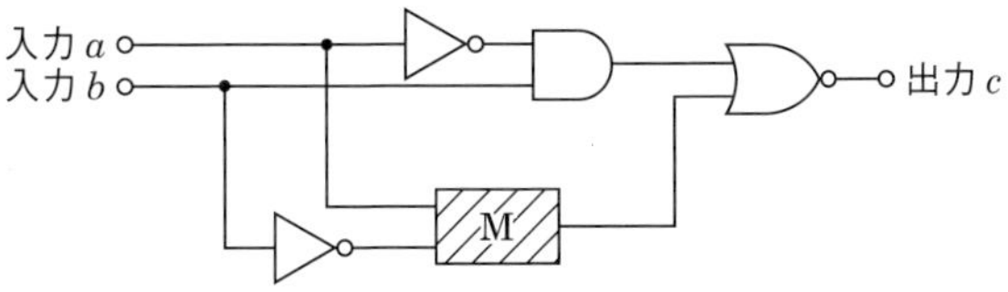

図 1

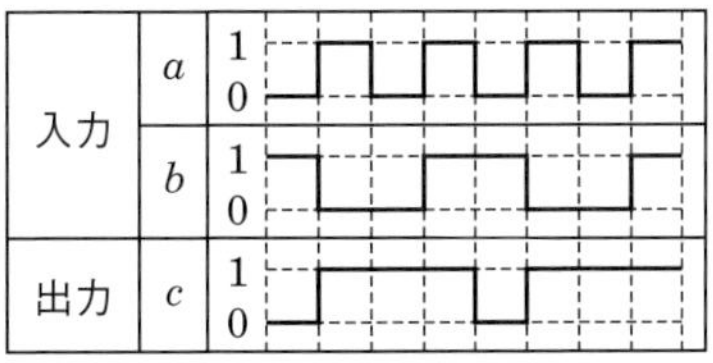

図 2

① 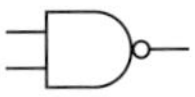　② 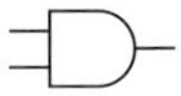　③ 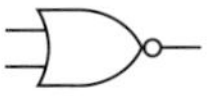　④ 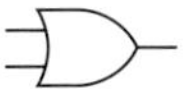　⑤ 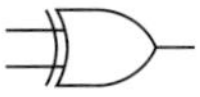

解説　M の論理素子は入力が二つなので組合せは 4 通りとなります．各論理素子の端子を解説図 1 として，問題図 1 のタイミングチャートから A，B，C，D，X，Y，E の真理値表を作ると解説表 1 のように表されます．C，D を入力とした NOR の出力 E を求めると解説表 1 のようになります．

X と Y の真理値表に“0”“1”組合せはないけど，表にある組合せだけで回路を見つければいいよ．

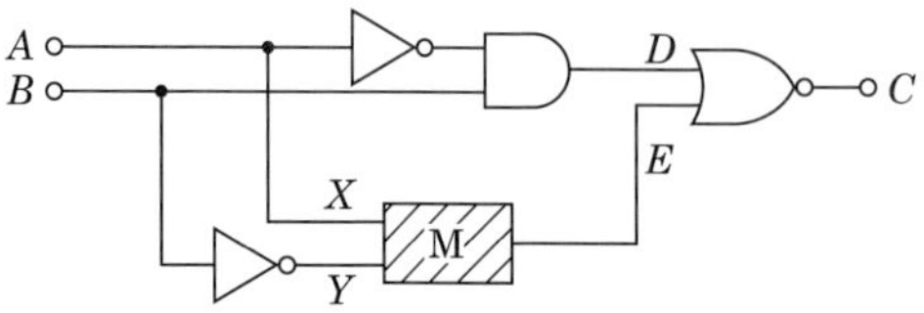

解説図 1

解説表 1

A	B	C	D	X	Y	E
0	1	0	1	0	0	?
1	0	1	0	1	1	0
0	0	1	0	0	1	0
1	1	1	0	1	0	0

補足

NOR の真理値表は次のようになります．

入力		出力
D	E	C
0	0	1
0	1	0
1	0	0
1	1	0

真理値表 E の ? の値は，1 又は 0 となりますが，この値が 0 として動作する論理素子はありません．そこで 1 とすると X，Y を入力として，E が出力となる論理素子は NOR なので，解答は③です．

補足

真理値表の“?”は“0”又は“1”のどちらでも成り立ちます．

解答　③

問14　図に示す論理回路において，M の論理素子が［　　　］であるとき，入力 A 及び B から出力 C の論理式を求め変形し，簡単にすると，$C = A + \overline{B}$ で表される．

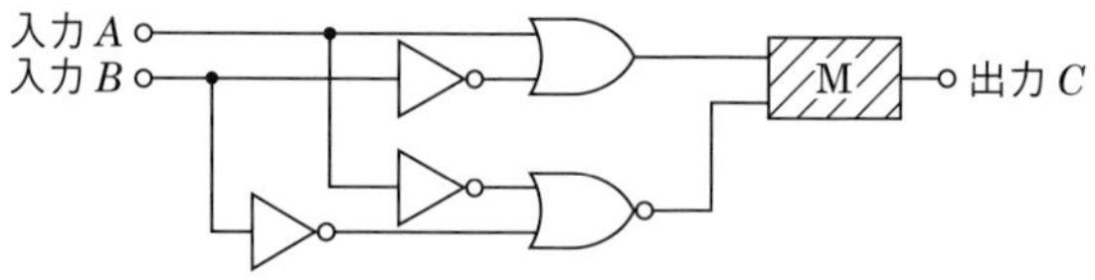

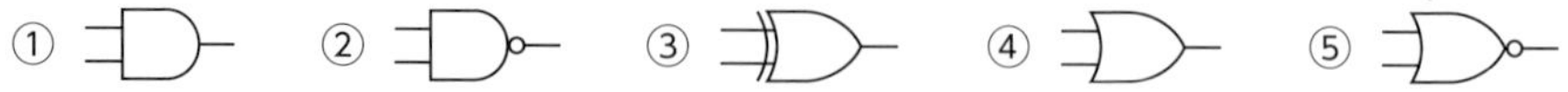

解説　解説図 1 のような M の論理素子の入力 X，Y を論理式で表すと次式のようになります．

$$X = A + \overline{B}$$

$$Y = \overline{\overline{A} + \overline{B}} = \overline{\overline{A \cdot B}} = A \cdot B$$

これらの式と問題で与えられた $C = A + \overline{B}$ より，M の論理素子は入力が二つなので組合せは 4 通りとなるので，X，Y，C の真理値表を作ると解説表 1 のように表されます．

ド・モルガンの定理を使うよ．
$Y = \overline{A} + \overline{B} = \overline{A \cdot B}$

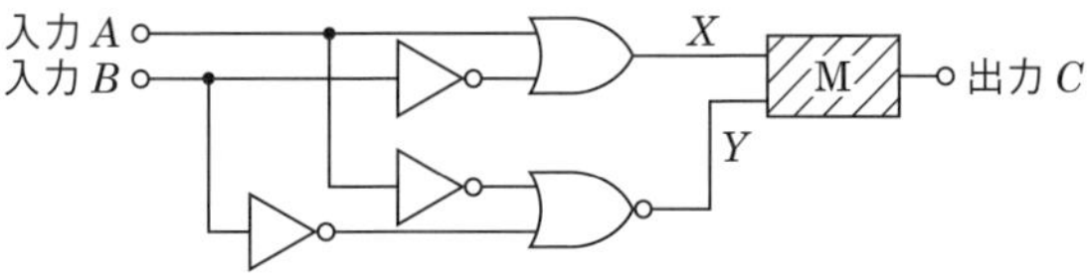

解説図 1

解説表 1

A	B	X	Y	C
0	0	1	0	1
0	1	0	0	0
1	0	1	0	1
1	1	1	1	1

補足

OR の真理値表は次のようになります.

入力		出力
D	E	C
0	0	0
0	1	1
1	0	1
1	1	1

真理値表の X, Y を入力として, C が出力となる論理素子は OR なので, 解答は④です.

解答 ④

問15 図に示す論理回路において, M の論理素子が[　　]であるとき, 入力 A 及び B から出力 C の論理式を求め変形し, 簡単にすると, $C=A\cdot B+\overline{A}\cdot\overline{B}$ で表される.

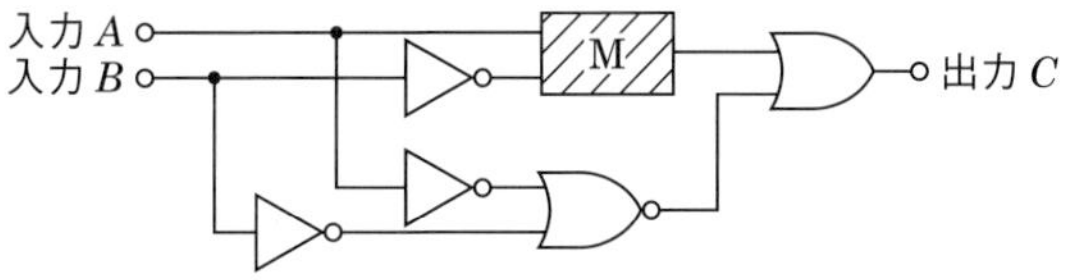

① 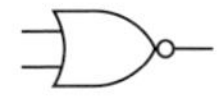 ② 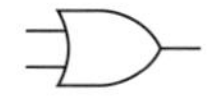 ③ 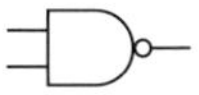 ④ 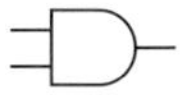 ⑤ 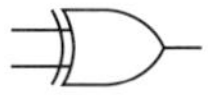

解説 解説図 1 のような M の論理素子の入力 X, Y と E を論理式で表すと次式のようになります.

$$X=A$$

$$Y=\overline{B}$$

$$E=\overline{\overline{A}+\overline{B}}=\overline{\overline{A\cdot B}}=A\cdot B$$

これらの式と問題で与えられた $C=A\cdot B+\overline{A}\cdot\overline{B}$ より, M の論理素子は入力が二つなので組合せは 4 通りとなるので, X, Y, C の真理値表を作ると解説表 1 のように表されます. D, E を入力とした OR の出力が C となるので, C, E から D を求めると解説表 1 のようになります.

ド・モルガンの定理を使うよ.
$Y=\overline{A}+\overline{B}=\overline{A\cdot B}$

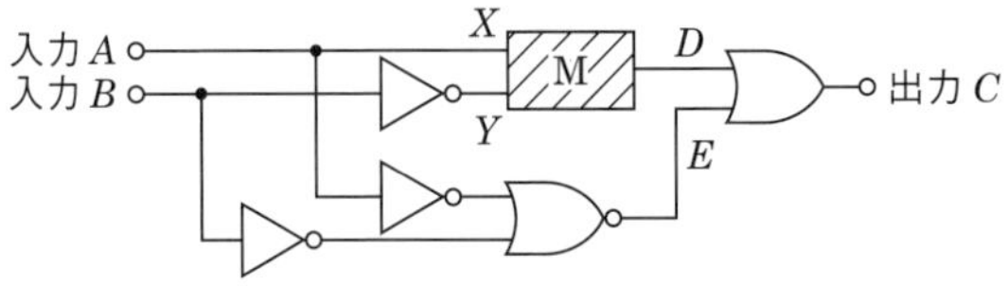

解説図 1

解説表 1

A	B	C	E	X	Y	D
0	0	1	0	0	1	1
0	1	0	0	0	0	0
1	0	0	0	1	1	0
1	1	1	1	1	0	1

真理値表の X，Y を入力として，D が出力となる論理素子は EX-OR なので，解答は⑤です．

補足

EX-OR の真理値表は次のようになります．

入力		出力
D	E	C
0	0	0
0	1	1
1	0	1
1	1	0

解答　⑤

問16　次の論理関数 X は，ブール代数の公式等を利用して変形し，簡単にすると，[　　] になる．

$$X=(A+B)\cdot\overline{(A+\overline{C})}+\overline{(\overline{A}+B)}\cdot(\overline{A}+\overline{C})$$

①　0　②　1　③　$A\cdot\overline{B}\cdot\overline{C}$　④　$\overline{A}\cdot B\cdot C$　⑤　$A\cdot\overline{B}\cdot\overline{C}+\overline{A}\cdot B\cdot C$

解説　論理関数 X をブール代数の公式を利用して変形すると

$$X=(A+B)\cdot\overline{(A+\overline{C})}+\overline{(\overline{A}+B)}\cdot(\overline{A}+\overline{C})$$ ← ド・モルガンの定理

$$=(A+B)\cdot(\overline{A}\cdot\overline{\overline{C}})+(\overline{\overline{A}}\cdot\overline{B})\cdot(\overline{A}+\overline{C})$$

$$=(A+B)\cdot(\overline{A}\cdot C)+(A\cdot\overline{B})\cdot(\overline{A}+\overline{C})$$

$$=A\cdot\overline{A}\cdot C+B\cdot\overline{A}\cdot C+A\cdot\overline{B}\cdot\overline{A}+A\cdot\overline{B}\cdot\overline{C}$$ ← 公式 $A\cdot\overline{A}=0$

$$=\overline{A}\cdot B\cdot C+A\cdot\overline{B}\cdot\overline{C}$$

なので，解答は⑤です．

解答　⑤

問17 次の論理関数 X は，ブール代数の公式等を利用して変形し，簡単にすると，[　　]になる．

$$X=\overline{A}\cdot C+A\cdot C\cdot(\overline{A}\cdot\overline{B}+A\cdot\overline{B}+B\cdot\overline{C}+\overline{B}\cdot\overline{C})+A\cdot\overline{B}\cdot\overline{C}$$

① 0　② 1　③ $\overline{A}+\overline{B}$　④ $A\cdot\overline{B}+\overline{A}\cdot C$　⑤ $\overline{A}\cdot B+A\cdot\overline{C}$

解説　論理関数 X をブール代数の公式を利用して変形すると

$$X=\overline{A}\cdot C+A\cdot C\cdot(\overline{A}\cdot\overline{B}+A\cdot\overline{B}+B\cdot\overline{C}+\overline{B}\cdot\overline{C})+A\cdot\overline{B}\cdot\overline{C}$$

$$=\overline{A}\cdot C+A\cdot C\cdot\overline{A}\cdot\overline{B}+A\cdot C\cdot A\cdot\overline{B}+A\cdot C\cdot B\cdot\overline{C}$$

$$+A\cdot C\cdot\overline{B}\cdot\overline{C}+A\cdot\overline{B}\cdot\overline{C}$$

あるいは公式 $A\cdot\overline{A}=0$，$A\cdot A=A$，$C\cdot\overline{C}=0$ より

$$=\overline{A}\cdot C+A\cdot C\cdot\overline{B}+A\cdot\overline{B}\cdot\overline{C}$$

$$=\overline{A}\cdot C+A\cdot\overline{B}\cdot(C+\overline{C})$$ ← 公式 $C+\overline{C}=1$

$$=\overline{A}\cdot C+A\cdot\overline{B}$$

なので，解答は④です．

公式が難しいね．"1" と "0" を入れて計算してみてね．

解答　④

問18 次の論理関数 X は，ブール代数の公式等を利用して変形し，簡単にすると，[　　]になる．

$$X=\overline{(A+\overline{B})\cdot(B+\overline{C})}\cdot\overline{(\overline{A}+B)\cdot(\overline{B}+C)}$$

① $A\cdot\overline{B}\cdot\overline{C}+\overline{A}\cdot B\cdot\overline{C}$　② $\overline{A}\cdot B\cdot C+A\cdot\overline{B}\cdot\overline{C}$　③ $\overline{A}\cdot B\cdot\overline{C}+A\cdot\overline{B}\cdot C$

④ $\overline{A}\cdot\overline{B}\cdot C+A\cdot B\cdot\overline{C}$　⑤ $\overline{A}\cdot\overline{B}\cdot C+A\cdot\overline{B}\cdot\overline{C}$

解説　論理関数 X をブール代数の公式を利用して変形すると

$$X=\overline{(A+\overline{B})\cdot(B+\overline{C})}\cdot\overline{(\overline{A}+B)\cdot(\overline{B}+C)}$$ ← ド・モルガンの定理

$$=((\overline{A+\overline{B}})+(\overline{B+\overline{C}}))\cdot((\overline{\overline{A}+B})+(\overline{\overline{B}+C}))$$ ← ド・モルガンの定理

$$=(\overline{A}\cdot\overline{\overline{B}}+\overline{B}\cdot\overline{\overline{C}})\cdot(\overline{\overline{A}}\cdot\overline{B}+\overline{\overline{B}}\cdot\overline{C})$$

$$=(\overline{A}\cdot B+\overline{B}\cdot C)\cdot(A\cdot\overline{B}+B\cdot\overline{C})$$

$$=(\overline{A}\cdot B)\cdot(A\cdot\overline{B}+B\cdot\overline{C})+\overline{B}\cdot C\cdot(A\cdot\overline{B}+B\cdot\overline{C})$$

$$=\overline{A}\cdot B\cdot A\cdot\overline{B}+\overline{A}\cdot B\cdot B\cdot\overline{C}+\overline{B}\cdot C\cdot A\cdot\overline{B}+\overline{B}\cdot C\cdot B\cdot\overline{C}$$

公式 $\overline{A}\cdot A=0$，$B\cdot B=B$，$\overline{B}\cdot\overline{B}=\overline{B}$，$C\cdot\overline{C}=0$ より

$$=\overline{A}\cdot B\cdot\overline{C}+\overline{B}\cdot C\cdot A$$

なので，解答は③です．

解答　③

問19 次の論理関数 X は，ブール代数の公式等を利用して変形し，簡単にすると，［　　］になる．

$$X=(\overline{A+\overline{B}})+\overline{(A+C)\cdot(\overline{A}+\overline{B})}+(\overline{\overline{A}+C})$$

① 0　② 1　③ $B+\overline{C}$　④ $\overline{A}\cdot B+A\cdot\overline{C}$　⑤ $\overline{A}\cdot B+A\cdot C+B\cdot\overline{C}$

解説　論理関数 X をブール代数の公式を利用して変形すると

$$X=(\overline{A+\overline{B}})+\overline{(A+C)\cdot(\overline{A}+\overline{B})}+(\overline{\overline{A}+C}) \quad \longleftarrow \text{ド・モルガンの定理}$$

$$=(\overline{A}\cdot\overline{\overline{B}})+((\overline{A+C})+(\overline{\overline{A}+\overline{B}}))+(\overline{\overline{A}+C}) \quad \longleftarrow \text{ド・モルガンの定理}$$

$$=(\overline{A}\cdot B)+(\overline{A}\cdot\overline{C})+(\overline{\overline{A}}\cdot\overline{\overline{B}})+(\overline{\overline{A}}\cdot\overline{C})$$

$$=\overline{A}\cdot B+\overline{A}\cdot\overline{C}+A\cdot B+A\cdot\overline{C}$$

$$=B\cdot(\overline{A}+A)+\overline{C}\cdot(A+\overline{A}) \quad \longleftarrow \text{公式}\ \overline{A}+A=1$$

$$=B+\overline{C}$$

なので，解答は③です．

解答　③

問20 次の論理関数 X は，ブール代数の公式等を利用して変形し，簡単にすると，［　　］になる．

$$X=A\cdot\overline{B}+\overline{A}\cdot(A\cdot\overline{B}+\overline{A}\cdot\overline{B}+\overline{B}\cdot C)$$

① 0　② $\overline{B}$　③ $A\cdot\overline{B}$　④ $\overline{A}\cdot\overline{B}$　⑤ $A\cdot\overline{B}+\overline{B}\cdot C$

解説　論理関数 X をブール代数の公式を利用して変形すると

$$X=A\cdot\overline{B}+\overline{A}\cdot(A\cdot\overline{B}+\overline{A}\cdot\overline{B}+\overline{B}\cdot C)$$

$$=A\cdot\overline{B}+\overline{A}\cdot A\cdot\overline{B}+\overline{A}\cdot\overline{A}\cdot\overline{B}+\overline{A}\cdot\overline{B}\cdot C \quad \longleftarrow \text{公式}\ \overline{A}\cdot A=0,\ \overline{A}\cdot\overline{A}=\overline{A}$$

$$=A\cdot\overline{B}+\overline{A}\cdot\overline{B}+\overline{A}\cdot\overline{B}\cdot C$$

$$=A\cdot\overline{B}+\overline{A}\cdot\overline{B}\cdot(1+C) \quad \longleftarrow \text{公式}\ 1+C=1$$

$$=\overline{B}\cdot(A+\overline{A}) \quad \longleftarrow \text{公式}\ A+\overline{A}=1$$

$$=\overline{B}$$

なので，解答は②です．

解答　②

2.1 伝送路

出題のポイント

- 絶対レベルの求め方
- 電気通信回線の伝送損失・利得・伝送量の求め方
- 特性インピーダンスと電圧反射係数
- 誘導電圧と信号対雑音電力比
- 漏話と漏話減衰量の求め方
- 伝送路上のデータ信号速度の表し方

1 伝送量の表し方

電気通信回線などの電気信号の伝送割合は dB（デシベル）の単位を用いて表します．入力電力を P_1〔W〕，出力電力を P_2〔W〕とすると，伝送量 N〔dB〕は次式で表されます．

$$N = 10 \log_{10} \frac{P_2}{P_1} \text{〔dB〕} \qquad (2.1)$$

デシベルを用いることで，大きな数値でも計算しやすくなります．

［1］相対レベルと絶対レベル

一般にデシベルで表す場合は，入力電力を基準とした出力電力の比などの相対値を表し，これを**相対レベル**といいます．一般に相対レベルの単位は〔dB〕で表しますが，伝送系の基準点における信号電力を基準として，ある箇所における信号電力の比をデシベル表示した相対レベルは〔dBr〕で表されます．基準電力を 1〔mW〕として，1〔mW〕に対する比で表したデシベル値を**絶対レベル**と呼び，P〔W〕の絶対レベル S〔dBm〕は次式で表されます．

$$S = 10 \log_{10} \frac{P}{1\text{〔mW〕}} \text{〔dBm〕} \qquad (2.2)$$

P〔mW〕の絶対レベル S〔dBm〕は次式で表されます．

$$S = 10 \log_{10} P \text{〔dBm〕} \qquad (2.3)$$

［2］電力増幅度と電圧増幅度のデシベル

伝送路や増幅回路などの電力や電圧の比は**デシベル**で表されます．電力増幅度 G をデシベル G_{dB}〔dB〕で表すと，次式で表されます．

$$G_{dB} = 10 \log_{10} G \text{〔dB〕} \qquad (2.4)$$

また，電圧増幅度 A をデシベル A_{dB}〔dB〕で表すと，次式で表されます．

$$A_{\mathrm{dB}} = 20 \log_{10} A \text{〔dB〕} \tag{2.5}$$

$\log_{10}$ は常用対数です．$x = 10^y$ の関係があるとき，次式で表されます．

$$y = \log_{10} x \tag{2.6}$$

column デシベルの計算に必要な公式と数値

デシベルの計算に必要な公式を示します．

$$\log_{10} (ab) = \log_{10} a + \log_{10} b$$

$$\log_{10} \frac{a}{b} = \log_{10} a - \log_{10} b$$

$$\log_{10} a^b = b \log_{10} a$$

$$\log_{10} 10^n = n$$

よく使われる数値を次に示します．

$$\log_{10} 1 = \log_{10} 10^0 = 0$$

$$\log_{10} 10 = \log_{10} 10^1 = 1$$

$$\log_{10} 100 = \log_{10} 10^2 = 2$$

$$\log_{10} \frac{1}{10} = \log_{10} 10^{-1} = -1$$

$$\log_{10} 2 \fallingdotseq 0.3$$

$$\log_{10} 3 \fallingdotseq 0.48$$

$$\log_{10} 4 = \log_{10} (2 \times 2) = \log_{10} 2 + \log_{10} 2 \fallingdotseq 0.6$$

［3］伝送量の計算

図 2.1 のように，伝送路は電気通信回線と増幅器などで構成されます．電気通信回線では伝送損失により信号は減衰します．信号の減衰を補うためには増幅器が用いられます．このような伝送路全体の伝送量は，増幅器の利得のデシベル値から伝送損失のデシベル値を引いて計算することができます．

線路の単位長さ（1〔km〕）当たりの減衰量を L_x〔dB/km〕とすると，長さ l〔km〕の線路の伝送損失 L〔dB〕は，次式で表されます．

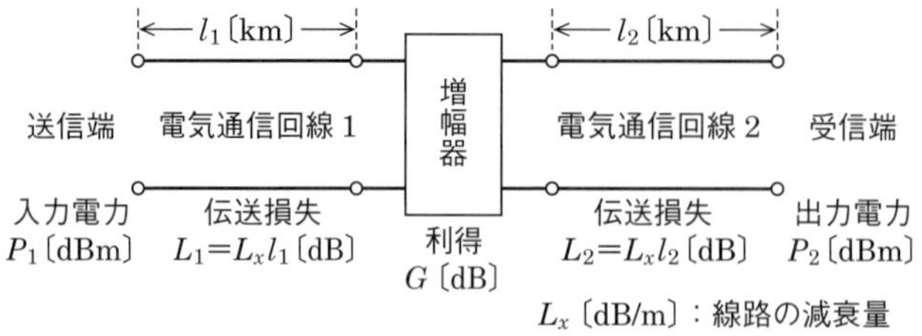

図 2.1　伝送路の伝送量

$$L = L_x \times l \text{〔dB〕} \tag{2.7}$$

図 2.1 の電気通信回線において，出力電力 P_R〔dBm〕は次式で表されます．

$$P_2 = P_1 - L_1 + G - L_2 \text{〔dBm〕} \tag{2.8}$$

また，受信端の電力 P_2〔mW〕と送信端の電力 P_1〔mW〕の比を**伝送量**といい，伝送量のデシベル値 N〔dB〕は，式 (2.8) より，次式で表されます．

$$N = 10 \log_{10} \frac{P_2}{P_1} \text{〔dB〕} \tag{2.9}$$

$$N = P_2 \text{〔dBm〕} - P_1 \text{〔dBm〕} = G - L_1 - L_2 \text{〔dB〕} \tag{2.10}$$

補足 普通は，デシベルの値は掛け算で計算しませんが，線路の減衰量はデシベルの値と線路の長さの掛け算で求めます．

[4] 変成器

変成器（トランス）は，1 次側と 2 次側の回路の電圧やインピーダンスを変換するために伝送路などで用いられます．図 2.2 の変成器結合回路において，1 次側と 2 次側の電圧 V_1，V_2 の比は 1 次側と 2 次側の巻数 n_1，n_2 の巻線比に比例し，1 次側と 2 次側の電流 I_1，I_2 の比は巻線比に反比例するので，次式が成り立ちます．

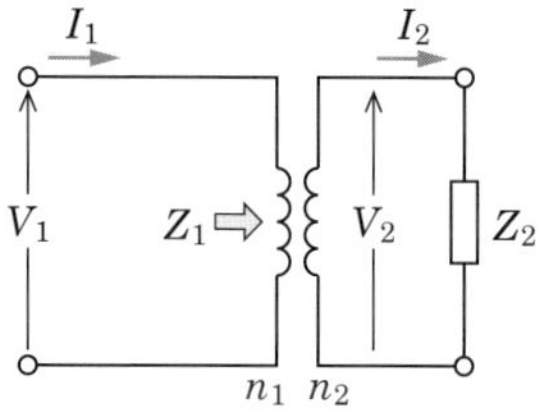

図 2.2　変成器

$$\frac{n_1}{n_2} = \frac{V_1}{V_2} = \frac{I_2}{I_1} \tag{2.11}$$

重要 1 次側と 2 次側の電圧の比は巻線比に比例し，インピーダンスの比は巻線比の 2 乗に比例します．

2 次側に負荷インピーダンス Z_2〔Ω〕を接続すると，次式が成り立ちます．

$$Z_2 = \frac{V_2}{I_2} \text{〔Ω〕} \tag{2.12}$$

1 次側から 2 次側を見たインピーダンス Z_1〔Ω〕は，式 (2.11) と式 (2.12) を用いると次式で表されます．

$$Z_1 = \frac{V_1}{I_1} = \frac{\dfrac{n_1}{n_2} V_2}{\dfrac{n_2}{n_1} I_2} = \left(\frac{n_1}{n_2}\right)^2 Z_2 \text{〔Ω〕} \tag{2.13}$$

また，1 次側の電力を P_1〔W〕，2 次側の電力を P_2〔W〕とすると

$$P_1 = V_1 I_1 = \frac{n_1}{n_2} V_2 \times \frac{n_2}{n_1} I_2 = V_2 I_2 = P_2 \text{〔W〕} \tag{2.14}$$

となるので変わりません．

変成器で 1 次側と 2 次側の電圧比を代えることができるけど，電力は変わらないよ．

2 線路の伝送特性

[1] 線路の特性インピーダンス

平行線路などの伝送線路に高周波電流を流すと，単位長さ当たりの導体の抵抗 R〔Ω/m〕，インダクタンス L〔H/m〕，静電容量 C〔F/m〕，漏れコンダクタンス G〔S/m〕の値を持った分布定数回路として表されます．線路上の電圧と電流の比はこれらの値で求めることができるインピーダンスで表されます．これを**線路の特性インピーダンス**といいます．**無限長の線路**では，線路の**入力インピーダンスは特性インピーダンスに等しくなります**．

重要
無限長線路の入力インピーダンスは，特性インピーダンスに等しくなります．

[2] 反　射

図 2.3 のように，線路の特性インピーダンスが異なる線路を接続すると，接続点において，送信端から受信端に進む入射波電圧 V_F〔V〕の一部の電圧が反射波電圧 V_R〔V〕となって送信端に戻ります．同様に，電流も入射波電流 I_F〔A〕と反射波電流 I_R〔A〕で表されます．このとき，電圧反射係数 m と電流反射係数 m_I は次式で表されます．

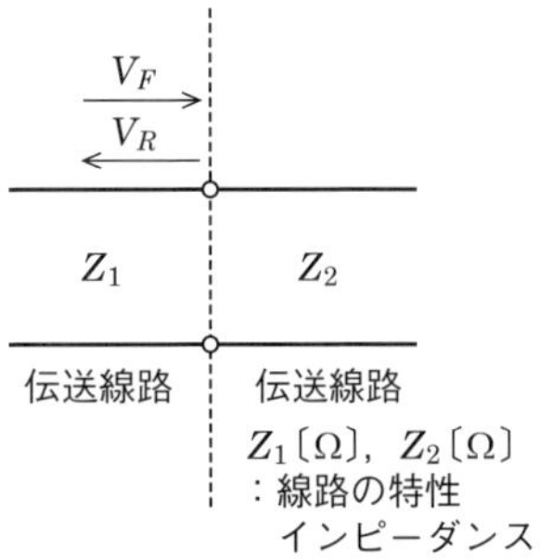

図 2.3　線路の接続

$$m = \frac{V_R}{V_F} \qquad m_I = \frac{I_R}{I_F} \tag{2.15}$$

重要
電圧反射係数は，波が反射する係数だから，反射波電圧と入射波電圧の比で表されます．

図 2.4 のように，特性インピーダンス Z_1〔Ω〕の線路の受信端に負荷インピーダンス Z_2〔Ω〕を接続したときの電圧反射係数 m と電流反射係数 m_I は次式で表されます．

$$m = \frac{Z_2 - Z_1}{Z_1 + Z_2} \qquad m_I = \frac{Z_1 - Z_2}{Z_1 + Z_2} \tag{2.16}$$

重要

$$m = \frac{Z_2 - Z_1}{Z_1 + Z_2}$$

$$m_I = \frac{Z_1 - Z_2}{Z_1 + Z_2}$$

$$m = -m_I$$

式 (2.16) において，$Z_2 = Z_1$ のときは電圧反射係数 $m = 0$ で反射がない状態で，$Z_2 = 0$ の受信端の負荷が短絡しているときは $m = -1$ となって反射波電圧は逆位相で全反射される状態となります．$Z_2 = \infty$（無限大）の受信端に負荷がつながっていないときは $\Gamma = 1$ となって反射波電圧は同位相で全反射される状態となります．

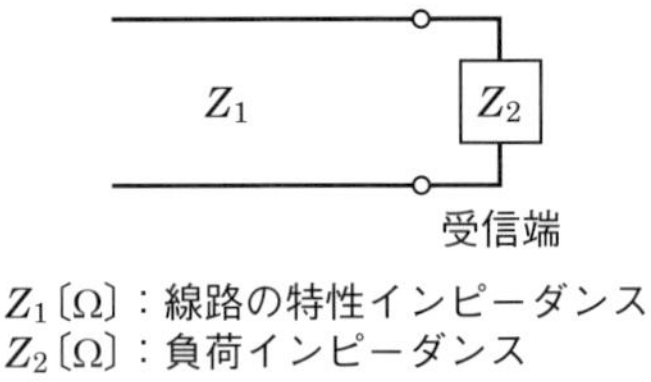

図 2.4　反射

$Z_2 = Z_1$ のときは，送信端から受信端を見た入力インピーダンスは特性インピーダンス Z_1 と等しい値を持ちます．$Z_2 \neq Z_1$ で線路に反射がある状態では，送信端から受信端を見たインピーダンスは，Z_2，Z_1，使用周波数，線路の長さによって決まる値を持ちます．

[3] 整　合

図 2.5 のように，線路の特性インピーダンスが異なる線路 Z_1，Z_2〔Ω〕を接続するとき，反射波が生じないように変成器（トランス）などを用いてイン

ピーダンスを整合します．変成器の 1 次側と 2 次側の巻数を n_1，n_2 とすると，次式の関係のとき整合を取ることができます．

$$\left(\frac{n_1}{n_2}\right)^2 = \frac{Z_1}{Z_2} \tag{2.17}$$

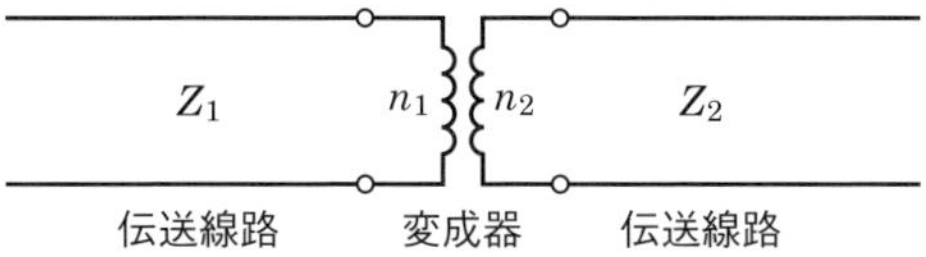

Z_1〔Ω〕，Z_2〔Ω〕：線路の特性インピーダンス
n_1，n_2：巻数

図 2.5　整合

補足
変成器の電圧は巻数に比例します．電流は 1/(巻数) に比例します．インピーダンスは (電圧)/(電流) で表されるので，巻数の 2 乗に比例します．

3　線路に発生する雑音と漏話

［1］線路の種類

①　平衡対ケーブル

図 2.6 のように，2 本の導線を平行に並べてビニルなどの誘電体で絶縁した構造です．屋内配線のようにケーブル長が短い場合は平行線を用いますが，一般に 2 本の導線を撚り合わせた図 2.6（a）の対撚りケーブルや 2 対 4 本の導線を撚り合わせた図 2.6（b）の星形カッド撚りケーブルを使用します．外部からの電磁誘導や静電誘導により，平衡対ケーブルに誘導電圧が発生します．撚りケーブルでは，撚られた導線の向きが交互に変わることによって，誘導電圧も逆向きとなるので，外部からの誘導の影響が小さい特徴があります．

（a）対撚りケーブル　　（b）星形カッド撚りケーブル

図 2.6　平衡対ケーブル

平衡対ケーブルの伝送損失は，導線の導体抵抗，導線のインダクタンス及び導線間の静電容量による分布リアクタンス，導線間の漏洩コンダクタンスなどにより発生します．心線導体間の間隔を大きくすると単位長さ当たりの静電容量とコンダクタンスが小さくなるので，伝送損失は減少します．

補足
ケーブルを伝わる電気は，導線の周りの空間に発生する電界や磁界によって伝わります．電圧によって生じる電界と電流によって生じる磁界の比がケーブルの特性インピーダンスとなります．特性インピーダンスは，導線の直径や周りの誘電体によって決まる特定の値を持ち，平衡対撚りケーブルは約 100〔Ω〕で，同軸ケーブルは 50〔Ω〕か 75〔Ω〕です．

②　同軸ケーブル

図 2.7 のように，一般に単銅線又は撚り銅線の内部導体と網組銅線を用いた外部導体をポリエチレンなどの誘電体で絶縁した構造です．外部導体は円筒形で内部導体を覆った構造なので，外部導体で心線を外部の電磁界から遮蔽することができます．

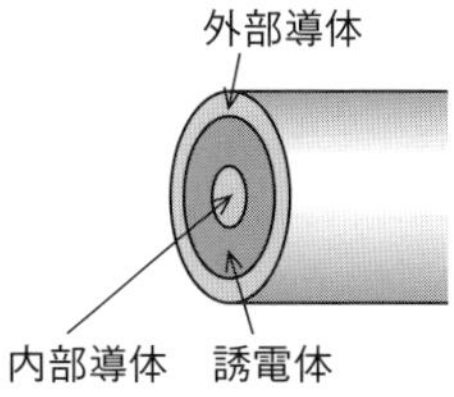

図 2.7　同軸ケーブル

同軸ケーブルが一般に使用される周波数帯における伝送損失は，信号の周波数の平方根に比例します．信号の周波数が 2 倍になると伝送損失は$\sqrt{2}$倍になります．

> 信号の周波数がf〔Hz〕のとき，伝送損失は$\sqrt{f}$に比例するよ．

［2］雑　音

①　伝送系で発生する雑音

雑音は，特にアナログ信号を伝送するときに影響します．平衡対ケーブルの回線相互間の静電結合や電磁結合によって発生する漏話雑音，複数のチャネルを伝送する多重伝送において増幅器の非直線性により発生する準漏話雑音などがあります．また，電力線からの誘導作用により発生する雑音電圧は，静電誘導電圧と電磁誘導電圧があります．**静電誘導電圧**は電力線の**電圧に比例**して変化し，**電磁誘導電圧**は電力線の**電流に比例**して変化します．

> **重要**
> 電力線から平衡対ケーブルに誘起される静電誘導電圧は，電力線の電圧に比例して変化します．

②　信号対雑音比

電気通信回線などの信号電力と雑音電力の比を表したものが**信号対雑音比**です．信号対雑音比は，一般に dB（デシベル）で表されます．信号電力をP_S〔W〕，雑音電力をP_N〔W〕とすると，信号電力対雑音電力比S/N〔dB〕は次式で表されます．

$$S/N = 10 \log_{10} \frac{P_S}{P_N} \text{〔dB〕} \tag{2.18}$$

> **重要**
> 信号電力対雑音電力比
> $S/N = 10 \log_{10} \frac{P_S}{P_N}$

雑音電力が小さいほどS/Nは大きくなるので，S/Nが大きい回線ほど良好な回線を表します．

［3］漏　話

電気通信回線は多数の導線で構成されていますが，それらの導線は電磁的あるいは静電的に結合することがあります．このとき，他の回線からの信号が伝送回線に漏れてくる信号を**漏話**といいます．一般にアナログ回線では信号を判別することができますが，デジタル回線では漏話雑音となって信号対雑音比が劣化します．

①　近端漏話と遠端漏話

図 2.8 のように，誘導回線の信号が被誘導回線に現れる漏話において，誘導回線の伝送方向を正の方向として，**正の方向に現れる漏話**を**遠端漏話**といい，その反対方向の**負の方向に現れる漏話**を**近端漏話**といいます．

> **補足**
> 誘導する回線の送信端側に遠い方が遠端漏話で，近い方が近端漏話です．

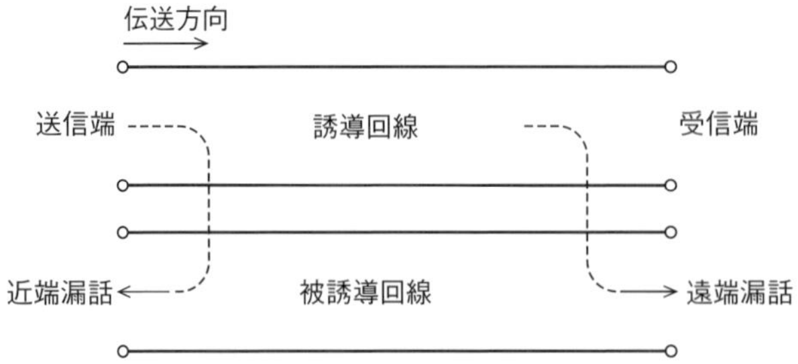

図 2.8　近端漏話と遠端漏話

② 漏話の発生原因

図 2.6 のような**平衡対ケーブル**において，誘導回線に流れる信号電流による電磁結合によって，被誘導回線に漏話が発生します．**電磁結合による漏話**は誘導回線の**電流に比例**し，誘導回線の**インピーダンスに反比例**します．また，誘導回線と被誘導回線の導線間の静電結合によって漏話が発生します．誘導結合による漏話は，ケーブルの片方の向きに誘導電流が発生しますが，静電結合による漏話は両方の向きに誘導電流が発生するため，近端漏話や遠端漏話として方向性のある漏話が発生します．

重要
電磁結合の漏話は，誘導回線のインピーダンスに反比例します．

同軸ケーブルは，一般に内部導体の静電結合や電磁結合による漏話は発生しませんが，外部導体に発生する不平衡起電力が他の同軸ケーブルに導電結合し漏話が発生します．通常の伝送周波数帯域において，同軸ケーブルを伝送する信号の周波数が高いと外部導体を流れる電流は外部導体の内側に集中するので漏話は小さくなり，**周波数が低くなると大きく**なります．

補足
電磁誘導はコイルに発生する誘導起電力と同じです．導線が直線でも発生します．

③ 漏話減衰量

誘導回線の信号電力を P_S〔W〕，被誘導回線の漏話による電力を P_X〔W〕とすると，漏話減衰量 X は次式で表されます．

$$X = 10 \log_{10} \frac{P_S}{P_X} \text{〔dB〕} \tag{2.19}$$

漏話減衰量が大きいほど良好な回線を表します．

重要
漏話減衰量
$X = 10 \log_{10} \frac{P_S}{P_X}$

4 伝送速度の表し方

伝送路上に 2 進符号で表されるデジタル信号を伝送するときは，1 秒間に何ビット〔bit〕のデータを伝送することができるかを表す**データ信号速度**で表され，単位は，ビット毎秒〔bit/s〕です．図 2.9 のような，2 進符号のデータ信号を直接伝送するシリアル伝送において，データ信号のパルス幅が T〔s〕のとき，データ信号速度 S〔bit/s〕は次式で表されます．

$$S = \frac{1}{T} \text{〔bit/s〕} \tag{2.20}$$

2 進数で表されるデジタル信号の単位はビット〔bit〕だね．1 秒間に何ビット送れるかがデータ信号速度だよ．

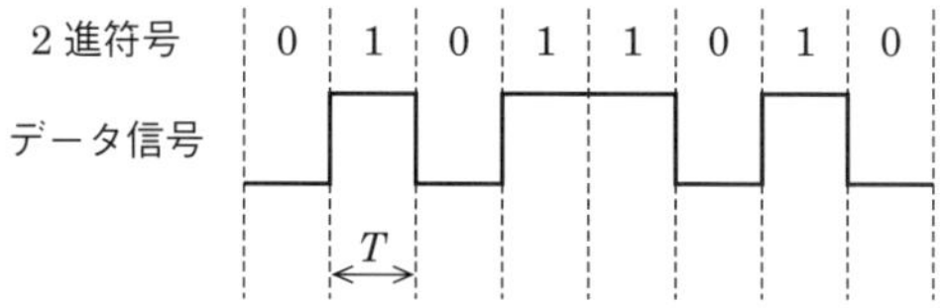

図 2.9 データ信号速度

問 1　ある伝送路の送信端における信号電力を P_S ワット，受信端における信号電力を P_R ワットとするとき，この伝送路の伝送損失は，[　　]デシベルで表される．

①　$10\log_{10}\dfrac{P_S}{P_R}$　　②　$10\log_{10}\dfrac{P_R}{P_S}$　　③　$20\log_{10}\dfrac{P_S}{P_R}$　　④　$20\log_{10}\dfrac{P_R}{P_S}$

解説　送信端の信号電力を P_S〔W〕，受信端の信号電力を P_R〔W〕とすると，伝送損失 L〔dB〕は次式で表されます．

$$L = 10\log_{10}\frac{P_S}{P_R}\ \text{〔dB〕}$$

一般に，$P_S > P_R$ なので，$P_S/P_R > 1$，$L > 0$〔dB〕の値となります．

解答　①

普通は伝送途中で信号電力が減衰するから，受信端の信号電力 P_R は送信端の信号電力 P_S より小さくなるよ．

問 2　伝送系のある箇所における信号電力と基準点における信号電力との比をデシベル表示した値は，その箇所の[　　]といわれ，一般に，単位は〔dBr〕で表される．

①　絶対レベル　　②　相対レベル　　③　平衡度　　④　*CN* 比　　⑤　*SN* 比

解説　伝送系のある箇所における信号電力 P〔W〕と基準点における信号電力 P_0〔W〕との比をデシベル表示した値は，その箇所の**相対レベル**といわれ，相対レベル S〔dBr〕は次式で表されます．

$$S = 10\log_{10}\frac{P}{P_0}\ \text{〔dBr〕}$$

解答　②

絶対レベルは 1〔mW〕を基準とした電力だよ．〔dBm〕で表すよ．

問 3　図において，電気通信回線への入力電力が[　　]ミリワット，その伝送損失が 1 キロメートル当たり 0.8 デシベル，増幅器の利得が 24 デシベルのとき，負荷抵抗 R で消費する電力は，40 ミリワットである．ただし，変成器は理想的なものとし，入出力各部のインピーダンスは整合しているものとする．

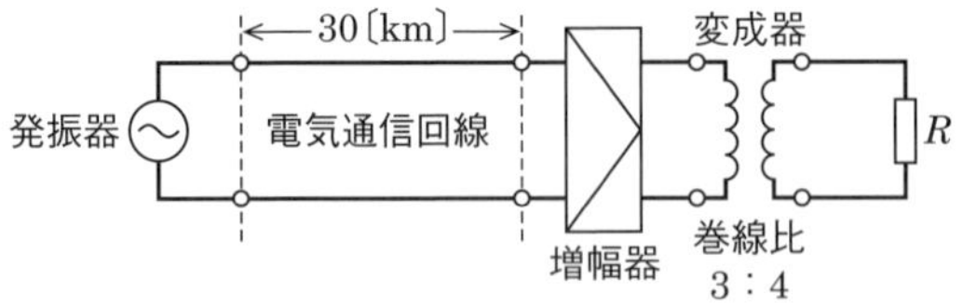

①　30　　②　40　　③　60　　④　80　　⑤　90

解説　単位長さ当たりの減衰量 $L_x = 0.8$〔dB/km〕，長さ $l = 30$〔km〕の線路の減衰量 L〔dB〕は，次式で表されます．

$$L = L_x l = 0.8 \times 30 = 24 \text{〔dB〕}$$

増幅器出力における伝送量を N〔dB〕，増幅器の利得を G〔dB〕とすると次式が成り立ちます．

$$N = G - L = 24 - 24 = 0 \text{〔dB〕}$$

変成器の巻数比は電力に関係しないので，電気通信回線の入力電力 P_1〔mW〕は，負荷抵抗で消費する電力と等しくなります．よって，$P_1 = 40$〔mW〕

解答　②

問 4　図において，電気通信回線への入力電力が 600 ミリワット，その伝送損失が 1 キロメートル当たり 0.7 デシベル，増幅器の利得が［　　］デシベルのとき，負荷抵抗 R で消費する電力は，60 ミリワットである．ただし，変成器は理想的なものとし，入出力各部のインピーダンスは整合しているものとする．

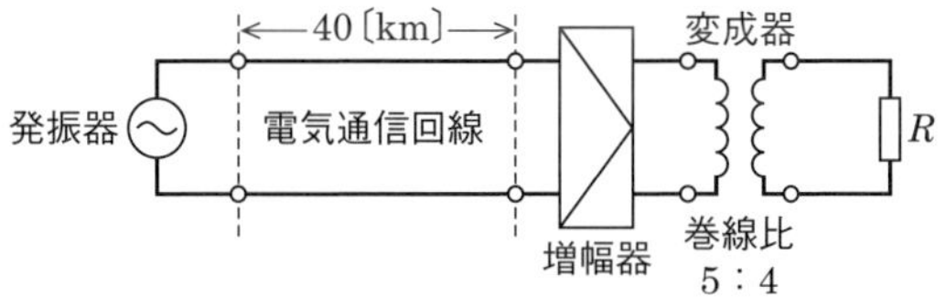

① 8　② 18　③ 28　④ 38　⑤ 48

解説　単位長さ当たりの減衰量 $L_x = 0.7$〔dB/km〕，長さ $l = 40$〔km〕の線路の減衰量 L〔dB〕は，次式で表されます．

$$L = L_x l = 0.7 \times 40 = 28 \text{〔dB〕}$$

変成器の巻数比は電力に関係しないので，電気通信回線への入力電力を $P_1 = 600$〔mW〕，負荷抵抗で消費する電力を $P_2 = 60$〔mW〕とすると，伝送量 N〔dB〕は次式で表されます．

$$N = 10 \log_{10} \frac{P_2}{P_1} = 10 \log_{10} \frac{60}{600} = 10 \log_{10} 10^{-1} = -10 \text{〔dB〕}$$

増幅器の利得を G〔dB〕とすると次式が成り立ちます．

$N = G - L$〔dB〕　よって，$G = N + L = -10 + 28 = 18$〔dB〕

解答　②

問 5 図において電気通信回線への入力電力が 30 ミリワット，その伝送損失が 1 キロメートル当たり 0.8 デシベル，増幅器の利得が 30 デシベルのとき，負荷抵抗 R_1 で消費する電力は，[　　　]ミリワットである．ただし，変成器は理想的なものとし，入出力各部のインピーダンスは整合しているものとする．

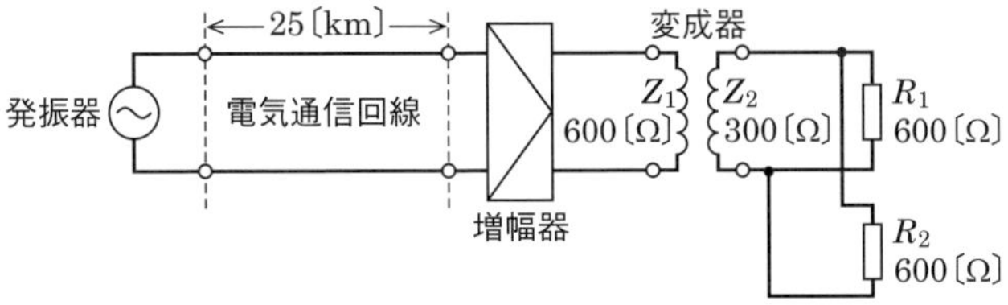

① 100　② 150　③ 200　④ 250　⑤ 300

解説　単位長さ当たりの減衰量 $L_x = 0.8$〔dB/km〕，長さ $l = 25$〔km〕の線路の減衰量 L〔dB〕は，次式で表されます．

$$L = L_x l = 0.8 \times 25 = 20 \text{〔dB〕}$$

増幅器出力における伝送量を N〔dB〕，増幅器の利得を G〔dB〕とすると次式が成り立ちます．

$$N = G - L = 30 - 20 = 10 \text{〔dB〕}$$

電気通信回線への入力電力を $P_1 = 30$〔mW〕，増幅器出力における電力を P_2〔mW〕とすると，伝送量 N〔dB〕は次式で表されます．

$$N = 10 \text{〔dB〕} = 10 \log_{10} \frac{P_2}{P_1} = 10 \log_{10} \frac{P_2}{30}$$

P_2〔mW〕を求めると

$$\frac{P_2}{30} = 10^1 \quad \text{よって，} P_2 = 300 \text{〔mW〕}$$

各負荷抵抗に供給される電力は，抵抗値が同じなので 1/2 となります．また，変成器の巻数比は電力に関係しないので，負荷抵抗 R_1 で消費する電力は，$P_2/2 = 150$〔mW〕となります．

解答 ②

問6 図において，電気通信回線への入力電圧が 200 ミリボルト，その伝送損失が 1 キロメートル当たり［　　］デシベル，減衰器の減衰量が 12 デシベルのとき，電圧計の読みは，1.5 ミリボルトである．ただし，変成器は理想的なものとし，電気通信回線及び減衰器の入出力インピーダンスは等しく，各部は整合しているものとする．

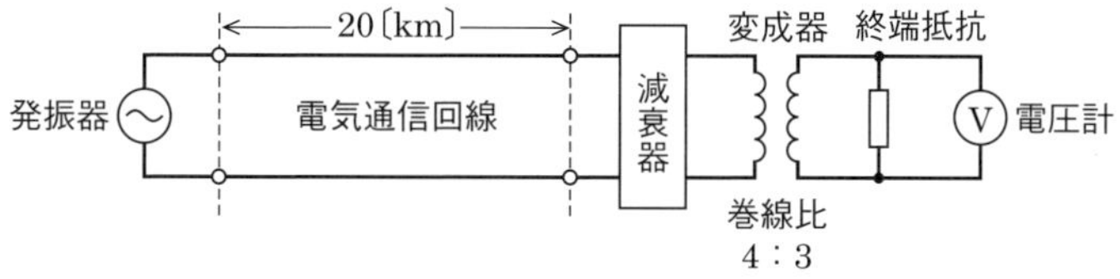

① 0.8　② 1.0　③ 1.2　④ 1.4　⑤ 1.6

解説 電圧計の読みを $V_2 = 1.5$〔mV〕，巻線比を $n_1 : n_2 = 4 : 3$ とすると，減衰器の出力電圧 V_1〔mV〕は次式で表されます．

$$V_1 = \frac{n_1}{n_2} V_2 = \frac{4}{3} \times 1.5 = 2 \text{〔mV〕}$$

電気通信回線への入力電圧を $V_0 = 200$〔mV〕，減衰器出力における電圧を V_1〔mV〕とすると，伝送量 N〔dB〕は次式で表されます．

$$N = 20 \log_{10} \frac{V_1}{V_0} = 20 \log_{10} \frac{2}{200} = 20 \log_{10} 10^{-2} = -40 \text{〔dB〕}$$

線路の減衰量を L_1〔dB〕，減衰器の減衰量を $L_2 = 12$〔dB〕とすると，次式が成り立ちます．

$$N = -L_1 - L_2 = -L_1 - 12 = -40 \text{〔dB〕}$$

よって，$L_1 = 40 - 12 = 28$〔dB〕

単位長さ当たりの減衰量 L_x〔dB/km〕，長さ $l = 20$〔km〕の線路の減衰量 L_1〔dB〕は，次式で表されます．

$$L_1 = L_x l = L_x \times 20 = 28 \text{〔dB〕}$$

L_x を求めると

$$L_x = \frac{28}{20} = 1.4 \text{〔dB/km〕}$$

となります．

解答 ④

問 7　図において，電気通信回線 1 への入力電圧が 130 ミリボルト，電気通信回線 1 から電気通信回線 2 への遠端漏話減衰量が ＿＿＿ デシベル，増幅器の利得が 26 デシベルのとき，電圧計の読みは，13 ミリボルトである．ただし，入出力各部のインピーダンスはすべて同一値で整合しているものとする．

① 36　② 46　③ 56　④ 66　⑤ 76

解説　電圧計の読みを $V_2 = 13$〔mV〕，電気通信回線への入力電圧を $V_1 = 130$〔mW〕とすると，伝送量 N〔dB〕は次式で表されます．

$$N = 20\log_{10}\frac{V_2}{V_1} = 20\log_{10}\frac{13}{130} = 20\log_{10}10^{-1} = -20\ \text{〔dB〕}$$

遠端漏話減衰量を L〔dB〕，増幅器の利得を $G = 26$〔dB〕とすると，次式が成り立ちます．

$$N = -L + G = -L + 26 = -20\ \text{〔dB〕}$$

よって

$$L = 26 + 20 = 46\ \text{〔dB〕}$$

$\frac{1}{10} = \frac{10^0}{10^1}$

$= 10^{0-1}$

$= 10^{-1}$

$\log_{10}10^{-1} = -1$

だよ．

解答　②

問 8　図に示すアナログ方式の伝送路において，受端のインピーダンス Z に加わる信号電力が 15 ミリワットで，同じ伝送路の無信号時の雑音電力が 0.015 ミリワットであるとき，この伝送路の受端における SN 比は，＿＿＿ デシベルである．

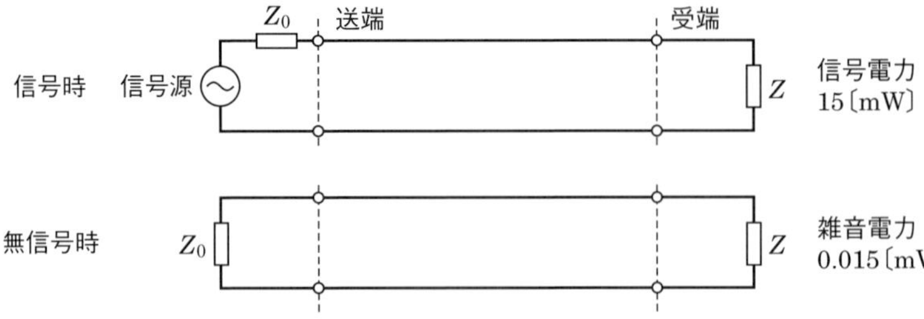

① 10　② 20　③ 30　④ 40　⑤ 50

解説 受端の信号電力を $P_S = 15$〔mW〕，雑音電力を $P_N = 0.015$〔mW〕とすると，SN 比 S/N〔dB〕は次式で表されます．

$$S/N = 10 \log_{10} \frac{P_S}{P_N} = 10 \log_{10} \frac{15}{0.015}$$

$$= 10 \log_{10} \frac{15}{0.015} = 10 \log_{10} 10^3 = 30 \text{〔dB〕}$$

$\log_{10} 10^3 = 3$ だよ．

解答 ③

問 9 図において，一方の通信線路の特性インピーダンスを Z_{01}，もう一方の通信線路の特性インピーダンスを Z_{02} とすると，その接続点における電圧反射係数は，［　　］で求められる．

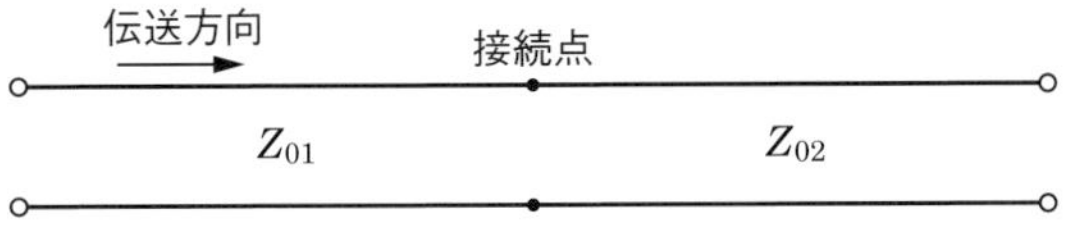

① $\dfrac{Z_{02} - Z_{01}}{Z_{01} + Z_{02}}$　② $\dfrac{Z_{01} - Z_{02}}{Z_{01} + Z_{02}}$　③ $\dfrac{2Z_{02}}{Z_{01} + Z_{02}}$　④ $\dfrac{2Z_{01}}{Z_{01} + Z_{02}}$

解説 特性インピーダンス Z_{01}〔Ω〕の線路に特性インピーダンス Z_{02}〔Ω〕の線路を接続したときの電圧反射係数 m は次式で表されます．

$$m = \frac{Z_{02} - Z_{01}}{Z_{01} + Z_{02}}$$

接続点における電圧反射係数 m は，$-1 \leqq m \leqq +1$ の範囲の値を持ちます．

m の大きさが 1 のときは，電圧が全部戻るよ．$Z_{02} = 0$ のときは逆位相で全反射 $m = -1$，$Z_{02} = \infty$ のとき同位相で全反射 $m = +1$ だよ．

解答 ①

問 10 図に示すように，異なる特性インピーダンス Z_{01}，Z_{02} の通信線路を接続して信号を伝送したとき，その接続点における電圧反射係数を m とすると，電流反射係数は，［　　］で表される．

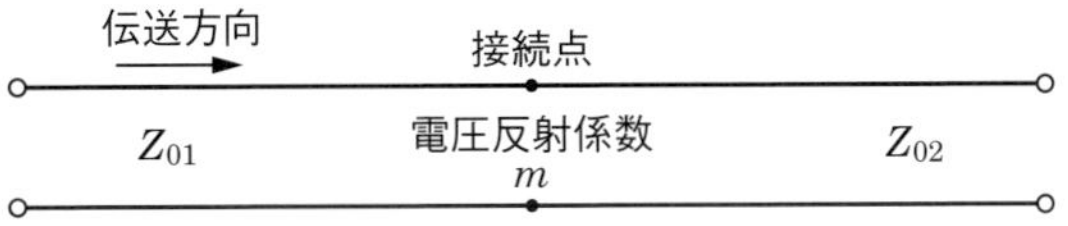

① $-m$　② $1 - m$　③ $\dfrac{1}{m}$　④ $1 + m$

解説　特性インピーダンス Z_{01}〔Ω〕の線路に特性インピーダンス Z_{02}〔Ω〕の線路を接続したときの電流反射係数 m_I は次式で表されます．

$$m_I = \frac{Z_{01} - Z_{02}}{Z_{01} + Z_{02}}$$

電圧反射係数 m は次式で表されます．

$$m = \frac{Z_{02} - Z_{01}}{Z_{01} + Z_{02}}$$

これらの関係より，$m_I = -m$ で表されます．

解答　①

問11　図に示すように，特性インピーダンスがそれぞれ 650 オームと［　　］オームの通信線路を接続して信号を伝送すると，その接続点における電圧反射係数は，－0.3 となる．

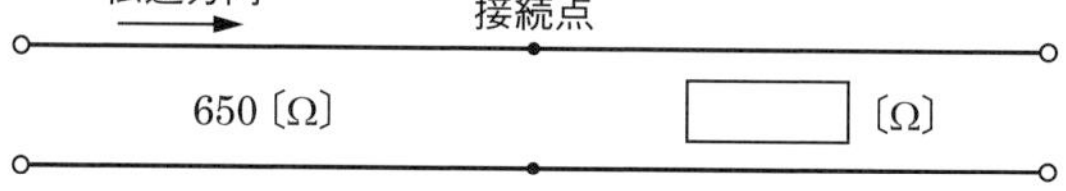

①　150　　②　250　　③　350　　④　450　　⑤　550

解説　特性インピーダンス $Z_{01} = 650$〔Ω〕の線路に特性インピーダンス Z_{02}〔Ω〕の線路を接続したときの電圧反射係数 m は次式で表されます．

$$m = \frac{Z_{02} - Z_{01}}{Z_{01} + Z_{02}} = -0.3$$

$$-0.3 \times (Z_{01} + Z_{02}) = Z_{02} - Z_{01}$$

$$-0.3 \times 650 - 0.3Z_{02} = Z_{02} - 650$$

$$1.3Z_{02} = 650 - 0.3 \times 650 = 650 - 195 = 455$$

よって，$Z_{02} = \dfrac{455}{1.3} = 350$〔Ω〕

解答　③

問12　図において，通信線路 1 の特性インピーダンスが Z_1 オーム，通信線路 2 の特性インピーダンスが Z_2 オームのとき，巻線比（$n_1 : n_2$）が［　　］の変成器を挿入することにより，両通信線路間のインピーダンス整合をとることができる．ただし，変成器は理想的なものとする．

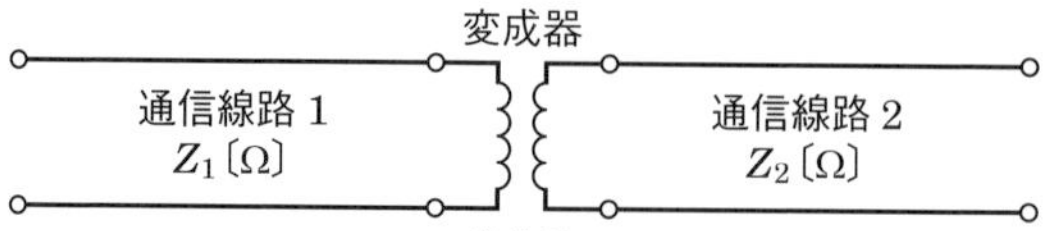

①　$Z_1 : Z_2$　　②　$Z_2 : Z_1$　　③　$\sqrt{Z_1} : \sqrt{Z_2}$　　④　$\sqrt{Z_2} : \sqrt{Z_1}$

解説　変成器を使って，線路の特性インピーダンスが異なる線路 Z_1〔Ω〕，Z_2〔Ω〕を接続するとき，変成器の 1 次側と 2 次側の巻数を n_1，n_2 とすると，次式が成り立つときに整合をとることができます．

$$\left(\frac{n_1}{n_2}\right)^2 = \frac{Z_1}{Z_2}$$

両辺のルートをとると

$$\frac{n_1}{n_2} = \frac{\sqrt{Z_1}}{\sqrt{Z_2}}$$

よって，$n_1 : n_2 = \sqrt{Z_1} : \sqrt{Z_2}$

解答　③

1 次側と 2 次側のインピーダンスの比が，巻線比の 2 乗のときに整合がとれるよ．

問13　図において，通信線路 1 の特性インピーダンスが 576 オーム，通信線路 2 の特性インピーダンスが 900 オームのとき，巻線比（$n_1 : n_2$）が［　　］の変成器を使うと線路の接続点における反射損失はゼロとなる．ただし，変成器は理想的なものとする．

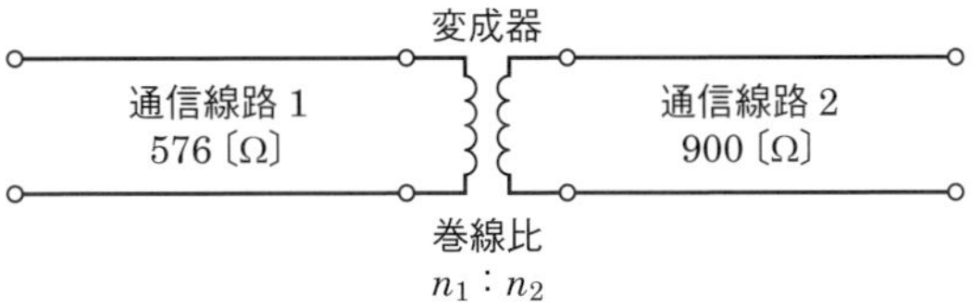

①　2：3　　②　3：2　　③　3：5　　④　4：3　　⑤　4：5

解説　変成器を使って，線路の特性インピーダンスが異なる線路 $Z_1 = 576$〔Ω〕，$Z_2 = 900$〔Ω〕を接続するとき，変成器の 1 次側と 2 次側の巻数を n_1，n_2 とすると，次式が成り立つときに反射損失をゼロとすることができます．

$$\left(\frac{n_1}{n_2}\right)^2 = \frac{Z_1}{Z_2}$$

両辺のルートをとると

$$\frac{n_1}{n_2} = \frac{\sqrt{Z_1}}{\sqrt{Z_2}} = \frac{\sqrt{576}}{\sqrt{900}} = \frac{\sqrt{24^2}}{\sqrt{30^2}} = \frac{24}{30} = \frac{4}{5}$$

よって，$n_1 : n_2 = 4 : 5$

解答　⑤

答えの選択肢が整数比なので，ルートは開けるよ．900 のルートは見つけやすいけど，576 のルートは難しいね．

問14

伝送損失について述べた次の二つの記述は，[　　　]．

A　同軸ケーブルは，一般的に使用される周波数帯において信号の周波数が 4 倍になると，その伝送損失は，約 2 倍になる．

B　平衡対ケーブルにおいては，心線導体間の間隔を大きくすると伝送損失が増加する．

① Aのみ正しい　② Bのみ正しい
③ AもBも正しい　④ AもBも正しくない

解説　B　心線導体間の間隔を大きくすると伝送損失は**増加**する」ではなく，正しくは「心線導体間の間隔を大きくすると伝送損失は**減少**する」です．平衡対ケーブルにおいては，心線導体間の間隔を大きくすると単位長さ当たりの静電容量とコンダクタンスが小さくなるので，伝送損失は減少します．

解答　①

問15

平衡対ケーブルが誘導回線から受ける電磁的結合による漏話の大きさは，一般に，誘導回線のインピーダンスに[　　　]．

① 関係しない　② 等しい　③ 反比例する　④ 比例する

解説　電磁的結合による漏話の大きさは，一般に，誘導回線のインピーダンスに**反比例**します．電磁的結合はケーブルに流れる電流によって発生する磁界による結合なので，インピーダンスが小さいほど漏話が大きくなります．

解答　③

問16

一様なメタリック線路の減衰定数は，線路の一次定数により定まり，[　　　]によりその値が変化する．

① 負荷力率　② 負荷インピーダンス　③ 信号の周波数　④ 信号の振幅

解説　一様なメタリック線路の減衰定数は，線路の一次定数により定まり，**信号の周波数**によりその値が変化します．信号の周波数が高くなると減衰定数は大きくなります．メタリック線路の導体の単位長さ当たりの抵抗，インダクタンス，導体間の単位長さ当たりの静電容量，漏洩コンダクタンスを線路の一次定数といいます．これらの値より，減衰定数が導かれます．

解答　③

問17 漏話について述べた次の二つの記述は，［　　］.

A　平衡対ケーブルにおける漏話減衰量 X デシベルは，誘導回線の信号電力を P_S ワット，被誘導回線の漏話による電力を P_X ワットとすると，次式で表される.

$$X = 10 \log_{10} \frac{P_S}{P_X}$$

B　平衡対ケーブルにおいて電磁結合により生ずる漏話の大きさは，一般に，誘導回線のインピーダンスに比例する.

① Aのみ正しい　② Bのみ正しい
③ AもBも正しい　④ AもBも正しくない

解説　B　平衡対ケーブルにおいて電磁的結合による漏話の大きさは，一般に，誘導回線のインピーダンスに**反比例**します.

解答　①

問18 伝送回路の入力と出力の信号電圧が比例関係にないために生ずる信号のひずみは，［　　］ひずみといわれる.

① 減衰　② 同期　③ 位相　④ 非直線　⑤ 群遅延

解説　伝送回路の入力と出力の信号電圧が比例関係にないために生ずる信号のひずみは，**非直線**ひずみといわれます．入力と出力の信号電圧が比例関係にないと入力波形がひずんで出力されます．伝送回路の非直線ひずみといわれます.

解答　④

重要
伝送回路の非直線ひずみはトランジスタなどを用いた増幅回路などで発生します.

問19 電力線からの誘導作用によって通信線に誘起される誘導電圧には，電磁誘導電圧と静電誘導電圧がある．このうち，電磁誘導電圧は，一般に，電力線の［　　］に比例して変化する.

① 抵抗　② インダクタンス　③ 線径　④ 電流　⑤ 電圧

解説　電磁誘導電圧は，一般に，電力線の**電流**に比例して変化します．電磁誘導結合はケーブルに流れる電流によって発生する磁界による結合です.

解答　④

電磁誘導結合によって発生する電圧は，電流に比例するよ.

2.2 変調方式

出題のポイント

- アナログ信号のSSB伝送方式
- デジタル信号の変調方式
- 標本化定理のサンプリング周波数
- PCMのデータ信号速度の求め方

1 変　調

伝送路を使って送られる高周波の搬送波を音声などの低周波信号やデジタル信号などの信号波に応じて変化させることを**変調**といいます．受信側で変調された被変調波から信号を取り出すことを**復調**といいます．

変調された被変調波は搬送波の周波数を変えれば，いくつかの被変調波を同じ伝送路で同時に伝送することができます．また，電波として伝送するときにも用いられます．デジタル信号をアナログ回線や光回線で伝送するときに用いられる変復調装置を**MODEM**（モデム）といいます．

搬送波の振幅を信号波の**振幅で変化させる変調方式**を**振幅変調**（AM），搬送波の**周波数を変化させる変調方式**を**周波数変調**（FM），搬送波の**位相を変化させる変調方式**を**位相変調**（PM）といいます．

各変調方式の波形を図2.10に示します．

図2.10で表される搬送波は，一般に正弦関数 $A \sin x$ で表されます，変数 A は振幅を表します．振幅の変数 A を信号波に応じて変化させるのが振幅変

AMは，Amplitude《アンプリチュード》（振幅）Modulation《モジュレーション》（変調）
FMは，Frequency《フリークエンシー》（周波数）Modulation
PMは，Phase《フェーズ》（位相）Modulation
の略語だよ．

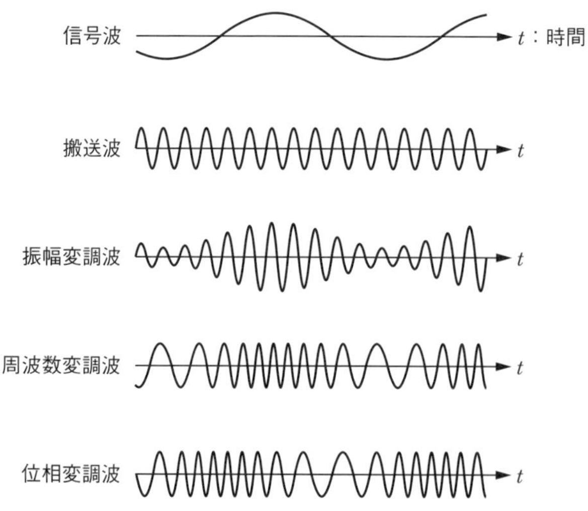

図2.10　各変調方式の波形

調です．周波数変調と位相変調は，角度の変数 x を信号波に応じて変化させるので，総称して**角度**変調といいます．

2 SSB

振幅変調された被変調波は，搬送波の周波数を f_c〔Hz〕，信号波の周波数を f_s〔Hz〕とすると，図 2.11 (a) のように，搬送波の上下の周波数 f_c+f_s〔Hz〕と f_c-f_s〔Hz〕に側波が発生します．図 2.11 (b) の音声信号で振幅変調された被変調波では，搬送波の上下の周波数に図 2.11 (c) のような側波帯が発生します．

SSB は，Single《シングル》（単一）Side《サイド》 Band《バンド》（側波帯）の略語だよ．

搬送波と両方の側波帯を伝送する方式を**両側波帯（DSB）**伝送と呼び，片方の側波帯のみを伝送する方式を**単側波帯（SSB）**伝送といいます．

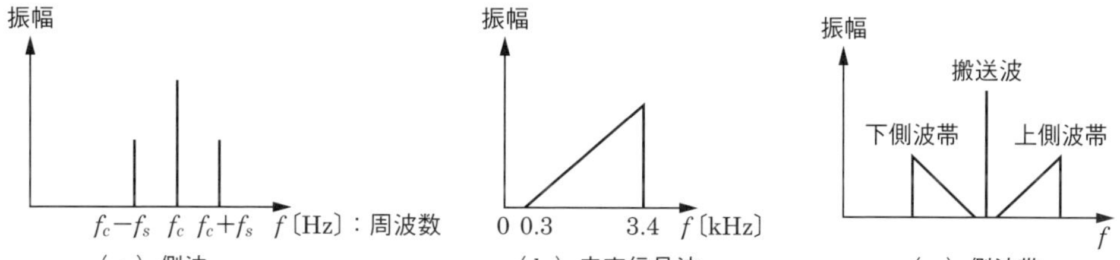

（a）側波　（b）音声信号波　（c）側波帯

図 2.11　振幅変調の周波数成分

3 デジタル信号の変調

PSK などの
S は Shift《シフト》（偏移）
K は Keying《キーイング》（断続操作）
の略語だよ．

デジタル信号の “1” と “0” に対応して，搬送波の**振幅を変化**させる変調方式を **ASK**，搬送波の**周波数を変化**させる変調方式を **FSK**，搬送波の**位相を変化**させる変調方式を **PSK** と呼びます．図 2.12 に各変調波形を示します．

PSK において，図 2.13 (a) の搬送波の位相を図 2.13 (b) の信号点配置図のようにデジタル信号の “0” 又は “1” に合わせて，二つの位相 0〔°〕と 180〔°〕に偏移させる方式を **BPSK** 又は **2PSK** 方式といいます．図 2.13 (c) の信号点配置図のように位相の偏移を 0〔°〕，90〔°〕，180〔°〕，270〔°〕とすると，1 回の変調で 4 値の情報を伝送することができます．それらを “00”，“01”，“11”，“10” の符号に対応させて 1 回の変調で 2 ビット（$2^2=4$ 値）の情報を伝送する方式を **QPSK** 又は **4PSK** 方式といいます．位相や振幅の偏移を組み合わせることによって，1 回の変調で多値の情報を伝送する方式を**多値符号**といいます．多値符号を用いると伝送路の帯域をあまり変えずに情報の**伝送速度を上げる**ことができます．

重要
多値符号は，情報の伝送速度を上げることができます．

1 秒間の変調回数を**シンボルレート**といいます．1 秒間に伝送することができる情報（ビット数）を**ビットレート**といいます．**BPSK**（2PSK）では，1 回の変調で **1 ビット**（2 値）の情報を伝送することができるので，シンボル

重要
BPSK は 1 シンボル当たり 1 ビットの情報を伝送することができます．

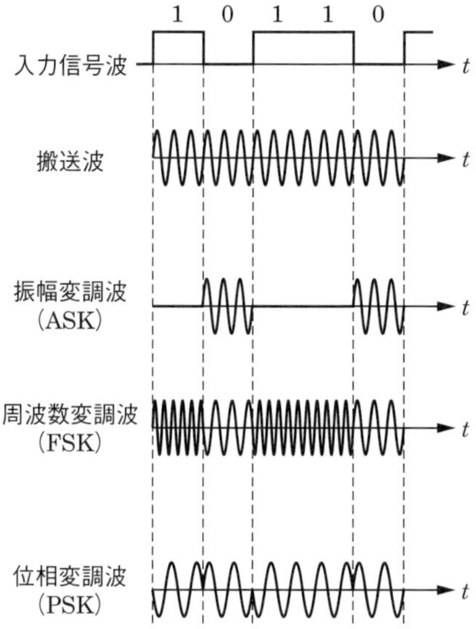

図 2.12　デジタル信号の変調波形

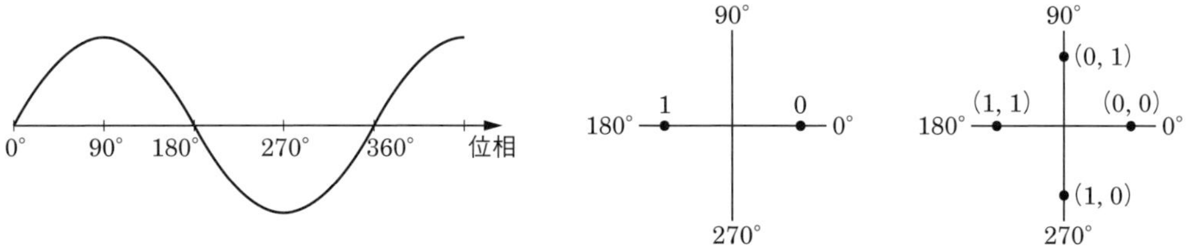

（a）搬送波の位相　（b）BPSK の位相点　（c）QPSK の位相点

図 2.13　PSK の位相点

レートとビットレートは同じ値です．1 回の変調で 2 ビットの情報を伝送することができる QPSK（4PSK）変調方式では，ビットレートが N ビット/秒のときシンボルレートは $N/2$ シンボル/秒となります．

QPSK は，1 シンボル当たり 2 ビット（4 値）の情報を送ることができるよ．

4　パルス変調

信号波で変調する搬送波が方形パルスのときは，図 2.14 に示す変調方式が用いられます．

① PAM（パルス振幅変調）：信号波の振幅でパルスの振幅を変化させる．

② **PWM**（パルス幅変調）：信号波の振幅で**パルスの幅を変化させる**．

③ PPM（パルス位置変調）：信号波の振幅で繰り返しパルスの時間的な位置を変化させる．

④ **PCM**（パルス符号変調）：信号波の振幅を標本化，量子化した後に 2 進数符号に変換してパルス列とする．

重要

PWM はパルスの幅を変化させる変調方式です．

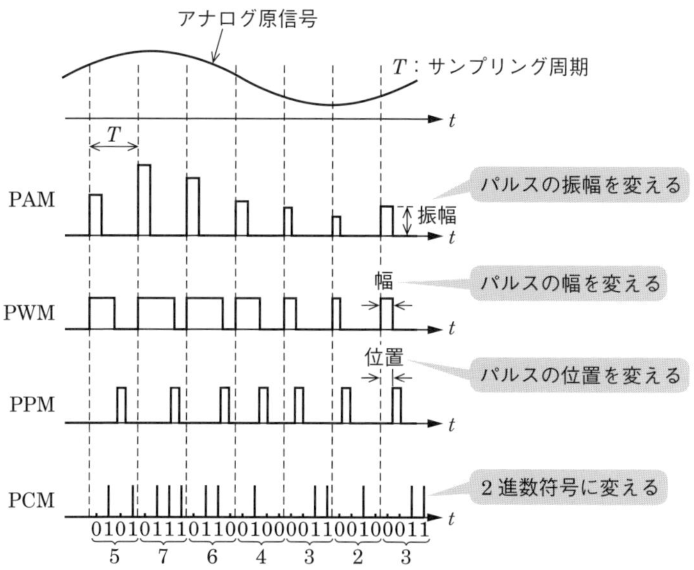

図 2.14　パルス変調波形

5 PCM

連続量を持つアナログ信号を 2 進数で表されるデジタル信号に変換するには，PCM 方式が用いられています．図 2.15 に PCM に変換する過程を示します．

[1] 標本化（サンプリング）

アナログ信号の振幅を一定の時間間隔で抽出します．

[2] 量子化

標本化されたパルスの振幅を何段階かの定まったレベルとします．

量子化による雑音は，高い信号レベルに比較して低い信号レベルのほうが雑音の影響が大きくなります．そこで，信号レベルの高い領域は粗く量子化し，信号レベルの低い領域は細かく量子化することにより，量子化ビット数を変えずに信号レベルの低い領域における信号対量子化雑音比（S/N_Q）を低減する方法を**非直線量子化**といいます．

デジタル量にするには，いくつかの定められた値にするんだよ．それが量子化だよ．

[3] 符号化

量子化されたパルスの振幅の値を，2 進数の符号で表される一定振幅のパルスにします．

PCM のデジタル信号をアナログ信号に復調するときは，復号回路によってデジタル符号から振幅変調されたパルスの量子化信号とします．パルス信号には多くの高調波成分が含まれているので，サンプリング周波数の 1/2 を遮断周波数とする**低域通過**フィルタを通してアナログ信号を再生します．

重要

PCM の復調では，サンプリング周波数の 1/2 を遮断周波数とする低域通過フィルタを使用します．

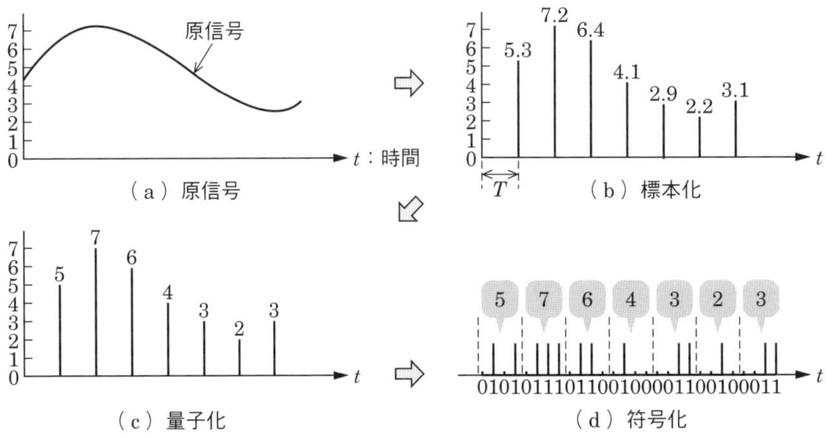

図 2.15　PCM 方式

6　標本化定理

PCM の変調過程において，標本化はアナログ信号の振幅値をある一定の時間間隔で読み出しますが，そのとき，アナログ信号に含まれる周波数成分のうち，**最高周波数の 2 倍の周波数にあたる周期で標本化すれば，受信側で元のアナログ信号の波形を復元することができます**．これを**標本化定理**といい，**標本化（サンプリング）周波数**はアナログ信号に含まれている**最高周波数の 2 倍以上の周波数**とします．

重要
サンプリング周波数は，アナログ信号の最高周波数の 2 倍以上とします．

標本化周波数を f〔kHz〕，符号化のビット数を n〔bit〕とすると，データ信号速度 S〔kbit/s〕は，次式で表されます．

$$S = fn \text{〔kbit/s〕} \qquad (2.21)$$

電話の音声伝送で用いられる周波数は，300〔Hz〕から 3 400〔Hz〕です．余裕をみて最高周波数を 4〔kHz〕とすると，8〔kHz〕で標本化して，8〔bit〕($2^8 = 256$) の 2 進符号に符号化します．一般の伝送路では，それを $8 \times 8 = 64$〔bit/s〕のデータ信号速度で伝送します．

問 1　正弦搬送波を入力信号に応じて変化させるアナログ変調のうち，周波数変調及び位相変調は，総称して［　　　］変調といわれる．

① 相互　② 直接　③ 多値　④ 角度　⑤ 二次

解説　周波数変調及び位相変調は，総称して**角度**変調といわれます．搬送波を正弦関数 $A \sin x$ で表すと角度の変数 x が入力信号に応じて変化します．

解答 ④

問2 デジタル変調方式の一つであるBPSKは，1シンボル当たり[　　]の情報を伝送できる．

① 1ビット　② 2ビット　③ 4ビット　④ 1バイト　⑤ 2バイト

解説 BPSKは2PSKとも呼ばれ，1シンボル当たり**1ビット**（2値）の情報を伝送することができます．

解答 ①

問3 デジタル変調方式として1シンボル当たり2ビットの情報を伝送することができるQPSKを用いたデジタル伝送システムにおいて，ビットレートがNビット/秒の場合，シンボルレートは[　　]シンボル/秒である．

① $\dfrac{N}{4}$　② $\dfrac{N}{2}$　③ N　④ $2N$　⑤ $4N$

解説 QPSKを用いたデジタル伝送システムにおいて，ビットレートがNビット/秒の場合，1シンボル当たり2ビットの情報を伝送することができるので，シンボルレートは$\boldsymbol{N/2}$シンボル/秒です．なお，PSKは，Phase（位相）Shift（偏移）Keying（断続操作）の略語です．

解答 ②

問4 1シンボル当たり複数ビットを伝送することができる多値変調方式の一つであるQAMにおいて，1シンボル当たりNビットを伝送する場合，信号点配置図上の信号点の数は[　　]となる．

① $2N$　② $4N$　③ 2^N　④ N^2　⑤ N^4

解説 1シンボル当たり複数ビットを伝送することができる多値変調方式の一つであるQAMにおいて，1シンボル当たりNビットを伝送する場合，Nビットは2^N値の情報を送ることができるので，信号点配置図上の信号点の数は$\boldsymbol{2^N}$となります．

解答 ③

問5 デジタル変調方式のうち，送信データに応じて搬送波の位相を変化させて1シンボルに2ビットの情報を割り当てる多値変調方式は，[　　]といわれる．

① 2値FSK　② BPSK　③ QPSK
④ 8相PSK　⑤ 16QAM

解説　デジタル変調方式のうち，送信データに応じて搬送波の位相を変化させて1シンボルに2ビットの情報を割り当てる多値変調方式は，**QPSK**といわれます．QPSKは4PSKとも呼ばれ，1シンボル当たり2ビット（2値）の情報を伝送することができます．

解答　③

問6　QAMは，位相が直交する二つの搬送波がそれぞれASK変調された［　　］変調方式であり，QAMの一つである64QAMは，1シンボル当たり6ビットの情報を伝送できる．

①　2次　　②　直接　　③　周波数偏移　　④　多値　　⑤　スペクトル拡散

解説　QAMは，位相が直交する二つの搬送波がそれぞれASK変調された**多値**変調方式であり，QAMの一つである64QAMは，1シンボル当たり6ビット（$2^6 = 64$）の情報を伝送することができます．1回の変調で多値の情報を伝送する方式を多値変調方式といいます．

解答　④

問7　デジタル変調方式について述べた次の記述のうち，誤っているものは，［　　］である．

①　FSKは，送信するデジタル信号に応じて，周波数が一定の搬送波の位相を変化させて変調する方式である．

②　QPSKは，1シンボル当たり2ビットの情報を伝送できる多値変調方式である．

③　ASKにおいてデジタル信号の1と0に応じて搬送波の振幅の有無で変調する2値ASKは，オンオフキーイングといわれる．

④　QAMは，位相が直交する二つの搬送波がそれぞれASK変調された多値変調方式である．

解説　①「FSKは，送信するデジタル信号に応じて，周波数が一定の搬送波の**位相**を変化させて変調する方式である」ではなく，正しくは「FSKは，送信するデジタル信号に応じて，周波数が一定の搬送波の**周波数**を変化させて変調する方式である」です．

解答　①

問8　デジタル変調方式について述べた次の記述のうち，正しいものは，［　　］である．

①　2値ASKは，1シンボル当たり2ビットの情報を伝送できる．

②　BPSKは，1シンボル当たり2ビットの情報を伝送できる．

③　QPSKは，1シンボル当たり3ビットの情報を伝送できる．

④　16QAMは，1シンボル当たり4ビットの情報を伝送できる．

解説 ① 2値 ASK は，1シンボル当たり**1ビット**の情報を伝送できる．

② BPSK は，1シンボル当たり**1ビット**の情報を伝送できる．

③ QPSK は，1シンボル当たり**2ビット**の情報を伝送できる．

解答 ④

問9 デジタル信号の伝送などについて述べた次の二つの記述は，[　　]．

A　同一の変調方式を用いてデジタル信号を伝送する場合，デジタル信号の伝送速度が速くなるに伴い，伝送に必要な周波数帯域幅は狭くなる．

B　QPSK の信号点は，信号点配置図上でそれぞれ異なる位相を持つ四つの点で表される．

① A のみ正しい　② B のみ正しい

③ A も B も正しい　④ A も B も正しくない

解説 A「デジタル信号の伝送速度が速くなるに伴い，伝送に必要な周波数帯域幅は**狭く**なる」ではなく，正しくは「デジタル信号の伝送速度が速くなるに伴い，伝送に必要な周波数帯域幅は**広く**なる」です．

解答 ②

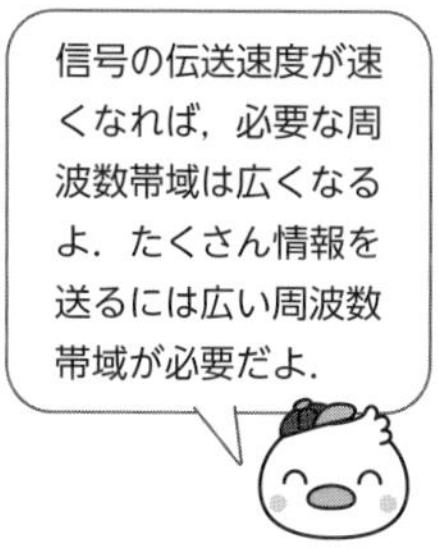

問10 デジタル信号の伝送などについて述べた次の二つの記述は，[　　]．

A　同一の変調方式を用いてデジタル信号を伝送する場合，デジタル信号の伝送速度が速くなるに伴い，伝送に必要な周波数帯域幅は狭くなる．

B　増幅回路などにおける信号電力対雑音電力比の劣化の程度を表す尺度として，雑音指数が用いられる．

① A のみ正しい　② B のみ正しい

③ A も B も正しい　④ A も B も正しくない

解説 A「デジタル信号の伝送速度が速くなるに伴い，伝送に必要な周波数帯域幅は**狭く**なる」ではなく，正しくは「デジタル信号の伝送速度が速くなるに伴い，伝送に必要な周波数帯域幅は**広く**なる」です．

解答 ②

問11 デジタル信号の伝送などについて述べた次の二つの記述は，［　　］．

A　同一の変調方式を用いてデジタル信号を伝送する場合，デジタル信号の伝送速度が速くなるに伴い，伝送に必要な周波数帯域幅は広くなる．

B　受信したデジタル信号が隣接タイムスロットの識別点にまで広がる現象は，パターン効果といわれ，これはビット誤りが発生する原因の一つとなる．

①　A のみ正しい　　②　B のみ正しい

③　A も B も正しい　　④　A も B も正しくない

解説　B「受信したデジタル信号が隣接タイムスロットの識別点にまで広がる現象は，**パターン効果**といわれ」ではなく，正しくは「受信したデジタル信号が隣接タイムスロットの識別点にまで広がる現象は，**符号間干渉**といわれ」です．

解答　①

問12 PCM 伝送の受信側では，伝送されてきたパルス列から，サンプリング間隔で各パルス符号に対応するレベルの信号を生成し，サンプリング周波数の $\frac{1}{2}$ を遮断周波数とする［　　］フィルタを通して信号を再生している．

①　帯域阻止　　②　帯域通過　　③　低域通過　　④　高域通過

解説　サンプリング周波数の 1/2 を遮断周波数とする**低域通過**フィルタを通して信号を再生しています．一般にアナログ信号の最高周波数の 2 倍をサンプリング周波数に設定しています．アナログ信号の最高周波数の 2 倍以上の周波数でサンプリング（標本化）したデジタル信号は，元のアナログ信号に復調することができます．

解答　③

アナログ信号に再生するときに，たくさんの高調波成分が含まれるのでそれを取り除くために低域通過フィルタが必要だよ．

問13 音声信号の PCM 符号化において，信号レベルの高い領域は粗く量子化し，信号レベルの低い領域は細かく量子化することにより，量子化ビット数を変えずに信号レベルの低い領域における量子化雑音を低減する方法は，一般に，［　　］といわれる．

①　差分量子化　　②　ハフマン符号化　　③　非直線量子化

④　予測符号化　　⑤　冗長度抑圧

解説　信号レベルの高い領域は粗く量子化し，信号レベルの低い領域は細かく量子化することにより，量子化ビット数を変えずに信号レベルの低い領域における量子化雑音を低減する方法は，一般に，**非直線量子化**といわれます．信号レベルによって，量子化ステップを変化させる方式です．非直線量子化を行うことによって，信号レベルが小さいときの信号対量子化雑音比（S/N_Q）の値を信号レベルが大きいときの S/N_Q の値に近づけることで S/N_Q を向上させることができます．

解答　③

問14　伝送装置などで使用されるフィルタについて述べた次の二つの記述は，［　　］．

A　コイル，コンデンサなどの受動素子のみで構成されるフィルタは，一般に，パッシブフィルタといわれる．

B　デジタルフィルタは，信号をデジタル処理する加算器，乗算器及び遅延器で構成することができ，アナログフィルタと比較して，一般に，高精度な周波数選択性を有している．

①　Aのみ正しい　　②　Bのみ正しい
③　AもBも正しい　　④　AもBも正しくない

解説　A　コイル，コンデンサなどの受動素子のみで構成されたフィルタをパッシブフィルタ，トランジスタ回路などの能動素子を用いた増幅回路と組み合わせて構成されたフィルタをアクティブフィルタといいます．

B　デジタルフィルタは，アナログ信号をデジタル信号に変換するときの量子化ステップを小さくしたり演算器の精度を向上させることによって高精度な周波数特性を得ることができます．

解答　③

2.3 伝送方式

出題のポイント

- ●多重方式の原理と特徴
- ●多元接続方式の原理と特徴
- ●デジタル伝送方式の雑音特性
- ●伝送品質の測定で用いられるエラーチェック方式
- ●ビット誤りの検出や訂正に用いられる符号方式
- ●符号誤りの訂正方式

1 多重方式

多重通信とは，多数の信号（情報）を一つの伝送路上で同時に伝送する通信方式です．チャネルと呼ばれる各々の信号を周波数別に並べて伝送する方式を**周波数分割多重通信方式**（FDM：Frequency Division Multiplex），各チャネルを時間別に並べて伝送する方式を**時分割多重通信方式**（TDM：Time Division Multiplex）といいます．主にFDM方式はアナログ信号の多重に，TDM方式はデジタル信号の多重に用いられます．

多重方式や多元接続方式は，ケーブルや無線などのある伝送路をいくつものユーザで利用するときに必要なんだね．電気通信回線はみんなで使うから多重伝送が多いよ．

［1］FDM方式

図2.16のように一定の周波数間隔ごとに配列するために異なる周波数の副搬送波で信号波を変調し，その側波帯を互いに重複しないようにするため伝送周波数軸上に配列することによって，信号波を多重化して伝送する方式です．主にアナログ方式で用いられ振幅変調のSSB方式が用いられます．

FDMは，
Frequeycy《フリークエンシー》（周波数）
Division《ディビジョン》（分割）
Multiplex《マルチプレックス》（多重）
TDMは，Time《タイム》（時間）Division Multiplex
の略語だよ．

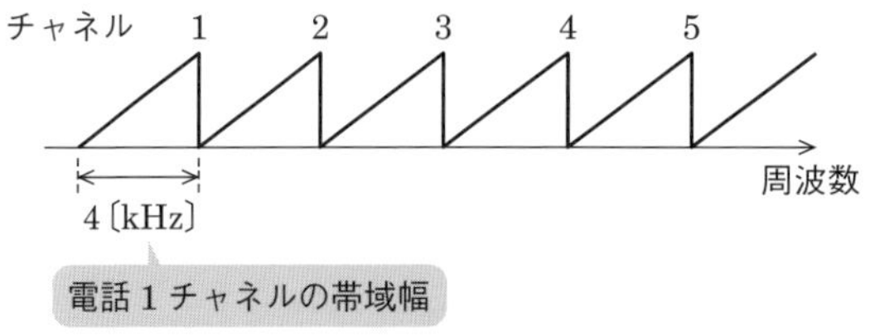

図2.16　FDM方式

［2］TDM方式

図2.17のように多数のデジタル信号を，各チャネルのパルス又はパルス群に分割し，一定の時間間隔で複数の信号を**時間的に少しずつずらして配列**する方式です．時分割多重通信方式は**デジタル伝送方式**なので，伝送系に非直線ひずみがあっても回線相互間の漏話は生じない特徴があります．

TDM方式は，複数の信号を時間的に少しずつずらして配列する方式だよ．

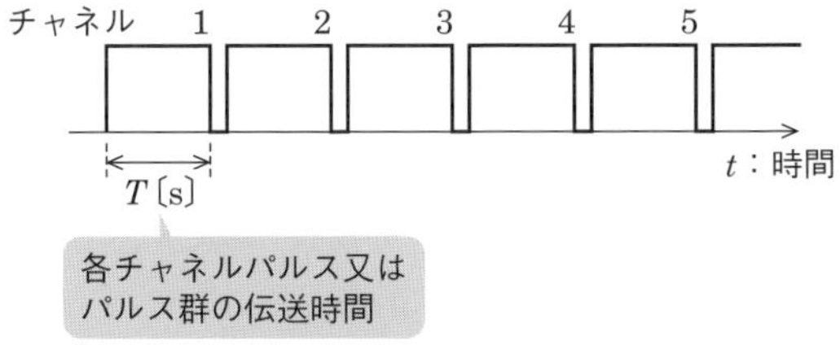

図 2.17　TDM 方式

同一の周波数帯域で双方向通信を行うときに，上り回線と下り回線の伝送時間に時間差を設けて，交互に伝送することで双方向通信を行う方式を **TCM** といいます．TCM は，Time Compress Multiplexing の略語で，時分割制御伝送方式といいます．

4〔kHz〕帯域の 1 チャネルのアナログ音声信号を TDM 方式で用いられている PCM 方式によってデジタル信号に変換すると，64〔kbit/s〕の信号となり，アナログ変調方式で用いられている FDM 方式よりも**広い伝送周波数帯域が必要**です．

FDM 方式のアナログ信号を伝送すると伝送路で漏話や雑音の影響を受けます．デジタル信号を TDM 方式で伝送するときは，パルス波の振幅に比較して小さい雑音は，波形整形回路によって除去することができるので，伝送路において，外部からの雑音などの影響を受けにくい特徴があります．

TCM は同じ周波数で交互に伝送するので，ピンポン伝送方式ともいうよ．

補足

TDM 方式で用いられる PCM 方式は，広い伝送周波数帯域が必要ですが，外部の雑音の影響を受けにくい特徴があります．

2 多元接続方式

複数のユーザが一つ伝送路を分割して利用する場合に，多元接続方式が用いられます．多元接続方式の種類を次に示します．

[1] FDMA（周波数分割多元接続）方式

伝送周波数帯域を**複数の周波数帯域に分割**して，各帯域にそれぞれ別のチャネルを割り当てることによって，複数のユーザ（利用者）が**同時に通信を行う**ことができる方式です．

[2] TDMA（時分割多元接続）方式

複数のユーザに**時間帯を分割**して割り当てる方式です．各ユーザは一定時間ごとに自局に割り当てられた時間帯（**タイムスロット**）を利用します．一定数のパルス群の信号は**フレーム**と呼ばれます．伝送路の送信側と受信側では，フレームのなかに含まれる基準信号を元に**フレーム同期**を確立しなければ，受信側で信号を復調することができません．

[3] CDMA（符号分割多元接続）方式

スペクトラム拡散変調によって，固有の PN（擬似雑音）符号を各ユーザに割り当てて接続する方式です．主に無線伝送路に用いられます．

FDMA は，Frequency Division Multiple《マルチプル》（多元）Access《アクセス》（接続）
TDMA は，Time Division Multiple Access
CDMA は，Code《コード》（符号）Division Multiple Access
の略語だよ．

重要

CDMA 方式は，各ユーザに異なる符号を割り当てて伝送路を共有します．

［4］CSMA 方式

端末が伝送媒体の使用状況を監視し，キャリアを検出したときには送信を延期し，キャリアを検出中でないときに送信することにより，複数の端末が同一の伝送媒体を共用する方式は **CSMA** といいます．送信データの衝突が起きた場合は再送する手順のアクセス制御方式を CSMA/CD（Carrier Sense Multiple Access with Collision Detection）といいます．

重要
CSMA 方式の端末は，キャリアを検出すると送信を延期します．

3 再生中継方式

PCM 方式などのデジタル伝送方式において，長距離を伝送する場合は，信号が減衰するので伝送区間の途中に増幅器が必要となります．中継器では雑音などが含まれた受信波形から元の波形を再生することにより，雑音を取り除いて中継することができます．これを**再生中継方式**といいます．アナログ信号では，元の波形を完全に再生することが不可能なので，中継器の数が増えると雑音も増加しますが，再生中継伝送を行っているデジタル伝送方式では，中継区間で発生した**雑音や波形ひずみ**は，一般に**次の中継区間には伝達されません**．

デジタルパルスは，"1" か "0" なので元の信号を再生するのが簡単だね．

送受信機などの中継区間で発生する雑音の種類には，量子化雑音，ランダム雑音，熱雑音などがあります．

4 PCM方式の雑音

［1］量子化雑音

標本化されたアナログ信号は，量子化の過程で一定の段階に分割されたデジタル信号となります．このとき，アナログ信号とデジタル信号には誤差が発生します．これを再生すると階段状のアナログ信号となるので再生波形の雑音となります．

重要
量子化雑音は，アナログ信号をデジタル信号に変換する過程で発生します．
レベルの低い信号における量子化雑音の影響を低減するには，非直線量子化が用いられます．

［2］折返し雑音

標本化するときに，アナログ信号を低域通過フィルタによって，標本化周波数の 1/2 となるように高域の周波数成分を制限しますが，理想的な特性が得られないため高域の周波数成分が標本化されて雑音となります．このとき標本化周波数の 1/2 を超える成分がその周波数で折り返して，それ以下の周波数の雑音となるので折返し雑音と呼ばれます．

［3］補完雑音

受信側で復号されたパルス状の信号は，低域通過フィルタによってアナログ信号に変換されます．このとき，入力信号の最高周波数以上を通さない理想的な特性が得られないと，それらの成分が雑音となります．

5 符号誤りと訂正技術

[1] 符号誤り率

① BER（長時間符号誤り率）

測定時間中に伝送された符号（ビット）の全個数と，その間に**誤って受信された符号の個数の割合**で表した評価尺度です．

> BERは，Bit《ビット》（2進符号）Errored《エラード》（誤り）Rate《レート》（割合）
> %ESはPercent《パーセント》（百分率）Errored Seconds《セコンズ》（秒）
> %SESはPercent Severely《シビアリィ》（きびしく）Errored Seconds
> の略語だよ．

② %ES

1秒ごとに測定した符号誤り率が**一定値（1×10^{-3}）以上になる時間が長時間（10秒以上）継続した時間をアンアベイラブル時間**と呼びます．**そうでないアベイラブル時間において符号誤りの発生した秒**（ES）の締める割合を百分率で表した評価尺度を%ESといいます．%ESは，測定時間中の**ある時間帯にビットエラーが集中的に発生**しているか否かを判断するための指標となります．%ESは**1秒ごとに符号誤りの有無を測定して，符号誤りが発生した秒の延時間**が全時間に占める割合を百分率で表したものです．

> 重要
> %ESは，ある時間帯に符号誤りが集中して発生しているかどうかの評価尺度です．

③ %EFS

1秒ごとに符号誤りの有無を測定して，**符号誤りが発生しなかった秒**の延時間が全時間に占める割合を百分率で表したものです．

%ESと%EFSの和は100〔%〕です．

> 符号誤りが発生すると%ESは大きくなり，%EFSは小さくなるよ．

④ %SES

1秒ごとに平均符号誤り率を測定して，**1×10^{-3}を超える符号誤りが発生した秒**（SES）がアベイラブル時間中に占める割合を百分率で表した評価尺度です．

> 重要
> %ESは1ビットの誤りも許されない伝送系の評価に適していて，%SESは符号誤りがフェージングなどでバースト的に発生する伝送系の評価に適しています．

[2] 符号誤りの発生原因

長時間に発生するBERは，主に雑音や漏話によるS/Nの低下により発生します．突発的な雑音の増加などで発生する符号誤りはバースト誤りといいます．短時間に集中して発生する符号誤りは，%ESや%SESによって評価することができます．%SESはフェージングによる同期外れなどが原因で発生することがあります．伝送するパルス列が時間的に遅れたとき，その**遅延時間の揺らぎ**を**ジッタ**と呼びます．光中継システムの再生中継ではタイミングパルスのふらつきや共振回路の特性により発生します．

> 重要
> 伝送するパルスの遅延時間の揺らぎをジッタといいます．

[3] 誤り訂正符号

伝送路上で発生した符号誤りは，送信側において情報ビットに冗長ビットを付加して送り，それを元に受信側で符号誤りの検出及び訂正を行うことができます．

1文字ごとにチェックするキャラクタチェック方式には，垂直パリティチェック方式，定マーク符号チェック方式，**ハミング符号**チェック方式などがあります．また，一定の文字数ごとにチェックするブロックチェック方式には，水平垂直パリティチェック方式，群計数チェック方式，**CRC符号**方式などがあります．

> 重要
> 符号誤り訂正方式には，ハミング符号やCRC符号による誤り訂正方式があります．

［4］符号誤り訂正方式

あらかじめ冗長な符号を付加したデータを送り，受信側で元のデータを復元する方式を **FEC** 方式（Forward Error Correction）又は**前方誤り訂正**方式といいます．

符号誤りの訂正方式には，FEC 方式のほかに，受信側がデータを正しく受信したときは，送信側に受信確認の ACK 信号を返信し，誤りを検出したときは送信側に再送を要求する ARQ（Automatic Repeat reQuest）方式があります．ARQ 方式は，一定の遅延が許される高い信頼性が必要な伝送系に用いられます．FEC 方式は放送などの単方向の伝送系などに用いられます．

問 1　デジタル移動通信などにおける多元接続方式の一つであり，各ユーザに異なる符号を割り当て，スペクトル拡散技術を用いることにより一つの伝送路を複数のユーザで共用する方式は，［　　］といわれる．

①　CDMA　②　CSMA　③　FDMA　④　OFDMA　⑤　TDMA

解説　**CDMA** は，Code Division Multiple Access の略語で，符号分割多元接続方式といいます．スペクトル拡散通信に用いられています．

解答　①

補足

デジタル移動通信などの無線回線の多元接続方式には，CDMA，TDMA，FDMA，OFDMA などの方式があります．

問 2　双方向多重伝送方式の一つである［　　］は，上り方向・下り方向の伝送に対して時間差を設けることにより双方向伝送を実現する方式であり，ピンポン伝送方式ともいわれる．

①　SDM　②　WDM　③　TDM　④　TCM　⑤　FDM

解説　**TCM** は，Time Compress Multiplexing の略語で，時分割制御伝送方式といいます．同一の周波数帯域で双方向通信を行うことができます．

解答　④

問 3　端末が伝送媒体の使用状況を監視し，キャリアを検出したときには送信を延期し，キャリアを検出中でないときに送信することにより，複数の端末が同一の伝送媒体を共用する方式は［　　］といわれる．

①　FEC　②　OFDM　③　FDMA　④　TDMA　⑤　CSMA

解説 **CSMA** は，Carrier Sense Multiple Access の略語で，搬送波感知多元接続方式といいます．送信データの衝突が起きた場合は再送する方式はCSMA/CD（Carrier Sense Multiple Access with Collision Detection）といいます．

解答 ⑤

問 4 デジタル中継伝送における伝送品質の劣化要因について述べた次の二つの記述は，[　　]．

A　デジタル中継伝送においては，再生中継器の信号受信部におけるタイミング抽出回路から出力されるタイミングパルスの位相変動によりジッタが発生することがある．

B　符号間干渉は，一般に，デジタル信号の伝送に必要とされる帯域が十分に確保されていない場合などに発生し，ビット誤りが発生する要因の一つとなる．

①　A のみ正しい　　②　B のみ正しい
③　A も B も正しい　　④　A も B も正しくない

解説 A　ジッタは，時間軸方向の信号波形の揺らぎのことです．

B　デジタル信号の伝送に必要とされる周波数帯域が十分に確保されていない場合は，隣接チャネルのデジタル信号の周波数帯域に広がるのでビット誤りが発生します．

解答 ③

問 5 雑音などについて述べた次の二つの記述は，[　　]．

A　再生中継を行っているデジタル伝送方式において，中継区間で発生する雑音には，量子化雑音，ランダム雑音，熱雑音などがあり，これらの雑音は各中継区間ごとに累積されて伝達される．

B　増幅回路などにおける信号電力対雑音電力比の劣化の程度を表す尺度として，雑音指数が用いられる．

①　A のみ正しい　　②　B のみ正しい
③　A も B も正しい　　④　A も B も正しくない

解説 A「これらの雑音は各中継区間ごとに**累積されて伝達される**」ではなく，正しくは「これらの雑音は各中継区間ごとに**累積されて伝達されない**」です．再生中継方式は，中継器でデジタル符号を再生し雑音は取り除かれるので，雑音は累積されて伝達されません．

解答 ②

問 6 伝送するパルス列の時間軸上の周期の短い位相変動は，[　　　]といわれ，光中継伝送システムなどに用いられる再生中継器におけるタイミングパルスの間隔のふらつきや共振回路の同調周波数のずれが一定でないことなどに起因している．

① 相互変調　② バースト　③ 非直線ひずみ　④ エコー　⑤ ジッタ

解説　伝送するパルス列の時間軸上の周期の短い位相変動を**ジッタ**といいます．

解答 ⑤

問 7 デジタル伝送において，送信したデジタル信号が，受信側で隣接タイムスロットの識別点にまで広がることにより[　　　]が生じ，ビット誤りが発生する原因の一つとなる．

① 自己位相変調　② パケット損失ひずみ　③ 符号間干渉
④ 相互位相変調　⑤ ドップラー効果

解説　伝送系で送信波形にひずみが発生すると，受信側の隣接タイムスロットの識別点に広がって**符号間干渉**が生じると，デジタル信号の識別ができなくなるのでビット誤りが発生します．

解答 ③

問 8 デジタル伝送路における符号誤りの評価尺度の一つである[　　　]は，測定時間中に伝送された符号（ビット）の総数に対する，その間に誤って受信された符号（ビット）の個数の割合を表したものである．

① %EFS　② %ES　③ %SES　④ BER　⑤ FER

解説　**BER**（長時間符号誤り率）についての記述です．なお，BERはBit（2進符号）Errored（誤り）Rate（割合）の略語です．

解答 ④

問 9 デジタル回線において符号誤りが発生する場合には，符号誤りが発生しない場合と比較して，伝送品質の評価尺度の一つである[　　　]の値は小さくなる．

① %SES　② %ES　③ BER　④ %EFS　⑤ 雑音指数

解説　**%EFS**についての記述です．なお，%EFSはPercent（百分率）Errored（誤り）Free（無い）Seconds（秒）の略語です．%EFSは1秒ごとに符号誤りの有無を測定して，符号誤りが発生しなかった秒の延時間が全時間に占める割合を百分率で表したもので，誤りが発生すると%EFSの値は小さくなります．

解答 ④

問10 デジタル回線の伝送品質を評価する尺度の一つである%SESは，1秒ごとに平均符号誤り率を測定し，平均符号誤り率が[　　]を超える符号誤りの発生した秒の延べ時間（秒）が，稼働時間（秒）に占める割合を表したものである．

① 1×10^{-8}　② 1×10^{-6}　③ 1×10^{-4}

④ 1×10^{-3}　⑤ 1×10^{-2}

解説　%SESについての記述です．なお，%SESはPercent（百分率）Severely（きびしく）Errored（誤り）Seconds（秒）の略語です．

解答　④

出る

下線の部分は，ほかの試験問題で穴埋めの字句として出題されています．

問11 デジタル回線における符号誤りを一定時間測定し，その結果として得られる各評価尺度の測定値の関係について述べた次の二つの記述は，[　　]．

A　ある回線で符号誤りが発生する場合には，符号誤りが発生しない場合と比較して，%EFSの値が小さくなり，%ESの値が大きくなる．

B　測定時間が同じ場合においては，% SESの測定値は常に% ESの測定値より大きい．

① Aのみ正しい　② Bのみ正しい

③ AもBも正しい　④ AもBも正しくない

解説　B「%SESの測定値は常に%ESの測定値より**大きい**」ではなく，正しくは「%SESの測定値は常に%ESの測定値より**小さい**」です．%ESは1ビットでも符号誤りがあれば秒数を求めて，%SESは符号誤り率が10^{-3}を超える場合の秒数で求めるので，%SESの測定値は常に%ESの測定値より小さくなります．

解答　①

問12 伝送速度が64キロビット/秒の回線において，100秒間のビットエラーを測定したところ，特定の2秒間に集中して発生し，その2秒間のビットエラーの合計は3 200個となった．このときの%ESの値は，[　　]パーセントとなる．

① 0　② 5×10^{-3}　③ 1　④ 2　⑤ 32

解説　伝送速度が$S = 64$〔kbit/s〕$= 64\times10^3$〔bit/s〕の回線において，集中してエラーが発生した2〔s〕間に送ることができるデータは$D = 2S = 2\times64\times10^3 = 128\times10^3$〔bit〕となります．このとき，ビットエラーの合計は$B_E = 3\,200$なので，符号誤り率は

$$\frac{B_E}{D} = \frac{3\,200}{128 \times 10^3} = 25 \times 10^{-3}$$

となります．

測定時間 T が 100〔s〕間で，集中してビットエラーが発生した時間 t が 2〔s〕間なので，%ES は次式で表されます．

$$\%\mathrm{ES} = \frac{t}{T} \times 100 = \frac{2}{100} \times 100 = 2\text{〔\%〕}$$

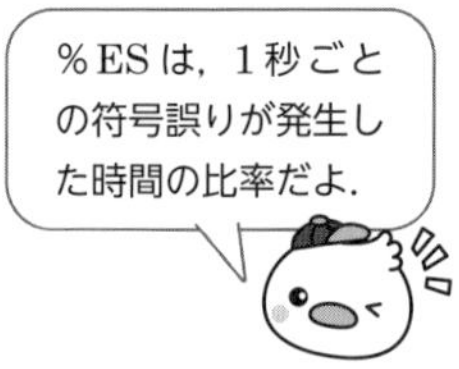

解答 ④

問13 伝送速度が 64 キロビット / 秒の回線において，100 秒間のビットエラーを測定したところ，特定の 2 秒間に集中して発生し，各 1 秒間でのビットエラーは 267 個と 53 個であり，合計 320 個となった．このときの %SES の値は，＿＿＿パーセントとなる．

① 5×10^{-5}　② 1　③ 2　④ 3.2　⑤ 5

解説 伝送速度が $S = 64$〔kbit/s〕$= 64 \times 10^3$〔bit/s〕の回線において，集中してエラーが発生した 1〔s〕間に送ることができるデータは $D = 64 \times 10^3$〔bit〕となります．ビットエラーが $B_E = 267$ のときの符号誤り率は

$$\frac{B_E}{D} = \frac{267}{64 \times 10^3} \fallingdotseq 4.17 \times 10^{-3}$$

となるので，1×10^{-3} を超えます．

ビットエラーが $B_E = 53$ のときの符号誤り率は

$$\frac{B_E}{D} = \frac{53}{64 \times 10^3} \fallingdotseq 0.83 \times 10^{-3}$$

となるので，1×10^{-3} 以下となります．

測定時間 T が 100〔s〕間で，集中して 1×10^{-3} を超えるビットエラーが発生した時間 t が 1〔s〕間なので，%SES は次式で表されます．

$$\%\mathrm{SES} = \frac{t}{T} \times 100 = \frac{1}{100} = 1\text{〔\%〕}$$

解答 ②

問14 デジタル通信における誤り訂正方式のうち，送信側に問い合わせることなく，誤り訂正を受信側が単独で行える方式は，一般に，＿＿＿又は前方誤り訂正といわれる．

① BCD　② ARQ　③ CRC　④ FEC　⑤ FCS

解説 **FEC** についての記述です．なお，FEC は Forward（前方）Error（誤り）Correction（訂正）の略語です．

解答 ④

2.4 光伝送方式

出題のポイント

- ●光ファイバの種類と特徴
- ●光ファイバ増幅器の構成
- ●光変調方式の種類と構成
- ●光ファイバ伝送方式の種類と構成
- ●光伝送システムで発生する雑音と分散

1 光ファイバの構造と伝搬モード

光ファイバは，図2.18のように0.1〔mm〕程度の石英ガラス繊維の中に屈折率の高いコアと屈折率の低いクラッドを持ち，それをナイロン樹脂などで被覆した構造です．コアの中を伝搬する光は，屈折率の違いから特定の角度の全反射を繰り返し，光ファイバ内を伝搬します．

0.1〔mm〕の太さは，ちょっと太めの髪の毛くらいだね．

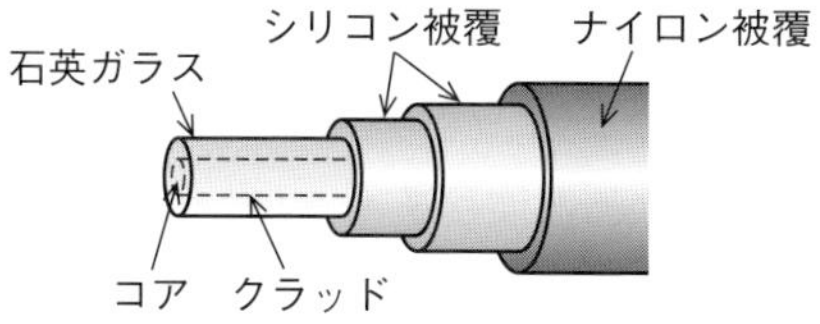

図2.18　光ファイバの構造

図2.19 (a) はコアの屈折率が一定のステップインデックス型です．伝搬モードが単一の**シングルモード光ファイバ**として用いられます．図2.19 (b) は屈折率が特定の曲率分布のグレーデッドインデックス型です．伝搬モードが複数の**マルチモード光ファイバ**として用いられます．**シングルモード光ファイバ**は，マルチモード光ファイバに比較して**コア径が小さい**ので，光がコアとクラッドの境界面に対して特定の反射角度で伝搬します．このような光の伝わり形を**伝搬モード**と呼びます．

シングルモード光ファイバは，マルチモード光ファイバに比較してコアの径が小さいよ．

光ファイバは，低損失，広帯域，細径，軽量，無誘導の特長があります．

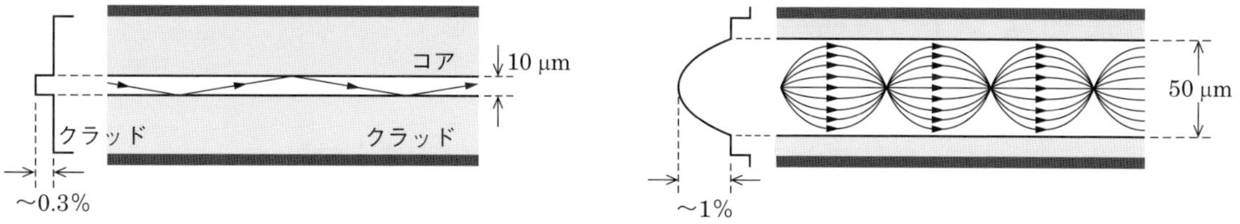

（a）ステップインデックス型光ファイバ　（b）グレーデッドインデックス型光ファイバ

図2.19　光の伝搬モード

2 光ファイバ増幅器

光ファイバ増幅器には，励起用光源として半導体レーザを用い，増幅用光ファイバとして希土類元素のエルビウムイオンを添加した光ファイバを用いた，一般に，EDFA といわれるものがあります．

光ファイバ増幅器は，光スイッチ，励起用光源，増幅用光ファイバ，光フィルタなどで構成されています．

光ファイバ増幅器は，光信号の伝送速度に依存しないため，一般に，複数波長の一括増幅が可能であり，伝送路の WDM 化に柔軟に対応することができます．

光ファイバ増幅器を用いた光中継システムにおいて，光信号の増幅に伴い発生する自然放出光に起因する **ASE 雑音**は，受信端における SN 比の低下など，伝送特性劣化の要因となります．

ASE は，Amplified《アンプリファイド》（増幅）Spontaneous《スポンテニアス》（自然）Emission《エミッション》（放出）の略語だよ．

3 光変調方式

［1］直接変調方式

発光ダイオード（LED）や半導体レーザダイオード（LD）などの発光素子をパルス信号に応じて，素子の**駆動電流を変化**させることによって，光の強度を変化させて強度変調を行うことにより，電気信号から光信号の変換を行います．直接変調方式では，変調信号が数 GHz 以上になると**波長チャーピング**と呼ばれるスペクトルの広がりが発生します．

重要
直接変調方式は，LED や LD などの光源の駆動電流を変化させます．

［2］外部変調方式

発光ダイオード（LED）や半導体レーザダイオード（LD）などの発光源から一定の強さの光を変調器に入力し，変調器の媒質内を通過させるときに光の**強度**，周波数，**位相**などを変化させて変調を行います．光変調器は電気光学効果や電界吸収効果がある媒体を利用し，電気信号によって**媒体の屈折率や吸収係数を変化**させることができます．

重要
外部変調方式は，光を通過させる媒体の屈折率や吸収係数などを電気信号で変化させます．

光変調器に用いられる物質の特性のうち，1 次の電気光学効果（**ポッケルス効果**）は屈折率が印加電界に比例して変化する特性です．2 次の電気光学効果（カー効果）は屈折率変化が印加電界の 2 乗に比例する特性です．

4 光ファイバのネットワーク構成

［1］シングルスター（SS）構成

図 2.20（a）のように，1 系統の光ファイバを一つのユーザが占有する方式です．電気信号を光信号に変換する E/O（Electrical/Optical）変換には発光ダイオード（LED）や半導体レーザダイオード（LD）などが用いられ，O/E 変換にはホトダイオード（PD）やアバランシホトダイオード（APD）

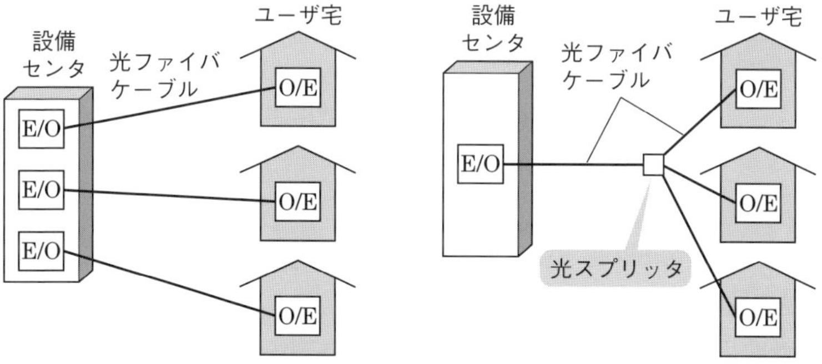

（a）SS 構成　　（b）PDS 構成

図 2.20　光ファイバネットワーク構成

PDS 構成を適用したものは PON システムというよ.

などが用いられます.

［2］ダブルスター（DS）構成

図 2.20 (b) のパッシブダブルスター（PDS）構成は，一つの光信号を**光分岐・結合器（光スプリッタ）**によって，複数のユーザに分岐して共用するシステムです．分岐数の多い光スプリッタは**光スターカプラ**とも呼ばれます．

光-電気変換を行わず受動（Passive）素子のスプリッタを用いて光信号を複数に分岐して，複数ユーザで共有するシステムをパッシブオプティカルネットワーク（PON）と呼び，PDS 構成を適用したものは **PON システム**と呼ばれます.

PON は，Passive《パッシブ》（受動）Optical《オプティカル》（光学）Network《ネットワーク》（通信網）の略語だよ.

5　双方向多重伝送方式

［1］時分割多重（TCM）方式

上り方向の信号，下り方向の信号に時間差を設けることにより，1 心の光ファイバで双方向多重伝送を行う方式です.

［2］波長分割多重（WDM）方式

1 心の光ファイバに波長の異なる複数の光信号を多重化して伝送する方式です．波長の間隔，チャネル数，光空間における信号の増幅機能などから CWDM（低密度波長分割多重）方式と DWDM（高密度波長分割多重）方式に分けられます．**上り方向の信号と下り方向の信号にそれぞれ別の光波長**を割り当てることにより，1 心の光ファイバで上り方向の信号と下り方向の信号を同時に通信できます.

［3］空間分割多重（SDM）方式

上り信号と下り信号のそれぞれに光ファイバ光を 1 心ずつ割り当てる双方向通信方式で，双方向の波長を同一にすることができます.

TCM は，Time《タイム》（時間）Compression《コンプレッション》（圧縮）Multiplexing《マルチプレクシング》（多重）
WDM は，Wave《ウェーブ》-length《レングス》（波長）Division《ディビジョン》（分割）Multiplexing
SDM は，Space《スペース》（空間）Division Multiplexing
の略語だよ.

6 光ファイバ伝送の品質劣化

光ファイバによる伝送において，主な品質劣化の原因には雑音と分散による波形劣化があります．

[1] 損　失

光ファイバの材料である石英ガラスやプラスチックが光を吸収して伝送損失が増加します．材料特有の損失と材料の不純物による損失があります．

光ファイバ中の屈折率の微小な変化（ゆらぎ）によって光が散乱する現象を**レイリー散乱**といい，レイリー散乱によって発生する損失は光波長の 4 乗に反比例します．散乱による損失は材料固有の損失ですが，光ファイバを製造する工程で生じることもあります．

重要
屈折率の微小な変化（ゆらぎ）によって光が散乱する現象をレイリー散乱といいます．

[2] 雑　音

① 発光源雑音

受光素子の入力電気信号に重なっている雑音です．

② 暗電流雑音

受光信号がないのに受光素子に流れる暗電流によって発生する雑音です．

③ ショット雑音

受光素子において，受光時に電子が不規則に放出されるため，**受光電流に揺らぎ**が生じて発生する雑音です．

ショット雑音は散弾雑音ともいうよ．散弾銃のたまが不規則に当たることからできた用語だよ．

④ 熱雑音

受光素子から発生する電子の熱運動による雑音です．

[3] 分　散

光ファイバ内を伝搬する間に，光の伝搬速度が伝搬モードや光の波長によって異なり，**受信端での信号の到達時間に差が生じる現象**を**分散**といいます．分散は伝送パルスの波形が広がる原因となります．分散には次の発生原因があります．

① モード分散

光ファイバ内に複数の伝搬モードが存在する場合，各モードの速度の違いにより伝搬時間が異なるために生じる分散です．

重要
光ファイバ内における光の伝搬速度がモードや波長により異なり，受信端での信号波形に時間的な広がりが生ずる現象を分散といいます．

② 波長分散

光の波長に起因する分散には，次の原因があります．

ア　材料分散

光ファイバを構成するコアやクラッドの屈折率が波長によって異なることにより生じる分散です．

イ　構造分散

コアとクラッドの屈折率の差が小さいことが原因で生じる分散です．光がコアとクラッドの境界で反射するときに，その一部がクラッドに漏れますが，その割合が光の波長によって異なるために生じる分散です．

問1 光伝送システムなどに用いられる光ファイバ増幅器について述べた次の二つの記述は，[　　]．

A　光ファイバ増幅器には，励起用光源として半導体レーザを用い，増幅用光ファイバとして希土類元素のエルビウムイオンを添加した光ファイバを用いた，一般に，EDFAといわれるものがある．

B　光ファイバ増幅器は，一般に，識別再生回路，増幅用光ファイバ，タイミング抽出回路などで構成される．

①　Aのみ正しい　　②　Bのみ正しい
③　AもBも正しい　　④　AもBも正しくない

解説　B「**識別再生回路**，増幅用光ファイバ，**タイミング抽出回路**などで構成される」ではなく，正しくは「**光スイッチ**，**励起用光源**，増幅用光ファイバ，**光フィルタ**などで構成される」です．なお，識別再生回路は光信号を電気信号に変換して波形整形してから光信号に戻す回路です．光ファイバ増幅器は光信号を直接増幅するので識別再生回路は用いられません．

EDFAは
Erbium《エルビウム》（エルビウム）Droped《ドロップド》（添加）
Fiber《ファイバ》（ファイバ）
Amplifier《アンプリファイヤ》（増幅器）
の略語だよ．

解答　①

問2 光ファイバ通信システムで用いられる光変調器について述べた次の二つの記述は，[　　]．

A　電界強度を変化させることにより，物質の屈折率を変化させ，透過信号光の属性を変化させる電気光学効果を利用した光変調器がある．

B　電界強度を変化させることにより，化合物半導体の吸収係数を増加させ，透過信号光の強度を変化させる電界吸収効果を利用した光変調器がある．

①　Aのみ正しい　　②　Bのみ正しい
③　AもBも正しい　　④　AもBも正しくない

解説　外部変調方式の記述です．Aの物質の屈折率を変化させる方法とBの電界吸収効果を利用した方法などがあります．

解答　③

問3 光変調方式の一つである直接変調方式では，一般に，光源として用いられる半導体レーザに印加する電流を変化させることで，半導体レーザから出力する光の[　　]を変化させている．

①　強度　　②　位相　　③　波長　　④　モード分散　　⑤　レイリー散乱

解説　直接変調方式の記述です．半導体レーザから出力する光の**強度**を変化させて光変調を行います．

光変調は光をオン-オフさせて変調するよ．

解答　①

問4 光ファイバ通信に用いられる光変調方式には，LED や LD などの光源を直接変調する方式，外部変調器を用いて光の属性の一つである[　　　]を変化させる方式などがある．

① 利得　② 強度　③ 伝搬速度　④ 伝搬モード　⑤ 波長

解説 直接変調方式と外部変調方式の記述です．外部変調器を用いて光の属性の一つである**強度**を変化させて光変調を行う方式などがあります．LED は発光ダイオード，LD は半導体レーザダイオードです．

解答 ②

問5 光ファイバ通信において，半導体レーザなどの光源を直接変調する場合，一般に，数ギガヘルツ以上の高速で変調を行うと，半導体の屈折率が変化して光の波長が変動する現象は，[　　　]といわれる．

① ポッケルス効果　② 光カー効果　③ 回折現象
④ 波長チャーピング　⑤ ドップラー効果

解説 **波長チャーピング**の記述です．光ファイバ通信において，半導体レーザなどの光源を数ギガヘルツ以上の高速で変調を行う場合，半導体の屈折率が変化して光の波長が変動する現象です．

解答 ④

問6 光ファイバ通信に用いられる光の変調方法の一つに，物質に電界を加え，その強度を変化させると，物質の屈折率が変化する[　　　]効果を利用したものがある．

① ファラデー　② ブリルアン　③ ラマン
④ ポッケルス　⑤ ドップラー

解説 光変調器に用いられる物質の特性の記述です．物質に電界を加え，その強度を変化させると，物質の屈折率が変化するのは**ポッケルス**効果です．

解答 ④

問7 光ファイバ伝送路に用いられる線形中継器は，波長が異なる信号光の一括増幅が可能であり，かつ，光信号のまま直接増幅しているため伝送速度に制約されないことから，伝送路の[　　　]化に柔軟に対応できる．

① TCM　② TDM　③ SDM　④ FDM　⑤ WDM

解説　線形中継器の記述です．なお，分割多重方式の WDM は Wavelength（波長）Division（分割）Multiplexing（多重）の略語です．なお，1 本の光ファイバに波長の異なる複数の光信号を多重化して伝送する方式を波長分割多重（WDM）方式といいます．

解答　⑤

問 8　光ファイバを用いて波長の異なる複数の光信号を 1 本の光ファイバで伝送する方式のうち，数波長から 10 波長程度の光信号を多重化して伝送する方式は，[　　]といわれる．

①　CWDM　　②　DWDM　　③　TDM　　④　TCM　　⑤　FDM

解説　**CWDM** の記述です．なお，低密度波長分割多重方式の CWDM は Coarse（低密度）Wavelength（波長）Division（分割）Multiplexing（多重）の略語です．なお，DWDM は数十から百数十波長程度の高密度波長分割多重方式のことです．

解答　①

問 9　光ファイバ伝送路に用いられる線形中継器は，信号を中継する過程において光信号を電気信号に変換する必要がないことから伝送速度に制約されず，かつ，波長が異なる複数の信号光の[　　]が可能である．

①　一括増幅　　②　識別再生　　③　モード結合　　④　分散制御　　⑤　遅延制御

解説　線形中継器の記述です．波長が異なる複数の信号光を同時に増幅することができる**一括増幅**が可能です．なお，線形中継器は光信号を光増幅器で直接増幅して中継する方式です．

解答　①

問 10　光中継伝送システムに用いられる再生中継器には，中継区間における信号の減衰，伝送途中で発生する雑音，ひずみなどにより劣化した信号波形を再生中継するための等化増幅，タイミング抽出及び[　　]の機能が必要であり，これら三つの機能は 3R 機能といわれる．

①　強度変調　　②　位相同期　　③　偏波制御　　④　波長変換　　⑤　識別再生

解説　再生中継器の記述です．劣化した信号波形を再生中継するための等化増幅，タイミング抽出及び**識別再生**の機能が必要であり，これら三つの再生機能は 3R 機能といわれます．なお，3R とは増幅（Re-amplification），波形整形（Re-shaping），ビット間隔調整（Re-timing）を意味します．

解答　⑤

問11 光ファイバ増幅器を用いた光中継システムにおいて，光信号の増幅に伴い発生する自然放出光に起因する［　　］は，受信端における SN 比の低下など，伝送特性劣化の要因となる．

① モード分配雑音　② 熱雑音　③ ASE 雑音
④ 補間雑音　⑤ 暗電流

解説　**ASE 雑音**の記述です．なお，ASE は amplified（増幅）spontaneous（自然）emission（放出）の略語です．

解答　③

問12 光パルスは，光ファイバ内部を伝搬する間にその波形に時間的な広がりが生ずる．この現象は分散といわれ，［　　］分散，構造分散，モード分散などがある．

① ノイズ　② 材料　③ 速度　④ 粒子

解説　光ファイバ内における光の伝搬速度がモードや波長により異なり，受信端での信号の到達時間に差が生ずる現象を分散といいます．**材料**分散，構造分散，モード分散などがあります．

解答　②

問13 光の波長によって伝搬速度が異なることに起因して生ずる分散は，波長分散といわれる．波長分散は，［　　］分散と材料分散の和であり，光ファイバ通信の受信端で光のパルス幅が広がる要因となる．

① スペクトル　② モード　③ 構造　④ 偏波　⑤ 粒子

解説　**構造**分散は，コアとクラッドの屈折率の差が小さいことが原因で生じる分散です．材料分散は，光ファイバを構成するコアやクラッドの屈折率が波長によって異なることにより生じる分散です．

解答　③

問14 光ファイバ中の［　　］の微小な変化（揺らぎ）によって光が散乱する現象はレイリー散乱といわれ，光損失の要因の一つとなり，これによる損失は光波長の 4 乗に反比例する．

① 開口数　② モード分散　③ 自己位相変調　④ 屈折率　⑤ 波高率

解説　レイリー散乱の記述です．**屈折率**の微小な変化（揺らぎ）によって光が散乱する現象です．光ファイバの屈折率の微小な変化は，光ファイバを製造する工程で生じることがあります．

解答　④

出る
下線の部分は，ほかの試験問題で穴埋めの字句として出題されています．

Ⅱ編

端末設備の接続のための技術及び理論

1章はアクセス技術と電話機や無線LANの知識が問われ，5問程度出題されます．各方式の違いや特徴をしっかり理解しておきましょう．
2章はデータの伝送方式やプロトコル（手順）が問われ，3章はIPネットワークのプロトコルや情報セキュリティの知識が問われ，どちらの章も5問程度出題されます．用語の意味や違いをしっかりと覚えましょう．
4章は電話機やLANの配線や接続工事と工事試験の知識が問われ，8問程度出題されます．用語や接続の方式を理解してしっかりと身につけましょう．
5章は接続工事の施工管理や工程管理の知識が問われ，2問程度出題されます．施工管理や工程管理で用いられる工程表などの意味を理解してしっかりと身につけましょう．

1章 端末設備の技術

1.1 DSL・光アクセス

出題のポイント

- ●光アクセスシステムの構成と接続機能
- ●GE-PONに用いられる機器の機能

1 DSL

デジタル加入者回線（DSL）は，アナログ電話で使用している電話線（メタリック回線）をそのまま利用し，通話の帯域よりも高い周波数帯域を利用して，高速デジタル伝送を同時に利用できる伝送路技術です．

上り（事業者から利用者）下り（利用者から事業者）の回線速度が非対称なADSL，データ転送専用線サービスに用いられるHDSLとSDSL，マンションなどの短距離伝送に用いられるVDSLなどのシステムがあります．

なお，電気通信事業者の提供するADSLは終了しました．

DSLは，Digital《デジタル》 Subscriber《サブスクライバー》（加入者）Line《ライン》（線）の略語だよ．

ADSLの伝送に用いられているDMT方式は，図1.1のように上りと下りに使用する周波数帯域を4.312〔kHz〕の帯域を持つ搬送波群（サブキャリア）に細分化し，それぞれのサブキャリアにデータ信号を変調して伝送する方式です．

DMTは，Discrete《ディスクリート》（ばらばらの）Multi《マルチ》（多い）Tone《トーン》（音の高低）の略語だよ．

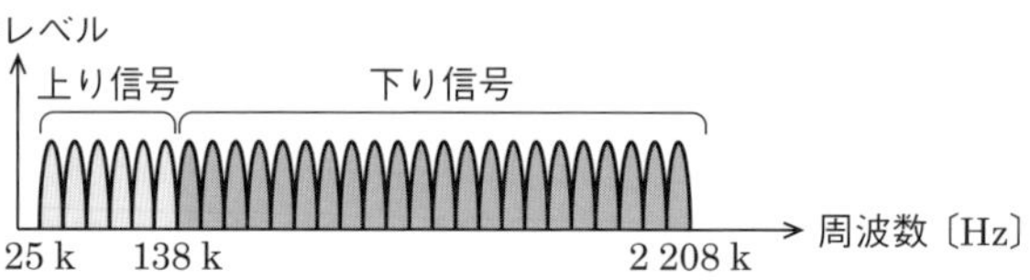

図1.1　ADSL（G.992.1DMT方式）のキャリアの構成

たくさんのサブキャリアで伝送するので，雑音に強い伝送ができるんだね．

2 光アクセス

[1] FTTx

電気通信事業者の光ファイバを用いるアクセス方式はFTTxと呼ばれます．このうちFTTHは一般ユーザ宅まで光ケーブルを接続する伝送形態です．FTTBはマンションなどのビル（Building）まで，FTTCは道路脇（Curb）や電柱まで光ケーブルを引き込みユーザまでの残りの区間はメタリックケーブルを用いる伝送形態です．

FTTBには，電気通信事業者のビルから集合住宅の主配線盤（MDF）室などまでの区間には光ファイバケーブルを使用し，MDF 室などから各戸までの区間には VDSL 方式により，既設の電話用配線を利用して伝送する方式が用いられています．

［2］GE-PON

図 1.2 のように，設備センタからの **1 心の光ファイバケーブルを複数のユーザが共用する** P to MP（Point to Multi-Point）システムにおいて，光信号の分岐・合成を行う装置に受動（パッシブ）素子の**光スプリッタ**を用いた光ネットワークを **PON** と呼びます．PON のうち最大の伝送速度が 1 Gbit/s により双方向通信を行うことができるシステムを **GE-PON** といいます．最大伝送速度が 10 Gbit/s のシステムは **10G-EPON** と呼びます．

PON は，Passive《パッシブ》（受動）Optical《オプティカル》（光学）Network《ネットワーク》（通信網）
GE は，Gigabit《ギガビット》 Ethernet《イーサネット》
OLT は，Optical Line《ライン》（線）Terminal《ターミナル》（終端）
ONU は，Optical Network Unit《ユニット》（装置）
の略語だよ．

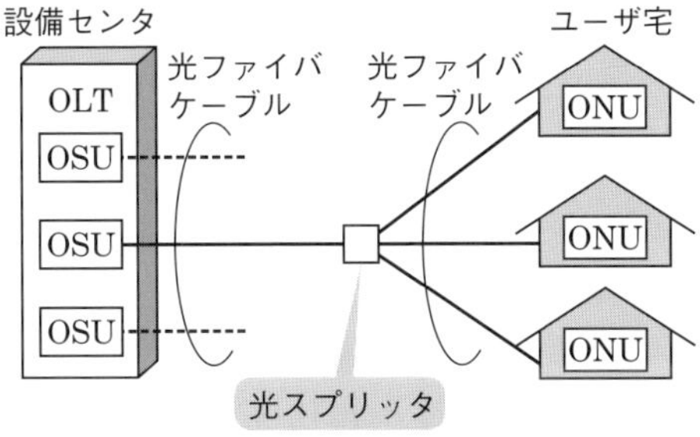

図 1.2　PON 構成

① **上り帯域制御機能**

ユーザ側のトラヒックに応じて，設備センタ側が使用帯域を各ユーザ側の ONU（光加入者線網装置）に割り当てる機能です．

補足
トラヒックとはネットワークの通信量のことです．

② **P2MP ディスカバリ機能**

設備センタ側の OLT（光加入者線終端装置）は，ユーザ側の **ONU がネットワークに接続**されるとその ONU を自動的に発見し，通信リンクを自動で確立します．この機能を **P2MP ディスカバリ機能**といいます．

P2MP ディスカバリは，データリンク層のマルチポイント MAC コントロール副層の機能です．GE-PON のデータリンク層のマルチポイント MAC コントロール副層の機能は，P2MP ディスカバリに関する機能と上り帯域制御に関する機能に分けられます．

P2MP は，Point《ポイント》（接続点）to《ツー》（〜へ）Multipoint《マルチポイント》（多数の接続点）
の略語だよ．

③ **選択機能**

OLT からの**下り信号**は，放送形式で各ユーザ側の全 ONU に到達するため，各ユーザの ONU は受信したフレームが**自分宛であるかどうかを判断し**，取捨選択を行います．

OLT からの**下り方向の通信**では，OLT は，どの ONU に送信するフレームかを判別し，送信するフレームの**プリアンブル**に送信相手の ONU 用の識別子を埋め込んだ信号をネットワークに送出します．

また，セキュリティを確保するため暗号化技術が用いられています．

補足
フレームはデータを転送するときの構成単位のことです．
プリアンブルはフレームの先頭にある同期を取るための信号です．

OLT からの下り信号が放送形式で配下の全 ONU に到達するため，各 ONU は受信したフレームが自分宛であるかどうかを判断し，受信フレームの取捨選択を行う必要があります．GE-PON ではこの判断を **LLID**（Logical Link ID）という識別子を用いて行います．LLID はイーサネットフレームのプリアンブルに収容されます．

イーサネットフレームの構成は，2 章 2.2 節の図 2.4 を見てね．

④　**多重化**

ユーザ側の ONU からの上り信号は，OLT 配下の他の ONU からの上り信号と衝突しないように，OLT が各 ONU に対して，**送信許可を通知**することにより，各 ONU からの上り信号を**時間的に分離して**送出します．

プリアンブルは，前置きや前文の意味だよ．

問 1　光アクセスシステムを構成する PON の規格には，IEEE802.3av として標準化され，伝送路符号化方式に 64B/66B を用いるとともに，前方誤り訂正を必須とし，最大伝送速度が上り下りとも 10 ギガビット / 秒の［　　］がある．

①　GE-PON　　②　10G-EPON　　③　XG-PON

④　XGS-PON　　⑤　NG-PON2

解説　最大伝送速度が上り下りとも 10 Gbit/s の PON の規格は，**10G-EPON** といいます．なお，最大伝送速度が 1 Gbit/s の PON の規格は GE-PON といいます．PON は，電気通信事業者からの 1 本の光ファイバを光受動素子で分岐して複数の利用者に接続するシステムです．

解答　②

PON は，Passive（パッシブ：受動）Optical（オプティカル：光学）Network（ネットワーク：通信網）

GE は，Gigabit（ギガビット）Ethernet（イーサネット）の略語です．

問 2　GE-PON の上り信号及び下り信号について述べた次の二つの記述は，［　　］.

A　GE-PON の上り信号は光スプリッタで合波されるため，各 ONU からの上り信号が衝突しないよう OLT が各 ONU に対して送信許可を通知することにより，上り信号を波長ごとに分離して衝突を回避している．

B　GE-PON の下り信号は放送形式で OLT 配下の全 ONU に到達することから，各 ONU はイーサネットフレームのプリアンブルに収容された LLID といわれる識別子を用いて受信フレームの取捨選択を行っている．

①　A のみ正しい　　②　B のみ正しい

③　A も B も正しい　　④　A も B も正しくない

解説 A「送信許可を通知することにより，上り信号を**波長ごとに分離して**衝突を回避している」ではなく，正しくは「送信許可を通知することにより，上り信号を**時間的に分離して送出して**衝突を回避している」です．

解答 ②

問3 GE-PON では，OLT からの下り信号が放送形式で配下の全 ONU に到達するため，各 ONU は受信フレームの取捨選択をイーサネットフレームのプリアンブルに収容された［　　］といわれる識別子を用いて行っている．

① AID　② CID　③ SAID　④ LLID　⑤ SFID

解説 **LLID** はイーサネットフレームのプリアンブルに収容されます．なお，LLID は Logical（論理）Link（リンク）ID の略語です．各 ONU は LLID といわれる識別子によって判断し自分宛のデータを取り込みます．

解答 ④

問4 GE-PON に用いられている機器の機能について述べた次の二つの記述は，［　　］．

A OLT に搭載されている機能であって，配下の複数の ONU に対して ONU から OLT への上りのトラヒック量に応じて柔軟に帯域を割り当てる機能は動的帯域割当（DBA）といわれる．

B OLT は，配下の複数の ONU に対して ONU から OLT への上り信号が衝突しないよう送信許可を通知することにより，各 ONU からの信号を波長ごとに分離して衝突を回避している．

① A のみ正しい　② B のみ正しい
③ A も B も正しい　④ A も B も正しくない

解説 B「送信許可を通知することにより，各 ONU からの信号を**波長ごとに分離して衝突を回避している**」ではなく，正しくは「送信許可を通知することにより，各 ONU からの信号を**時間的に分離して送出して衝突を回避している**」です．

解答 ①

OLT は，Optical Line Terminal（光回線終端装置）の略語で，電気通信事業者の装置です．
ONU は，Optical Network Unit（光加入者線終端装置）の略語で，利用者の装置です．

問 5 GE-PON の設備構成又は GE-PON に用いられている機器の機能について述べた次の記述のうち，誤っているものは，［　　］である．

① OLT と ONU との間において光信号を合・分波し，1 台の OLT に複数の ONU が接続される．

② OLT からの下り信号は，放送形式で OLT 配下の全 ONU に到達するため，各 ONU は，受信フレームの取捨選択をイーサネットフレームの PA に収容された LLID といわれる識別子を用いて行っている．

③ OLT は，各 ONU に対して OLT への上り信号の送信許可を通知し，各 ONU からの上り信号を波長ごとに分離して衝突を回避している．

④ OLT に動的帯域割当（DBA）アルゴリズムを搭載し，ONU から OLT への上りのトラヒック量に応じて柔軟に帯域を割り当てている．

⑤ OLT に搭載されている機能のうち，ONU がネットワークに接続されるとその ONU を自動的に発見し，通信リンクを自動で確立する機能は，P2MP ディスカバリといわれる．

解説 ③「上り信号の送信許可を通知し，各 ONU からの上り信号を**波長ごとに分離して衝突を回避している**」ではなく，正しくは「上り信号の送信許可を通知し，各 ONU からの上り信号を**時間的に分離して送出して衝突を回避している**」です．

解答 ③

問 6 GE-PON システムで用いられている OLT のマルチポイント MAC コントロール副層の機能には，ONU がネットワークに接続されるとその ONU を自動的に発見し通信リンクを自動的に確立する［　　］に関するものと，上り信号制御に関するものがある．

① アイソレーション　② オートネゴシエーション　③ セルフラーニング

④ フィルタリング　⑤ P2MP ディスカバリ

解説 ONU がネットワークに接続されるとその ONU を自動的に発見し，通信リンクを自動的に確立する機能は **P2MP ディスカバリ**です．なお，P2MP は，Point（接続点）to（～へ）Multipoint（多数の接続点）の略語です．

解答 ⑤

問7 GE-PONシステムで用いられているOLTのマルチポイントMACコントロール副層の機能には，大きく分けてP2MPディスカバリに関するものと，上り□に関するものがある．

① フラグ同期　② フロー制御　③ 位相変調
④ 帯域制御　⑤ 経路選択

解説 OLTのマルチポイントMACコントロール副層の機能には，大きく分けてP2MPディスカバリに関するものと，上り**帯域制御**に関するものがあります．上りの帯域を多数のONUで分け合うために上り帯域制御を行います．

解答 ④

問8 GE-PONシステムで用いられているONUには，UNIポートとPONインタフェースポートがある．UNIポートには，□コネクタが用いられており，PONインタフェースポートの仕様はIEEE802.3ahで規定されている1000BASE-PX10又は1000BASE-PX20に準拠している．

① RJ-11　② FA（Field Assembly）　③ RS-232C
④ RJ-45　⑤ PC（Physical Contact）

解説 GE-PONシステムで用いられているONUには，UNIポートとPONインタフェースポートがある．UNIポートには，**RJ-45**コネクタが用いられています．PONインタフェースポートには，光コネクタのSC/SPCコネクタが用いられています．

解答 ④

1.2 IP電話・無線LAN

出題のポイント

- IP電話のプロトコル
- IP-PBXの方式と構成
- IP電話を接続するための器具と接続方法
- IP電話の給電方式
- IP電話の番号の種類
- 無線LANの使用周波数帯
- 無線LANの接続方式

1 IP電話

IP電話はIPネットワーク技術を利用した音声電話サービスのことです．IPネットワークには，インターネット，事業所内LAN，電気通信事業者の専用IP網などがあります．

補足
プロトコルは，コンピュータどうしが通信をするときにデータを送る手順や方法などの決まり事のことです．

［1］IP電話機

IP電話機は，通話音声のアナログ信号をデジタルデータに変換する機能やデジタルデータをIPパケット化する機能を備えています．また，基本機能に加えて，エコーキャンセラや揺らぎ吸収バッファなどの通話品質を確保する機能を備えています．

［2］呼制御

IPネットワーク内の呼制御サーバは，発信側のIP電話機からの電話番号をIPアドレスに変換し，着信側のIP電話機に接続します．これを**呼が確立した**といいます．その後の音声パケット交換は相手端末と直接，エンド・ツー・エンドで行われます．

［3］IP電話のプロトコル

IETF（Internet Engineering Task Force）は，インターネット技術の標準化を推進する任意団体でRFCという文書で標準化されています．IETFのRFC3261において標準化された**SIP**はIP電話の**呼制御（シグナリング）プロトコル**であり，**IPv4及びIPv6の両方で動作**します．RTRは音声通信のプロトコルです．IPv4とIPv6はインターネットで用いられるIPアドレスの種類です．

SIPは，Session《セッション》（会期）Initiation《イニシエーション》（開始）Protocol《プロトコル》（規約）RTRは，Real-time《リアル タイム》（即時）Transpot《トランスポート》（輸送）Protocolの略語だよ．

2 IP電話の利用方式

[1] VoIP ゲートウェイ方式

図 1.3 のように既存のアナログ電話機と PBX（宅内交換機）を利用したまま，VoIP ゲートキーパ機能を持つ VoIP ゲートウェイ装置を設置することで，VoIP ネットワークを構築することができます．既存の電話機の音声信号は，VoIP ゲートウェイで IP パケットに変換又は逆変換して，IP ネットワークを利用します．一般住宅で電話 1 回線の場合，PBX は必要ありません．

VoIP は，Voice《ボイス》（音声）over《オーバー》（超えて）Internet Protcol
PBX は，Private《プライベート》（自家用）Branch《ブランチ》（枝路）eXchange《エクスチェンジ》（交換）の略語だよ．

補足
ゲートキーパ機能とは，IP 電話機などの端末の認証とアドレス変換などを行う機能のことです．

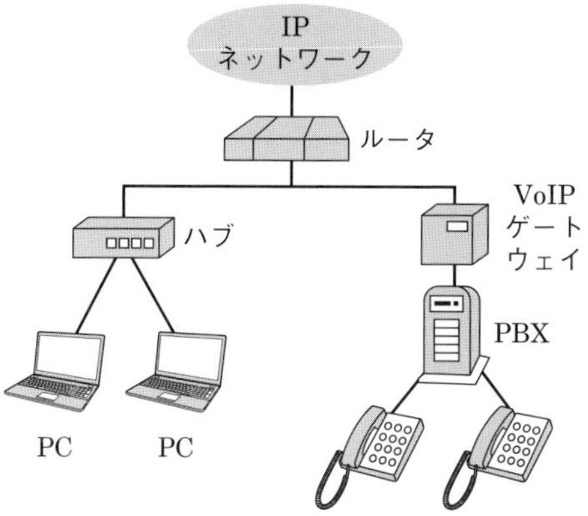

図 1.3　VoIP ゲートウェイ方式

[2] IP-PBX 方式

図 1.4 のような構成です．IP-PBX は，IP 電話機と LAN を使って構築した内線電話網や外線との接続処理などを行います．従来の PBX 機能に加えて，一般加入回線電話網と LAN を接続するためのゲートウェイ機能を備えています．

IP 電話機は，LAN ケーブルで接続するよ．

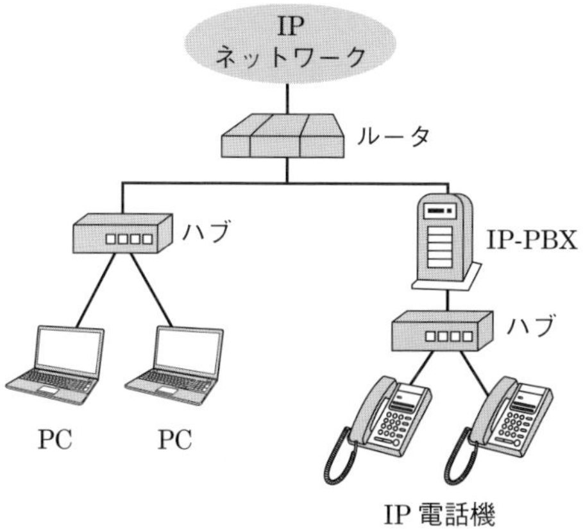

図 1.4　IP-PBX 方式

IP-PBX には IP-PBX 用に構成されたハードウェアを使用するハードウェアタイプと，汎用サーバに IP-PBX 用の専用ソフトウェアをインストールするソフトウェアタイプがあります．**ソフトウェアタイプ**は**ハードウェアタイプ**と比較して，新たな機能の追加や外部システムとの連携が容易です．また，IP セントレックスシステムを構築できる利点があります．

IP-PBX の多くは，呼制御プロトコルである SIP に対応する SIP サーバシステムです．SIP サーバシステムは，SIP サーバ，SIP アプリケーションサーバ，IP 電話機，PC などの端末機器が LAN 上に構成されています．このうち **SIP サーバ**は，**SIP 基本機能**，**PBX 機能**，**アプリケーション連携機能**を持っています．SIP 基本機能は，UAC の登録を受け付けるレジストラ（登録サーバ），受け付けた UAC の位置を管理するロケーションサーバ，UAC からの発呼要求などのメッセージを転送するプロキシサーバ，UAC からのメッセージを再転送する必要がある場合にその転送先を通知するリダイレクトサーバから構成されます．

また，利用者の事業所には物理的な PBX 装置を設置しないで，利用者が端末からインターネットなどのネットワークを介して通信事業者などが提供する PBX 機能を利用するシステムを**クラウド型 PBX** といいます．

［3］IP 電話機の接続

機器の背面又は底面に LAN ポートを備えた **IP 電話機**を，イーサネット機器のルータなどの **LAN ポート**に接続するためには，LAN ケーブルの両端に図 1.5 のような **RJ-45** といわれる **8 ピン・モジュラプラグ**を取り付けたコードが用いられます．LAN ケーブルは**非シールド撚り対線ケーブル**で図 1.5 のようなピン配置となっています．IP 電話の接続に用いられる LAN の **100 BASE-TX** は IEEE802.3u によって標準化されています．IEEE802.3at Type1 及び Type2 として標準化された **PoE 機能**を使用すると，LAN 配線の信号線対又は予備対（空き対）の **2 対 4 心**を使って PoE 機能を持つ IP 電話機に**電力を給電する**ことができます．PoE 機能は，電話機に電力を供給する機能なので電話機は外部電源を必要としません．給電方式のうち**オルタナティブ A** は**信号対**の 2 対 4 心である 1・2 番ペア及び 3・6 番ペアを使用し，**オルタナティブ B** は**予備対**（空き対）の 2 対 4 心である 4・5 番ペアと 7・8

補足
IP セントレックスシステムは，IP ネットワークを介して他の離れた拠点にある電話機などを管理することができます．

SIP は，Session（会期）Initiation（開始）Protocol（規約）の略語だよ．

補足
ユーザエージェントクライアント（UAC）は，登録要求などのリクエストを生成するクライアントとしての役割をする，SIP に対応した端末です．

重要
オルタナティブ A は信号対を使用して給電し，オルタナティブ B は予備対を使用して給電します．

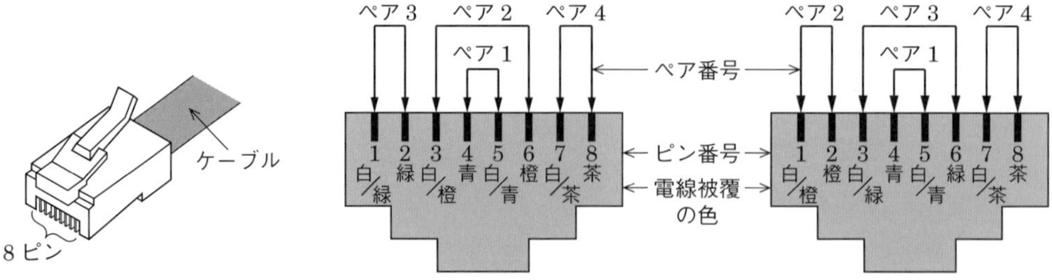

（a）外観図　（b）T568A のピン配列　（c）T568B のピン配列

図 1.5　RJ-45 モジュラプラグ

番ペアを使用して給電しています．給電側の機器は給電を開始する前に**IP 電話機**が PoE 機能を持った機器であることを**検知**して給電します．

[4] PoE 機能

PoE 機能は，UTP ケーブルなどの通信用メタリックケーブルを利用するイーサネット LAN において，通信用メタリックケーブルによってネットワーク端末機器に電力を供給する機能をいいます．

PoE には標準規格があり，IEEE802.3af，IEEE802.3at，IEEE802.3bt などがあります．古い年度に策定された規格の IEEE802.3af は新しく策定された規格の IEEE802.3at，IEEE802.3bt に含まれます．

IEEE802.3at 及び IEEE802.3bt の **Type1** 対応機器では，PSE から PD に最大 15〔W〕の電力を供給することができます．電力によりクラス 0 ～ 3 の四つの電力クラスが規定され，このうち**クラス 0** は PSE の 1 ポート当たり，直流電圧 44 ～ 57〔V〕の範囲で PSE の出力電流は**最大 350〔mA〕**，PSE の出力電力は最大 15.4〔W〕です．また，PD の使用電力は直流電圧 37 ～ 57〔V〕の範囲で最大 12.95〔W〕です．

Type2 対応機器では，PSE の 1 ポート当たり，直流電圧 50 ～ 57〔V〕の範囲で，PSE の出力電流は**最大 600〔mA〕**，PSE の出力電力は**最大 30〔W〕**です．

使用できる LAN ケーブルは，Type1 では，カテゴリー 3 及び 5e 以上，**Type2** では，**カテゴリー 5e 以上**の性能が求められます．

また，IEEE802.3bt では，カテゴリー 5e 以上のツイストペア線 4 対の 8 心すべてを使用して，PSE の 1 ポート当たり最大 60〔W〕の電力を供給することができる Type3 と，**最大 90〔W〕**の電力を供給することができる **Type4** が策定されています．

補足
PSE は電力を供給する機器で，PD は電力を受ける機器です．

補足
IEEE802.3af は 2003 年，IEEE 802.3at は 2009 年，IEEE802.3bt は 2018 年に策定されています．

[5] IP 電話の番号

IP 電話の番号は，固定電話で用いられている 0 で始まる 10 桁の数字によって構成される **0AB ～ J 番号**のものと，**050** で始まる 10 桁の数字により構成される番号が割り当てられます．

補足
0AB ～ J 番号は「0ABCDEFGHJ」と表され，I を除いたアルファベットは数字を表します．

3 VoIP ゲートウェイの機能

[1] パケット損失

IP 電話において圧縮された音声データはパケットに格納され，このパケットが IP ネットワークを介して伝送されます．しかし，パケットが途中で損失した場合は，受話側にすべての音声データが伝送されずに音声品質が劣化します．このとき，音声符号化方式には，データが損失した場合においても，その前後の音声データから損失部分を補間処理する技術を PLC（Packet Loss Concealment）といいます．パケットの損失は，パケット損失率で表されますが，同じパケット損失率でも PLC によって，音声品質の劣化の度合いを低

補足
パケット損失が発生すると，送話側から送出された音声パケットが受話側に届かないので，IP 電話の音声品質が劣化します．

減させることができます.

[2] VOIP ゲートウェイの機能

① **ハイブリッド機能**

2 線式のアナログ電話機と VoIP 内部の 4 線式（上り 2 線 / 下り 2 線）の方式に変換します.

② **アナログ / デジタル変換機能**

アナログ信号とデジタル信号を相互に変換します.

③ **コーデック機能**

デジタル信号の符号化と復号化を行います.

④ **パケット交換機能**

送信側では符号化した音声データを IP パケットに変換し，受信側では IP パケットから音声データに変換します.

音声通話が不自然にならないように，いろいろな機能があるんだね.

⑤ **エコーキャンセラ機能**

自分の発声が聞こえるのを防止するため，擬似エコーを発生させて実際のエコーと相殺させます.

⑥ **揺らぎ吸収機能**

音声パケットの到達時間が異なったとき，そのまま再生すると不自然になるので，遅延を調整します.

重要

揺らぎ吸収機能は音声パケットの到着間隔のばらつきによる音声品質の劣化を低減します.

⑦ **パケットロス補完機能**

損失パケットは直前のパケットのコピーで補完します.

⑧ **ゲートキーパ機能**

IP 電話機や VoIP ゲートウェイなどの VoIP 端末の制御や管理を行います.

4 無線LAN

国内で使用されている IEEE802.11 規格の無線 LAN は，米国の学会である IEEE（Institute of Electrical and Electronics Engineers）による標準規格です.

[1] 無線 LAN の構成

各無線端末がアクセスポイントを介して通信するインフラストラクチャモードと無線端末どうしが直接通信を行うアドホックモードがあります.

[2] 使用周波数帯

IEEE802.11a/b/g/n の 4 種類の規格がありますが，**2.4 GHz 帯**の電波の周波数を使用するのは IEEE802.11b/g，**5 GHz 帯**の周波数を使用するのは IEEE802.11a，**2.4 GHz 帯及び 5 GHz 帯**の二つの周波数帯を使用するのは **IEEE802.11n** です.

2.4 GHz 帯は **ISM バンド**と呼ばれ，電子レンジや産業用機器などによる干渉が発生するので，**スペクトル拡散変調方式**が採用されています.

ISM バンドは，Industrial, Scientific and Medical applications の略語で，電波を通信以外の産業機器，科学機器，医療機器などと共用する周波数帯だよ.

2.4 GHz 帯の無線 LAN では，**ISM バンドとの干渉によるスループット**

（通信速度）**が低下することがあります**が，5 GHz 帯の無線 LAN では ISM バンドとの干渉はありません．

高速通信規格の IEEE802.11ax は，**2.4 GHz 帯**，**5 GHz 帯**，**6 GHz 帯**で用いられます．6 GHz 帯は 5.925〔GHz〕～ 6.425〔GHz〕の周波数を利用します．

重要
IEEE802.11ax は，2.4 GHz 帯，5 GHz 帯，6 GHz 帯の周波数帯を用いた方式です．

［3］変調方式

① スペクトル拡散変調方式

1 次変調されたデジタル信号波を擬似雑音（PN）符号によって拡散変調することで，広い周波数帯域に信号波を拡散して送信します．受信側では同じ PN 符号を使って逆拡散することで，元の信号波を復調します．このとき，受信側の妨害波は受信機で拡散されることによって影響が小さくなります．

② OFDM 方式

多数の搬送波を使用し，高速のデータを複数の低速データに分割し並列伝送する方式です．反射波などの遅延波による符号間の干渉を少なくすることができます．

重要
OFDM 方式は，多数の搬送波を使用するマルチキャリア変調方式です．

［4］空間分割多重伝送方式

MIMO（マイモ）は「Multi-Input Multi-Output」の略で，複数のアンテナを用いて通信を行う技術です．MIMO を利用すれば伝送速度を向上できるので，Wi-Fi をはじめとするさまざまな無線通信で利用されています．

MIMO は複数のアンテナを用いて同時に通信することにより，一定時間で通信できるデータ量を増やせるようになるので，これによって通信速度の向上を実現します．

MIMO には，複数のアンテナを使って同時に通信できるのは 1 台のデバイスのみとなる「SU-MIMO（Single User MIMO）」と，複数のデバイスが同時に MIMO で通信できる「MU-MIMO（Multi User MIMO）」があります．複数台のデバイスを Wi-Fi で接続したとき，SU-MIMO では時間単位で電波を分割して通信を行いますが，MU-MIMO では複数のデバイスが同時に MIMO で通信することで，通信速度の低下を防ぐことができます．

［5］アクセス制御方式

① CSMA/CA 方式

有線 LAN のイーサネットで用いられている自律分散制御方式の CSMA/CA 方式が用いられています．

CSMA/CA 方式は，送信を試みようとする無線端末が他の無線端末が送信しているデータに衝突させないように，事前にチャネルの使用状況を確認して，未使用であればデータを送信し，使用中であれば送信を延期します．

また，送信無線端末からの送信データが他の無線端末からの送信データと衝突しても，送信端末では衝突を検知することが困難であるため，送信端末は，アクセスポイント（AP）からの **ACK 信号**を受信することにより，送信データが正常に AP に送信できたことを確認します．

CSMA/CA は，Carrier Sense Multiple Access with Collision Avoidance の略語で，衝突回避機能付きキャリア感知多重アクセス方式だよ．

無線端末が AP からの ACK フレームを受信した場合は，一定時間待ち，**他の無線端末から電波が出ていないことを確認**してから次のデータを送信します．

② 隠れ端末問題

図 1.6 に示すように，障害物によって無線端末の STA1 と STA3 及び STA2 と STA3 の電波が到達しないで隠れている状態では，キャリアセンスが不可能なので，これらの端末間ではチャネルの使用状況を確認することができません．たとえば，STA1 が AP に送信している時間に STA3 が送信を開始するとデータの衝突が発生し，再送が行われてスループットが低下します．

解決策として，AP は，送信をしようとしている STA1 からの RTS 信号を受信すると **CTS 信号**を STA1 に送信します．この CTS 信号は，STA3 も受信することがきるので，STA3 は NAV 期間だけ送信を待つことにより衝突を防止する対策がとられています．NAV は，AP と無線端末がネットワークを占有する時間です．

ACK は，ACKnowlegement《アクナレッジメント》（承認）
RTS は，request《リクエスト》（要求）to send《センド》（送信）
CTS は，Clear《クリア》（許可）to Send
NAV は，Network《ネットワーク》 Allocation《アロケーション》（割り当て）Vector《ベクター》（方向）
の略語だよ．

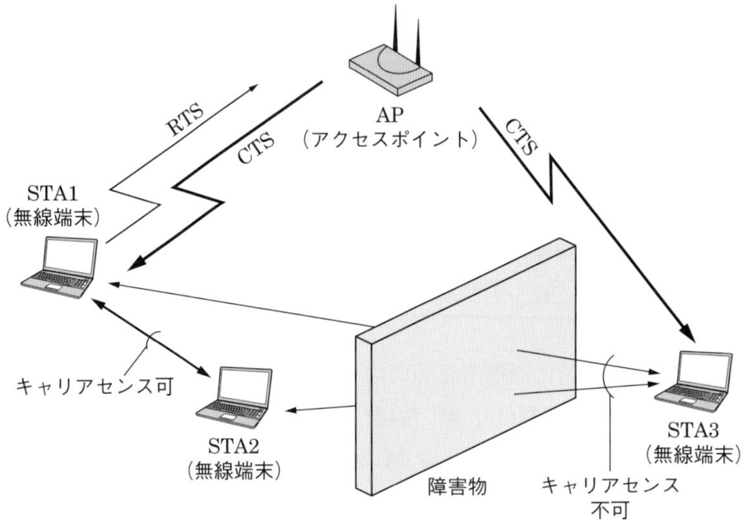

図 1.6 隠れ端末問題

［6］無線 LAN 以外の無線伝送方式

無線 LAN 以外の無線伝送方式には，次の方式などがあります．

① PAN

Personal Area Network の略語で，個人が使用する機器同士を接続するための数〔cm〕から数〔m〕程度の距離以内で用いられるネットワークの範囲のことです．個人が所有して利用する機器間を結ぶ通信ネットワークのことで，赤外線や Bluetooth などが使われます．

有線の場合は USB や FireWire などが使用されます．有線と区別するために無線を用いた PAN を特に WPAN（Wireless Personal Area Network）と呼ぶこともあります．無線を用いた PAN には Bluetooth，ZigBee，UWB などの方式があります．

② ZigBee

2.4〔GHz〕帯の周波数帯を使用し，10〔m〕程度の距離以内で，**IoT を実現するデバイス**などのさまざまな機器間の通信に用いられています．

通信速度は最大で 250〔kbps〕の低速度ですが，個々の ZigBee ネットワークには，最大で 65 536 個（アドレスで 0x0000 ～ 0xFFFF）の ZigBee 端末を接続することができます．

重要

ZigBee は IoT を実現するデバイスなどに使用されています．

③ Bluetooth

2.4〔GHz〕帯の周波数帯を使用し，10〔m〕程度の距離以内で，パソコンの周辺機器やスマートフォンなどの情報機器間の通信を比較的低速度で行う用途に用いられています．

④ UWB

UWB（Ultra Wide Band）は超広帯域とも呼ばれ，高い周波数帯で短く鋭い矩形波パルスの電波によって，広い帯域に分散する信号を利用した方式です．通信範囲はごく近距離ですが，高速通信や位置検出が可能な特徴があります．

⑤ LPWA

LPWA は**長距離のデータ通信で低消費電力**の特徴を満たしている通信方式のことをいいます．定期的なデータ収集や地震などの突発的な通知などに使用されます．LoRaWAN や SIGFOX，セルラー LPWA などの方式があります．携帯キャリアが提供するセルラー LPWA では，携帯電話通信に用いられる周波数が用いられ，低消費電力で低ビットレート，かつ広域のカバレッジを持つ特徴があります．

LPWA は，内蔵電池で何年も動作させることができるから，地震がきたときの検知器に使えるね．

問 1 IP-PBX の構成などについて述べた次の二つの記述は，［　　］.

A 汎用サーバを用いた IP-PBX は，一般に，LAN インタフェースにアナログ電話機を直接接続して利用することができる．

B IP-PBX において使用される SIP サーバは，一般に，本体サーバともいわれ，SIP 基本機能，PBX 機能及びアプリケーション連携機能を持っている．

① A のみ正しい　　② B のみ正しい

③ A も B も正しい　　④ A も B も正しくない

解説 A 「LAN インタフェースにアナログ電話機を直接接続して**利用することができる**」ではなく，正しくは「LAN インタフェースにアナログ電話機を直接接続して**利用することができない**」です．

解答 ②

コネクタも違うよ．LAN は RJ-45，アナログ電話機は RJ-11 だよ．

問 2 IP セントレックス及び IP-PBX について述べた次の二つの記述は，［　　］.

A　IP セントレックスサービスでは，一般に，ユーザ側の IP 電話機は，電気通信事業者の拠点に設置された PBX 機能を提供するサーバなどに IP ネットワークを介して接続される.

B　IP-PBX には IP-PBX 用に構成されたハードウェアを使用するハードウェアタイプと，汎用サーバに IP-PBX 用の専用ソフトウェアをインストールするソフトウェアタイプがあり，ハードウェアタイプはソフトウェアタイプと比較して，一般に，新たな機能の実現や外部システムとの連携が容易とされている.

①　A のみ正しい　　②　B のみ正しい
③　A も B も正しい　④　A も B も正しくない

解説　B「**ハードウェアタイプ**は**ソフトウェアタイプ**と比較して，一般に，新たな機能の実現や外部システムとの連携が容易とされている」ではなく，正しくは「**ソフトウェアタイプ**は**ハードウェアタイプ**と比較して，一般に，新たな機能の実現や外部システムとの連携が容易とされている」です.

解答 ①

問 3 IP-PBX について述べた次の二つの記述は，［　　］.

A　IP-PBX の設備形態には，利用者の事業所には物理的な PBX 装置を設置せず，利用者が端末からインターネットなどのネットワークを介して通信事業者などが提供する PBX 機能を利用するものがあり，一般に，この形態のものはクラウド型 PBX といわれる.

B　IP-PBX などで用いられている SIP は，IETF の RFC として標準化された呼制御プロトコルであり，IP 電話などにおいてセッションを確立・変更・終了するためのネットワーク層のプロトコルである.

①　A のみ正しい　　②　B のみ正しい
③　A も B も正しい　④　A も B も正しくない

解説　B「IP 電話などにおいてセッションを確立・変更・終了するための**ネットワーク層**のプロトコルである」ではなく，正しくは「IP 電話などにおいてセッションを確立・変更・終了するための**アプリケーション層**のプロトコルである」です.

解答 ①

問 4 IP-PBX の種類などについて述べた次の二つの記述は，[　　　]．

A　IP-PBX には IP-PBX 用に構成されたハードウェアを使用するハードウェアタイプと，汎用サーバに IP-PBX 用の専用ソフトをインストールするソフトウェアタイプといわれる二つの種類があり，ハードウェアタイプは，一般に，ソフトウェアタイプと比較して新たな機能の実現や外部システムとの連携が容易とされている．

B　IP インタフェースを持たないデジタル式 PBX を IP ネットワークに接続するには，一般に，VoIP ゲートウェイといわれる変換装置が用いられる．

①　A のみ正しい　　②　B のみ正しい
③　A も B も正しい　　④　A も B も正しくない

解説　A「**ハードウェアタイプ**は，一般に，**ソフトウェアタイプ**と比較して新たな機能の実現や外部システムとの連携が容易とされている」ではなく，正しくは「**ソフトウェアタイプ**は，一般に，**ハードウェアタイプ**と比較して新たな機能の実現や外部システムとの連携が容易とされている」です．

解答　②

問 5 SIP サーバの構成要素のうち，ユーザエージェントクライアント（UAC）の登録を受け付ける機能を持つものは[　　　]といわれる．

①　リダイレクトサーバ　　②　ロケーションサーバ　　③　レジストラ
④　プロキシサーバ　　⑤　SIP アプリケーションサーバ

解説　SIP サーバの構成要素のうち，ユーザエージェントクライアント（UAC）の登録を受け付ける機能を持つものは**レジストラ**といわれます．レジストラで登録を受け付けた UAC の情報は，ロケーションサーバに格納されます．SIP サーバは，レジストラ（登録サーバ），ロケーションサーバ，プロキシサーバ，リダイレクトサーバから構成されます．

SIP は Session（会期）Initiation（開始）Protocol（規約）の略語だよ．

解答　③

問 6 IEEE802.3at Type1として標準化されたPoEの機能などについて述べた次の二つの記述は，［　　］．

A　10BASE-Tや100BASE-TXのLAN配線において，予備対（空き対）を使用して給電する方式は，オルタナティブAといわれ，信号対を使用して給電する方式は，オルタナティブBといわれる．

B　給電側機器であるPSEは，一般に，受電側機器がPDといわれるPoE対応機器か，非対応機器かを検知して，対応機器にのみ給電する．そのため同一PSEに接続される機器の中にPoE対応機器と非対応機器の混在が可能となっている．

①　Aのみ正しい　　②　Bのみ正しい
③　AもBも正しい　　④　AもBも正しくない

解説　A「予備対（空き対）を使用して給電する方式は，**オルタナティブA**といわれ，信号対を使用して給電する方式は，**オルタナティブB**といわれる」ではなく，正しくは「予備対（空き対）を使用して給電する方式は，**オルタナティブB**といわれ，信号対を使用して給電する方式は，**オルタナティブA**といわれる」です．

解答　②

問 7 IEEE802.3at Type1として標準化されたPoEの電力クラス0の規格では，PSEの1ポート当たり，直流電圧44～57ボルトの範囲で最大［　　］を，PSEからPDに給電することができる．

①　30ワットの電力　　②　68.4ワットの電力
③　350ミリアンペアの電流　　④　450ミリアンペアの電流
⑤　600ミリアンペアの電流

解説　IEEE802.3at Type1として標準化されたPoEの電力クラス0の規格では，PSEの1ポート当たり，直流電圧44～57〔V〕の範囲で最大**350〔mA〕の電流**を，PSEからPDに給電することができます．なお，PSEはPower（電力）Sourcing（供給）Equipment（機器）の略語で，電力を供給する機器のことです．PDはPowered（受電）Device（器具）の略語で，LANケーブルからの給電を受け動作する機器のことです．

解答　③

問8 IEEE802.3at Type2として標準化されたPoEの規格では，PSEは，1ポート当たり直流電圧50～57ボルトの範囲で，最大[　　]を出力することができる．

① 15.4ワットの電力　② 68.4ワットの電力
③ 350ミリアンペアの電流　④ 450ミリアンペアの電流
⑤ 600ミリアンペアの電流

解説 IEEE802.3at Type2として標準化されたPoEの規格では，PSEは，1ポート当たり，直流電圧50～57〔V〕の範囲で最大**600〔mA〕の電流**を出力することができます．

解答 ⑤

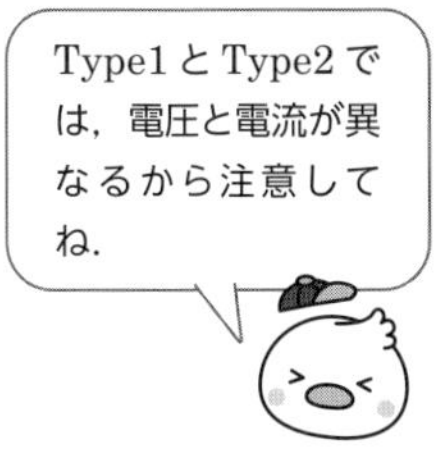

問9 IEEE802.3at Type1又はType2として標準化されたPoE規格について述べた次の記述のうち，誤っているものは，[　　]である．

① IEEE802.3atには，IEEE802.3afの規格がType1として含まれている．
② 10BASE-Tや100BASE-TXのLAN配線において空き対となっているペアを給電に使用する方式は，オルタナティブBといわれる．
③ Type1の規格では，PSEは直流電圧44～57ボルトの範囲で，1ポート当たり最大350ミリアンペアの電流をPDに給電することができる．
④ Type2の規格では，PSEは直流電圧50～57ボルトの範囲で，1ポート当たり最大80.0ワットの電力をPDに給電することができる．
⑤ Type2の規格で使用できるUTPケーブルには，カテゴリ5e以上の性能が求められる．

解説 ④「1ポート当たり最大**80.0**〔W〕の電力をPDに給電することができる」ではなく，正しくは「1ポート当たり最大**30**〔W〕の電力をPDに給電することができる」です．IEEE802.3at Type2として標準化されたPoEの規格では，PSEは，1ポート当たり，直流電圧50～57〔V〕の範囲で最大600〔mA〕の電流を出力することができます．

解答 ④

問10 IEEE802.3btとして標準化されたPoEのType4，Class8は，カテゴリ5e以上のツイストペア4対すべてを用い，PSEの1ポート当たり最大[　　]ワットの電力を，PSEからPDに供給することができる規格である．

① 45　② 60　③ 75　④ 90　⑤ 125

解説　IEEE802.3bt として標準化された PoE の Type4，Class8 は，カテゴリ 5e 以上のツイストペア 4 対すべてを用い，PSE の 1 ポート当たり最大 **90**〔W〕の電力を，PSE から PD に供給することができる規格です．

解答　④

問11　IP 電話において，送信側からの音声パケットが IP 網を経由して受信側に到着するときの音声パケットの到着間隔がばらつくことによる音声品質の劣化を低減するため，一般に，受信側の VoIP ゲートウェイなどでは □ 機能が用いられる．

①　トンネリング　②　音声圧縮・伸張　③　非直線量子化
④　カプセル化　⑤　揺らぎ吸収

解説　音声パケットの到着間隔のばらつきによる音声品質の劣化を低減するため，一般に，受信側の VoIP ゲートウェイなどでは**揺らぎ吸収**機能が用いられています．なお，VoIP は，Voice（音声）over（超えて）Internet Protcol の略語です．

補足
VoIP ゲートウェイは，アナログ電話網と IP 電話網を接続するための装置のことです．

解答　⑤

問12　IP 電話において，IP 網の経路上で発生するパケット損失による音声品質の劣化を低減させるため，受信側の VoIP ゲートウェイなどにおいてパケット損失が発生した箇所の前後の音声データから損失箇所を補間する技術は，一般に，□ といわれる．

①　キューイング　②　AGC　③　ARQ
④　PLC　⑤　エコーキャンセラ

解説　**PLC** についての説明です．なお，PLC は，Packet（パケット）Loss（損失）Concealment（隠蔽）の略語です．

解答　④

問13　IEEE802.11 標準の無線 LAN の特徴などについて述べた次の二つの記述は，□．

A　無線 LAN には，各種 ISM バンド対応機器などとの耐干渉性能に優れたスペクトル拡散変調方式を用いる規格がある．

B　無線 LAN には，OFDM といわれるシングルキャリア変調方式を用い，6.9 GHz 帯の周波数帯を利用する規格がある．

①　A のみ正しい　②　B のみ正しい
③　A も B も正しい　④　A も B も正しくない

解説 B 「無線 LAN には，OFDM といわれる**シングルキャリア**変調方式を用い，**6.9 GHz 帯の周波数帯を利用する規格がある**」ではなく，正しくは「無線 LAN には，OFDM といわれる**マルチキャリア**変調方式を用い，**6.9 GHz 帯の周波数帯を利用する規格はない**」です．無線 LAN で用いられている周波数帯は，2.4 GHz 帯，5 GHz 帯，5.925〔GHz〕～ 6.425〔GHz〕の 6 GHz 帯です．

ISM バンドは，Industrial, Scientific and Medical applications の略語で，電波を通信以外の産業機器，科学機器，医療機器などと共用する周波数帯だよ．

解答 ①

問14 IEEE802.11 において標準化された無線 LAN には，2.4 GHz 帯又は 5 GHz 帯の周波数帯を利用し，OFDM といわれる＿＿＿＿変調方式を用いた規格がある．

① 周波数ホッピング ② シングルキャリア ③ 直接拡散
④ スペクトル拡散 ⑤ マルチキャリア

解説 OFDM は多数の搬送波を使用し，高速のデータを複数の低速データに分割し並列伝送する**マルチキャリア**変調方式を用いています．

解答 ⑤

問15 IEEE802.11n として標準化された無線 LAN 規格では，データ転送を効率化して通信速度を向上させるため，アクセスポイントが無線端末から受信した複数のデータフレームに対して確認応答信号を 1 回にまとめて送信するための＿＿＿＿フレームが用いられている．

① ビーコン ② プローブ応答 ③ リアソシエーション応答
④ ブロック ACK ⑤ オーセンティケーション

解説 **ブロック ACK** についての説明です．送信端末は，アクセスポイント（AP）からの ACK 信号を受信することにより，送信データが正常に AP に送信できたことを確認します．この操作をブロック化して行うことによって，転送を効率化することができます．

ACK は，ACKnowlegement（承認）の略語だよ．

解答 ④

問16 IEEE802.11 標準の無線 LAN には，複数の送受信アンテナを用いて信号を空間分割多重伝送することにより，使用する周波数帯域幅を増やさずに伝送速度を高速化することができる技術である＿＿＿＿を用いる規格がある．

① デュアルバンド対応 ② MIMO（Multiple-Input Multiple-Output）
③ チャネルボンディング ④ フレームアグリゲーション
⑤ OFDM（Orthogonal Frequency Division Multiplexing）

解説　**MIMO**（Multiple-Input Multiple-Output）は，複数の送受信アンテナを用いて，信号を空間分割多重伝送することにより，一定時間で通信できるデータ量を増やせるようになるので，使用する周波数帯域幅を増やさずに伝送速度を高速化することができる技術です．

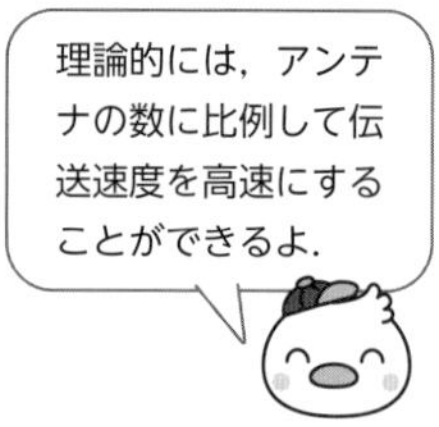

解答　②

問17　IEEE802.11において標準化された無線LANの特徴などについて述べた次の二つの記述は，[　　]．

A　CSMA/CA方式では，送信端末の送信データが他の無線端末の送信データと衝突しても，送信端末では衝突を検知することが困難であるため，アクセスポイント（AP）からのRTS信号を送信端末が受信して，送信データが正常にAPに送信できたことを確認する．

B　2.4 GHz帯のISMバンドを使用する無線LANには，各種のISMバンド対応機器など，他のシステムとの干渉を避けるため，スペクトル拡散変調方式が用いられており，さらに高速，大容量化を図るため，OFDM（直交周波数分割多重）方式を用いたものがある．

①　Aのみ正しい　　②　Bのみ正しい
③　AもBも正しい　　④　AもBも正しくない

解説　A「アクセスポイント（AP）からの**RTS**信号を送信端末が受信して」ではなく，正しくは「アクセスポイント（AP）からの**ACK**信号を送信端末が受信して」です．なお，ACKは，ACKnowlegement（承認）の略語で，RTSは，Request（要求）To Send（送信）の略語です．

解答　②

問18　IEEE802.11標準の無線LANの特徴などについて述べた次の記述のうち，誤っているものは，[　　]である．

①　2.4 GHz帯のISMバンドを使用する無線LANでは，各種のISMバンド対応機器など，他のシステムとの干渉を避けるためスペクトル拡散変調方式が用いられている．
②　5 GHz帯の無線LANでは，ISMバンドとの干渉によるスループットの低下がない．
③　無線LANの機器には，2.4 GHz帯と5 GHz帯の両方の無線LANの周波数帯域で使用できるデュアルバンド対応のデバイスが組み込まれたものがある．
④　無線LANには，OFDMといわれるシングルキャリア変調方式を用い，6.9 GHz帯の周波数帯を利用した規格がある．
⑤　CSMA/CA方式では，送信端末からの送信データが他の無線端末からの送信データと衝突しても，送信端末では衝突を検知することが困難であるため，送信端末は，アクセスポイント（AP）からのACK信号を受信することにより，送信データが正しくAPに送信できたことを確認する．

解説　④「OFDMといわれる**シングルキャリア**変調方式を用い，6.9 GHz帯の周波数帯を利用した**規格がある**」ではなく，正しくは「OFDMといわれる**マルチキャリア**変調方式を用い，6.9 GHz帯の周波数帯を利用した**規格はない**」です．

解答　④

問19　IEEE802.11標準の無線LANについて述べた次の二つの記述は，[　　　]．

A　2.4 GHz帯の無線LANと5 GHz帯の無線LANのいずれの周波数帯域でも使用できるデュアルバンド対応のデバイスが組み込まれた機器がある．

B　図に示す無線LANの環境において，隠れ端末問題の解決策として，APは，送信をしようとしているSTA1からのCTS信号といわれるⒶを受けるとRTS信号といわれるⒷをSTA1に送信するが，このⒷは，STA3も受信できるので，STA3はNAV期間だけ送信を待つことにより衝突を防止する対策がとられている．

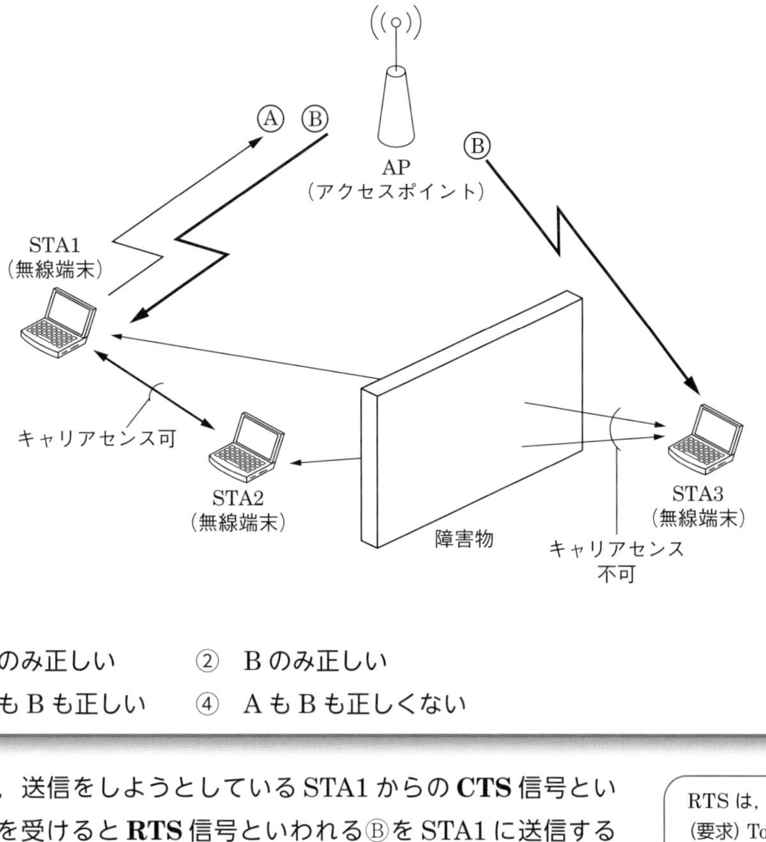

①　Aのみ正しい　　②　Bのみ正しい
③　AもBも正しい　　④　AもBも正しくない

解説　B「APは，送信をしようとしているSTA1からの**CTS**信号といわれるⒶを受けると**RTS**信号といわれるⒷをSTA1に送信するが」ではなく，正しくは「APは，送信をしようとしているSTA1からの**RTS**信号といわれるⒶを受けると**CTS**信号といわれるⒷをSTA1に送信するが」です．

RTSは，Request（要求）To Send（送信），CTSは，Clear（許可）To Sendだよ．

解答　①

問20 IoT を実現するデバイスなどに適用され，通信速度が最大 250 キロビット / 秒，接続可能数が最大 65 535 であって，主にセンサネットワークの構築に用いられる無線 PAN の規格は，［　　　］といわれる．

① Wi-Fi　② DS-UWB　③ ZigBee
④ MB-OFDM　⑤ Bluetooth

解説　**ZigBee** についての説明です．IoT を実現するデバイスなどに使用されています．通信速度は最大 250〔kbps〕と低速ですが，一つひとつのネットワークには，最大で 65 536 個の IoT 機器を接続することができます．

解答　③

問21 IoT を実現する無線通信技術のうち，通常の電池でも 1 年以上動作可能な省電力性と，見通し通信距離が数キロメートルから数 10 キロメートルという特徴を持つものは，一般に，［　　　］といわれ，LoRaWAN，SIGFOX などはこれに該当する規格とされている．

① 無線 PAN　② NFC　③ LPWA
④ ローカル 5G　⑤ プライベート LTE

解説　**LPWA** についての説明です．通信距離が長距離で低消費電力である特徴があります．

解答　③

1.3 障害対策

出題のポイント
- ●雷サージとサージ防護デバイス
- ●接地方式
- ●ネットワーク機器のノイズ対策

1 落雷対策

[1] 雷サージ

雷《らい》サージは雷の放電などにより瞬間的に発生する高電圧や導線に流れる過電流のことをいいます．**誘導雷サージ**は，直撃雷電流により発生する**電磁界**に起因する現象で，落雷地点の付近にある通信ケーブルなどを通して通信装置などに影響を与えます．誘導雷サージは，直撃雷電流によって二次的に発生する現象です．

[2] サージ防護デバイス（SPD）

JIS C 5381-11：2014 低圧サージ防護デバイス第 11 部の低圧配電システムに接続する低圧サージ防護デバイスの要求性能及び試験方法において，SPD（サージ防護デバイス）は，サージ電圧を制限し，サージ電流を分流することを目的とした，1 個以上の**非線形素子**を内蔵しているデバイスとされています．また，避雷器，保安器，アレスタ，プロテクタなどの雷サージから保護するための素子や装置は，SPD と定義され，SPD の要求性能，標準的試験方法及び定格について規定されています．

補足
サージ保護デバイスに用いられる非線形素子は，ある電圧を超えると抵抗値が急に小さくなる素子です．

[3] 接　地

大地面又は大地面下に建築物等を取り巻き閉ループを構成する接地極は，**環状接地極**といいます．環状接地極は通信用接地と電力用接地の接地間の電位差をなくして等電位化を行うことができます．

建築物等の鉄骨又は鉄筋コンクリート基礎によって構成する接地極は，**基礎接地極**といいます．

環状接地極は，各接地間に電位差が発生している時間が非常に短くて済むんだよ．

電力システムの接地は，安全面への配慮から生じたものです．一方，情報システム用の接地の主目的はノイズ対策であることから，電気設備用の接地基準をそのまま情報システムに適用すると，電力システムの動力機器からアース線を介して侵入するノイズの影響などを受け，情報システムに悪影響を及ぼすことがあります．JEITA のガイドラインでは，情報システム用接地が動力機器等の接地と共用されていると，情報システムの安定稼働に影響を受ける可能性があるため，専用の接地極が推奨されています．

補足
JEITA は，一般社団法人電子情報技術産業協会です．

[4] 電磁両立性に関する用語

電磁両立性（EMC）に関する用語は，JIS C 60050-161 に規定されています．規定されている，用語：定義の一部を次に示します．

JIS 日本産業規格だよ．以前は日本工業規格といってたよ．

① 電磁環境：ある場所に存在する電磁現象のすべて
② 電磁雑音：時間的に変化する電磁的現象の一種で，明らかに情報を伝えず，かつ，希望信号に重畳又は結合する可能性があるもの
③ 不要信号：希望信号の受信に害を及ぼす可能性がある信号
④ 妨害信号：希望信号の受信に害を及ぼす信号
⑤ 電磁妨害：機器，装置又はシステムの性能を低下させる可能性があり，又は生物，無生物にかかわらずすべてのものに悪影響を及ぼす可能性がある電磁現象
⑥ 電磁障害（EMI）：電磁妨害によって引き起こされる装置，伝送チャネル又はシステムの性能低下
⑦ 電磁両立性（EMC）：装置又はシステムの存在する環境において，許容できないような電磁妨害をいかなるものに対しても与えず，かつ，その電磁環境において満足に機能するための装置又はシステムの能力
⑧ **電磁エミッション**：ある発生源から電磁エネルギーが放出する現象
⑨ イミュニティ：電磁妨害が存在する環境で，機器，装置又はシステムが性能低下せずに動作することができる能力

イミュニティ（immunity）は，免疫の意味だよ．

2 ネットワーク機器のノイズ対策

[1] コモンモードチョークコイル

コモンモードチョークコイルは，図 1.7 のように，リング状のフェライトコアに二つの導線を互いに逆回りに巻いた構造です．2 本の通信線を流れる信号電流は互いに逆方向です．それらの電流によってコアに発生する磁束が互いに逆方向になるように結線されています．よって，信号のディファレンシャルモード電流に対する合成インダクタンスは小さくなるので，線路に挿入されたコモンモードチョークコイルのリアクタンスによる減衰は発生しません．

誘導雑音によって発生するコモンモード電流は，同じ方向に流れるので，それらの電流によってコアに発生する磁束は同方向となり強め合うので，合成インダクタンスが大きくなって，コモンモードチョークコイルのリアクタンスによって雑音となるコモンモード電流は減衰します．

フェライトは，酸化鉄を主成分にコバルト，ニッケル，マンガンなどを焼き固めた磁性体です．

補足

コイルの磁束が増加する向きに接続すると合成インダクタンスが大きくなり，インダクタンスが大きいとリアクタンスが大きくなるので，交流電流が阻止されます．リアクタンスは周波数に比例するから周波数が高くなるとリアクタンスは大きくなります．

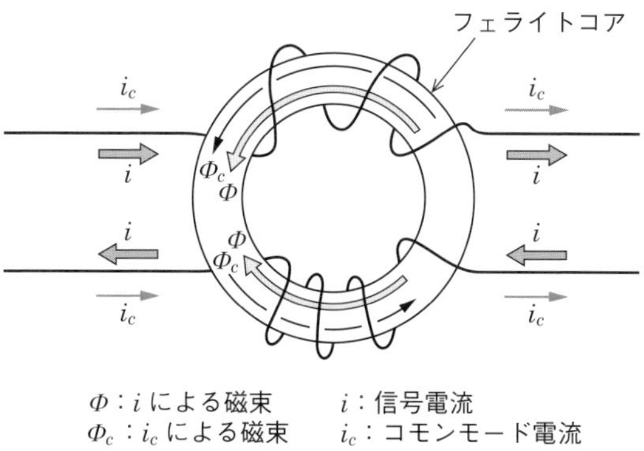

図 1.7　コモンモードチョークコイル

[2] フェライトリングコア

フェライトリングコアは，図 1.8 のように，円筒形のフェライトの中に導線を通した構造です．セラミックの磁性体で作られたリングの穴の中に導線を通すことによってコイル（インダクタ）を構成したものです．2 本の通信線を流れる信号電流は互いに逆方向なので，フェライトに発生する磁束は互いに逆方向となって，インダクタンスは小さくなるのでフェライトリングコアにより発生する導線のリアクタンスによる減衰は発生しません．

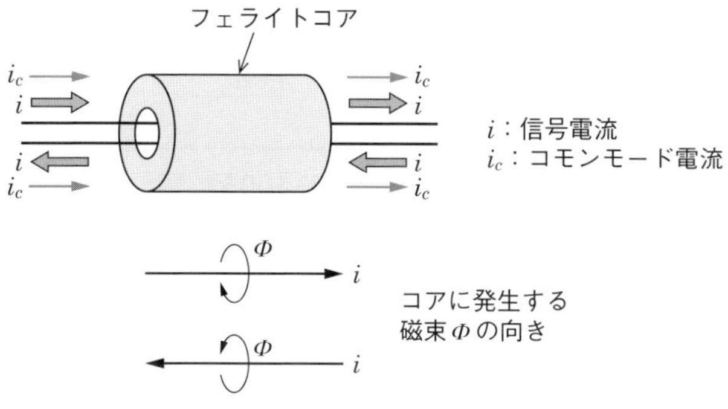

図 1.8　フェライトリングコア

誘導雑音によって発生するコモンモード電流は，同じ方向に流れるので，それらの電流によってコアに発生する磁束は同方向となり強め合うので，フェライトリングコアにより発生する導線のリアクタンスによって，コモンモード電流は減衰します．

フェライトリングコアによる**インダクタンスは小さい**ので，数百〔MHz〕から数〔GHz〕の**高周波域の電磁妨害波**に対する抑止効果があります．

また，図 1.9 のように，円筒形のコアを二つに分割し，ケーブルを挟んでケースに納める構造の部品もあります．

チップビーズインダクタは，中心に小さい穴のあいたビーズ形のフェライトに金属導体を通した構造です．小型なのでインダクタンスが小さいことから，数〔GHz〕帯の高周波域のノイズ対策に用いられます．

重要

フェライトコアによる損失は，リアクタンスが生じることに加えて，磁性体のヒステリシス損失も発生します．

コモンモードチョークコイルのように，コイル巻数が多くなると，導線間の静電容量によって，高周波ノイズが伝送してしまうので，数〔GHz〕帯以上では，フェライトリングコアのほうがよい場合もあるよ．

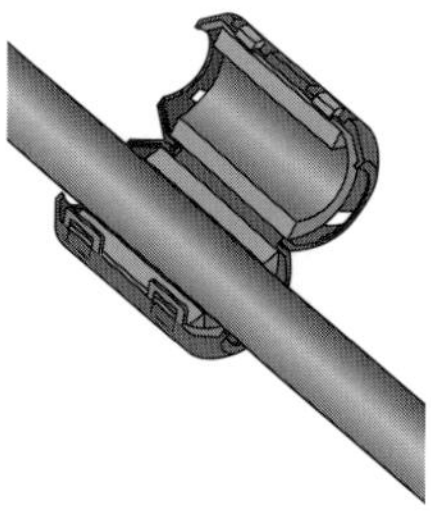

図 1.9　コアを二分割したフェライトリングコア

問 1 電気通信設備に対する雷害には，直撃雷電流により発生する［　　　］に起因する誘導雷サージがある．誘導雷サージは落雷地点の付近にある通信ケーブルなどを通して通信装置などに影響を与える．

① 複流　② 瞬断　③ 不平衡　④ 熱伝導　⑤ 電磁界

解説 誘導雷サージの説明です．誘導雷サージは落雷によって二次的に発生する強力な**電磁界**が通信ケーブルなどを通して通信装置などに影響を与える雷害現象です．

解答 ⑤

問 2 JIS C 5381-11：2014 低圧サージ防護デバイス-第 11 部において SPD は，サージ電圧を制限し，サージ電流を分流することを目的とした，1 個以上の［　　　］を内蔵しているデバイスとされている．

① リアクタンス　② 非線形素子　③ 線形素子
④ コンデンサ　⑤ 三端子素子

解説 高電圧のサージ電圧を**非線形素子**によって分流します．サージ保護デバイスの SPD には，避雷器，保安器，アレスタ，プロテクタなどがあります．

解答 ②

問 3 JIS A 4201：2003 建築物等の雷保護及び JEITA ITR-1005 情報システム用接地に関するガイドラインにおける接地について述べた次の二つの記述は，［　　　］．

A 基礎接地極は，大地面又は大地面下に建築物等を取り巻き閉ループを構成する接地極である．

B 電力システムの接地は安全面への配慮から生じたものであり，電気設備用の接地基準をそのまま情報システムに適用すると，悪影響を及ぼすおそれがあることを考慮しなければならない．

① A のみ正しい　② B のみ正しい
③ A も B も正しい　④ A も B も正しくない

解説 A 「**基礎接地極**は」ではなく，正しくは「**環状接地極**は」です．なお，基礎接地極とは，建築物等の鉄骨又は鉄筋コンクリート基礎によって構成する接地極のことです．

解答 ②

問4 通信機器は自ら発生する電磁ノイズにより，周辺にある他の装置に影響を与えることがあり，JIS C 60050-161：1997EMC に関する IEV 用語では，ある発生源から電磁エネルギーが放出する現象を，[　　]と規定している．

① 電磁環境　② 電磁障害　③ 電磁両立性
④ イミュニティ　⑤ 電磁エミッション

解説 **電磁エミッション**の説明です．なお，エミッションとは放射の意味です．

解答 ⑤

問5 商用電源を用いているネットワーク機器のノイズ対策に用いられるノイズ対策部品について述べた次の二つの記述は，[　　]．

A　コモンモードチョークコイルは，コモンモード電流を阻止するインピーダンスを発生させることによりコモンモードノイズの発生を抑制するものであり，一般に，電源ラインや信号ラインに用いられる．

B　フェライトリングコアは，入出力間における浮遊容量が大きく，インダクタンスは小さいため，低周波域のノイズ対策に用いられる．

① A のみ正しい　② B のみ正しい
③ A も B も正しい　④ A も B も正しくない

解説 B「入出力間における浮遊容量が**大きく**，インダクタンスは小さいため，**低周波域**のノイズ対策に用いられる」ではなく，正しくは「入出力間における浮遊容量が**小さく**，インダクタンスは小さいため，**高周波域**のノイズ対策に用いられる」です．フェライトリングコアは，円筒状にフェライトコアの中心に複数対の導線を通す構造です．コモンモードノイズに有効です．

解答 ①

問6 商用電源を用いているネットワーク機器のノイズ対策部品について述べた次の二つの記述は，[　　]．

A　チップビーズインダクタは，ネットワーク機器から放射される数 GHz 帯域の放射ノイズ対策に用いられる．

B　コモンモードチョークコイルは，コモンモード電流を阻止するインピーダンスを発生させることによりコモンモードノイズの発生を抑制するものであり，一般に，電源ラインや信号ラインに用いられる．

① A のみ正しい　② B のみ正しい
③ A も B も正しい　④ A も B も正しくない

解説 A **チップビーズインダクタ**の説明です．チップビーズインダクタは中心に小さい穴のあいたビーズ形状のフェライトに金属導体を通した構造です．小型なのでインダクタンスが小さいことから，高周波域のノイズ対策に用いられます．

B **コモンモードチョークコイル**の説明です．コモンモード電流は電源ラインや信号ラインを同じ方向に流れる電流です．

解答 ③

問7 商用電源を用いているネットワーク機器のノイズ対策又はノイズ対策部品について述べた次の記述のうち，誤っているものは，[ ]である．

① ネットワーク機器から放射される数 GHz 帯域の放射ノイズ対策には，中心に小さい穴のあいたビーズ形状のフェライトに金属導体を通した構造のチップビーズインダクタといわれる部品が用いられる．

② ノイズ対策に用いられるフェライトリングコアは，ノイズ対策部品の入出力間における浮遊容量が大きく，インダクタンスは小さいので，低周波域のノイズ対策に用いられる．

③ ノイズ対策に用いられるコモンモードチョークコイルは，コモンモード電流を阻止するインピーダンスを発生させることにより，コモンモードノイズの発生を抑制するもので，一般に，電源ラインや信号ラインに用いられる．

④ フェライトなどの強磁性体をコアに使った高周波ノイズ対策用のインダクタは，メーカの仕様では，一般に，特定の周波数で計算によって求めたインピーダンス値や挿入損失値が規格値として用いられるが，ノイズ対策設計では実測による代表的なインピーダンス-周波数特性や挿入損失-周波数特性のデータなどが用いられる．

解説 ② 「ノイズ対策部品の入出力間における浮遊容量が**大きく**，インダクタンスは小さいので，**低周波域**のノイズ対策に用いられる」ではなく，正しくは「ノイズ対策部品の入出力間における浮遊容量が**小さく**，インダクタンスは小さいので，**高周波域**のノイズ対策に用いられる」です．

解答 ②

2章 ネットワークの技術

2.1 データ伝送方式

出題のポイント

●伝送路符号化方式の符号形式と動作

●フラグ同期方式のビットパターン

1 伝送路方式

［1］通信方式

通信方式は次のように分類できます．

① **単方向通信**

2 線式線路を介した端末間などで，一方向のみにデータを伝送する方式です．

② **半二重通信**

2 線式線路を介した端末間などで，双方向にデータを伝送する方式ですが，2 線式のため片方向ずつ交互にデータの伝送が行われます．

③ **全二重通信**

4 線式線路を介した端末間などで，双方向で同時にデータを伝送することができます．

有線放送は音楽を聴くだけだから単方向通信だね．
半二重通信は糸電話と同じだね．
固定電話は 2 線式だけど全二重通信だよ．

［2］伝送方式

伝送方式は次のように分類できます．

① **並列伝送方式**

多数の信号線を使用して，同時にデジタル信号を伝送する方式です．

② **直列伝送方式**

1 対の信号線を使用して，デジタル信号を 1 ビットずつ順次伝送する方式です．

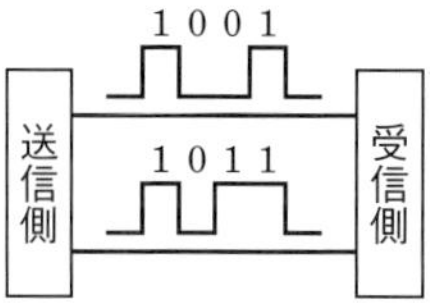

（a）並列伝送方式

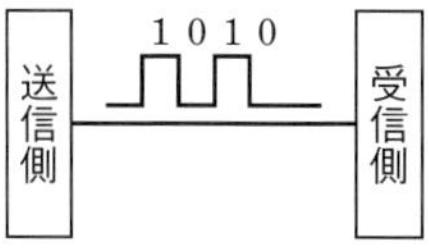

（b）直列伝送方式

図 2.1　伝送方式

［3］通信速度

PSK 変調などで伝送するデジタル通信回線において，1 秒間当たりの変調の数を**変調速度**といいます．単位は〔Baud：ボー〕で表します．1 回の変調で n〔bit：ビット〕のデータを伝送することができる変調方式では，変調速度を B〔Baud〕とすると，データ通信速度 S〔bit/s〕は次式で表されます．

$$S = nB \text{〔bit/s〕} \qquad (2.1)$$

補足

ビットは情報量の単位です．情報が 2 進数で表されるとき，2^n が n ビットの情報量を表します．

［4］伝送路符号方式

伝送路符号化方式を図 2.2 に示します．

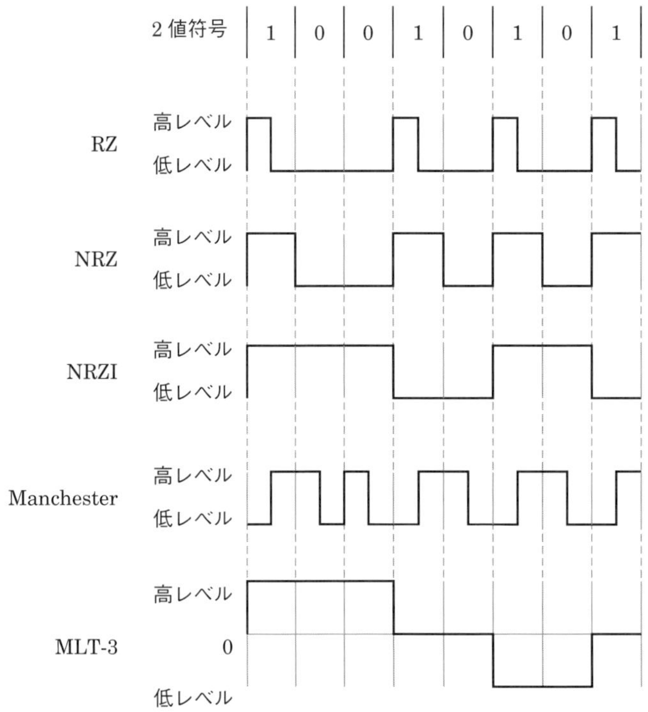

図 2.2　伝送路符号化方式

① 信号レベル

2 値のデジタル符号をパルスの波形のままで伝送する方式を**ベースバンド方式**といい，2 値符号のビット値 “0” と “1” によって，信号レベルを低レベル，0 レベル，高レベルに変化させます．RZ 符号などでは低レベルと高レベルに変化させ，MLT-3 符号では低レベル，0 レベル，高レベルに変化させます．

② RZ 符号と NRZ 符号

RZ 符号は，二つのレベルを 2 値符号のビット値 “0” と “1” 対応させ，1 ビットスロット内で，信号レベルをいったん 0 レベルに戻す方式です．**NRZ 符号**は，二つの信号レベルを 2 値符号のビット値 “0” と “1” 対応させビットスロット内でその値を維持する方式です．

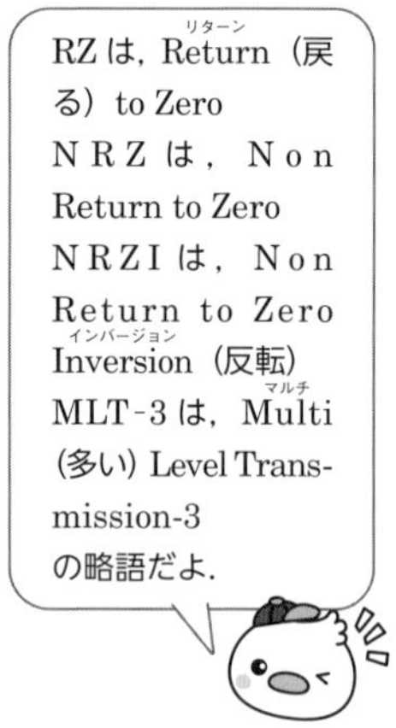

③ NRZI 符号

NRZI 符号は，2 値符号のビット値が “0” のときは信号レベルを変化させないで，**ビット値 “1” が発生するごとに信号レベルを低レベルから高レベルへ，又は高レベルから低レベルへと，変化させる方式**です．LAN の規格 **100 BASE-FX** では，4 ビットを 5 ビットコードに変換する 4B/5B データ符号化を行った後，NRZI 符号化されます．

④ Manchester（マンチェスター）符号

Manchester 符号は，2 値符号のビット値が **“1” のとき**は，**ビットの中央で信号レベルを低レベルから高レベルへ変化させ**，**ビット値が “0” のときは，ビットの中央で信号レベルを高レベルから低レベルへ変化させる方式**です．

⑤ MLT-3 符号

MLT-3 符号は，2 値符号のビット値が “0” のときは信号レベルを変化させないで，**ビット値 “1” が発生するごとに信号レベルが 0 から高レベルへ，高レベルから 0 へ，又は 0 から低レベルへ，低レベルから 0 へと，信号レベルを 1 段階ずつ変化させる方式**です．

重要
MLT-3 は，“1” が発生するごとに信号レベルを 1 段階ずつ変化させます．

2 同期方式

データを誤りなく伝送するために，送信側と受信側でビット列の時間的な位置（タイミング）を合わせることを**同期**といいます．

送信側と受信側のタイミングが合わないとデジタル符号を送ることができないよね．

[1] ビット同期方式

送信側と受信側で同期されたクロックパルスを用いて 1 ビットごとに同期を取る方式です．

[2] ブロック同期方式

あるまとまった数のビットごとに同期を取る方式です．

① 調歩同期方式

ビット同期が非同期方式のとき用いられます．一つの符号（8 ビット）ごとに，スタートビット “0” とストップビット “1” を付加したブロックごとに同期を取ります．データがないときは “1” が送信され続け（アイドル状態と呼びます），受信側はスタートビットの “0” を受信すると送信開始を判断します．

② キャラクタ同期方式

特定のビットパターン（SYN 符号）をデータビット列の前に付加して同期をとります．SYN 符号のビットパターンは “01101000” です．

基本形データ伝送制御手順（ベーシック手順）で用いられます．

③ フラグ同期方式（ブロック同期方式）

データを伝送していない間でも常に一定のフラグを送り続けて同期を取ります．フラグには “1” が 6 個連続している **“01111110”** のビットパターンが用いられます．フラグに挟まれたデータブロックのビット長は任意なので，多量のデータを一度に送ることができます．このとき，任意のビットパターンのデータを送ることができるようにして，**データの透過性を確保**するためには，データブロックのなかにフラグのビットパターンと同じビット列が存在しないようにしなければなりません．そこで，**5** 個連続したビットが “1” のときは，送信側では “0” を挿入し，受信側で “1” が 5 個連続したときは，次のビットの “0” は無条件に除去されます．

補足
“01111110” のビットパターンをフラグシーケンスといいます．

HDLC 手順（ハイレベルデータリンク制御手順）で用いられます．

HDLC は High《ハイ》-level《レベル》 Data《データ》 Link《リンク》 Control《コントロール》 の略語だよ．

問 1 デジタル信号を送受信するための伝送路符号化方式において，符号化後に例えば高レベルと低レベルといった二つの信号レベルだけをとる 2 値符号には[　　　]符号がある．

① AMI　② MLT-3　③ NRZI　④ PR-4　⑤ PAM-5

解説 **NRZI** は，2 値符号のビット値が “0” のときは信号レベルを変化させないで，ビット値 “1” が発生するごとに信号レベルを低レベルから高レベルへ，又は高レベルから低レベルへと変化させる方式です．なお，誤っている選択肢のうち PR-4 は，伝送パルスの符号間干渉をある程度許容し，受信側でそれを等化することで高速伝送ができるようにした方式です．PAM-5 は，MLT-3 を拡張し，五つのレベルを使用した 2 値データの方式です．

解答 ③

問 2 デジタル信号を送受信するための伝送路符号化方式のうち[　　　]符号は，図に示すように，ビット値 0 のときは信号レベルを変化させず，ビット値 1 が発生するごとに，信号レベルが 0 から高レベルへ，高レベルから 0 へ，又は 0 から低レベルへ，低レベルから 0 へと，信号レベルを 1 段ずつ変化させる符号である．

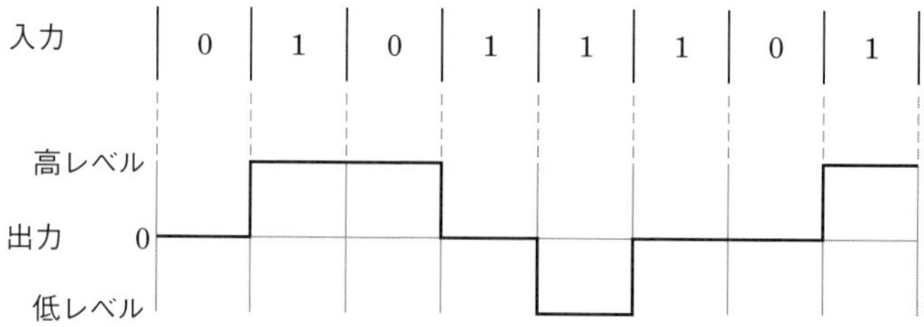

① AMI　② MLT-3　③ NRZ　④ NRZI　⑤ Manchester

解説 **MLT-3** 符号は 2 値符号のビット値が “0” のときは信号レベルを変化させないで，ビット値 “1” が発生するごとに信号レベルが 0 から高レベルへ，高レベルから 0 へ，又は 0 から低レベルへ，低レベルから 0 へと，信号レベルを 1 段階ずつ変化させる方式です．

解答 ②

2.2 OSI参照モデル・LAN・IPネットワーク

出題のポイント

- OSI参照モデルの各層の名称と役割
- TCP/IPモデルとOSI参照モデルの各層の対応
- イーサネットLANの種類と構成
- 伝送路符号化方式
- グローバルIPアドレスとプライベートIPアドレス
- IPv4とIPv6のアドレス表記

1 OSI参照モデル

[1] OSI参照モデルの階層

OSI参照モデルは通信に必要な取り決め（プロトコル）を機能別に表2.1のような7の階層（レイヤ）に分け，各階層の役割を規定して標準化しています．

OSIは，Open《オープン》（開放）Systems《システムズ》 Interconnection《インターコネクション》（相互接続）の略語だよ．

表2.1　OSI参照モデル

層（レイヤ）	OSI参照モデル	機　能
第7層	アプリケーション層	アプリケーション間のデータのやり取りを規定
第6層	プレゼンテーション層	アプリケーション間でやり取りされるデータの表現方法を規定
第5層	セッション層	アプリケーション間の通信の開始から終了までの手順を規定
第4層	トランスポート層	ノード上のプロセス間の仮想的な通信路の実現方法を規定
第3層	ネットワーク層	ネットワーク上の任意の2ノード間の通信方法を規定
第2層	データリンク層	ノードの物理的なアドレスや隣接するノード間の通信方法などの伝送制御手順を規定
第1層	物理層	物理的な電気特性，変調方法，コネクタの形状などを規定

重要

OSI参照モデルの第1層の物理層は，端末が送受信する信号レベルなどの電気的条件，コネクタ形状などの機械的条件などを規定しています．
第3層のネットワーク層は，異なる通信媒体上にある端末どうしでも通信できるように，端末のアドレス付けや中継装置も含めた端末相互間の経路選択などを行います．

JIS X 0026 情報処理用語（開放型システム間相互接続）では，表2.2のように規定しています．

表 2.2　JIS X 0026 の階層の定義

層（レイヤ）	用　語	定　義
第 7 層	応用層	応用プロセスに対し，OSI 環境にアクセスする手段を提供する層
第 6 層	プレゼンテーション層	データを表現するための共通構文の選択及び適用業務データと共通構文との相互変換を提供する層
第 5 層	セッション層	協同動作しているプレゼンテーションエンティティに対し，対話の構成及び同期を行い，データ交換を管理する手段を提供する層
第 4 層	トランスポート層	終端間に信頼性の高いデータ転送サービスを提供する層
第 3 層	ネットワーク層	開放型システム間のネットワーク上に存在するトランスポート層内のエンティティに対し，経路選択及び交換を行うことによってデータのブロックを転送するための手段を提供する層
第 2 層	データリンク層	ネットワークエンティティ間で，一般に隣接ノード間のデータを転送するためのサービスを提供する層
第 1 層	物理層	伝送媒体上でビットの転送を行うための物理コネクションを確立し，維持し，解放する機械的，電気的，機能的及び手続き的な手段を提供する層

補足
ノードは，ネットワークに接続されているコンピュータなどの機器のことです．

重要
OSI → TCP/IP
物理・データリンク→ネットワークインタフェース
ネットワーク→インターネット
トランスポート→トランスポート（同じ）
セッション・プレゼンテーション・アプリケーション（上位 3 層）→アプリケーション

［2］TCP/IP の階層モデル

一般の通信方式として用いられている TCP/IP の階層モデルを表 2.3 に示します．OSI 参照モデルとの対応は概ね表 2.3 のとおりです．

表 2.3　TCP/IP の階層

OSI 参照モデル	TCP/IP の階層
第 7 層　アプリケーション層	アプリケーション層
第 6 層　プレゼンテーション層	
第 5 層　セッション層	
第 4 層　トランスポート層	トランスポート層
第 3 層　ネットワーク層	インターネット層
第 2 層　データリンク層	ネットワークインタフェース層
第 1 層　物理層	

OSI 参照モデルは 7 層，TCP/IP は 4 層のモデルだよ．

2 LAN

LAN は，事務所や家庭などの限られた場所でコンピュータネットワークを形成し，データ通信を行う構内通信網です．LAN の基本構成にはスター型，バス型，リング（ループ）型がありますが，一般にハブなどの集線装置から放射状の各端末（ノード）と接続するスター型が用いられています．また，ネッ

LAN は Local《ローカル》 Area《エリア》 Network《ネットワーク》の略語だよ．

トワーク方式は送信の衝突を避けるために CSMA/CA 方式を採用したイーサネットが用いられています．

［1］イーサネット LAN の種類

現在，主に用いられているファストイーサネット，ギガビットイーサネット，10 ギガビットイーサネットの規格と構成を表 2.4，表 2.5，表 2.6 に示します．ファストイーサネットは，100 Mbit/s の通信帯域で，撚り対ケーブルを利用した 100BASE-TX と光ファイバケーブルを利用した 100BASE-FX があります．ギガビットイーサネットは 1 Gbit/s，10 ギガビットイーサネットは 10 Gbit/s の通信帯域を提供しています．

補足
100，1 000，10 G は伝送速度を表します．
BASE は，ベースバンド伝送方式を表します．
T はツイストペアケーブル，F は光ファイバケーブルを表します．

表 2.4　ファストイーサネットの種類

規格名		別　名	標準化規格	帯域幅	使用ケーブル	距　離
100BASE-T	100BASE-TX	Fast Ethernet	IEEE802.3u	100 Mbit/s	UTP（カテゴリ 5）	100 m
100BASE-F	100BASE-FX				マルチモード光ケーブル	2 000 m
					シングルモード光ケーブル	20 km

表 2.5　ギガビットイーサネットの種類

規格名		別　名	標準化規格	帯域幅	使用ケーブル	距　離
1000 BASE-T	1000BASE-T	Gigabit Ethernet	IEEE 802.3ab	1 000 Mbit/s	UTP（4 対カテゴリ 5e）	100 m
	1000BASE-TX		TIA/EIA -854		UTP（4 対カテゴリ 6）	100 m
1000 BASE-X	1000BASE-SX		IEEE 802.3z		マルチモード光ケーブル	550 m
	1000BASE-LX				マルチモード光ケーブル	550 m
					シングルモード光ケーブル	5 000 m
	1000BASE-CX				同軸ケーブル（2 心並行）	25 m

表 2.6　10 ギガビットイーサネットの種類

規格名		別　名	標準化規格	帯域幅	使用ケーブル	距　離
10GBASE-R	10GBASE-SR	10 Gigabit Ethernet	IEEE 802.3ae	10 Gbit/s	光マルチモード	300 m
	10GBASE-LR				光シングルモード	10 000 m
	10GBASE-ER				光シングルモード	40 000 m
10GBASE-W	10GBASE-SW				光マルチモード	300 m
	10GBASE-LW				光シングルモード	10 000 m
	10GBASE-EW				光シングルモード	40 000 m
10GBASE-X	10GBASE-LX4				光マルチモード	300 m
					光シングルモード	10 000 m

10 ギガビットイーサネットの規格名称で「－」の後の「**S**」は**短波長**（850〔nm〕），「**L**」は**長波長**（1 310〔nm〕），「**E**」は**超長波長**（1 550〔nm〕）を意味します．その後の「R」は LAN 用，「W」は WAN（SDH）用の伝送路を意味します．**短波長**（850〔nm〕）を使用する規格の場合，MMF（**マルチモード光ファイバ**）が使用されます．

補足

10GBASE-LX4 は，1.31 μm 付近を中心とした 4 波長（1 275.7/1 300.2/1324.7/1349.2 nm）を用いて光波長多重化（WWDM）によって，10 Gbit/s を伝送する規格です．

UTP ケーブルは，2 本 1 対の被覆銅線を撚り合わせて作られる撚り対線で，4 対に束ねられシールドが施されてない構造のケーブルです．

［2］イーサネットフレーム構成

スイッチングハブなどの LAN の集線装置は，データリンク層の LAN スイッチと呼ばれます．LAN スイッチのデータフレームの転送方式には，ストアアンドフォワード方式，フラグメントフリー方式，カットアンドスルー方式があります．一般に用いられているストアアンドフォワード方式は，受信したフレームをすべてバッファに保存し，誤り検査を行って異常がなければ転送する方式です．この方式では速度やフレーム形式が異なる LAN どうしを接続することができます．イーサネット LAN（DIX 仕様）のフレーム構成を図 2.3 に示します．

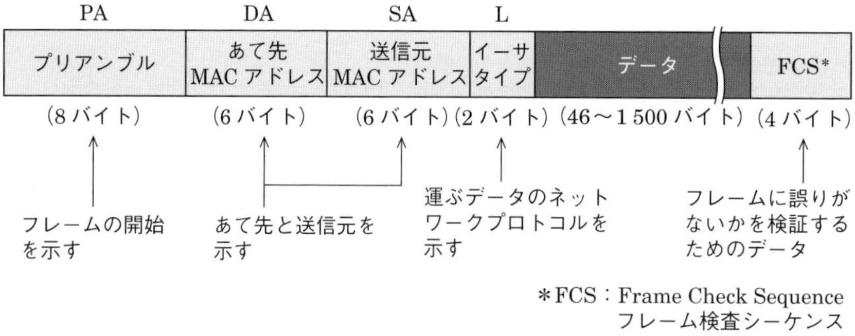

図 2.3　イーサネットフレーム

1 バイトは 8 bit のことだよ．

1 回の転送で送信できるデータの最大長を **MTU** と呼び，MTU サイズは **1 500 バイト**です．

［3］伝送路符号化方式

① 64B/66B 符号化方式

10 ギガビットイーサネットの **10GBASE-LR** で用いられている 64B/66B 符号化方式では，32 ビットのデータ二つを 64 ビットのブロックとして扱い，各ブロックに対してスクランブルを施した後，2 ビットの同期ヘッダ（“01” 又は “10”）を付加して 66 ビットの符号に変換します．

重要

10GBASE-LR の符号化方式は 64B/66B，1000BASE-T の符号化方式は 8B1Q4 です．

スクランブルによって，“0” と “1” のビットがほぼ交互に伝送されるようにして，受信の同期をとりやすくしています．

② 8B1Q4

1000BASE-T では，送信データを 8 ビットごとに区切ったビット列に 1 ビットの冗長ビットを加えた 9 ビットが四つの 5 値情報に変換される 8B1Q4

といわれる符号化方式が用いられています．

変換前の 9 ビットの情報は 2 の 9 乗なので，$2^9 = 512$ 通りとなります．8B1Q4 の 5 値情報の符号とは，一つの符号に五つの値をもたせることで，1 回に五つの値を送ります．

1000BASE-T では，UTP ケーブル上で 5 値の情報を五つの電圧値として送ります．

補足

UTP ケーブルの 4 組のペア導線をすべて用いて，5 値情報を並列伝送します．

8B1Q4 では，5 値情報を 4 組送るので情報の組合せは 5 の 4 乗なので，$5^4 = 625$ 通りとなるので，512 通りの 9 ビットの情報を，625 通りの 4 組の 5 値情報に変換することができます．

③　4B/5B

100BASE-FX では，送信するデータに対して 4B/5B といわれるデータ符号化を行った後，NRZI（Non Return to Zero Inversion）といわれる方式で伝送路用の信号に符号化します．4B/5B では，4 ビットのデータを 5 ビットに符号化することによって，同じビットが連続する回数を少なくする（例えば "0001" を "01001" に変換），制御信号を確保する（データ以外のビット列を制御信号に割り当てる）ことなどを行います．符号化によって，情報量は 4 ビットから 5 ビットと 1.25 倍に増えるため，データリンクのレベルでは 100 Mbit/s である 100BASE-FX は，物理層では 125 Mbit/s の伝送速度になります．

重要

100BASE-FX の符号化方式は 4B/5B です．

3　IP ネットワークの概要

IP ネットワークは，インターネットプロトコルを利用して相互接続された多数の機器で構成されるネットワークです．

IP ネットワークでは，データに相手を識別する制御情報（ヘッダ）を添付した IP パケット（packet）と呼ばれるデータ単位で送信するパケット交換方式をとっています．

補足

プロトコル（protocol）は取り決めのことです．

[1] TCP/IP の階層モデル

表 2.7 に TCP/IP の階層と関連プロトコルを示します．トランスポート層の TCP とインターネット層の IP プロトコルより **TCP/IP** と呼び，一般に他の階層も含めて TCP/IP と呼ばれます．

[2] IP パケット

IP パケットは，図 2.4 のように IP ヘッダと呼ばれる送信元と送信先の IP アドレスなどの情報を TCP セグメントの先頭部分に付加した構造になっています．IP パケットは，ヘッダ部分に書き込まれている送信元の IP アドレス情報を元に，あて先ホストまで転送されます．

表 2.7　TCP/IP の関連プロトコル

TCP/IP の階層	関連プロトコル	
アプリケーション層	FTP（ファイル転送） SMTP（メールの送信） POP3（メールの受信） TELENET（コンピュータの遠隔操作） など	映像ストリーミング VoIP（音声伝送） など
トランスポート層	TCP（コネクション型）	UDP（コネクションレス型）
インターネット層	IP	
ネットワークインタフェース層	イーサネット，PPP など	

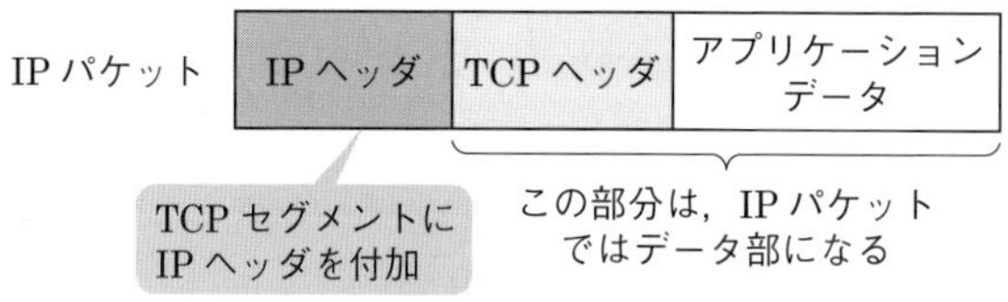

図 2.4　IP パケット

[3] IP アドレス

IP アドレスは，インターネットなどの IP ネットワークに接続されたノード 1 台ごとに割り当てられた識別番号です．一般に復旧している IPv4 と，IP アドレスの枯渇問題で制定された IPv6 があります．

補足
ノードはネットワーク機器のホストとルータを指します．ホストはコンピュータのことです．

① IPv4

32 bit（4 バイト）からなる数値で，2 進数のビット列として使用されます．わかりやすいように 8bit（1 バイト）ずつ 4 ブロックに分け，各ブロックの 2 進数を 0 ～ 255 までの 10 進数で表示して，ピリオド（.）で区切って図 2.5 のように表します．

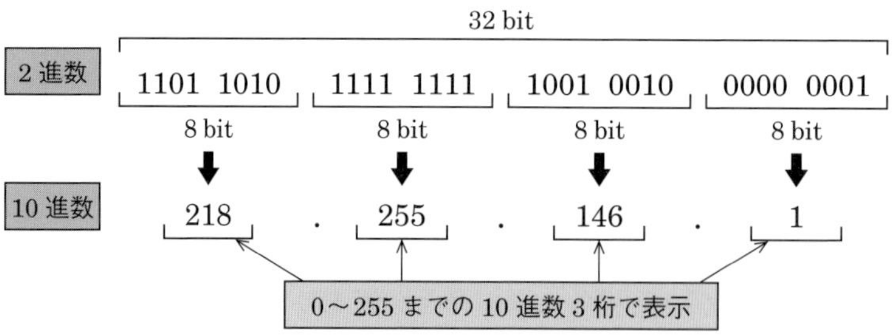

図 2.5　IP アドレスの表記（ドット区切り表記）

補足
IPv4 アドレスは 32 bit を 8 bit ずつ 4 ブロックに分け，10 進数で表し，ピリオド（.）で区切ります．

② グローバル IP アドレスとプライベート IP アドレス

インターネット上で使用されている IP アドレスは，国際的組織により一元的に管理されている公的なアドレスです．これを**グローバル IP アドレス**といいます．企業や家庭の閉じたネットワークでは，独自に設定した IP アドレスを使うことができます．これを**プライベートIPアドレス**といいます．IPv4クラスBのプライベートIPアドレスとして利用できる範囲は，**172.16.0.0～172.31.255.255**です．

③ IPv6

128 bit（16バイト）からなる数値です．わかりやすいように**16 bit（2バイト）ずつの8ブロック**に分け，各ブロックを2文字の00～FFまでの**16進数**で表示し，コロン（：）で区切って図2.6のように表します．

IPv4アドレスは8 bitずつの4ブロックを（.）で区切って，IPv6アドレスは16 bitずつの8ブロックを（：）で区切るよ．

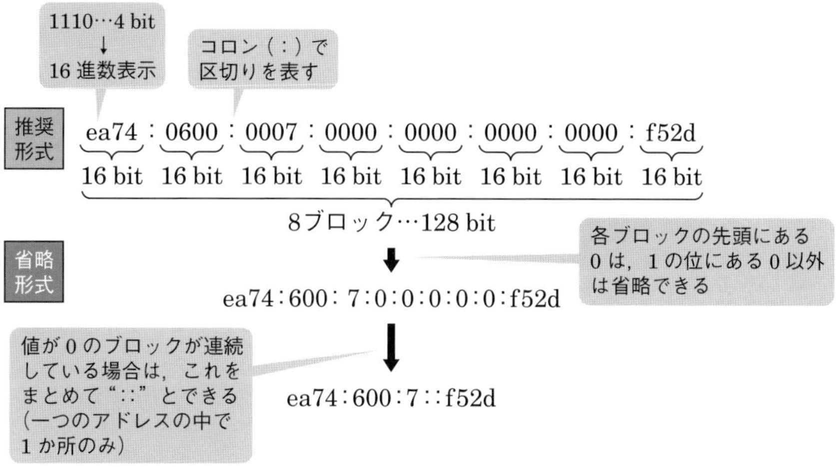

図2.6　IPv6アドレスの表記

④ IPv6のアドレスの種類

a. **ユニキャストアドレス**

通常の1対1の通信に使われるアドレスです．インターネットなどのパブリックネットワークで接続できるグローバルユニキャストアドレスと同一のネットワーク内の通信で使用されるリンクローカルユニキャストアドレスがあります．

グローバルユニキャストアドレスは128 bit列のうち上位3 bitを2進数で表すと"001"，リンクローカルユニキャストアドレスは**上位10 bit**を2進数で表すと**"1111111010"**です．

b. **マルチキャストアドレス**

1対多数のグループ通信に使われるアドレスです．同一アドレスを持つすべてのノードと通信を行うためのアドレスです．

マルチキャストアドレスは128 bit列のうち**上位8 bit**を2進数で表すと**"11111111"**です．16進数で表すと**"FF"**です．

重要

マルチキャストアドレスの上位8 bitは16進数で"FF"，2進数で"11111111"です．

c. **エニーキャストアドレス**

マルチキャストアドレスのようなグループ通信に使われるアドレスです．同一アドレスを持つノードのうち最も近くにいるノードと通信を行います．

［4］IP の経路

① ICMP

ICMP（Internet Control Message Protocol）は，IP ネットワーク上で検知されたエラーの報告や IP の経路の確認など各種情報の調査を行います．ICMP は，TCP/IP 階層モデルのインターネット層のプロトコルです．

② 転送回数

ネットワーク内でパケットが伝送されるとき，宛先が見つからないままネットワーク内を転送され続けることがないように，ルータなどを通過できる回数が制限されています．この回数を数えるためのフィールドを IPv4 では TTL（Time To Live）といわれます．

IPv6 ではこのフィールドを**ホップリミット**（hoplimit）といわれ，8 bit のフィールドがヘッダ内に設けられています．パケットがルータなどを通過するたびにホップリミットの値が一つずつ減らされ，値が 0 になるとそのパケットは破棄されます．そのとき，ICMPv6 の**時間超過メッセージ**がパケットの送信元に送られます．

補足 ホップリミットは IPv6 ヘッダ内に 0 ～ 255 の任意の値で設定されます．

③ MTU

1 回の転送で送信できるデータのヘッダを含んだ最大長を MTU（Maximum Transmission Unit）といいます．MTU 値は，通信経路によって異なります．イーサネットの MTU 値は 1 500，IPv4 の MTU 値は最小 68 ～最大 65 535，IPv6 の MTU 値は最小 681 280 です．

MTU（最大パットサイズ）は，Maximum（最大）Transmission（送信）Unit（単位）の略語だよ．

ルータなどの中継ノードが IP パケットを中継する場合，受信した IP パケットのサイズが出力側インタフェースの MTU 値を超えていると，ルータは IP パケットを送出できません．そこで，IPv4 では，通信経路上の各通信機器で IP パケットのサイズが出力側インタフェースの MTU 値以下となるように分割して，IP パケットを再構成します．この処理をフラグメント化といいます．IPv6 では，**フラグメント化**は送信元ノードでのみ行い，中継ノードでは行いません．

④ トンネリング

トンネリングは IPv4 と IPv6 が共存した状態で利用するための共存技術の一つです．IPv6OverIPv4 トンネリング，IPv4/IPv6 デュアルスタック，トランスレータなどがあります．IPv6OverIPv4 トンネリングは，IPv6 パケットに IPv4 ヘッダを付加して IPv6 パケット全体を IPv4 パケットのペイロードとして**カプセル化**し，IPv6 パケットを IPv4 網を経由して転送することで，IPv6 機器どうしが IPv4 ネットワークを介して通信を行うのに利用されます．

補足 カプセル化は，IPv6 パケットの前に IPv4 ヘッダを付加します．

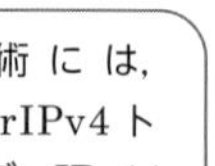

IPv4/IPv6 デュアルスタックは，一つの機器内で IPv4 と IPv6 の二つプロトコルを同時に動作させ，通信相手によって IPv4 対応システムなら IPv4 プロトコルで，IPv6 対応システムなら IPv6 プロトコルで通信を行う技術です．トランスレータは，IPv4 と IPv6 の異なる構成を修正して中継する技術です．

共存技術には，IPv6OverIPv4 トンネリング，IPv4/IPv6 デュアルスタック，トランスレータなどがあるよ．

問 1 10GBASE-LR の物理層では，上位 MAC 副層からの送信データをブロック化し，このブロックに対してスクランブルを行った後，2 ビットの同期ヘッダの付加を行う［　　］といわれる符号化方式が用いられる．

① 1B/2B　② 4B/5B　③ 8B1Q4
④ 8B/10B　⑤ 64B/66B

解説 10 ギガビットイーサネットの 10GBASE-LR で用いられている **64B/66B** 符号化方式では，32 ビットのデータ二つを 64 ビットのブロックとして扱い，各ブロックに対してスクランブルを施した後，2 ビットの同期ヘッダ（“01” 又は “10”）を付加して 66 ビットの符号に変換します．

スクランブルによって，“0” と “1” のビットがほぼ交互に伝送されるようにして，受信の同期をとりやすくしています．

規格名称の L は長波長（1 310〔nm〕），R は 64B/66B 符号化方式を表します．

解答 ⑤

問 2 1000BASE-T では，送信データを 8 ビットごとに区切ったビット列に 1 ビットの冗長ビットを加えた 9 ビットが 4 組の 5 値情報に変換される［　　］といわれる符号化方式が用いられている．

① MLT-3　② NRZI　③ 8B/6T
④ 8B/10B　⑤ 8B1Q4

解説 送信データを 8 ビットごとに区切ったビット列に 1 ビットの冗長ビットを加えた 9 ビットが 4 組の 5 値情報に変換される **8B1Q4** といわれる符号化方式が用いられています．$5^4 = 625$ 通りなので，変換前の 9 ビットの情報 $2^9 = 512$ 通りの 9 ビットの情報を送ることができます．

解答 ⑤

問 3 100BASE-FX では，送信するデータに対して［　　］といわれるデータ符号化により，ビット値 0 の連続の抑制，制御信号の確保などを行った後，NRZI といわれる方式で伝送路用の信号に符号化する．100BASE-FX は，データリンクのレベルでは 100 メガビット / 秒の伝送速度であるが，［　　］のデータ符号化により物理層では 125 メガビット / 秒の伝送速度になる．

① 1B/2B　② 2B/1Q　③ 4B/3T
④ 4B/5B　⑤ 8B/10B

解説　**4B/5B** といわれるデータ符号化を行うと，4 ビットのデータを 5 ビットに符号化することによって，情報量は 4 ビットから 5 ビットと 1.25 倍に増えるため，データリンクのレベルでは 100 Mbit/s である 100BASE-FX は，物理層では 125 Mbit/s の伝送速度になります．NRZI 符号は，2 値符号のビット値が “0” のときは信号レベルを変化させないで，ビット値 “1” が発生するごとに信号レベルを変化させる方式です．

解答　④

問 4　IEEE802.3ae において標準化された[　　　]の仕様では，850 ナノメートルの短波長帯が用いられ，LAN 用の伝送媒体としてマルチモード光ファイバが使用される．

① 10GBASE-ER　② 10GBASE-LW
③ 10GBASE-SR　④ 10GBASE-LR
⑤ 1000BASE-SX

解説　**10GBASE-SR** の仕様では，信号光の波長として 850〔nm〕の短波長帯が用いられ，伝送媒体としてマルチモード光ファイバが使用されます．

規格名称の「-」の後の「S」は短波長（850〔nm〕），「R」は LAN 用を意味します．短波長を使用する規格では，マルチモード光ファイバが使用されます．

解答　③

問 5　IEEE802.3ae において標準化された[　　　]の仕様では，光源として 1 550 ナノメートルの超長波長帯が用いられ，LAN 用の伝送媒体としてシングルモード光ファイバが使用される．

① 10GBASE-LR　② 10GBASE-LW
③ 10GBASE-SR　④ 10GBASE-ER
⑤ 1000BASE-SX

解説　**10GBASE-ER** の仕様では，信号光の波長として 1 550〔nm〕の超長波長帯が用いられ，伝送媒体としてシングルモード光ファイバが使用されます．

規格名称の「-」の後の「E」は超長波長帯（1 550〔nm〕），「R」は LAN 用を意味します．超長波長帯を使用する規格では，シングルモード光ファイバが使用されます．

解答　④

問 6 IPv6 ヘッダにおいて，パケットがルータなどを通過するたびに値が一つずつ減らされ，値がゼロになるとそのパケットを破棄することに用いられるものは［　　］といわれ，IPv4 ヘッダにおける TTL に相当する．

① トラヒッククラス　② バージョン　③ ホップリミット
④ ペイロード長　⑤ ネクストヘッダ

解説 **ホップリミット**の説明です．ホップリミットは 8 ビットの情報で，IPv4 の TTL と同様の役割をもちます．なお，TTL は，Time To Live（生存時間）の略語です．

解答 ③

問 7 IPv6 ネットワークでは，パケット転送の途中のルータにおいて，IPv6 ヘッダのホップリミットの値を 1 減らした結果ホップリミットの値が 0 になった場合には，そのパケットは当該ルータにおいて破棄される．その際，そのルータから送信元に送られる ICMPv6 メッセージは［　　］メッセージといわれる．

① パラメータ問題　② 時間超過　③ パケット過大
④ エコー応答　⑤ エコー要求

解説 ホップリミットの値が 0 になった場合には，そのパケットは当該ルータにおいて破棄され，その際，そのルータから送信元に送られる ICMPv6 メッセージは**時間超過**メッセージといわれます．

解答 ②

問 8 IPv4，クラス B の IP アドレス体系での LAN システムの設計において，プライベート IP アドレスとして利用できる範囲は［　　］である．

① 10.0.0.0 ～ 10.255.255.255
② 128.0.0.0 ～ 128.255.255.255
③ 172.16.0.0 ～ 172.31.255.255
④ 192.168.0.0 ～ 192.168.255.255
⑤ 233.255.255.0 ～ 233.255.255.255

解説 IPv4，クラス B の IP アドレス体系での LAN システムの設計において，プライベート IP アドレスとして利用できる範囲は **172.16.0.0 ～ 172.31.255.255** です．

解答 ③

問9 IPv6 アドレスは 128 ビットで構成され，マルチキャストアドレスは，16 進数で表示すると 128 ビット列のうちの［　　］である．

① 末尾 8 ビットが ff　　② 先頭 8 ビットが ff
③ 末尾 12 ビットが fe8　　④ 先頭 12 ビットが fe8
⑤ 末尾 16 ビットが fd00　　⑥ 先頭 16 ビットが fd00

解説 マルチキャストアドレスとは，1 対多数のグループ通信を行う際，同一アドレスを持つすべてのノードと通信を行うためのアドレスです．マルチキャストアドレスは 128 ビット列のうち上位 8 ビットを 16 進数で表すと “FF”，2 進数で表すと “11111111” です．

解答 ②

問10 IPv6 アドレスについて述べた次の二つの記述は，［　　］．

A ユニキャストアドレスの基本構造において，一般に，上位部分はリンクの識別に用いられるサブネットプレフィックス，下位部分はリンク内のインタフェースの識別に用いられるインタフェース ID といわれる．

B マルチキャストアドレスは，128 ビット列のうちの上位 16 ビットを 16 進数で表示すると fec0 である．

① A のみ正しい　　② B のみ正しい
③ A も B も正しい　　④ A も B も正しくない

解説 B 「マルチキャストアドレスは，128 ビット列のうちの上位 **16 ビット**を 16 進数で表示すると **fec0** である」ではなく，正しくは「マルチキャストアドレスは，128 ビット列のうちの上位 **8 ビット**を 16 進数で表示すると **ff** である」です．

解答 ①

問11 IPv6 のアドレスについて述べた次の二つの記述は，［　　］．

A IPv6 のアドレスを大別すると，ユニキャストアドレス，マルチキャストアドレス及びブロードキャストアドレスの三つの種別がある．

B IPv6 のアドレス長 128 ビットのうち，上位 16 ビットを 16 進数で表示した値が fe80 となるアドレスは，ユニキャストアドレスのうちのリンクローカルユニキャストアドレスである．

① A のみ正しい　　② B のみ正しい
③ A も B も正しい　　④ A も B も正しくない

解説 A「ユニキャストアドレス，マルチキャストアドレス及び**ブロードキャストアドレス**の三つの種別がある」ではなく，正しくは「ユニキャストアドレス，マルチキャストアドレス及び**エニーキャストアドレス**の三つの種別がある」です．

解答 ②

問12 IPv6 アドレスの特徴などについて述べた次の記述のうち，正しいものは，[　　]である．

① IPv6 アドレスを大別すると，ユニキャストアドレス，マルチキャストアドレス及びブロードキャストアドレスの三つの種別がある．

② ユニキャストアドレスは，アドレス構造をもたずに 16 バイト全体でノードアドレスを示すものと，先頭の複数ビットがサブネットプレフィックスを示し，残りのビットがインタフェース ID を示す構造を有するものに大別される．

③ ユニキャストアドレスのうちリンクローカルユニキャストアドレスは，特定リンク上に利用が制限されるアドレスであり，128 ビット列のうちの上位 16 ビットを 16 進数で表示すると fec0 である．

④ マルチキャストアドレスは，128 ビット列のうちの上位 16 ビットを 16 進数で表示すると fe80 である．

⑤ ブロードキャストアドレスは，IPv6 ネットワーク全体のホストに同時に送信する場合に使用するアドレスで，全ビットが 1 である．

解説 ①「ユニキャストアドレス，マルチキャストアドレス及び**ブロードキャストアドレス**の三つの種別がある」ではなく，正しくは「ユニキャストアドレス，マルチキャストアドレス及び**エニーキャストアドレス**の三つの種別がある」です．

③「上位 **16 ビットを 16 進数**で表示すると **fec0** である」ではなく，正しくは「上位 **10 ビットを 2 進数**で表示すると **1111111010** である」です．

④「上位 **16 ビット**を 16 進数で表示すると **fe80** である」ではなく，正しくは「上位 **8 ビット**を 16 進数で表示すると **ff** である」です．

⑤ ブロードキャストアドレスは，IPv6 ネットワークにはありません．

リンクローカルユニキャストアドレスは 10 ビットを 2 進数で表すと 1111111010，マルチキャストアドレスは上位 8 ビットを 16 進数で表すと ff だよ．

解答 ②

問13 IPv6及びIPv4での中継ノード（ルータなど）で転送されるパケットの分割処理について述べた次の二つの記述は，［　　］.

A　IPv6では，送信元ノードのみがパケットを分割することができ，中継ノードはパケットを分割しないで転送するため，PMTUD機能により，あらかじめ送信先ノードまでの間で転送可能なパケットの最大長を検出する.

B　IPv4では，中継ノードで転送されるパケットのDFビット値に1が設定されている場合は，経路上におけるパスのMTU値のうちで最小であるMTU値より大きなパケットサイズのパケットは中継ノードで破棄される.

①　Aのみ正しい　　②　Bのみ正しい

③　AもBも正しい　　④　AもBも正しくない

解説 A　PMTUDはPath Maximum Transmission Unit Discovery（パスMTU検索機能）の略語で，MTUは最大パケットサイズのことです.

B　中継ノードで伝送されるパケットのDFビット値に1が設定させている場合は，フラグメント化禁止なので，フラグメント化及び転送を行わずに，経路上におけるパスのMTU値のうちで最小であるMTU値より大きなパケットサイズのパケットは中継ノードで破棄されます.

重要

パケットを破棄すると，ICMPヘッダのTYPEフィールドの値を3の宛先到達不能としたICMPメッセージを送信元に送り返します.

解答　③

問14 IPv6パケットにIPv4ヘッダを付加してIPv6パケットをIPv4パケットにカプセル化し，IPv6パケットをIPv4網を経由して転送する技術は，一般に，［　　］といわれる.

①　デュアルスタック　　②　トンネリング　　③　アドレス変換

④　ネイティブ　　⑤　ステップ・バイ・ステップ交換

解説 IPv6パケットにIPv4ヘッダを付加してIPv6パケット全体をIPv4パケットのペイロードとしてカプセル化し，IPv6パケットをIPv4網を経由して転送する技術は，一般に，**トンネリング**といわれます.

補足

Pv4とIPv6が共存した状態で利用する技術には，トンネリング，デュアルスタック，トランスレータなどがあります.

解答　②

2.3 IPネットワークの技術

出題のポイント

- MACアドレスの構成
- LANの接続装置の種類と動作
- LANの接続におけるOSI参照モデルとTCP/IP階層モデル
- ルータのプロトコル

1 MACアドレス（マックアドレス）

OSI参照モデル第2層のデータリンク層の副層で，分散制御や集中制御などのプロトコルをMAC副層といい，パケットの受け渡しや誤り制御などを行います．イーサネットLANに接続されたパーソナルコンピュータなどの端末は，LANボードなどのネットワークインタフェースカードに固有の番号が割り当てられています．この物理アドレスは**MACアドレス**と呼ばれます．MACアドレスは図2.7のように**48 bit（6バイト）**で構成され，先頭の24 bit（**3バイト**）は**ベンダ**（メーカ）**識別番号**として，米国のIEEEが管理し割り当てを行っています．

MACは，Medium《ミディアム》（媒体）Access《アクセス》Control《コントロール》（制御）の略語だよ．

補足
ベンダ識別番号はベンダ識別子（OUI）とも呼ばれます．

ベンダ識別番号	製品固有番号
（24 bit）	（24 bit）

01：A2：3B：D4：5E：FF　のように16進数で表記されます

図2.7　MACアドレス

2 LANの接続装置

［1］リピータ

リピータ（リピータハブ）はLANのケーブル長を延長するときに使用する接続装置です．OSI参照モデルの**物理層**（レイヤ1）の機能のみを有し，ケーブルの伝送損失を補うため，信号の増幅，成形及び中継を行います．接続するときはケーブル長や中継数に制限があります．

［2］ブリッジ

データリンク層（レイヤ2）のMAC副層の規格が同一であるLANとLANとを接続する装置です．単に中継するだけではなく，MACアドレステーブルを持ち，転送するデータフレームのMACアドレスにより，そのフレームを相手のLANに転送するかどうかの判断をするフィルタリング機能を備えています．

レイヤ1の物理層は，ケーブルや伝送信号などの機械的，電気的なことを決めているよ．レイヤ2のデータリンク層は，伝達するパソコンを選択するなどのやり方を決めているんだね．

[3] レイヤ 2 スイッチ（スイッチングハブ）

レイヤ 2 スイッチは，ブリッジ機能を持つスイッチングハブです．データリンク層（レイヤ 2）の MAC フレーム内のアドレスに従って，スイッチングハブのポートに接続された端末の MAC アドレスを参照し，通信に必要なポートに送信します．

レイヤ2は第2層のことだよ．

図 2.8 にイーサネット LAN（DIX 仕様）のフレーム構成を示します．受信したフレームの**送信元 MAC アドレス**を読み取ったとき，アドレステーブルに登録されていない場合は，**アドレステーブルに登録**します．

補足
アドレステーブルは，スイッチングハブ内の MAC アドレスと対応する LAN ポートのデータを格納する表です．

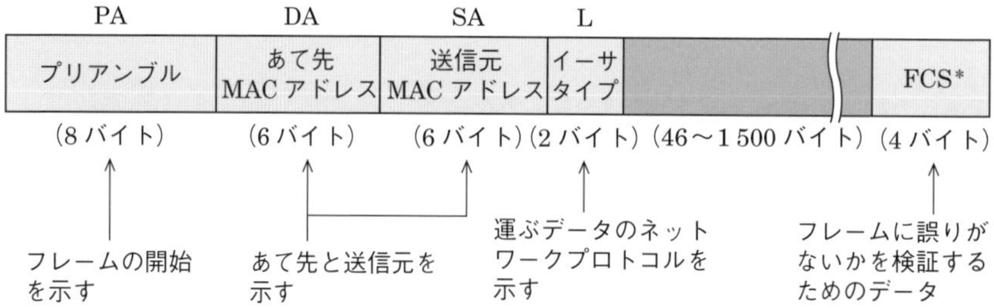

＊FCS：Frame Check Sequence
フレーム検査シーケンス

図 2.8　イーサネット LAN のフレーム

スイッチングハブには以下の転送方式があります．

① **カットアンドスルー方式**

受信フレームの**宛先アドレスの 6 バイト**までを受信すると，スイッチングハブ内のアドレステーブルと照合した後，フレームが入力ポートで完全に受信される前に，誤り検査を省いて直ちに転送します．

重要
スイッチングハブのフレーム転送を開始するのは先頭から「カットアンドスルー方式は 6 バイトまで」，「フラグメントフリー方式は 64 バイトまで」，「ストアアンドフォワード方式は FCS まで」を受信したときです．

② **フラグメントフリー方式**

受信したフレームの先頭から最小サイズにあたる **64 バイト**までの検査を行い，異常がなければ，そのフレームを転送します．

③ **ストアアンドフォワード方式**

有効フレームの先頭から FCS までの受信したフレームをすべてバッファに保存し，誤り検査を行って，異常がなければ，そのフレームを転送します．信頼性が高いので，主にこの方式が使われています．

FCS は Frame《フレーム》 Check《チェック》 Sequence《シークエンス》 の略語で，フレームの誤り検査用データのことだよ．

[4] ルータ

ルータは **OSI 参照モデル**の**ネットワーク層**（レイヤ 3）が提供する機能を利用して，異なるネットワークアドレスを持つ LAN 相互を接続する機器です．**TCP/IP 階層モデル**の 4 層のうち**インターネット層**が提供する IP プロトコルが使われます．

① **スタティックルーティング**

経路情報があて先ごとに固定的に設定されているルーティングプロトコルです．情報の管理が容易で，網内の輻輳状態の情報を交換するためのトラヒックは必要ありません．しかし，網内で輻輳や故障が発生しても代替経路に切り替える処理はできません.

② ダイナミックルーティング

網の状態変化に伴いルーティングテーブルを動的に変化させることができるので，伝送遅延時間が最小になる経路を選ぶことができます．ダイナミックルーティングを行うための代表的な**ルーティングプロトコル**には，**RIP**（Routing Information Protocol）や **OSPF**（Open Shortest Path First）などがあります.

問 1 MAC アドレスなどについて述べた次の二つの記述は，[　　].

A 端末機器などをイーサネットに接続するためのネットワークインタフェースカード（NIC）は，6 バイト長で構成される MAC アドレスといわれる固有のアドレスを持つ.

B イーサネットの MAC フレームの最後にある FCS は，フレームの伝送誤りの有無を検出するための情報であり，受信側では，フレームを受信し終えると FCS の検査を行い，受信フレームの正常性を確認している.

① A のみ正しい　② B のみ正しい

③ A も B も正しい　④ A も B も正しくない

解説 A MAC アドレス 6 バイト（48 ビット）のうち，上位 3 バイトは機器を製造するベンダの識別子，下位 3 バイトは個々のベンダが設定する値です．これらの組合せにより機器ごとに固有の MAC アドレスが割り当てられます.

B イーサネットフレームの FCS（Frame Check Sequence）は 4 バイトで，フレームの最後に置かれ，フレームの誤り検出に使用されます.

MAC は，Medium（媒体）Access（アクセス）Control（制御）の略語だよ.

解答 ③

問 2 ネットワークインタフェースカード（NIC）に固有に割り当てられた MAC アドレスの先頭の[　　]バイトはベンダ識別子（OUI）などといわれ IEEE が管理・割当てを行っている.

① 2　② 3　③ 4　④ 5　⑤ 6

解説 ネットワークインタフェースカード（NIC）に固有に割り当てられた MAC ドレスの先頭 3 バイト（24 ビット）はベンダ識別子（OUI）などといわれ，米国の IEEE が管理と割当てを行っています．なお，OUI は Organizationally Unique Identifier の略語です.

解答 ②

問3 イーサネットにおけるMACアドレスについて述べた次の二つの記述は，［　　］.

A　MACアドレスは，データリンク層におけるフレーム転送用のアドレスとして用いられ，6バイトで構成される.

B　MACアドレスの先頭の3バイトはベンダ識別子（OUI）などといわれIEEEが管理・割当てを行い，残りの3バイトはベンダ間でルールを定め重複しないように付与される.

①　Aのみ正しい　　②　Bのみ正しい

③　AもBも正しい　　④　AもBも正しくない

解説　B「残りの3バイトは**ベンダ間でルールを定め，重複しない**ように付与される」ではなく，正しくは「残りの3バイトは**ベンダ内でルールを定め，各ベンダの装置間で重複しない**ように付与される」です.

解答　①

問4 スイッチングハブのフレーム転送方式のうち，速度の異なるLAN相互の接続ができる転送方式は，［　　］である.

①　カットアンドスルー

②　フラグメントフリー

③　ストアアンドフォワード

④　カットアンドスルーとストアアンドフォワード

⑤　フラグメントフリーとストアアンドフォワード

解説　スイッチングハブのフレーム転送方式のうち，速度の異なるLAN相互の接続ができる転送方式は，**ストアアンドフォワード**です．ストアアンドフォワード方式は，有効フレームの先頭からFCSまでの受信したフレームをすべてバッファに保存するので，速度を変えて転送することができます.

解答　③

問5 スイッチングハブのフレーム転送方式における［　　］方式は，有効フレームの先頭からFCSまでを受信した後，異常がなければフレームを転送する.

①　フラグメントフリー　　②　バルク転送　　③　カットアンドスルー

④　フラッディング　　⑤　ストアアンドフォワード

解説　**ストアアンドフォワード**方式は，有効フレームの先頭からFCS(Frame Check Sequence）までの受信したフレームをすべてバッファに保存し，誤り検査を行って，異常がなければ，そのフレームを転送します．

ストアアンドフォワード方式は，信頼性が高く，異なる種類の速度やプロトコルのLANと共存することができます．

解答　⑤

問6　スイッチングハブのフレーム転送方式における［　　　］方式は，有効フレームの先頭から宛先アドレスまでを受信した後，フレームが入力ポートで完全に受信される前に，フレームの転送を開始する．

①　ストアアンドフォワード　②　フラグメントフリー　③　フラッディング
④　カットアンドスルー　⑤　バルク転送

解説　**カットアンドスルー**方式は，有効フレームの先頭から宛先アドレスの6バイトまでを受信した後，フレームが入力ポートで完全に受信される前に，フレームの転送を開始します．

解答　④

問7　スイッチングハブのフレーム転送方式におけるフラグメントフリー方式では，有効フレームの先頭から［　　　］フレームの転送を開始する．

①　宛先アドレスまでを受信した後，フレームが入力ポートで完全に受信される前に
②　宛先アドレスと送信元アドレスまでを受信した後，フレームが入力ポートで完全に受信される前に
③　FCSまでを受信した後，異常がなければ
④　64バイトまでを受信した後，異常がなければ
⑤　プリアンブルまでを受信した後，フレームが入力ポートで完全に受信される前に

解説　**フラグメントフリー**方式は，受信したフレームの最小サイズにあたる**64バイトまでを受信した後**，検査を行って**異常がなければ**フレームの転送を開始します．

解答　④

問 8 ネットワークを構成する機器であるレイヤ 3 スイッチについて述べた次の記述のうち，誤っているものは，［　　　］である．

① レイヤ 3 スイッチには，一般に，MAC アドレスに基づき受信したフレームを中継するレイヤ 2 処理部と IP アドレスに基づき受信したパケットを中継するレイヤ 3 処理部がある．

② レイヤ 3 スイッチは，VLAN（Virtual LAN）機能を有しており，VLAN として分割したネットワークを相互に接続することもできる．

③ レイヤ 3 スイッチでは，RIP（Routing Information Protocol）や OSPF（Open Shortest Path First）などのルーティングプロトコルを用いることができる．

④ レイヤ 3 スイッチは，一般に，LAN スイッチともいわれ，単一のネットワークアドレスを持つサブネットに限定して用いられる．

⑤ レイヤ 2 に対応したレイヤ 3 スイッチは，受信したフレームの送信元 MAC アドレスを読み取り，アドレステーブルに登録されているかどうかを検索し，登録されていない場合はアドレステーブルに登録する．

解説 ④「単一のネットワークアドレスを持つ**サブネットに限定して用いられる**」ではなく，正しくは「単一のネットワークアドレスを持つ**サブネット内の中継に限らず，異なるネットワーク間の中継にも用いられる**」です．LAN スイッチにはレイヤ 3 スイッチのほかに，MAC アドレスに基づき中継するレイヤ 2 スイッチがあります．

解答 ④

レイヤ 2 はデータリンク層，レイヤ 3 はネットワーク層だよ．レイヤ 2 は隣接ノード間のデータ転送だよ．

問 9 ネットワークを構成する機器であるレイヤ 3 スイッチでは，RIP や OSPF といわれる［　　　］プロトコルを用いることができる．

① カプセリング　② ルーティング　③ トンネリング
④ シグナリング　⑤ データリンク制御

解説 **ルーティング**プロトコルの記述です．レイヤ 3 スイッチは，ルータと同様に IP の機能をもち，ルーティングプロトコルとして，RIP（Routing Information Protocol）や OSPF（Open Shortest Path First）などのダイナミックルーティングプロトコルを用いることができます．

解答 ②

ルーティングプロトコルには，ダイナミックルーティングとスタティックルーティングがあるよ．

2.4 IPネットワークのプロトコル

出題のポイント
- ●アプリケーションプロトコルの機能と動作
- ●ネットワーク管理コマンドの機能と動作
- ●Windowsコマンドの操作

1 TCP/IPのプロトコル

インターネットで使われているTCP/IPプロトコルは，OSI参照モデルのネットワーク層（レイヤ3）のIPプロトコルとトラスポート層（レイヤ4）のTCPプロトコルが使われます．

OSI参照モデルは7層，TCP/IPの階層は，ネットワークインタフェース層，インターネット層，トランスポート層，アプリケーション層の4層だよ．

[1] IPプロトコル

TCP/IPの階層ではインターネット層のプロトコルです．イーサネット上の端末間の通信を提供します．

[2] TCPプロトコル

TCP/IPの階層ではトランスポート層のプロトコルです．アプリケーション向けにエンド・ツー・エンドの通信を提供します．

2 アプリケーションプロトコル

TCP/IP階層モデルのアプリケーション層のプロトコルは，次のプロトコルなどがあります．

[1] DHCP

DHCPは，IPアドレスなどを一元的に管理し，パーソナルコンピュータ(PC）などの起動時に自動的にIPアドレスを割り当てるプロトコルです．

ルータなどのDHCPサーバ機能を有効にすれば，ADSLモデムに接続されたパーソナルコンピュータなどの端末は，起動時にDHCPサーバ機能にアクセスしてIPアドレスを自動的に取得するので，端末個々にIPアドレスを設定する必要がありません．

DHCPは，Dynamic《ダイナミック》（動的な）Host《ホスト》 Configuration《コンフィギュレーション》（構成）Protocol《プロトコル》
DNSは，Domain《ドメイン》 Name《ネーム》 Service《サービス》
HTTPは，Hyper《ハイパー》 Text《テキスト》 Transfer《トランスファー》（転送する）Protocol《プロトコル》
の略語だよ．

[2] DNS

利用者がわかりやすい形式のインターネット上におけるコンピュータの名前をホスト名と呼び，**DNS**はホスト名をIPアドレスに変換するプロトコルです．ネットワーク上に置かれたDNSサーバは，組織名のドメイン名とホスト名をIPアドレスに変換します．

[3] HTTP

HTTP は，WEB サーバとクライアント PC の WEB ブラウザとの間で WEB 情報を転送するためのプロトコルです．

[4] FTP

FTP は，インターネット上で，コンピュータ間でファイルを転送するためのプロトコルです．

[5] SMTP，POP3，IMAP4

電子メールの送受信に使用されるプロトコルに **SMTP**，**POP3**，**IMAP4** などがあります．SMTP はメールの送信に使用され，POP3 と IMAP4 はメールの受信に使用されるプロトコルです．

補足
ホスト PC は，ネットワークを介して別の端末機器に処理やサービスを提供するコンピュータを指し，提供を受ける側のコンピュータはクライアント PC やターミナル PC と呼ばれます．

3 ネットワーク管理コマンド

[1] ICMP

ICMP は，TCP/IP 階層モデルのインターネット層のプロトコルで，通信エラーの状況や IP の経路に関する診断を行い，エラーメッセージや情報メッセージを送信元のコンピュータに返信します．

ICMP は，Internet《インターネット》 Control《コントロール》 Message《メッセージ》 Protocol《プロトコル》 の略語だよ．

[2] ICMPv6

8 bit のアドレスを使う IPv6 で用いられる ICMP を **ICMPv6** といいます．IETF の RFC4443 において標準化されています．ICMP と同様に「あて先不達」などの**エラーメッセージ**と「エコー応答」などの**情報メッセージ**の 2 種類のメッセージ，ping コマンドが使用するエコー要求及びエコー応答，近隣ホスト要請（NS），近隣ホスト広告（NA）などの通報メッセージがあります．

IETF は，Internet《インターネット》 Engineering《エンジニアリング》 Task《タスク》 Force《フォース》 の略語で，インターネット技術の標準化を推進する任意団体だよ．

また，アドレス自動構成に関する制御などを行う **ND プロトコル**で使われるメッセージ，マルチキャストグループの制御などを行う **MLD プロトコル**で使われるメッセージなどもあります．ND は Neighbor Discovery（近隣探索）の略語，MLD は Multicast Listener Discovery（マルチキャスト受信者探索）の略語です．

ICMPv6 は，IPv6 に不可欠なプロトコルとして，**すべての IPv6 ノードに完全に実装**されなければならないとされています．

補足
ICMP は，IP ネットワーク上で検知されたエラーの報告や IP の経路の確認など各種情報の調査を行います．

[3] tracert コマンド

tracert コマンドは，IP パケットなどの転送データが特定のホストコンピュータへ到達するまでに，どのような経路を通るのかを調べるために用いられるコマンドで，ICMP メッセージを用いる基本的なコマンドです．コマンドは，windows のコマンドプロンプトで実行することができます．

[4] netsh コマンド

netsh コマンドは，ネットワークの設定情報の表示又はネットワーク構成の設定を変更することができるコマンドです．

IPv6ノードの経路情報については，Windowsのコマンドプロンプトにより，netshコンテキストからinterface ipv6コンテキストの**show routeコマンド**を用いて表示させることができます．

> **補足**
> コンテキストのコマンドは，追加して入力するコマンドのことです．

[5] pingコマンド

pingコマンドは，ICMPメッセージを用いて，ネットワークに接続された相手のコンピュータまでのネットワークの経路が正しく設定され，通信ができるかを確かめるために使われるコマンドです．

[6] ipconfigコマンド

ipconfigコマンドは，ホストコンピュータの構成情報であるIPアドレス，サブネットマスク，デフォルトゲートウェイなどを確認することができます．

> ipconfigなどのコマンドは，windowsパソコンのスタートメニューにあるコマンドプロンプトで簡単に実行することができるから，試してみてね．ipconfigはパソコンのIPアドレスなどが調べられるよ．

問1 IETFのRFC4443として標準化されたICMPv6などについて述べた次の二つの記述は，［　　］．

A　ICMPv6は，IPv6ノードで使用され，IPv6を構成する一部分であるが，IPv6ノードの使用形態によってはICMPv6を実装しなくてもよいと規定されている．

B　IPv6では，送信元ノードのみがパケットを分割することができ，中継ノードはパケットを分割しないで転送するため，PMTUD機能により，あらかじめ送信先ノードまでの間で転送可能なパケットの最大長を検出する．

①　Aのみ正しい　　②　Bのみ正しい
③　AもBも正しい　　④　AもBも正しくない

解説　A「IPv6を構成する**一部分であるが，IPv6ノードの使用形態によってはICMPv6を実装しなくてもよい**と規定されている」ではなく，正しくは「IPv6を構成する**不可欠な一部分であり，すべてのIPv6ノードは完全にICMPv6を実装しなければならない**と規定されている」です．

解答　②

問2 ICMPv6について述べた次の二つの記述は，[ ]．

A　IETFのRFCでは，ICMPv6は，IPv6に不可欠な一部であり，すべてのIPv6ノードは完全にICMPv6を実装しなければならないと規定されている．

B　ICMPv6の情報メッセージでは，IPv6のアドレス自動構成に関する制御などを行うND（Neighbor Discovery）プロトコルで使われるメッセージなどが定義されている．

① Aのみ正しい　② Bのみ正しい
③ AもBも正しい　④ AもBも正しくない

解説 A　IETF（インターネット技術特別調査委員会）の技術文書RFC4443として標準化されています．

B　NDはNeighbor Discovery（近隣探索）の略語で，NDプロトコルでは，ICMPv6を使用してルータ探索やルータからの通知メッセージの受信，通信相手のMACアドレスの探索を行うために，IPMPv6にさまざまなメッセージタイプ（タイプ133～137）が定義されています．

解答 ③

問3 IETFのRFC4443において標準化されたICMPv6及びRFC4861において標準化された近隣探索の機能などについて述べた次の記述のうち，誤っているものは，[ ]である．

① IPv6ノードによって使用されるICMPv6は，IPv6に不可欠な一部であり，すべてのIPv6ノードはICMPv6を完全に実装しなければならないと規定されている．

② 近隣探索（Neighbor Discovery）の機能は，経路決定のためにルータ発見，プレフィックス発見，次ホップ決定，リダイレクトなどを提供する．

③ ICMPv6の情報メッセージでは，IPv6のアドレス自動構成に関する制御などを行う近隣探索の機能で使われるメッセージなどが定義されている．

④ ICMPv6のエラーメッセージでは，IPv6上でマルチキャストグループの制御などを行うMLD（Multicast Listener Discovery）プロトコルで使われるメッセージなどが定義されている．

⑤ IPv6では，送信元ノードのみがパケットを分割することができ，中継ノードはパケットを分割しないで転送するため，PMTUD機能により，あらかじめ送信先ノードまでの間で転送可能なパケットの最大長を検出する．

解説 ④「ICMPv6の**エラーメッセージ**では」ではなく，正しくは「ICMPv6の**情報メッセージ**では」です．

解答 ④

問 4 Windows のコマンドプロンプトから入力される ping コマンドは，［　　　］を入力することにより，送信先のホストコンピュータがネットワークに正常に接続されていることを確認する場合などに用いられる．

① 送信元の MAC アドレスと送信先の IP アドレス
② 送信元の IP アドレスと送信先の MAC アドレス
③ 送信元の IP アドレスと送信先の IP アドレス
④ 送信先の IP アドレス
⑤ 送信先の MAC アドレス

解説 Windows のコマンドプロンプトから入力される ping コマンドは，**送信先の IP アドレス**を入力することにより，送信先のホストコンピュータがネットワークに正常に接続されていることを確認する場合などに用いられます．なお，MAC アドレスを入力する必要はありません．ping コマンドは，送信相手までパケットが届くか，また通信ルートがどこまで正常か確認するために用いられます．

解答 ④

2.5 VPN

出題のポイント

- VPNの接続形態と特徴
- MPLS網の構成

1 VPNの接続形態

VPN（Virtual Private Network：仮想私設網）は，インターネットや電気通信事業者の公衆ネットワークを使って，拠点間をあたかも専用回線のように構築するネットワークです．VPNは，インターネットなどの経路のトンネル上にカプセル化されたデータを転送することが必要になります．これをトンネリングといいます．VPNの接続形態は，インターネットVPN，IP-VPN，広域イーサネットVPNなどがあります．

補足 カプセル化は，ある通信プロトコルをほかの通信プロトコルのパケットに格納して送ることです．

① インターネットVPN

インターネット回線を利用し，VPN接続のためのルータを拠点ごとに設置して会社内などのネットワークを構築します．

補足 IPsec（IP security）は，レイヤ3プロトコルで，認証，暗号化，改ざん防止機能を持ちます．

IPsecのプロトコルを使ってトンネリングや暗号化，認証を行い，インターネットのような不特定多数のユーザが利用するネットワーク内に専用線と同等の高いセキュリティを持つ通信路を確保しています．図2.9のインターネットVPNのネットワーク構成において，送信側のVPN装置は，IPsecのトンネルモードで送信するIPパケットをIPヘッダごとに暗号化し，VPN装置自体のグローバルアドレスを付けたIPパケットに格納してカプセル化します．カプセル化されたデータはISP経由でインターネットに送出されます．受信側のVPN装置は，受信したカプセル化されたデータを分解し，暗号化した

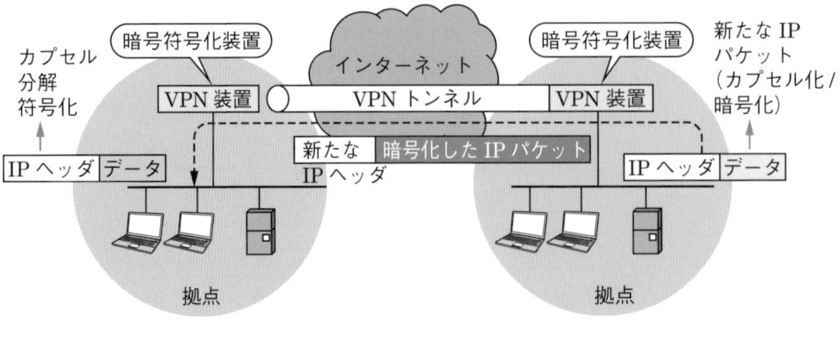

図2.9 インターネットVPNのネットワーク構成

IP パケットを復号化して宛先端末に転送します．また，インターネット VPN では，VPN 装置として VPN ゲートウェイの VPN 対応ルータ又はファイアウォールと呼ばれる機器が拠点ごとに必要になります．

ファイアウォールは防火壁のことだよ．火じゃなくて不正なアクセスから内部を守る壁だね．

IPsec には，元の IP パケットのデータ部のみを認証，暗号化するトランスポートモードと，元の IP パケット全体を認証，暗号化するトンネルモードがあります．

② IP-VPN

電気通信事業者の閉域の施設網を利用して会社内などのネットワークを構築します．高速通信に対応し，セキュリティ性を高くすることができます．

IP-VPN では，転送方式の一つとして MPLS が用いられます．

③ 広域イーサネット VPN

電気通信事業者の閉域のイーサネット網を利用して会社内などのネットワークを構築します．高速通信に対応し，セキュリティ性を高くすることができます．

2 MPLS

IP-VPN は，MPLS（Multi-Protocol Label-Switching）技術を利用して通信サービスを提供しています．

MPLS 網は，IP 網から IP パケットが転送されてくると，MPLS 網の入口で IP ヘッダの前に MPLS ラベルと呼ばれる識別子を付加して，このラベルの情報によりその IP パケットを転送します．MPLS はパケットの高速転送や機能の付加を図ることができる技術です．次に，MPLS 網の出口では MPLS ラベルを除去して，IP パケットとして IP 網に転送されます．

重要

通常の IP 網では，IP ヘッダに記述された宛先 IP アドレスによって，ルータが保持している経路情報から宛先のネットワークを特定してパケットを転送します．

ラベルの付加と除去は，MPLS 網の出入口あるにあるルータによって行われます．このルータを PE（Provider Edge）ルータ又は**ラベルエッジルータ**（LER：Label Edge Router）と呼びます．

MPLS 網は，一般に，IP 網に接続される PE ルータと基幹ネットワークを構成する **P**（Provider）**ルータ**から構成されます．また，ユーザのネットワークは，ユーザの拠点内に設置される CE（Customer Edge）ルータを経由して PE ルータに接続されます．

P ルータは，ラベルスイッチルータ（LSR：Label Switching Router）ともいわれるよ．

3 EoMPLS

EoMPLS（Ethernet over MPLS）は，MPLS で構築されているネットワークにおいて，LAN で利用されているイーサネットパケットに MPLS ラベルを付記して，MPLS 網を転送する技術です．MPLS に直接イーサネットフレームを埋め込む EoMPLS は，遠隔地のイーサネット LAN どうしを簡単に接続することができます．図 2.10 に EoMPLS のフレームフォーマットを

補足

MPLS ヘッダ（Shim ヘッダ）は，32 ビットで構成されます．

示します．ユーザネットワークのアクセス回線から入力されたイーサネットフレームは，MPLS ドメインの入口にある PE ルータで，先頭にある同期信号の **PA**（**Preamble/SFD**）と末尾の FCS（Frame Check Sequence）が除去され，レイヤ 2 転送用の **L2 ヘッダ**と **MPLS ヘッダ**（Shim ヘッダ）が付与された後，これらをもとにした FCS がフレームの末尾にトレイラとして付与されます．

MPLS ヘッダは，T ラベルと VC ラベルから構成されます．T ラベルは転送経路を特定するためのラベルで，VC ラベルは，ユーザを特定するためのラベルです．

MPLS は，レイヤ 3 情報を参照するルーティング処理によるパケットの転送速度と比較して早い特徴があるよ．

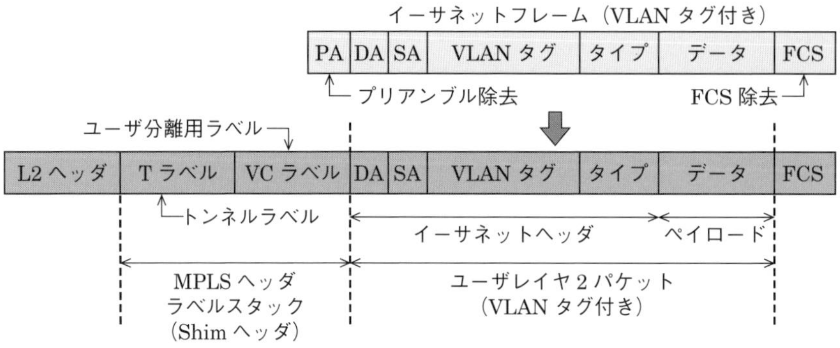

図 2.10　EoMPLS

問 1　MPLS 網の構成などについて述べた次の二つの記述は，[　　]．

A　MPLS 網を構成する主な機器には，MPLS ラベルを付加したり，外したりするラベルエッジルータと，MPLS ラベルを参照してフレームを転送するラベルスイッチルータがある．

B　EoMPLS におけるラベル情報を参照するラベルスイッチング処理によるフレームの転送速度は，一般に，レイヤ 3 情報を参照するルーティング処理によるパケットの転送速度と比較して遅い．

①　A のみ正しい　　②　B のみ正しい

③　A も B も正しい　　④　A も B も正しくない

解説　B「一般に，レイヤ 3 情報を参照するルーティング処理によるパケットの転送速度と比較して**遅い**」ではなく，正しくは「一般に，レイヤ 3 情報を参照するルーティング処理によるパケットの転送速度と比較して**速い**」です．MPLS は，レイヤ 3 情報を参照するルーティングを行う一般の IP ネットワークよりも高速伝送を行うために開発されたプロトコルです．

解答　①

問 2 広域イーサネットなどにおいて用いられる EoMPLS では，ユーザネットワークのアクセス回線から転送されたイーサネットフレームは，一般に，MPLS ドメインの入口にあるラベルエッジルータで PA(Preamble/SFD) と FCS が除去され，[　　] と MPLS ヘッダが付加される．

① VLAN タグ　② IP ヘッダ　③ TCP ヘッダ
④ L2 ヘッダ　⑤ VC ラベル

解説 EoMPLS では，ユーザネットワークのアクセス回線から転送されたイーサネットフレームは，一般に，MPLS（Multi-Protocol Label Switching）ドメインの入口にあるラベルエッジルータで PA（Preamble/SFD）と FCS が除去され，**L2 ヘッダ**と MPLS ヘッダが付加されます．EoMPLS は，MPLS ネットワークを利用し，LAN で利用されているイーサネットフレームをカプセル化して転送する技術です．

解答 ④

問 3 広域イーサネットで用いられる EoMPLS は，MPLS 網内でイーサネットフレームを転送する技術であり，ユーザネットワークのアクセス回線から転送されたイーサネットフレームは，一般に，MPLS ドメインの入口にあるラベルエッジルータで PA（PreAmble/SFD）と FCS（Frame Check Sequence）が除去され，レイヤ 2 転送用ヘッダのほかに，[　　] ビットで構成される MPLS ラベル（Shim ヘッダ）が付与される．

① 4　② 8　③ 16　④ 32　⑤ 48

解説 MPLS ラベルは，トンネルラベルと VC ラベルの **32** ビット（4 バイト）で構成されています．

解答 ④

問 4 広域イーサネットにおいて用いられる EoMPLS について述べた次の二つの記述は，[　　]．

A　EoMPLS におけるラベル情報を参照するラベルスイッチング処理によるフレームの転送速度は，一般に，レイヤ 3 情報を参照するルーティング処理によるパケットの転送速度と比較して遅い．

B　MPLS 網内を転送された MPLS フレームは，一般に，MPLS ドメインの出口にあるラベルエッジルータに到達した後，MPLS ラベルの除去などが行われ，オリジナルのイーサネットフレームとしてユーザネットワークのアクセス回線に転送される．

① A のみ正しい　② B のみ正しい
③ A も B も正しい　④ A も B も正しくない

解説　A「一般に，レイヤ3情報を参照するルーティング処理によるパケットの転送速度と比較して**遅い**」ではなく，正しくは「一般に，レイヤ3情報を参照するルーティング処理によるパケットの転送速度と比較して**速い**」です．

解答　②

問5　広域イーサネットで用いられるEoMPLSなどについて述べた次の記述のうち，誤っているものは，［　　］である．

① EoMPLSは，MPLS網内でイーサネットフレームを転送する技術である．

② MPLS網を構成する主な機器には，MPLSラベルを付加したり，外したりするラベルエッジルータ（LER）と，MPLSラベルを参照してフレームを高速中継するラベルスイッチルータ（LSR）がある．

③ ユーザネットワークのアクセス回線から転送されたイーサネットフレームは，一般に，MPLSドメインの入口にあるLERでPA（PreAmble/SFD）とFCSが除去され，レイヤ2転送用ヘッダのほかに，MPLSラベルが付与される．

④ MPLSラベルは，トンネルラベルとVCラベルから成り，トンネルラベルはMPLS網内のLSRで付け替えられて転送される．

⑤ EoMPLSにおいて，ラベルスイッチングは，レイヤ2スイッチで用いられている転送方式の一つであるフラグメントフリー方式と同様の仕組みにより動作する．

解説　⑤「レイヤ2スイッチで用いられている転送方式の一つである**フラグメントフリー方式と同様の仕組みにより動作する**」ではなく，正しくは「レイヤ2スイッチで用いられている転送方式の一つである**カットアンドスルー方式によりトンネルラベルのみを参照してルーティングされます**」です．

解答　⑤

問 6 広域イーサネットで用いられる EoMPLS 技術などについて述べた次の記述のうち，誤っているものは，[　　]である．

① MPLS 網を構成する主な機器には，MPLS ラベルを付加したり，外したりするラベルエッジルータ（LER：Label Edge Router）と，MPLS ラベルをみてフレームを高速中継するラベルスイッチルータ（LSR：Label Switch Router）の 2 種類がある．

② ユーザネットワークのアクセス回線から転送されたイーサネットフレームは，一般に，MPLS ドメインの入口にある LER で PA（PreAmble/SFD）と FCS が除去され，MPLS 網内を転送するためのレイヤ 2 転送用ヘッダと MPLS ラベルが付加される．

③ LER から送出された MPLS フレームは，MPLS ラベルに基づき LSR に転送される．

④ 固定長の MPLS ラベル情報は，4 バイトのシムヘッダフィールドに格納される．

⑤ MPLS 網内を転送された MPLS フレームは，一般に，MPLS ドメインの出口にある LER で MPLS 網内を転送するための IP ヘッダが除去され，イーサネットフレームとしてユーザネットワークのアクセス回線に転送される．

解説 ⑤「MPLS 網内を転送するための **IP ヘッダ**が除去され，イーサネットフレームとしてユーザネットワークのアクセス回線に転送される」ではなく，正しくは「MPLS 網内を転送するための **MPLS ラベルとレイヤ 2 ヘッダ**が除去され，イーサネットフレームとしてユーザネットワークのアクセス回線に転送される」です．

解答 ⑤

問 7 広域イーサネットについて述べた次の二つの記述は，[　　]．

A 広域イーサネットにおいて利用できるルーティングプロトコルには，EIGRP，IS-IS などがある．

B IP-VPN がレイヤ 3 の機能をデータ転送の仕組みとして使用するのに対して，広域イーサネットはレイヤ 2 の機能をデータ転送の仕組みとして使用する．

① A のみ正しい　② B のみ正しい
③ A も B も正しい　④ A も B も正しくない

解説　A　EIGRP（Enhanced Interior Gataway Routing Protocol）は，RIP（Routing Information Protocol）のようなディスタンスベクタ型と OSPF（Open Shortest Path First）のようなリンクステート型の両方の特徴を備えたシスコ独自のハイブリッド型ルーティングプロトコルです．IS-IS（Intermediate System to Intermediate System），RIP（Routing Information Protocol）は OSPF と同様なリンクステート型のルーティングプロトコルの一種で，OSI プロトコルです．

B　IP はレイヤ 3，イーサネットはレイヤ 2 のプロトコルです．

広域イーサネットは，LAN 間のルーティングプロトコルに制限がないからいろいろなプロトコルが利用できるね．

解答　③

問 8　クラウドコンピューティングのサービスモデルのうち，クラウド事業者がサーバやストレージなどの基盤のみをユーザに提供するサービスは，一般に，[　　]といわれ，ユーザは OS，ミドルウェア，アプリケーションなどをインストールして利用する．

① オンプレミス　② ハウジング　③ IaaS
④ PaaS　⑤ SaaS

解説　クラウドコンピューティングのサービスモデルのうち，クラウド事業者がサーバやストレージなどの基盤のみをユーザに提供するサービスは，一般に，**IaaS** といわれ，ユーザは OS，ミドルウェア，アプリケーションなどをインストールして利用します．なお，IaaS は Infrastructure（基盤）as a Service の略語です．

クラウドコンピューティングは，インターネットなどのネットワークを使って，サーバ，OS，ネットワーク，ストレージ，ソフトウェア，アプリケーションなどのリソースを物理的又は仮想的に提供します．リソースに対するユーザからの要求に対して柔軟に対応できることができます．

補足　クラウドコンピューティングによって提供される情報処理をクラウドサービスといいます．

解答　③

2.6 ATM

出題のポイント

- ATMセルの構成
- ATMの各レイヤと動作

1 ATMの概要

ATM は，音声，映像，コンピュータデータなどのデータの種類や量が異なるマルチメディアを統合して，一つのネットワークで通信するための交換技術です．

ATM の構成を図 2.11 に，各セルの内容を表 2.8 に示します．

ATM は Asynchronous《アシンクロナス》（非同期）Transfer《トランスファー》（転送）Mode《モード》（方式）の略語だよ．

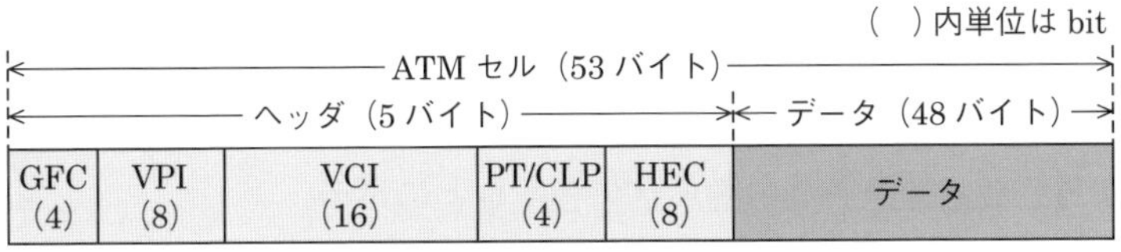

図 2.11 ATM の構成

表 2.8 ATM 各セルの内容

セル	フルスペル	内 容
GFC	Generic Flow Control	UNI（User Network Interface）にてセル衝突防止用に利用される
VPI	Virtual Path Identifier	隣接したノード（機器）間でパス（通信路）を識別するために使用される
VCI	Virtual Channel Identifier	ATM スイッチの出力ポートを決めるための識別子．一つの VPI に対して複数の VCI があるのが普通
PT	Payload Type	3 ビットのフィールドで，ATM のセルの種類を表す
CLP	Cell Loss Priority	ネットワークが輻輳したときに，セル廃棄を優先させるかを決める 1 ビットの値．0 と 1 で，1 の場合は廃棄されやすくなる
HEC	Header Error Control	CRC（Cyclie Redundancy Check）を使って誤り制御を行うための情報

重要

CLP フィールドの値が 1 の場合は，輻輳状態に陥ったときなどに優先的に破棄されるセルを示します．

ATM は次のような特徴があります．

① ATM 網はコネクション型の通信ネットワークです．

② 音声，映像，コンピュータデータなどのデータをすべて固定長のブロック（48 バイト）のセルに分割し，これに伝送制御用のヘッダ（5 バイト）

を付加して伝送します．なお，伝送するデータのビット数が一つのセルで運べるビット数より多いときは，データを分割して複数のセルで伝送します．

③　伝送単位であるセルは，通信経路情報などで構成されるヘッダを持っているため，セルごとに独立して多重化や交換処理を行うことができます．

④　情報の転送速度は，単位時間に転送するセル数により決定されます．

主として文字情報を扱う電子メールのようにデータ量が少ない通信の場合と動画像のようにデータ量の多い通信とでは，セルを送出する間隔を変えることにより対応しているため，異なるメディアタイプが混在していても効率的に転送することができます．

ATM 網において，物理レイヤが ATM レイヤから受け取る ATM セルの速度と伝送路上の情報伝送容量は，必ずしも一致しません．そこで，物理レイヤの**伝送コンバージェンスサブレイヤ**（TC）では，**空きセル**を生成及び挿入することで速度整合を行います．挿入された空きセルは，物理レイヤの終端点で廃棄されます．

補足
伝送コンバージェンスサブレイヤは，セル流の速度整合，セルの同期確立，セルヘッダの誤り検出／訂正などの機能があります．

⑤　セルが固定長のため，ヘッダの読み取り，転送の判断転送先の決定などのデータ交換処理を ATM スイッチによって，ソフトウェアでなくハードウェアで高速に行うことができます．

⑥　ATM 網の通信品質（QoS）は，セル損失率だけでなく，セルを受信端末に送り届けるまでに要する時間，遅延時間の揺らぎの程度などのパラメータとあわせて規定されています．

2　ATMのレイヤ構成

ATM のレイヤは，下位から物理レイヤ，ATM レイヤ，ATM アダプテーションレイヤ（AAL：ATM Adaptaion Layer）の三つに分かれます．

①　物理レイヤ

ケーブルやコネクタなどの物理的な条件や，伝送フレームなど各信号を伝送するために必要な機能を規定します．

ATM で転送される信号の伝送路符号化は，物理媒体サブレイヤで行われます．伝送媒体ごとに行われ，光ファイバケーブルで伝送される光信号は**スクランブルド 2 値 NRZ 符号**に．UTP ケーブルで伝送される電気信号は **NRZI 符号**に伝送路符号化されます．

重要
光信号はスクランブルド 2 値 NRZ 符号に，電気信号は NRZI 符号に伝送路符号化されます．

②　ATM レイヤ

48 バイトのパケットデータを 5 バイトのヘッダ（宛先情報）を付加するレイヤです．

③　ATM アダプテーションレイヤ（AAL）

送信されたパケットデータ（送信情報）を 48 バイトに分割するレイヤです．これらのレイヤは，OSI 参照モデルのレイヤ 1（物理層）とレイヤ 2（データリング層）の一部にあたります．各レイヤと機能の概要を表 2.9 に示します．

表 2.9　各レイヤの機能概要

OSI 参照モデルレイヤ		ATM レイヤ		機　能
2	データリンク層	ATM アダプテーションレイヤ（AAL）	コンバージェンスサブレイヤ（CS）	コンバージェンス機能
			セル分割組立サブレイヤ（SAR）	セル分解 / 組立て機能
1	物理層	ATM レイヤ		・セルヘッダ生成 / 抽出 ・VPI/VCI ルーティング機能 ・セル多重 / 分離機能
		物理レイヤ	伝送コンバージェンスサブレイヤ（TC）	・セル速度調整機能 ・ヘッダ誤り検出 / 訂正機能 ・セル同期機能 ・伝送フレーム生成 / 検証機能
			物理媒体サブレイヤ（PMD）	・伝送媒体や伝送速度に対応するビットタイミング

問 1　SDH ベースのユーザ・網インタフェースにおいて，ATM セルのヘッダ部にある CLP フィールドの値が［　　］の場合は，ATM 網が輻輳《ふくそう》状態に陥ったときなどに優先的に破棄されるセルを示す．

①　0　　②　1　　③　00　　④　11　　⑤　000　　⑥　111

解説　CLP フィールドの値が **1** の場合は，ATM 網が輻輳状態に陥ったときなどに優先的に破棄されるセルを示します．CLP は，Cel（セル）Loss（紛失）Priority（優先）の略語です．

解答　②

補足

SDH（Synchronous Digital Hierarchy）は光通信回線を効率的に扱うための同期方式です．

問 2　ATM の技術などについて述べた次の二つの記述は，［　　］．

A　ATM セルのヘッダ部にある CLP フィールドのビット値が 0 の場合は，ATM 網が輻輳《ふくそう》状態に陥ったときなどに優先的に破棄されるセルであることを示す．

B　SDH ベースのユーザ・網インタフェースにおいて，伝送コンバージェンスサブレイヤで生成・挿入された空きセルは，転送先の伝送コンバージェンスサブレイヤで破棄される．

①　A のみ正しい　　②　B のみ正しい
③　A も B も正しい　　④　A も B も正しくない

解説　A 「CLP フィールドのビット値が **0** の場合は，ATM 網が輻輳状態に陥ったときなどに優先的に破棄されるセルであることを示す」ではなく，正しくは「CLP フィールドのビット値が **1** の場合は，ATM 網が輻輳状態に陥ったときなどに優先的に破棄されるセルであることを示す」です．

解答　②

問 3　SDH ベースのユーザ・網インタフェースにおける ATM の各レイヤのうち［　　］の機能には，受け取ったセルの速度を伝送路の情報伝送容量と一致させるためのセル流の速度整合，セル同期の確立，セルヘッダの誤り訂正などがある．

① 物理媒体依存サブレイヤ
② セル分割 / 組立てサブレイヤ
③ 共通部コンバージェンスサブレイヤ
④ 伝送コンバージェンスサブレイヤ
⑤ サービス依存部コンバージェンスサブレイヤ

解説　**伝送コンバージェンスサブレイヤ**の説明です．伝送コンバージェンスサブレイヤの機能には，受け取ったセルの速度を伝送路の情報伝送容量と一致させるためのセル流の速度整合，セル同期の確立，セルヘッダの誤り検出及び訂正などがあります．

解答　④

問 4　SDH ベースのユーザ・網インタフェースにおける ATM の各レイヤのうち，伝送コンバージェンスサブレイヤの機能について述べた次の二つの記述は，［　　］．

A　必要に応じて空きセルをパディングしてセル流の速度整合を行う．
B　セル同期の確立及びセルヘッダの誤り訂正を行う．

① A のみ正しい　　② B のみ正しい
③ A も B も正しい　　④ A も B も正しくない

解説　伝送コンバージェンスサブレイヤは，ATM の物理層のサブレイヤ（副層）の一つで，伝送されるセルの速度整合，セル同期の確立，セルヘッダの誤り検出及び訂正の機能をもちます．

解答　③

問 5 SDH ベースのユーザ・網インタフェースにおける ATM の各レイヤのうち，伝送コンバージェンスサブレイヤの機能について述べた次の記述のうち，誤っているものは，［　　］である．

① 自己同期スクランブラといわれるアルゴリズムによりセル同期を行う．
② GFC（Generic Flow Control 一般的フロー制御）の機能を実行するために，無効なユーザ情報と有効な GFC フィールドを含んだ，非割当てセルの生成 / 廃棄を行う．
③ セルのヘッダ部の誤り検査 / 訂正を行う．
④ 下位レイヤから受信したセルには，セル境界の識別を行う．
⑤ 上位レイヤからのセル流を下位レイヤに流すための速度整合を行う．

解説 ② 「GFC（Generic Flow Control 一般的フロー制御）の機能を**実行するために，無効なユーザ情報と有効な GFC フィールドを含んだ，非割当てセルの生成 / 廃棄を行う**」ではなく，正しくは「GFC（Generic Flow Control 一般的フロー制御）の機能を**サポートしている装置では，優先度が低いデータを ATM 網に送り込まないように制御する**」です．

解答 ②

問 6 ATM の技術などについて述べた次の二つの記述は，［　　］．

A ATM 網の通信品質は，セル損失率だけではなく，セルを受信端末に送り届けるまでに要する時間，遅延時間の揺らぎの程度などのパラメータも規定されている．

B 伝送コンバージェンスサブレイヤにおいて，転送される信号は，伝送媒体ごとに光信号は NRZ 符号に，電気信号は CMI 符号に伝送路符号化される．

① A のみ正しい　② B のみ正しい
③ A も B も正しい　④ A も B も正しくない

解説 B 「**伝送コンバージェンスサブレイヤ**において，転送される信号は，伝送媒体ごとに光信号は **NRZ 符号**に，電気信号は **CMI 符号**に伝送路符号化される」ではなく，正しくは「**物理媒体スサブレイヤ**において，転送される信号は，伝送媒体ごとに光信号は**スクランブルド 2 値 NRZ 符号**に，電気信号は **NRZI 符号**に伝送路符号化される」です．

解答 ①

2.7 ブロードバンドアクセス技術

出題のポイント

- VDSLの接続形態
- CATVアクセスに必要な装置
- 光アクセスネットワークの接続形態

1 xDSLアクセス

xDSLは，アナログ電話で使用している電話回線を利用し，通話の帯域よりも高い周波数帯域を使用して，高速デジタル伝送を行う方式です．

ADSLは，アクセス回線としてアナログ電話用の平衡対メタリックケーブルを使用して，数百kbit/sから数十Mbit/sの高速大容量伝送を実現する技術です．伝送速度が非対称型の周波数分割多重化方式による双方向伝送システムです．

ADSLは，Asymmetric《アシンメトリック》（非対称）Digital《デジタル》Subscriber《サブスクライバー》（加入者）Line《ライン》（線）
DSLAMは，Digital Subscriber Line Access《アクセス》Multiplexer《マルチプレクサ》（多重化装置）
の略語だよ．

[1] ADSLの使用機器

ADSLの装置の構成を図2.12に示します．電気通信事業者側に設置されたデジタル加入者回線アクセス多重化装置のDSLAM装置は，周波数帯域が約26〔kHz〕～138〔kHz〕の上り回線及び約138〔kHz〕～2 208〔kHz〕の下り回線の信号に変調，復調，多重化する機能を持っています．ユーザ側では**ADSLモデム**が変調，復調，多重化する機能を持ち，ADSL信号とパソコンなどを接続した宅内LANの信号を相互に変換します．

電気通信事業者が提供するADSLは，終了しちゃったね．

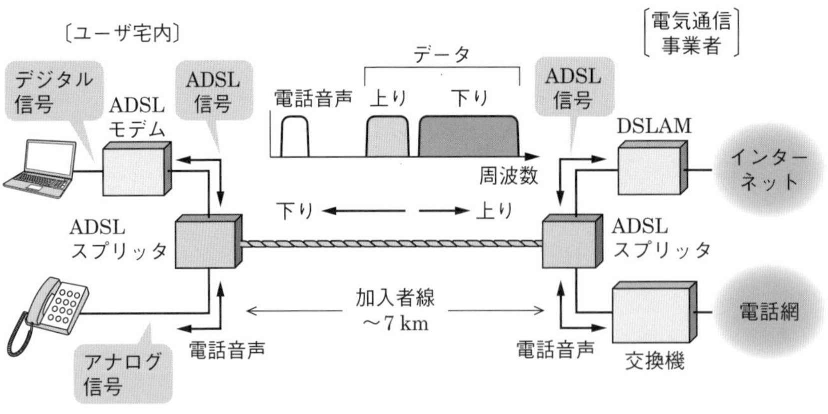

図2.12　ADSL装置の構成

[2] VDSL

VDSL（Veryhigh-bit-rate Digital Subscriber Line）は，集合住宅内の既存の電話回線（メタリックケーブル）を使用して高速伝送を行います．VDSL は ADSL と同様の変調方式として DMT を使用していますが，ADSL よりも広い周波数帯域を使用してサブキャリア（副搬送波）をより多く使用できるため ADSL よりも高い通信速度を実現できます．VDSL で使用する高い周波数帯域の信号は減衰しやすく雑音の影響を受けやすいため，伝送距離は ADSL よりも短くなるので，集合住宅内で利用されます．

VDSL の通信速度は，上り 1.8〔Mbps〕～ 2.3〔Mbps〕，下り 13〔Mbps〕～ 52〔Mbps〕で，0.3〔km〕～ 1〔km〕の距離を伝送することが可能です．

VDSL の集合住宅までのデータ通信回線は，光ファイバケーブルを使用するよ．

2 CATV アクセス

多くの CATV（有線テレビジョン放送）事業者は映像配信サービスに加えて，インターネット接続サービスを提供しています．事業者からユーザ宅まで光ファイバと同軸ケーブルを組み合わせた **HFC** 方式などの CATV ネットワーク構成が用いられます．ユーザ側の設備は，テレビジョンに接続することができる同軸コネクタと LAN 接続のための RJ-45 コネクタを備えた**ケーブルモデム**が設置されます．

また，CATV 事業者が提供するアクセスシステムは，事業者の設備センタからユーザ宅まですべて光ファイバケーブルを使用した FTTH（Fiber To The Home）方式も提供されています．

HFC は，Hybrid《ハイブリッド》（混成の）Fiber《ファイバ》（細い線）Coaxial《コアキシャル》（同軸）の略語だよ．

3 光アクセス

電気通信事業者側とユーザ側を光ファイバで接続した光アクセスネットワークの接続形態を次に示します．

[1] SS 方式

SS 方式は，**1 心の光ファイバを 1 ユーザが占有**する構成です．図 2.13 のように電気通信事業者側の OLT（光信号終端装置）とユーザ側の ONU（光加入者線網装置）を 1 対 1 で接続します．

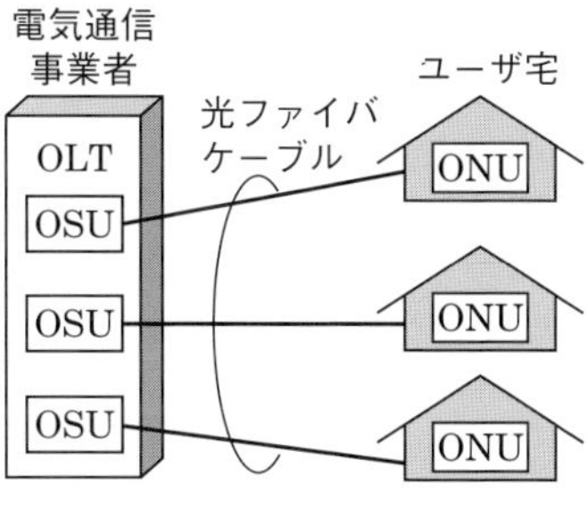

図 2.13　SS 方式

SS は，Single《シングル》（一つ）Star《スター》（星形）
OLT は，Optical Line《ライン》（線）Terminal《ターミナル》（終端）
ONU は，Opticl《オプティカル》（光学）Network《ネットワーク》（通信網）Unit《ユニット》（装置）
の略語だよ．

[2] ADS 方式

ADS 方式は，図 2.14 のように電気通信事業者側の装置とユーザ側の装置の間に光―電気変換機能と多重分離機能を有する能動素子の RT（遠隔多重装置）を設置して，OLT と RT の間は光ファイバで接続し，RT とユーザ側の DSU（デジタル回線終端装置）まではメタリックケーブルで接続する構成です．電気通信事業者側からは光信号で，ユーザ側からは電気信号で伝送します．また，能動素子とは電源が必要な素子のことです．

ADS は，Active《アクティブ》（能動的）Double《ダブル》（二重）Star
RT は，Remote《リモート》（遠隔の）Terminal
DSU は，Digital《デジタル》 Service《サービス》 Unit《ユニット》（装置）
VDSL は，Very《ベリー》 high-bit-rate《ハイビットレート》（超高速）Digital Subscriber Line
の略語だよ．

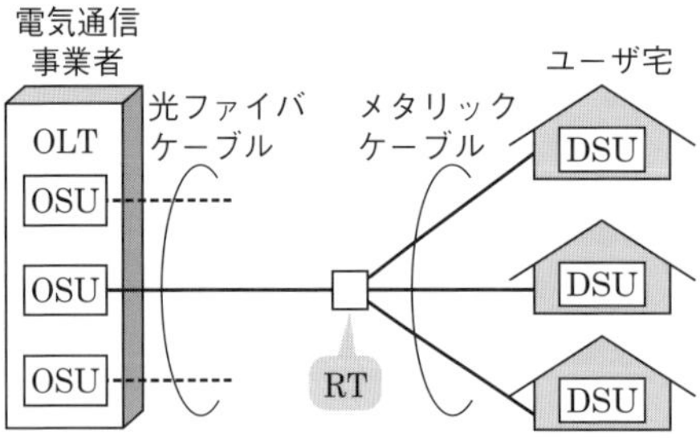

図 2.14　ADS 方式

電気通信事業者側からマンションなどの集合住宅の主配線盤（MDF）室などまでの区間には光ファイバケーブルを使用し，MDF 室などから各戸までの区間には電気信号に変換して，アナログ電話用の既存の平衡対メタリックケーブルをアクセス回線として使用する方式を **VDSL 方式**といいます．

[3] PON 方式

PON 方式は，図 2.15 のように 1 心の光ファイバを光スプリッタなどの光受動素子によって**複数本の光ファイバに分岐**して各ユーザ側に接続する構成です．ユーザ側の **ONU**（**光加入者線網装置**）と電気通信事業者側の **OLT**（**光信号終端装置**）の間を光信号で伝送します．PON のうち最大の伝送速度が 1 Gbit/s のシステムを **GE-PON** といいます．また，受動（パッシブ）素子とは電源を必要としない素子です．このように 1 心の光ファイバが分岐して，個々のユーザにドロップ光ファイバで配線する構成を **PDS 方式**といいます．

PON は，Passive《パッシブ》（受動）Optical Network
の略語だよ．

重要

GE-PON は複数のユーザ側の光加入者網装置（ONU）が，1 心の光ファイバケーブルによって電気通信事業者側の 1 台の光信号終端装置（OLT）に接続されます．

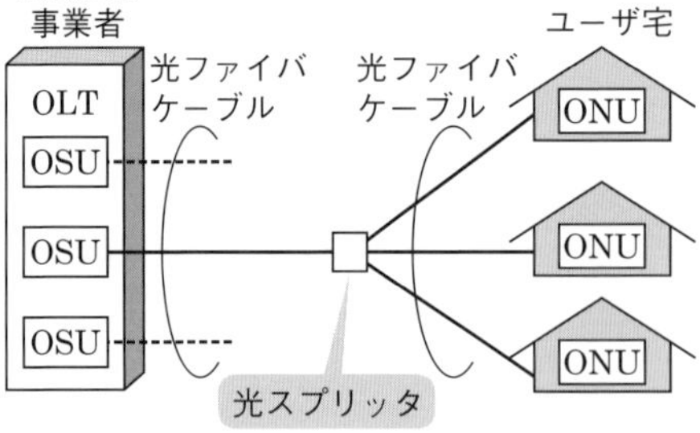

図 2.15　PON（PDS）方式

GE は，Gigabit《ギガビット》 Ethernet《イーサネット》
PDS は，Passive Double Star
の略語だよ．

[4] 多重方式（WDM）

1心の光ファイバに波長の異なる複数の光信号を多重化して伝送する方式を**多重方式**（**WDM**）といいます．波長の間隔，チャネル数，光空間における信号の増幅機能などから **CWDM**（低密度波長分割多重）方式と **DWDM**（高密度波長分割多重）方式に分けられます．主として，DWDM は基幹系の光ファイバネットワークに，CWDM はアクセス系光ファイバネットワークに用いられます．

TTC 標準では，WDM の波長分割システムで使用可能な光信号のスペクトル配置を定めるスペクトルグリッドについて規定しています．

DWDM は，JT-G694.1 によってスペクトルの中心を周波数で表現した周波数グリッドが規定され，12.5〔GHz〕，25〔GHz〕，50〔GHz〕，100〔GHz〕又はそれ以上の周波数間隔とされています．CWDM は，JT-G694.2 によってスペクトルの中心を波長で表現した波長グリッドが規定され，隣接波長との間隔は 20〔nm〕とされています．

問 1 CATV センタからの映像をエンドユーザへ配信する CATV システムにおいて，ヘッドエンド設備からアクセスネットワークの途中の光ノードまでの区間に光ファイバケーブルを用い，光ノードからユーザ宅までの区間に同軸ケーブルを用いるネットワークの形態は，一般に，[　　　]といわれる．

① VDSL　② FTTH　③ シェアドアクセス
④ ADSL　⑤ HFC

解説 CATV（ケーブルテレビ）で用いられる HFC の説明です．HFC（Hybrid Fiber-Coaxial）では，センタ局（ヘッドエンド）から配線する幹線部分には伝送路の大容量化，高速化のため光ファイバを適用し，各家庭に配線するユーザ対応部分には，既存の CATV 伝送設備を活用するため同軸ケーブル（Coaxial Cable）を利用しています．

解答 ⑤

問 2 光アクセスネットワークの設備構成などについて述べた次の二つの記述は，[　　　]．

A　電気通信事業者のビルから集合住宅の MDF 室などに設置された回線終端装置までの区間には光ファイバケーブルを使用し，MDF 室などに設置された VDSL 集合装置から各戸までの区間に既設の電話用の配線を利用する形態のものがある．

B　電気通信事業者のビルから配線された光ファイバの1心を，光受動素子を用いて分岐し，個々のユーザにドロップ光ファイバケーブルを用いて配線する構成を採る方式は，PDS 方式といわれる．

① A のみ正しい　② B のみ正しい
③ A も B も正しい　④ A も B も正しくない

解説　A　VDSL（Veryhigh-bit-rate Digital Subscriber Line）は，集合住宅内の既存の電話回線を使用して高速伝送を行います．なお，MDF は Main Distributing Frame（主配線盤）の略語です．

B　光スプリッタでは，受動素子により光信号を電気信号に変換せず光のまま分岐させるため，それを用いた方式は PDS 方式といわれます．なお，PDS は Passive（受動素子）Double Star（星形分岐）の略語です．

PDS は PON ともいわれるよ．PON は，Passive Optical Network の略語だよ．

解答　③

問 3　光アクセスネットワークの設備構成のうち，電気通信事業者のビルから配線された光ファイバ心線を分岐することなく，電気通信事業者側とユーザ側に設置されたメディアコンバータなどとの間を 1 対 1 で接続する構成を採る方式は，一般に，［　　］方式といわれる．

①　ADS　②　PDS　③　SCM　④　PLC　⑤　SS

解説　電気通信事業者側とユーザ側に設置されたメディアコンバータなどとの間を 1 対 1 で接続する構成を採る方式は，一般に，**SS 方式**といわれます．なお，SS は Single Star の略語です．

解答　⑤

補足

電気通信事業者側のメディアコンバータ（MC）は OSU，ユーザ側の MC は ONU ともいいます．

問 4　光アクセスネットワークの設備構成などについて述べた次の記述のうち，誤っているものは，［　　］である．

①　光アクセスネットワークの設備構成のうち，電気通信事業者のビルから配線された光ファイバの 1 心を，分岐点において能動素子を用いた光 / 電気変換装置などを使用して分岐することにより，既存のメタリックケーブルを利用して複数のユーザへ配線する構成を採る方式は，ADS 方式といわれる．

②　光アクセスネットワークの設備構成のうち，電気通信事業者のビルから配線された光ファイバの 1 心を，分岐点において光受動素子を用いて分岐し，個々のユーザの引込み区間にドロップ光ファイバケーブルを使用して配線する構成を採る方式は，PDS 方式といわれる．

③　光アクセスネットワークの設備構成のうち，電気通信事業者のビルから配線された光ファイバ心線を分岐することなく，電気通信事業者側とユーザ側に設置されたメディアコンバータなどとの間を 1 対 1 で接続する構成を採る方式は，HDSL 方式といわれる．

④　光アクセスネットワークには，波長分割多重伝送技術を使い，上り，下りで異なる波長の光信号を用いて，1 心の光ファイバで上り，下り両方の信号を同時に送受信する全二重通信を行う方式がある．

解説 ③「電気通信事業者側とユーザ側に設置されたメディアコンバータなどとの間を 1 対 1 で接続する構成を採る方式は，**HDSL 方式**といわれる」ではなく，正しくは「電気通信事業者側とユーザ側に設置されたメディアコンバータなどとの間を 1 対 1 で接続する構成を採る方式は，**SS 方式**といわれる」です．

解答 ③

問 5 TTC 標準では，アクセス系光ファイバネットワークに用いられる伝送技術である［　　　］の波長グリッドについて，温度制御の不要なレーザやフィルタなどの性能を考慮し，隣接波長との間隔は 20 ナノメートルと規定している．

① TDM　② TDMA　③ DWDM　④ CWDM　⑤ FDMA

解説 **CWDM** の波長グリッド（波長の並び）について，温度制御の不要なレーザやフィルタなどの性能を考慮し，隣接波長との間隔は 20 ナノメートルと規定しています．

WDM は，多重する波長が多く（16 波以上）波長間隔の短い DWDM（高密度光波長分割多重）と波長が少なく（4 波から 8 波程度）波長間隔の長い CWDM（低密度光波長分割多重）に分類されます．

解答 ④

3.1 情報セキュリティ

出題のポイント

- ●情報セキュリティの３要素
- ●不正行為と不正アクセス行為
- ●コンピュータウイルスの種類と動作

1 情報セキュリティの要素

情報セキュリティは次の要素を確保することが定められています．

① **機密性（Confidentiality）**

許可された利用者だけに情報を開示すること．

② **完全性（Integrity）**

情報及び関連する情報資産の正確性及び完全性を保護すること．

③ **可用性（Availability）**

許可された利用者が，必要なときに，情報及び関連する情報資産に対して確実に**アクセスできる**こと．

補足

3 要素（機密性、完全性、可用性）の頭文字をとって，情報セキュリティの CIA ともいわれています．

プログラムやデータなどの情報もお金と同じように価値があるから，情報資産だね．

2 脅威と脆《ぜい》弱性

［1］ユーザ認証

サーバなどへのアクセス時において，アクセスしようとしているユーザが本人であるかどうかを確認する仕組みを**ユーザ認証**といい，一般に，**ユーザ ID とパスワード**の組合せによる認証方法が用いられています．不正なユーザ認証などによって，サーバにアクセスする行為を**不正アクセス行為**といいます．

不正アクセス行為は，「不正アクセス行為の禁止等に関する法律」によって罰せられるよ．

［2］不正行為と不正アクセス行為

① **盗聴**

不正な手段で他人の情報を盗み取ることです．

ネットワーク上を流れる IP パケットを盗聴して，そこから ID やパスワードなどを拾い出す行為は，**パケットスニッフィング**といわれます．

② **改ざん**

情報の内容を送信者が意図していないものに勝手に書き換えることです．

③ **なりすまし**

他人のパスワードなどを不正に入手し，**入手したパスワードなどを用いてデータや情報にアクセスすること**です．

送信元 IP アドレスを詐称することにより，別の送信者になりすまし，不正行為などを行う手法は，**IP スプーフィング**といわれます．

④　ポートスキャン

コンピュータに侵入するためにポートの使用状況を解析する方法です．

コンピュータの標的ポートに対してスリーウェイハンドシェイクによるシーケンスを実行し，コネクションが確立できたことにより標的ポートが開いていることを確認する方法を **TCP スキャン**といいます．

FIN パケットを送信し，RST パケットを受信した場合は，そのポートが稼働していると判断し，応答がなかった場合は，稼働していないと判断する方法は **FIN スキャン**といいます．

TCP SYN スキャンは，TCP コネクションを確立しないでポートの稼働状態を確認する方法です．ポートに対して SYN パケットのみを送信して応答を確認します．

⑤　セッションハイジャック

攻撃者が，**Web サーバとクライアントとの間の通信に割り込んで**，正規のユーザになりすますことにより，その間でやり取りしている**情報を盗んだり改ざんしたりする行為**のことです．セッションとは Web ページのログインからログアウトまでの通信のことです．

⑥　ブラウザクラッシャー

Web ページの来訪者に対して悪意を持った Web ページのことです．Web ページを開くと，コンピュータ画面上に，連続的に新しいウィンドウを開くなど，来訪者のコンピュータに負荷をかけて，**来訪者本人が意図しない動作**をさせます．

⑦　DoS 攻撃

インターネット上でサービスを提供しているコンピュータに対し，電子メールやデータの**パケットを大量に送りつけたり**，**セキュリティホールを悪用する**などによりサービスを妨害する攻撃手法です．ネットワーク上の多数のコンピュータが，特定のサーバに DoS 攻撃を行うことを DDoS 攻撃といいます．

発信元の IP アドレスを攻撃対象のホストの IP アドレスに偽装した ICMP エコー要求パケットを，攻撃対象のホストが所属するネットワークのブロードキャストアドレス宛に送信することにより，攻撃対象のホストを過負荷状態にする DoS 攻撃を**スマーフ攻撃**といいます．

⑧　バッファオーバフロー攻撃

サーバ内のデータを一時的に保存しておくバッファに，その容量を超える大量のデータを送りつけて，システムの機能に障害を与える攻撃です．

バッファオーバフロー攻撃は，あらかじめ用意したバッファに対して**入力データのサイズ**が適切であることのチェックを厳密に行っていない OS やアプリケーションの脆《ぜい》弱性を利用する攻撃です．バッファの**スタック領域**などを不正に書き換えることによって，攻撃者が意図したプログラムを実行させることで，サーバが操作不能にされたり特別なプログラムが実行されて管理者権限

TCP SYN スキャンは，サーバにログとして痕跡が残りにくいので，ステルススキャンともいわれるよ．

ブラウザは，マイクロソフト Edge やグーグル Chrome などのインターネットのウェブページをみるアプリのことだね．

DoS は，Denial《デニアル》（拒否）of Service《サービス》の略語だよ．

補足

ICMP エコー要求パケットは，ping プログラムが送出します．

補足

バッファは，コンピュータプログラムが実行するときに，一時的にデータを格納するメモリ領域のことです．

を奪われたりするおそれがあります．

⑨　arp 攻撃

ルータなどが端末と通信するときに，LAN 上で稼働している端末に付与されている IP アドレスと MAC アドレスの対応表を用います．この対応表は，**arp コマンド**により書き換えが可能であるため，攻撃者によって意図的にこの対応表が書き換える攻撃を arp 攻撃といいます．arp 攻撃によって攻撃者が用意した端末などにデータを転送され，データを盗まれるおそれがあります．

⑩　辞書攻撃

パスワードの割り出しや暗号の解読に使われる攻撃手段で，辞書にある単語を使う攻撃手法です．**英単語をパスワードとして使用**している場合，そのパスワードは悪意のある第三者に容易に解読されるおそれがあります．

⑪　フィッシング

フィッシング（phishing）は，魚釣り（fishing）と洗練（sophisticated）から作られた造語で，送信者を詐称した電子メールを送りつけたり，偽の電子メールから偽のホームページに接続させたりするなどの方法で，クレジットカード番号やアカウント情報などの個人情報を盗み出す行為のことです．

フィッシングはパスワード釣りだね．

補足

パスワードなどを不正に利用するときに解析することをパスワードクラッキングといいます．

⑫　キーロガー

キーボードの入力情報を記録し，ID やパスワードを盗み取ることです．

⑬　踏み台

侵入したコンピュータを足がかりにして，ほかのコンピュータを攻撃することです．

⑭　ブルートフォース攻撃

考えられるすべての**暗号鍵や文字列の組合せを試みる**ことにより，暗号の解読やパスワードの解析を試みる攻撃手法で，総当たり攻撃ともいわれます．

この攻撃の対策としては，パスワードを指定回数以上連続して間違えた場合に，一時的に当該ユーザからのログオンを不可にする**アカウントロックアウト**機能の設定が有効です．

ブルートフォース（Brute force）は力ずくの意味だよ．

⑮　DNS キャッシュポイズニング

DNS サーバの脆《ぜい》弱性を利用し，**偽りのドメイン管理情報に書き換える**ことにより，特定のドメインに到達できないようにしたり，**悪意のあるサイトに誘導**したりする攻撃手法です．

ポイズニング（poisoning）は毒や中毒の意味だよ．

⑯　クロスサイトスクリプティング

標的となる Web サイトに攻撃用のスクリプトを混入させ，Web サイトを利用したユーザの Web ブラウザ上でこれを実行させて情報を奪取する攻撃手法です．

スクリプトとして動作する元となる文字を別の文字列に変換し，入力データに含まれる HTML タグなどを無効化する処理を**サニタイジング**といい，クロスサイトスクリプティング攻撃に有効な対策手段です．

補足

脆《ぜい》弱性とはソフトウェアのプログラムの不具合や設計上のミスが原因で発生した情報セキュリティ上の欠陥のことです．

⑰　**ディレクトリトラバーサル**

相対パスによる表記を利用することにより，本来アクセスを想定しないディレクトリへアクセスさせる攻撃です．

⑱　**OS コマンドインジェクション**

閲覧者からのデータの入力や操作を受け付けるような Web サイトにおいて，攻撃者が URL のパラメータなどに OS のコマンドを挿入し，Web サイトの運営者が意図しない OS コマンドを実行する攻撃です．

⑲　**SEO ポイズニング**

悪意のある Web サイトに利用者を誘導するために，検索エンジンの順位付けアルゴリズムを悪用し，検索結果の上位に不正な Web ページのリンクを表示させる行為です．SEO は，Search Engine（検索エンジン）Optimization（最適化）の略語です．

検索エンジンの順位を変えられると信頼できなくなるね．

［3］迷惑メール

電子メール利用者に向けて，利用者の都合を考慮せずに一方的に送られてくる**広告や勧誘**などを目的とするメールのことで，**スパムメール**ともいわれます．

［4］コンピュータウイルス

第三者のプログラムやデータベースに対して，意図的に何らかの被害を及ぼすように作られたプログラムを**コンピュータウイルス**といいます．コンピュータウイルスは，**自己伝染機能**，**潜伏機能**，**発病機能**のうち少なくても一つ以上の機能を有しています．

重要

コンピュータウイルスは，自己伝染機能，潜伏機能，発病機能のうち一つ以上の機能を有しています．

コンピュータウイルスの機能のうち，自己伝染機能は，他のプログラムに自らをコピーしたり，又はシステム機能を利用して，自らを他のシステムにコピーしたりして他のシステムに伝染する機能です．潜伏機能は，発病するための特定時刻，一定時間，処理回数などの条件を記憶させて，条件が満たされるまで症状を出さない機能です．発病機能は，プログラムやデータなどのファイルを破壊し，コンピュータに異常な動作をさせるなどの機能です．

コンピュータウイルスは，電子メールの添付ファイル，WEB サイトの閲覧やファイルのダウンロード，USB メモリなどの記憶媒体などから感染します．

ウイルスの活動形態から次のように分けられますが，複合型のものもあります．また，これらの悪意のあるソフトウェアを総称して**マルウェア**と呼びます．

システムに侵入した攻撃者が，その後の不正を行いやすくするために，自身の存在を隠蔽することなどを目的として使用するソフトウェアをまとめたものは **rootkit** といわれます．

重要

悪意のあるソフトウェアを総称してマルウェアといいます．
自身の存在を隠蔽することなどを目的として使用するソフトウェアは，rootkit といいます．

①　**ファイル感染型**

プログラム実行可能ファイルに感染し，そのプログラムの実行により，ほかのファイルに感染します．

②　**マクロ感染型**

表計算ソフトなどのマクロ機能を利用して感染します．

③　**ブートセクタ感染型**

コンピュータのシステム領域（ブートセクタ）に感染し，OSを起動させると不正なプログラムが実行します．

④　**ワーム**

悪意のある単独のプログラムで，ファイルへの感染活動などを行わずに主に**ネットワークを介して自己増殖**します．ネットワークを介して攻撃先のシステムのセキュリティホールを悪用して侵入します．

ワームは虫のことだね．トロイの木馬はギリシャ神話だね．これらの言葉からウイルスの種類を表す用語を作ったんだよ．

⑤　**トロイの木馬**

正規のプログラムに見せかけてインストールさせて，その不正なプログラムを実行するとファイルやプログラムを破壊したり，個人情報を外部に流出するなどの不正行為をします．

⑥　**ランサムウェア**

コンピュータに侵入し，ハードディスクドライブのファイルを暗号化したり，コンピュータをロックしてユーザが使用できないようにして，使用できるように復元することと引き換えに金銭を支払うようにユーザに要求するマルウェアです．

ランサムウェアは，身代金要求型ともいうよ．

問 1　IPアドレスの詐称による攻撃などについて述べた次の二つの記述は，［　　］．

A　送信元IPアドレスを詐称することにより，別の送信者になりすまし，不正行為などを行う手法は，IPスプーフィングといわれる．

B　ネットワーク上を流れるIPパケットを盗聴して，そこからIDやパスワードなどを拾い出す行為は，データマイニングといわれる．

①　Aのみ正しい　　②　Bのみ正しい

③　AもBも正しい　　④　AもBも正しくない

解説　B「そこからIDやパスワードなどを拾い出す行為は，**データマイニング**といわれる」ではなく，正しくは「そこからIDやパスワードなどを拾い出す行為は，**パケットスニッフィング**といわれる」です．

重要　データマイニングは，統計学的な解析手法を用いて，蓄積されたデータから有用な知識や情報を取り出す技術です．

解答　①

問 2　クロスサイトスクリプティングについて述べた次の記述のうち，正しいものは，［　　］である．

①　標的となるWebサイトに攻撃用のスクリプトを混入させ，Webサイトを利用したユーザのWebブラウザ上でこれを実行させて情報を奪取することができる．

② 相対パスによる表記を利用することにより，本来アクセスを想定しないディレクトリへアクセスさせる攻撃である．

③ 閲覧者からのデータの入力や操作を受け付けるような Web サイトにおいて，攻撃者が URL のパラメータなどに OS のコマンドを挿入し，Web サイトの運営者が意図しない OS コマンドを実行する攻撃である．

④ スクリプトとして動作する元となる文字を別の文字列に変換し，入力データに含まれる HTML タグなどを無効化する処理である．

解説 ② ディレクトリトラバーサルの記述です．

③ OS コマンドインジェクションの記述です．

④ サニタイジングの記述です．

解答 ①

問 3 悪意のある Web サイトに利用者を誘導するために，検索エンジンの順位付けアルゴリズムを悪用し，検索結果の上位に不正な Web ページのリンクを表示させる行為は，一般に，[　　　]といわれる．

① クロスサイトスクリプティング　② ディレクトリトラバーサル

③ SEO ポイズニング　④ セッションハイジャック

⑤ SQL インジェクション

解説 悪意のある Web サイトに利用者を誘導するために，検索エンジンの順位付けアルゴリズムを悪用し，検索結果の上位に不正な Web ページのリンクを表示させる行為は，一般に，**SEO ポイズニング**といわれます．

解答 ③

問 4 ポートスキャンの方法の一つで，標的ポートに対してスリーウェイハンドシェイクによるシーケンスを実行し，コネクションが確立できたことにより標的ポートが開いていることを確認する方法は，一般に，[　　　]スキャンといわれる．

① UDP　② FIN　③ SYN　④ TCP　⑤ ウイルス

解説 ポートスキャンの方法の一つで，標的ポートに対してスリーウェイハンドシェイクによるシーケンスを実行し，コネクションが確立できたことにより標的ポートが開いていることを確認する方法は，一般に，**TCP** スキャンといわれます．なお，FIN スキャンは，FIN パケットを送信し，RST パケットを受信した場合は，そのポートが稼働していると判断し，応答がなかった場合は，稼働していないと判断する方法で，SYN スキャンは，コネクションを確立しないでポートの稼働状態を確認する方法です．

解答 ④

問 5 ポートスキャンの一つであるTCP SYNスキャンは，[　　]サーバのポートの状態を確認するので当該サーバにログとして痕《こん》跡が残りにくいことから，ステルススキャンともいわれ，攻撃者によってサーバの情報を収集するために悪用されることがある．

① 不要なサービスを停止してから
② スリーウェイハンドシェイクを行って
③ サーバのログファイルを解析して
④ TCPコネクションを確立しないで
⑤ 脆《ぜい》弱性検査を実施して

解説 ポートスキャンの一つであるTCPSYNスキャンは，**TCPコネクションを確立しないで**サーバのポートの状態を確認するので当該サーバにログとして痕跡が残りにくいことから，ステルススキャンともいわれ，攻撃者によってサーバの情報を収集するために悪用されることがあります．

SYNスキャンは，コネクションを確立しないでポートの稼働状態を確認する方法で，ポートに対してSYNパケットのみを送信して応答を確認します．

解答 ④

問 6 ポートスキャンについて述べた次の記述のうち，誤っているものは，[　　]である．

① サーバのポートに対して順次アクセスを行い，サーバ内で動作しているアプリケーションやOSの種類を調べ，侵入口となり得る脆《ぜい》弱なポートの有無を調べる行為はポートスキャンといわれる．
② ファイアウォールにおけるパケットフィルタリング機能は，ポートスキャン対策としての効果はない．
③ サーバへのポートスキャンにより，開いているポートが分かれば，そのサーバが提供しているサービスを推測することができる．
④ ポートスキャンを利用した攻撃への対策の一つに，不要なサービスを停止させ，必要最小限のサービスだけを稼働させる方法がある．

解説 ②「ファイアウォールにおけるパケットフィルタリング機能は，ポートスキャン対策としての**効果はない**」ではなく，正しくは「ファイアウォールにおけるパケットフィルタリング機能は，ポートスキャン対策としての**効果がある**」です．ポートスキャンは，ポートの開閉状況と，開いているポートで稼働しているサービスの探索に使用されます．ファイアウォールの機能の一つであるパケットフィルタリングは，IPパケットヘッダのIPアドレスとポート番号により，正規の通信以外のパケットを遮断し，ポートスキャンによって流出する情報を抑制できるため，ポートスキャン対策として効果があります．

解答 ②

問7 発信元のIPアドレスを攻撃対象のホストのIPアドレスに偽装したICMPエコー要求パケットを，攻撃対象のホストが所属するネットワークのブロードキャストアドレス宛に送信することにより，攻撃対象のホストを過負荷状態にするDoS攻撃は，一般に，［　　］攻撃といわれる．

① リプレイ　② ゼロデイ　③ ブルートフォース
④ スマーフ　⑤ Ping of Death

解説 発信元のIPアドレスを攻撃対象のホストのIPアドレスに偽装したICMPエコー要求パケットを，攻撃対象のホストが所属するネットワークのブロードキャストアドレス宛に送信することにより，攻撃対象のホストを過負荷状態にするDoS攻撃は，一般に，**スマーフ**攻撃といわれます．なお，データのパケットを大量に送りつけたり，セキュリティホールを悪用するなどによりサービスを妨害する攻撃をDoS攻撃といいます．DoSは，Denial（拒否）of Service（サービス）の略語です．発信元のIPアドレスが攻撃対象のホストのIPアドレスに偽装されているため，ブロードキャストの応答は攻撃対象のホストに送られます．ブロードキャストを受信したネットワーク内のホストが一斉に応答パケットを返すため，攻撃対象のホストにパケットが集中します．

多数のコンピュータが特定のサーバにDoS攻撃を行うことは，DDoS攻撃というよ．

解答 ④

問8 プログラムが確保しているバッファにそのサイズ以上のデータを送り込み，［　　］などを不正に書き換えることによって，攻撃者が意図したプログラムを実行させる攻撃は，一般に，バッファオーバフロー攻撃といわれる．

① 命令レジスタ　② 一時レジスタ　③ キャッシュメモリ
④ データベース　⑤ スタック領域

解説 プログラムが確保しているバッファにそのサイズ以上のデータを送り込み，**スタック領域**などを不正に書き換えることによって，攻撃者が意図したプログラムを実行させる攻撃は，一般に，バッファオーバフロー攻撃といわれます．コンピュータのバッファは，サブルーチンの戻り番地などプログラムの動作に必要な情報を格納するスタック領域と，アプリケーションがデータを処理するために動的に確保するヒープ領域に分けられます．バッファオーバフロー攻撃では，あらかじめ確保してあるこれらバッファのサイズを超えたデータを送り込むことで，プログラムの誤作動を起こさせます．

バッファは，コンピュータプログラムが実効するときに必要なメモリ領域だよ．

解答 ⑤

問 9 バッファオーバフロー攻撃は，あらかじめ用意したバッファに対して[　　　]が適切であることのチェックを厳密に行っていない OS やアプリケーションの脆《ぜい》弱性を利用するものであり，サーバが操作不能にされたり特別なプログラムが実行されて管理者権限を奪われたりするおそれがある.

① ファイルの拡張子　② 関数呼び出し　③ 入力データの冗長性
④ 入力データのサイズ　⑤ 入力データの機密性

解説 バッファオーバフロー攻撃は，あらかじめ用意したバッファに対して**入力データのサイズ**が適切であることのチェックを厳密に行っていない OS やアプリケーションの脆《ぜい》弱性を利用するものであり，サーバが操作不能にされたり特別なプログラムが実行されて管理者権限を奪われたりするおそれがあります．バッファオーバフロー攻撃では，あらかじめ確保してあるスタック領域と，ヒープ領域に，これらバッファのサイズを超えたデータを送り込むことで，バッファをオーバフローさせ，プログラムの誤作動を起こさせます．バッファオーバフローを起こさせないために，入力データのサイズのチェックが必要になります.

解答 ④

問 10 LAN 上で稼働している端末に付与されている IP アドレスと MAC アドレスの対応表は，[　　　]コマンドにより書換えが可能であるため，攻撃者によって意図的にこの対応表が書き換えられると，攻撃者が用意した端末などにデータを転送され，データを盗まれるおそれがある.

① nslookup　② tracert　③ arp
④ ipconfig　⑤ ping

解説 LAN 上で稼働している端末に付与されている IP アドレスと MAC アドレスの対応表は，**arp** コマンドにより書き換えが可能であるため，攻撃者によって意図的にこの対応表が書き換えられると，攻撃者が用意した端末などにデータを転送され，データを盗まれるおそれがあります.

解答 ③

問11 コンピュータウイルスは，一般に，自己伝染機能，潜伏機能及び[　　]機能の三つの機能のうち一つ以上有するものとされている．

① 免疫　② 分裂　③ 吸着　④ 発病

解説 コンピュータウイルスは，一般に，自己伝染機能，潜伏機能及び**発病**機能の三つの機能のうち一つ以上有するものとされています．なお，発病機能は，プログラムやデータなどのファイルを破壊し，コンピュータに異常な動作をさせるなどの機能です．

解答 ④

問12 システムに侵入した攻撃者が，その後の不正を行いやすくするために，自身の存在を隠蔽することなどを目的として使用するソフトウェアをまとめたものは，一般に，[　　]といわれる．

① rootkit　② 踏み台　③ サンドボックス
④ トロイの木馬　⑤ アンチウイルスソフト

解説 システムに侵入した攻撃者が，その後の不正を行いやすくするために，自身の存在を隠蔽することなどを目的として使用するソフトウェアをまとめたものは，一般に，**rootkit** といわれます．

解答 ①

問13 パーソナルコンピュータ（PC）の内部に侵入し，勝手にファイルを暗号化したり，PC をロックしたりして，ユーザが使用できないようにし，使用できるように復元することと引換えに金銭を支払うようにユーザに要求するマルウェアは，一般に，[　　]といわれる．

① マクロウイルス　② スパイウェア　③ アドウェア
④ ボットネット　⑤ ランサムウェア

解説 パーソナルコンピュータ（PC）の内部に侵入し，勝手にファイルを暗号化したり，PC をロックしたりして，ユーザが使用できないようにし，使用できるように復元することと引き換えに金銭を支払うようにユーザに要求するマルウェアは，一般に，**ランサムウェア**といわれます．なお，ランサムウェア（Ransom ware）の Ransom は，身代金の意味ですので，元に戻すことと引き換えに身代金を要求するため，身代金要求型不正プログラムともいわれます．

解答 ⑤

3.2 暗号化技術とセキュリティプロトコル

出題のポイント
- ●共通鍵暗号方式と公開鍵暗号方式
- ●電子認証
- ●PKIシステム
- ●セキュリティプロトコル

1 暗号化技術

暗号化は，元の情報に暗号アルゴリズムと呼ぶ特定の処理を施すことにより，第三者に内容を読み取れないような情報に変換することです．

暗号文を元の平文の情報に戻すのを復号化といいます．復号方法を知らないと，内容を読み取ることができないため，この暗号化技術は，盗聴対抗策技術として有効です．

暗号化及び復号する特定の処理を**鍵**と呼び，暗号化に用いる鍵を暗号化鍵，復号化に用いる鍵を復号鍵といいます．

代表的な暗号化方式には，共通鍵暗号方式と公開鍵暗号方式があります．

[1] 共通鍵暗号方式

暗号化鍵と復号鍵に同じものを使い，通信者間だけで共通鍵と呼ばれる鍵を秘密にする方式です．

共通鍵暗号方式は，暗号化及び復号の処理の仕組みが比較的簡単で，高速に行うことができますが，多数の通信相手と暗号通信するためには，通信相手ごとに複数の鍵を持つ必要があるので，秘密鍵の管理や受け渡しが難しくなります．

共通鍵暗号方式にはブロック暗号方式とストリーム暗号方式があります．

① ブロック暗号方式

平文をブロックと呼ばれる固定長のデータを単位として暗号化します．代表的なものとしては，ブロック長 8 バイトの DES，DES の処理を 3 回繰返し，ブロック長が 112 bit 又は 168 bit のトリプル DES，ブロック長が 128/192/256 bit の中から自由に組み合わせることができる AES があります．

② ストリーム暗号方式

平文を分割せずにビット単位あるいはバイト単位などで逐次，暗号化する方式です．ブロック暗号方式に比較して，処理速度が速い特徴がありますが脆《ぜい》弱性に問題があります．ストリーム暗号方式は，共通鍵としてキーストリームといわれる疑似乱数を使用し，平文を順次 1 ビットずつ **EX-OR** 演算を行い暗

暗号化する前の文を平文，暗号化された文を暗号文，暗号文から平文に戻すことを復号というよ．

共通鍵暗号方式は，暗号化と復号化に同一の鍵を使うことから対称鍵暗号方式ともいうよ．

共通鍵は，秘密鍵ともいうよ．

DES は，Data Encryption（暗号化）Standard（規格）AES は，Advanced（高度）Encryption Standard の略語だよ．

補足
共通鍵暗号方式では通信相手ごとに必要であるのに対して，公開鍵暗号方式では，自分の秘密鍵のみです．

号化します．EX-OR は，Exclusive OR の略語で，排他的論理和です．

［2］公開鍵暗号方式

暗号化鍵と復号鍵に別のものを使い，受信者の暗号化鍵を公開し，復号鍵を秘密にする方式である．

公開鍵暗号方式は，受信者の公開した暗号化鍵で多数の者が利用できるので暗号化及び復号鍵が一組だけですみ，鍵の管理や受け渡しが容易ですが，暗号化と復号に別の鍵を用いるので暗号化及び復号の処理が比較的遅くなります．代表的な方式として，素因数分解の計算の複雑さを利用した RSA があります．

RSA は，Rivest Shamir Adleman Scheme の略語で，暗号化技術を開発した人たちの名前だよ．

［3］ハイブリッド暗号方式

公開鍵暗号方式の鍵の管理と配布が容易という長所と，共通鍵暗号方式の処理が高速という長所の両方を活かすため，両方式を組み合わせたハイブリッド暗号方式が多く用いられています．

2 電子認証

ネットワークなどで，セキュリティ対策として電子情報の正当性を電子的に確認することです．認証対象が人間のときは**本人認証**（ユーザ認証），メッセージのときは**メッセージ認証**といいます．

［1］本人認証

データにアクセスする利用者が本人であるかを確認することにより，なりすましの脅威を防止します．

① パスワード認証

本人の秘密情報を元に利用者を識別する認証方式で，ユーザ名（ID）やパスワードなどを提示して利用者認証を行う手法です．パスワード認証には，固定式パスワード認証とワンタイムパスワード認証があります．固定式パスワード認証は，一度設定したら変更するまで変わらないユーザ ID とパスワードを用いた認証方式です．ワンタイムパスワード認証は，ログインするたびにパスワードが変わる認証方式（S/Key 方式など）です．S/Key 方式では，サーバが乱数によって生成された情報をクライアントに送信し，クライアントは受信した情報をもとにワンタイムパスワードを生成します．

② 物理媒体方式

物理媒体（IC カードなど）の本人の持ち物を利用する方式です．

③ バイオメトリクス方式

本人の身体的特徴（指紋や静脈など）を利用する方式です．

バイオメトリクス認証では，認証時における被認証者本人の体調，環境などにより入力される認証情報が変動する可能性があるため，照合結果の判定には一定の許容範囲を持たせる必要があります．許容範囲は，本人拒否率と他人受入率を考慮して**判定しきい値**を設定することにより決定されます．

重要
バイオメトリクス認証では，照合結果の判定に許容範囲を持たせます．許容範囲は，本人拒否率と他人受入率を考慮して判定しきい値を設定します．

本人拒否率とは，本人であるにもかかわらず本人でないと誤認識する確率であり，他人受入率とは，本人でないにもかかわらず本人と誤認識する確率です．

判定しきい値は要求される一致度のことです．一般に，判定しきい値が高いと本人拒否率が増加し，判定しきい値が低いと他人受入率が増加します．

［2］PPP 接続のユーザ認証

PPP 接続は，ダイヤルアップ接続やシリアル回線接続などのポイント・ツー・ポイント接続で直接通信するときのプロトコルです．

ユーザを認証してアクセスの許可を行うプロトコルには，**RADIUS** があります．アクセスを許可した際にユーザに割り当てる IP アドレスなどの設定情報をアクセス先のサーバに伝達することができます．RADIUS は，認証サーバにおいて認証情報を一元的に管理します．

PPP は，Point to Point Protcol
RADIUS は，Remote Authentication（認証）Dial In User Service
PAP は，Password Authentication Protocol
CHAP は，Challenge（挑戦）Handshake（握手）Authentication Protocol
の略語だよ．

① PAP 認証

ユーザ ID とパスワードは暗号化されずにそのまま送られます．セキュリティレベルは低く，安全に認証を行いたい場合は，一般に，CHAP 認証を使用します．

② CHAP 認証

CHAP では，ユーザが認証サーバにアクセスする都度，認証サーバから送られるチャレンジとユーザ ID，パスワードを組み合わせてハッシュ値を作成し，レスポンスとして認証サーバに送ります．接続要求のたびに認証サーバで異なるチャレンジが生成され，これによってレスポンスの内容も変わるため，レスポンスを盗聴しても認証のなりすましに使用できません．これをチャレンジレスポンス方式といいます．

重要
CHAP では，毎回異なる使い捨てパスワードが用いられます．

ネットワークには，パスワードがそのまま送られることはなく，ハッシュ値から元の平文を求めることができないため，チャレンジとレスポンスを盗聴してもパスワードを求めることはできません．よって，CHAP によって認証のセキュリティを高くすることができます．

［3］メッセージ認証

コンピュータウイルス，不正侵入などを使った破壊行為によりメッセージが変更されていないことを保証するための手続きです．メッセージ認証の方式には，ハッシュ関数を使用したメッセージ識別子によるものがあります．

3 デジタル署名（電子署名）

デジタル署名は，電子的に作成され，ネットワーク上を伝送される署名（暗号化された情報）で，公開鍵暗号方式を応用して，本人認証とメッセージ認証を同時に行う方法です．

署名を暗号化する鍵は送信者本人しか知らないので，本人以外は作成することができない署名ができるよ．

送信者は，ハッシュ関数でメッセージのハッシュ値（ダイジェスト）を求めて，それを自分の秘密鍵で暗号化したダイジェスト（デジタル署名）としてメッセージに付加して送信します．受信側ではデジタル署名を送信者の公開鍵

で復号したダイジェストとメッセージを送信者と同じハッシュ関数を用いて算出したダイジェストを比較した結果，同じであれば正しい送信者からのメッセージと判断します．

ハッシュ関数は，以下のような特徴を持つアルゴリズムです．

① 元データの長さに関係なく，ハッシュ値は必ず決められた長さ（128ビットや160ビット）になります．

② 元データが少しでも異なれば，ハッシュ値は大きく異なります．ハッシュ値から元データを推測することはほぼ不可能です．

③ 同じハッシュ値になる可能性が極めて低いです．

4 PKI（公開鍵基盤）

PKIは，インターネット上で安全な商取引を行うため，公開鍵による暗号化とデジタル署名を兼ね備え，安全な業務上の電子通信を確保するシステム基盤です．

［1］PKIの特徴

PKIの活用により，企業（組織）では次のような効果を得ることができます．

① 機密性のある通信

暗号化により意図した受信者のみが情報を読めるようにし，情報が盗聴されることを防ぐことができます．

② 相互認証

通信相手側が確実に意図した当人であることを証明できます．

③ 否認防止

送信側が情報を作成・送信した事実を後で否認できません．

④ 完全性

通信の間に情報が改ざんされていないことが保証されます．

［2］PKIシステムの構成

PKIシステムは，公開鍵によるデジタル証明書の作成，管理，配布，廃棄といった一連の処理を行うために，主な構成要素として次のものがあります．PKIシステムの構成要素を図3.1に示します．

① 登録局（RA）

デジタル証明書の発行申請を受け付けて申請者の審査を行った後，証明書の発行をCAに要求します．

② 認証局（CA）

信頼された第三者機関として，公開鍵と対応する秘密鍵の所有者を結びつける証明書（公開鍵証明書）を発行し認証します．認証局は，申請者の**公開鍵**と申請者の情報を認証局の**秘密鍵**で暗号化し，デジタル証明書を作成します．

③ リポジトリ

証明書及びCRL（証明書失効リスト）を保管し，ユーザへ公開します．

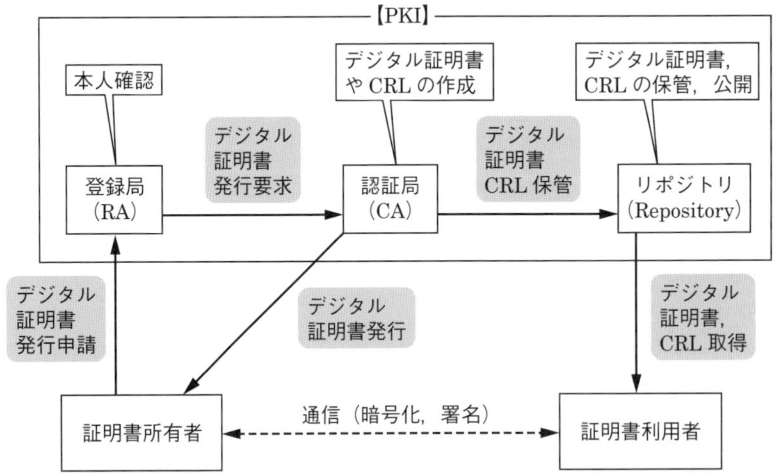

図 3.1　PKI システムの構成要素

CRL は，誤発行などの理由で有効期間内に無効となったデジタル証明書のシリアル番号の一覧で，デジタル証明書の受取人は証明書と CRL を照合することにより，証明書が現在も有効であるかどうか確認できます．利用者は受け取った証明書が失効していないかどうか，リポジトリから情報を入手してチェックすることができます．

5　セキュリティプロトコル

［1］IPsec

IPsec（IP Security）は，インターネット通信に暗号技術を用いることで，IP パケット単位でデータの改ざん防止や秘匿機能を有するネットワーク層（レイア 3）のプロトコルです．

IPsec を利用して VPN（仮想私設網）を構築する方法を **IPsec-VPN** といいます．

IPsec は，Internet Protcol Security
IKE は，Internet Key Exchange
AH は，Authentication Header
ESP は，Encapsulating Secunrity Payload
の略語だよ．

①　機能

IPsec では，トンネリング，暗号化，認証の機能を実現するため，次の三種類のプロトコルが使われています．

IKE は，暗号化の鍵を自動で計算し管理する鍵交換プロトコルです．

AH は，パケット内のデータの改ざんを防止するためのパケット認証プロトコルです．

ESP は，認証に加え，データをカプセル化するプロトコルです．

②　動作モード

IPsec の動作モードには，**トンネルモード**と**トランスポートモード**があります．図 3.2 に各モードの構成を示します．トンネルモードは，IP ヘッダを含めた IP パケット全体を暗号化又は認証し，新たな IP ヘッダを付加してカプ

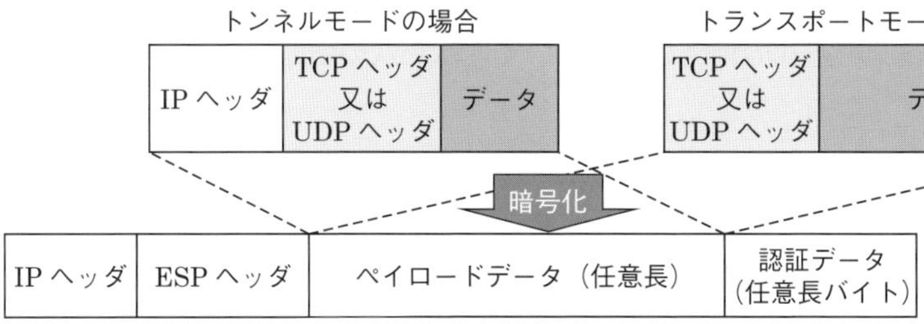

図 3.2　IPsec の動作モードと構成要素

セル化します．トンネルモードは主として VPN で使用されます．トランスポートモードは，IP パケットの TCP/UDP ヘッダとデータ部のみを暗号化又は認証します．

［2］SSL

SSL（Secure Socket Layer）は Web ブラウザと Web サーバの間のデータを暗号化するときのトランスポート層（レイヤ 4）のプロトコルです．

Web サーバの認証では，サーバのデジタル証明書の認証局（CA）のデジタル署名を認証局の公開鍵を使用して確認します．

暗号化は，共通鍵暗号方式と公開鍵暗号方式を組み合わせたハイブリッド方式を用いています．

HTTPS は，SSL を用いた暗号化の機能が実装されたタイプの HTTP のことです．

TLS は SSL3.0 を元に改良を加え，インターネットの標準化を行っている IETF で標準化された暗号化プロトコルです．TLS には，データの暗号化，データの完全性の保証，サーバ及びクライアントの認証の三つがあります．

［3］PGP，S/MIME

PGP 及び S/MIME は，電子メールの盗聴や改ざんを防止するアプリケーション層（レイヤ 7）のプロトコルです．電子メールの内容を共通鍵で暗号化し，その鍵を送信先の公開鍵で暗号化するハイブリッド方式を用いています．

S/MIME と PGP では，公開鍵の扱い方が異なっています．PGP は公開鍵の発行と管理を利用者間でやりとりし，S/MIME は認証局のデジタル証明書を利用します．PGP は小規模又は組織内の利用に適し，S/MIME は大規模又は不特定多数の利用に適しています．

重要

VPN のセキュリティ確保のために用いられる IPsec は，トンネルモードとトランスポートモードの二つの転送モードを持つプロトコルです．

HTTPS が利用されたページの URL は「https:」から始まるよ．

TLS は，Transport Layer Security の略語だよ．

PGP は，Pretty Good Privacy
MIME は，Multi-purpose（多目的）Mail Extension（拡大）
S/MIME は，Secure MIME の略語だよ．

問1 共通鍵暗号方式又は公開鍵暗号方式の特徴などについて述べた次の記述のうち，誤っているものは，[ ]である．

① 共通鍵暗号方式は，公開鍵暗号方式と比較して，一般に，暗号化及び復号の処理が速い．

② 共通鍵暗号方式では，暗号化と復号で同じ鍵が用いられるため，この鍵を秘密にしておかなければメッセージなどの秘匿性を保つことは困難である．

③ 代表的な公開鍵暗号方式としてRSAがあり，鍵配送などに用いられる．

④ 秘密に保持すべき鍵は，公開鍵暗号方式では通信相手ごとに必要であるのに対して，共通鍵暗号方式では，自分の秘密鍵のみである．

解説 ④「**公開鍵暗号方式**では通信相手ごとに必要であるのに対して，**共通鍵暗号方式**では，自分の秘密鍵のみである」ではなく，正しくは「**共通鍵暗号方式**では通信相手ごとに必要であるのに対して，**公開鍵暗号方式**では，自分の秘密鍵のみである」です．

解答 ④

問2 公開鍵暗号及び共通鍵暗号について述べた次の二つの記述は，[ ]．

A 公開鍵暗号であるRSA暗号は，素因数分解の困難さを安全性のよりどころにしている．

B 共通鍵暗号であるブロック暗号は，データをビット列とみなして，1ビットごとに暗号化・復号処理を行う．

① Aのみ正しい　② Bのみ正しい

③ AもBも正しい　④ AもBも正しくない

解説 B「共通鍵暗号である**ブロック暗号**は，データをビット列とみなして，1ビットごとに暗号化・復号処理を行う」ではなく，正しくは「共通鍵暗号である**ストリーム暗号**は，データをビット列とみなして，1ビットごとに暗号化・復号処理を行う」です．なお，ブロック暗号は，平分を固定長のブロックに区切り，ブロック単位でデータ撹拌を行って暗号化する方式です．

解答 ①

問3 共通鍵暗号方式について述べた次の二つの記述は，[ ]．

A 共通鍵暗号方式は，暗号化と復号に同じ鍵を用いており，代表的な暗号にAESがある．

B ストリーム暗号方式は，共通鍵としてキーストリームといわれる疑似乱数を使用し，平文を順次1ビットずつNAND演算を行い暗号化する．

① Aのみ正しい　② Bのみ正しい

③ AもBも正しい　④ AもBも正しくない

解説　B「平文を順次1ビットずつ **NAND** 演算を行い暗号化する」ではなく，正しくは「平文を順次1ビットずつ **EX-OR** 演算を行い暗号化する」です．

EX-ORは，Exclusive ORのことで，排他的論理和のことだよ．

解答　①

問4　暗号方式の特徴などについて述べた次の二つの記述は，[　　　]．

A　共通鍵暗号方式は，公開鍵暗号方式と比較して，一般に，鍵の共有は容易であるが，暗号化・復号処理に時間がかかる．

B　ハイブリッド暗号方式は，共通鍵暗号方式と公開鍵暗号方式を組み合わせた方式であり，PGP，SSLなどに用いられている．

①　Aのみ正しい　　②　Bのみ正しい
③　AもBも正しい　④　AもBも正しくない

解説　A「**共通鍵暗号方式**は，**公開鍵暗号方式**と比較して，一般に，鍵の共有は容易であるが，暗号化・復号処理に時間がかかる」ではなく，正しくは「**公開鍵暗号方式**は，**共通鍵暗号方式**と比較して，一般に，鍵の共有は容易であるが，暗号化・復号処理に時間がかかる」です．公開鍵暗号方式では秘密に保持すべき鍵が自分の秘密鍵のみですが，共通鍵暗号方式では，秘密に保持すべき鍵として通信相手ごとに異なるものを用意するので，多数の鍵を管理しなければならないことから処理に時間がかかります．

解答　②

問5　PKI（公開鍵基盤）の仕組みなどについて述べた次の二つの記述は，[　　　]．

A　認証局は，申請者の秘密鍵と申請者の情報を認証局の公開鍵で暗号化し，デジタル証明書を作成する．

B　利用者は，受け取ったデジタル証明書が失効していないかどうか，認証局のリポジトリから情報を入手してチェックすることができる．

①　Aのみ正しい　　②　Bのみ正しい
③　AもBも正しい　④　AもBも正しくない

解説　A「認証局は，申請者の**秘密鍵**と申請者の情報を認証局の**公開鍵**で暗号化し，デジタル証明書を作成する」ではなく，正しくは「認証局は，申請者の**公開鍵**と申請者の情報を認証局の**秘密鍵**で暗号化し，デジタル証明書を作成する」です．デジタル証明書が正しいかどうかは，認証局の秘密鍵で暗号化されたデジタル証明書を認証局の公開鍵で復号することにより判断されます．

解答　②

問6 バイオメトリクス認証では，認証時における被認証者本人の体調，環境などにより入力される認証情報が変動する可能性があるため，照合結果の判定には一定の許容範囲を持たせる必要がある．許容範囲は，本人拒否率と他人受入率を考慮して[　　]を設定することにより決定される．

① 判定しきい値　② 確率分布　③ 3σ　④ 標準偏差

解説 バイオメトリクス認証では，認証時における被認証者本人の体調，環境などにより入力される認証情報が変動する可能性があるため，照合結果の判定には一定の許容範囲を持たせる必要があります．許容範囲は，本人拒否率と他人受入率を考慮して**判定しきい値**を設定することにより決定されます．

一般に，判定しきい値（要求される一致度）が高いと本人拒否率が増加し，判定しきい値が低いと他人受入率が増加します．

本人拒否率とは，本人でないと誤認識する確率で，他人受入率とは，本人と誤認識する確率だよ．

解答 ①

問7 ユーザを認証してアクセスの許可を行うプロトコルである[　　]は，PPP 接続などにおいて用いられ，アクセスを許可した際にユーザに割り当てる IP アドレスなどの設定情報をアクセス先のサーバに伝達することができる．

① DHCP　② S/MIME　③ IPsec
④ RADIUS　⑤ SSL/TLS

解説 ユーザを認証してアクセスの許可を行うプロトコルである **RADIUS** は，PPP 接続などにおいて用いられ，アクセスを許可した際にユーザに割り当てる IP アドレスなどの設定情報をアクセス先のサーバに伝達することができます．RADIUS は，認証サーバにおいて認証情報を一元的に管理します．PPP 接続は，ポイント・ツー・ポイント接続で直接通信するときのプロトコルです．

PPP は，Point to Point Protcol
RADIUS は，Remote Authentication（認証）Dial In User Service の略語だよ．

解答 ④

問8 PPP 接続時におけるユーザ認証について述べた次の二つの記述は，[　　]．

A　PAP 認証では，認証のためのユーザ ID とパスワードは暗号化されずにそのまま送られる．

B　CHAP 認証は，チャレンジレスポンス方式の仕組みを利用することによりネットワーク上でパスワードをそのままでは送らないため，PAP 認証と比較してセキュリティレベルが高いとされている．

① A のみ正しい　② B のみ正しい
③ A も B も正しい　④ A も B も正しくない

解説　PAP（Password Authentication Protocol）認証では，ユーザ ID とパスワードは暗号化されずにそのまま送られるため，セキュリティレベルは低く，安全に認証を行いたい場合は，一般に，CHAP（Challenge Handshake Authentication Protocol）認証を使用します．

解答　③

問 9　パスワードによる認証などについて述べた次の記述のうち，誤っているものは，［　　］である．

① ユーザ ID とパスワードを暗号化せずに送受信する方式は，一般に，平文認証といわれ，ネットワーク上で容易に盗聴されて，なりすまし行為をされるおそれがある．

② 毎回異なるチャレンジコードと，パスワード生成ツールにより作成されるレスポンスコードを用いることにより認証する方法は，ハイブリッド方式といわれる．

③ PAP 認証では，認証のためのユーザ ID とパスワードは暗号化されずにそのまま送られる．

④ ワンタイムパスワードを用いた認証は，一般に，PAP 認証と比較して，安全性が高くセキュリティ強度は高いとされている．

解説　②「毎回異なるチャレンジコードと，パスワード生成ツールにより作成されるレスポンスコードを用いることにより認証する方法は，**ハイブリッド方式**といわれる」ではなく，正しくは「毎回異なるチャレンジコードと，パスワード生成ツールにより作成されるレスポンスコードを用いることにより認証する方法は，**CHAP 認証方式**といわれる」です．

解答　②

問 10　事業所間のインターネット VPN におけるセキュリティ確保のために用いられる［　　］は，トンネルモードとトランスポートモードの二つの転送モードを持つプロトコルである．

① PPP　② PPTP　③ IPsec　④ SSL　⑤ SSH

解説　事業所間のインターネット VPN におけるセキュリティ確保のために用いられる **IPsec** は，トンネルモードとトランスポートモードの二つの転送モードを持つプロトコルである．IPsec では，暗号化と認証を行う情報の範囲の違いによって，トンネルモードとトランスポートモードの二つの方法が提供されています．IPsec で IP ヘッダとデータの暗号化と認証を行うのはトンネルモードです．トランスポートモードではデータ部分のみ暗号化と認証を行います．

補足

IPsec を利用して VPN（仮想私設網）を構築する方法を IPsec-VPN といいます．

解答　③

問11 IPsec及びIPsec-VPNについて述べた次の二つの記述は，[　　]．

A　IPsecの通信モードには，送信するIPパケットのペイロード部分だけを暗号化するトランスポートモードと，IPパケットのIPヘッダ部まで含めて暗号化するトンネルモードがある．

B　IPsec-VPNは，企業の各拠点相互をLAN間接続する場合に用いられるが，移動中や遠隔地のパーソナルコンピュータからインターネット経由で企業のサーバにリモートアクセスする場合には用いられない．

①　Aのみ正しい　　②　Bのみ正しい
③　AもBも正しい　　④　AもBも正しくない

解説　B「移動中や遠隔地のパーソナルコンピュータからインターネット経由で企業のサーバに**リモートアクセスする場合には用いられない**」ではなく，正しくは「移動中や遠隔地のパーソナルコンピュータからインターネット経由で企業のサーバに**リモートアクセスする場合にも用いることができる**」です．

解答　①

問12 より強固なセキュリティの確保などを目的に，情報通信事業者が設置し，提供しているサーバの一部又は全部を借用して自社の情報システムを運用する形態は，一般に，[　　]といわれる．

①　ハウジング　　②　ホスティング　　③　ロードバランシング
④　アライアンス　　⑤　システムインテグレーション

解説　より強固なセキュリティの確保などを目的に，情報通信事業者が設置し，提供しているサーバの一部又は全部を借用して自社の情報システムを運用する形態は，一般に，**ホスティング**といわれます．

解答　②

一部を貸し出すサーバを共用サーバ，全部が貸し出されるサーバを専用サーバというよ．

問13 情報セキュリティ対策として実施するアクセス制御において，ファイルのアクセス権をそのファイルの所有者が自由に設定できる制御方式は，一般に，[　　]といわれる．

①　ロールベースアクセス制御　　②　強制アクセス制御　　③　変更管理
④　情報フロー制御　　⑤　任意アクセス制御

解説　情報セキュリティ対策として実施するアクセス制御において，ファイルのアクセス権をそのファイルの所有者が自由に設定できる制御方式は，一般に，**任意アクセス制御**といわれます．

アクセス制御の種類として，任意アクセス制御のほかに，操作主体と操作対象それぞれのセキュリティレベルを比較して強制的にアクセス権限を決定する強制アクセス制御及び役割（ロール）に応じてアクセス権限を与えるロールベースアクセス制御があります．この役割とは，仕事上の機能で利用者は自身に割り当てられた役割によってアクセス権限が決まることです．

解答 ⑤

問14 ネットワーク利用時における情報漏洩《えい》対策について述べた次の二つの記述は，[　　　]．

A　HTTP だけでなく SMTP や FTP といったデータ転送プロトコルを用いて情報を送受信する場合における情報漏洩対策として，データを暗号化するなどして送受信するプロトコルである TLS を用いる方法がある．

B　ネットワーク上のスニッフィング対策として，データやセッション番号の暗号化が有効である．

①　A のみ正しい　　②　B のみ正しい
③　A も B も正しい　　④　A も B も正しくない

解説 TLS は，SSL3.0 を元に改良を加え，インターネットの標準化を行っている IETF で標準化された暗号化通信プロトコルです．TLS には，データの暗号化，データの完全性の保証，サーバ及びクライアントの認証の三つがあります．

スニッフィング（Sniffing）とは，ネットワーク上を流れるパケットを盗聴する行為です．対策として，データやセッション番号の暗号化によって，読み取られても解読できないようにすることが有効です．

解答 ③

問15 S/MIME は，[　　　]のセキュリティを確保するためのプロトコルであり，インターネットを介した通信において暗号化機能と認証機能を有している．

①　無線 LAN　　②　電子メール　　③　VPN
④　リモートログイン　　⑤　ストリーミング

解説 S/MIME は，**電子メール**のセキュリティを確保するためのプロトコルであり，インターネットを介した通信において暗号化機能と認証機能を有しています．S/MIME では，認証に使用する公開鍵を認証局に登録します．電子メールの送信データは共通鍵で暗号化し，その共通鍵を受信者の公開鍵で暗号化し，データと一緒に送信します．

解答 ②

3.3 端末設備とネットワークセキュリティ

出題のポイント

- パーソナルコンピュータの管理
- 不正アクセス対策と脆《ぜい》弱性対策
- 無線LANのセキュリティ対策
- コンピュータウイルス対策

1 端末設備のセキュリティ対策

[1] PC（パーソナルコンピュータ）の管理

① BIOSの管理

BIOSは，PCのマザーボードに搭載されているソフトウェアで，PCに必須のプログラムです．**BIOSパスワード**を設定しておくことによって，PCのセキュリティを高めることができます．BIOSパスワードを設定すると，OSの起動時にこのパスワードの入力を求められるので，OSを不正に再インストールされたり，PCに不正にログオンされることを防ぐことができます．

BIOSは，Basic Input Output Systemの略語だよ．

② デフォルトアカウントの管理

PCのOSやアプリケーションソフトウェアには，**デフォルトアカウント**が設定されていることがあります．これによって利用者が購入後直ちに使える利点がありますが，デフォルトアカウントの利用者IDやパスワードは，すべてのロットで同じ値となっていことや公開されていることがあるので，攻撃を受けた場合ごく簡単に侵入されてしまいます．この対策としては，使用開始前に，ユーザアカウントを別に作成してデフォルトアカウントを停止することや利用者IDやパスワードを変更したりすることが必要です．

補足
デフォルト（default）は，初期値や初期設定のことです．

③ OSの管理

OSをコンピュータへインストールしたときに，すべての権限を持つ管理者アカウントが用意され，初期設定などに用いられています．**Windows**では**アドミニストレータ**（Administrator）アカウントが用いられ，**UNIX**系OSでは**ルートユーザ**（root）がこれに該当します．悪意のある第三者にサーバ管理者権限を奪われた場合の被害を軽減する方法として，OSの管理者権限のうち，任命された業務を遂行するために必要なアクセス権限のみを与えることを**最小特権の原則**といいます．

重要
UNIXにおけるファイルへのアクセス権限には，読み込み権限，書き込み権限及び実効権限の3種類があります．

[2] 入室管理

セキュリティレベルの違いによっていくつかのセキュリティ区画を設定することは，**セキュリティゾーニング**といわれます．セキュリティ区画は，一般に，一般区画，業務区画，アクセス制限区画などに分類されます．一般区画は，誰でも制限なく入室できる区画です．業務区画は，従業員など関係者のみ入室を可能とした区画です．アクセス制限区画は，区画の管理責任者から特別に許可された者だけが入室可能で入室者の履歴を追跡管理する区画です．

建物内でPCやサーバが設置された特定エリアへの入退室及び入退室対象者を管理し制限することを入退室管理システムといいます．いつ，だれが，どこに入室又は退室したのかを記録し管理するセキュリティシステムです．管理したいエリアのドアに認証端末とドアコントロールシステムを設置し，ICカードなどによって特定したユーザに対して，入室及び退室を許可することで，セキュリティレベルをあげることができます．一つの監視エリアにおいて，入室記録後の退室記録がない場合に再入室をできなくしたり，退室記録後の入室記録がない場合に再退室をできなくしたりする機能を**アンチパスバック**といいます．アンチパスバックを利用すると，1人の認証だけで複数人が入室する共連れなどを防止することができます．

重要
ICカードなどによって，入室記録がないのに退室するなどの不正な入退室を防止する機能をアンチパスバックといいます．

2 不正アクセス対策

不正なアクセスを防止するには，ファイアウォールやIDS（侵入検知システム）の導入が有効です．

ファイアウォールは防火壁のことだよ．火じゃなくて不正なアクセスから内部を守る壁だね．

[1] ファイアウォール

ファイアウォールは，内部のネットワーク（イントラネット）と外部のネットワーク（インターネット）の境界に設置して，内部への不正な侵入を防ぐために，アクセス制御を行うシステムです．ファイアウォールはあらかじめ定められたフィルタリングルールに基づき，ネットワーク間のデータ転送の可否を判断して，許可されたデータのみを転送する役割を持ってます．

インターネットに接続されたネットワークにおいて，ファイアウォールによって外部ネットワークからも内部ネットワークからも隔離された区域は，一般に**DMZ**といわれます．DMZにインターネットなどで外部に公開するWebサーバやメールサーバなどを設置します．

DMZは，DeMilitarized《デミリタライズド》 Zone《ゾーン》（非武装地帯）IDSは，Intrusion《イントラション》（侵入）Detection《ディテクション》（発見）System《システム》の略語だよ．

個人ユーザ向けにはパーソナルファイアウォールがあります．ウイルス対策ソフトと一緒に総合セキュリティ対策ソフトとして組み込まれているものやオペレーティングシステムに組み込まれているものなどがあります．パーソナルコンピュータにインストールするので，インターネットを経由した外部ネットワークからの攻撃や内部ネットワークからの不正なアクセスに対する防御システムとして有効です．

ファイアウォールの主な機能として，アクセス制御，ネットワークアドレス変換，ユーザ認証，ログの収集及び解析があります．

ファイアウォールの分類アクセス制御をどのネットワークの階層で行うかによって，次のように分類されます．

① **パケットフィルタリング方式**

ネットワーク層で，あらかじめ設定したアクセスリスト（送受信 IP アドレスと TCP/UDP ポート番号及びパケットの種類）に基づいてパケットの選別を行います．

② **サーキットレベル・ゲートウェイ方式**

IP と TCP のヘッダ情報を参照し，TCP のセッション単位で任意のポートに関する通信の可否を制御します．

重要
パケットフィルタリング方式とサーキットレベル・ゲートウェイ方式は，ペイロード部分のデータのチェックは行いません．

③ **アプリケーションゲートウェイ方式（プロキシ方式）**

アプリケーション層で，送受信のルールに合致していれば，プロキシサーバ（代理サーバ）がパケットの送受信を代行します．また，ヘッダだけでなくペイロード部分のデータもチェックして動的にフィルタリングを行います．

［2］IDS（侵入検知システム）

内部ネットワーク上のパケットやコンピュータの状態を常時監視し，外部からの攻撃や不正侵入を検知して，管理者へ警告するシステムです．

IDS には，侵入検知を行う対象と方法から，ネットワーク上に設置するネットワーク型 IDS と PC にインストールするホスト型 IDS があります．ネットワーク型はネットワーク上のすべてのパケットを監視します．ホスト型は，公開サーバに IDS ソフトをインストールして，サーバごとに個別にログ情報やファイルの状態などを監視します．

IDS において，正常な通信であるにもかかわらず不正と判断してしまう誤検知のことを**フォルスポジティブ**といいます．フォルスポジティブを放置しておくと，どれが本当の不正な通信であるかわからなくなってしまう危険性があります．また，不正な通信を誤って正常と判断してしまうことは**フォルスネガティブ**といいます．

フォルス（false）は誤った，ポジティブ（positive）は肯定的で，ネガティブ（negative）は否定的の意味だね．

IDS は，次の侵入検知方法があります．

① **シグネチャ方式**

送られてくるパケットのパターン（シグネチャ）照合を行うことで，パケットの正常性を判断する方式です．

② **アノマリ方式**

通常時のプロファイルに違反した場合に異常とみなす方式です．

［3］盗聴対策

通信回線上を流れるデータなどを不正に入手する盗聴の対策としては**暗号化**が有効です．

3 脆《ぜい》弱性対策

［1］ポートスキャン

すべてのポートに信号を送り，通信可能なポートを探す手法を**ポートスキャン**といいます．ネットワークを通じてサーバに連続してアクセスし，セキュリティホールを探す場合などに利用されます．

［2］ハニーポット

不正侵入やコンピュータウイルスの振る舞いなどを調査・分析するためにインターネット上に設置され，意図的に脆《ぜい》弱性を持たせたシステムを**ハニーポット**といいます．サーバにセキュリティ上の欠陥を作り不正侵入者の行動を記録します．

ハニーポットは，はちみつ壺だよ．

［3］バナーチェック

サーバが提供しているサービスに接続して，応答メッセージを確認することにより，サーバが使用しているソフトウェアの種類やバージョンを推測する手法を**バナーチェック**といいます．サーバの脆《ぜい》弱性を検知するための手法として用いられる場合があります．一般的なサーバソフトウェアは接続相手にソフトウェアの名称やバージョン番号，開発元などを記した短いメッセージを返信します．それをバナーといいます．

バナー（banner）は垂れ幕や旗のことだよ．web ページの広告もバナーっていうよね．

［4］シンクライアント

ユーザが利用するコンピュータには表示や入力などの必要最小限の処理をさせ，サーバ側でアプリケーションやデータファイルなどの資源を管理するシステムを**シンクライアント**といいます．コンピュータからの情報漏えいを防止するための対策の一つです．

［5］ブロードバンドルータ

インターネットへ**常時接続**においては，**外部からの不正アクセスなどの危険性が高くなる**ことから，**セキュリティ機能を有するブロードバンドルータの利用**が推奨されています．

NAT は，Network《ネットワーク》 Address《アドレス》 Translation《トランスレーション》（変換）
NAPT は，Network《ネットワーク》 Address《アドレス》 Port《ポート》 Translation《トランスレーション》
SSID は，Service《サービス》 Set《セット》 IDentifier《アイデンティファイヤ》（識別子）
の略語だよ．

① NAT

インターネット上のグローバル IP アドレスとローカルネットワークのプライベート **IP アドレスを相互変換する機能**を **NAT** といいます．インターネットなどの外部ネットワークから企業などが内部で使用している IP アドレスを隠すことができるため，セキュリティレベルを高めることが可能となります．

補足

グローバル IP アドレスは，インターネットで使用できる IP アドレスのことです．プライベート IP アドレスは，企業や宅内のローカルなネットワークで使用できる IP アドレスです．

② NAPT

プライベート IP アドレスをグローバル IP アドレスに変換する際に，**ポート番号も変換する**ことにより，一つのグローバル IP アドレスに対して複数のプライベート IP アドレスを割り当てる機能を **NAPT** 又は IP マスカレードといいます．NAPT では，グローバルアドレスが一つで，プライベートアドレスを使っている端末がネットワーク内に複数ある場合に，同時にインターネットにアクセスすることができます．

［6］安全性の検証

ネットワークに接続された情報システムが，システムの外部からの攻撃に対して安全かどうかの安全性を検証するためのテスト手法として，**ペネトレーションテスト**があります．実際にハッカーなどの攻撃手法によりシステムへの侵入を試みて，セキュリティホールなどの脆《ぜい》弱性をもたらす要因を検出します．

4 無線LANのセキュリティ対策

[1] SSID

SSID は無線 LAN アクセスポイントがユーザに対して表示する名前です．アクセスポイントの ANY 接続を拒否する設定とすれば，SSID を知らない第三者の無線 LAN 端末から接続される危険を低減することができます．また，無線 LAN アクセスポイントは SSID を通知しないステルス機能を持っています．

SSID は，Service Set IDentifier の略語だよ．

[2] MAC アドレスフィルタリング

無線 LAN 端末の MAC アドレスをあらかじめ無線 LAN アクセスポイントに登録しておけば，アクセスポイントの **MAC アドレスフィルタリング機能**を有効に設定することにより，登録されていない MAC アドレスを持つ無線 LAN 端末から接続される危険性を低減することができます．

補足

MAC アドレスは，無線 LAN 端末などのネットワーク機器に割り当てられた固有の番号です．

[3] ANY 接続

ANY 接続は，フリー Wi-Fi スポットサービスなどの不特定多数の無線 LAN 端末からの接続を許可するために用意された仕様です．ANY 接続を許可する設定にすると，どの無線 LAN 端末からでも接続が可能になります．無線 LAN のセキュリティ対策として，アクセスポイントの管理画面で ANY 接続を拒否する設定にすることで，そのアクセスポイントには同一の SSID を設定した無線 LAN 端末からしか接続できなくなります．

5 コンピュータウイルス対策

OS やアプリケーションソフトのウイルス対策ソフトウェア，ウイルススキャンソフトウェアを使用することで，コンピュータウイルスに感染するのを軽減することができます．OS やアプリケーションソフトのバージョンアップは，適切に実行しなければいけません．

ウイルス対策ソフトウェアがコンピュータウイルスを検出するために必要なデータベースは，一般に，**ウイルス定義ファイル**と呼ばれます．

重要

ウイルスを検出するために必要なデータベースをウイルス定義ファイルと呼び，そのファイルと比較してウイルスを検出する方法をパターンマッチングといいます．

ウイルスの検出方法には，パターンマッチング，チェックサム，ヒューリスティックなどの方式があります．**ウイルス定義ファイルと検査の対象となるメモリやファイルなどとを比較してウイルスを検出する方法**は，一般に，**パターンマッチング**といいます．

データの誤り検出方式の一つである**チェックサム方式**は，桁あふれを無視して合計するなどの方法で計算したチェックサムを導入時のチェックサムの値と比較することによって，データの改変の有無を検出する方式です．チェックサム（checksum）方式は，データ列を整数値の列とみなして和を求め，これをある定数で割った余りを検査用データとする誤り検出方式です．

重要

チェックサム方式で検出できるのはデータの改変の有無のみなので，改変の原因となったウイルスの名称を特定することはできません．

ヒューリスティック方式は，ウイルスを検知する仕組みの違いによるウイル

ス対策ソフトウェアの方式区分において，コンピュータウイルスに特徴的な挙動の有無を調べることによりコンピュータウイルスを検知する方式です．ヒューリスティック方式は，ウイルス定義ファイルに頼ることなく，構造，動作，その他の属性を解析することでウイルスを検出するため，未知のウイルスに対しても効果的な検知方式です．

コンピュータや接続する機器及びソフトウェアに対するウイルス対策には次のものがあります．

① コンピュータがウイルスに感染したと思われる兆候が現れた場合は，まず，**ネットワークケーブルを外してネットワークを遮断**してから，**ウイルススキャンソフトウェア**を実行する．

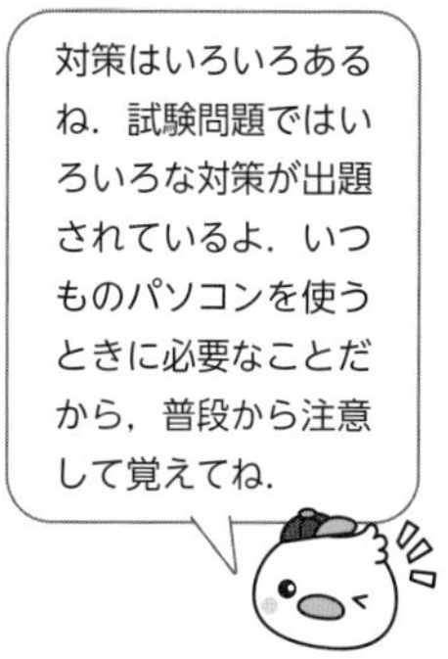

② セキュリティ管理者などによる管理が不確かな場合，自分が管理していないUSBメモリは，自分が管理しているコンピュータには接続しない．また，自分が管理していないコンピュータには，自分が管理しているUSBメモリを接続しない．また，**USBメモリの自動実行機能は有効化しない**．

③ 電子メールの利用においては，テキスト形式でメールを閲覧し，**HTML形式ではメールを閲覧しない**．また，HTMLメールでは，メール本文中にスクリプトとしてコンピュータウイルスが含まれている場合があるため，メール本文に対してもウイルス感染をチェックする機能をメールソフトに設ける．

④ 電子メールの利用においては，メール本文でまかなえる場合は，**ファイルを添付しない**．また，見知らぬ先から届いた添付ファイル付きのメールは無条件で削除する．

⑤ WordやExcelなどのアプリケーションを利用するときは，マクロを実行する機能を無効にしておく．

⑥ コンピュータウイルスに感染した電子メールの受信防止のために，特定のメールアドレスをリスト（ブラックリスト）に登録しておき，メールを受信する都度そのリストを参照して，該当する電子メールを拒否する機能や，電子メールの添付ファイルのウイルス感染をチェックする機能などをメールサーバに設ける．

問 1 パーソナルコンピュータ（PC）において［　　　］パスワードを設定すると，OSの起動前にこのパスワードを入力することが求められるため，OSを不正に再インストールされたりPCに不正にログオンされたりすることを防ぐ効果がある．

① ワンタイム　② メール　③ サーバ
④ BIOS　⑤ スリープ解除

解説　パーソナルコンピュータ（PC）において **BIOS** パスワードを設定すると，OS の起動前にこのパスワードを入力することが求められるため，OS を不正に再インストールされたり PC に不正にログオンされたりすることを防ぐ効果があります．パーソナルコンピュータを起動されると，最初に動作するプログラムが BIOS です．

解答　④

問 2　OS やアプリケーションにあらかじめ用意されているアカウントは，一般に，[　　　]アカウントといわれる．[　　　]アカウントは，一般に，その名前が秘密にされていないため，攻撃の対象とならないよう，利用できなくしたり，アカウントのパスワードを変更したりしておくことがセキュリティ上望ましいとされている．

①　管理者　　②　特権　　③　デフォルト　　④　代表　　⑤　メール

解説　OS やアプリケーションにあらかじめ用意されているアカウントは，一般に，**デフォルト**アカウントといわれます．**デフォルト**アカウントは，一般に，その名前が秘密にされていないため，攻撃の対象とならないよう，利用できなくしたり，アカウントのパスワードを変更したりしておくことがセキュリティ上望ましいとされています．デフォルトアカウントは，利用者が特に操作，指示などしない場合に自動的に選択されるものです．

解答　③

問 3　ファイアウォールを通過する IP パケットに対して，ヘッダだけでなくペイロード部分のデータもチェックして動的にフィルタリングを行い，プロキシサーバとして動作する制御方式は，一般に，[　　　]方式といわれる．

①　アプリケーションゲートウェイ　　②　ストアアンドフォワード

③　サーキットレベルゲートウェイ　　④　パケットフィルタリング

解説　ファイアウォールを通過する IP パケットに対して，ヘッダだけでなくペイロード部分のデータもチェックして動的にフィルタリングを行い，プロキシサーバとして動作する制御方式は，一般に，**アプリケーションゲートウェイ方式**といいます．なお，選択肢のうち，パケットフィルタリング方式は，発信元と転送先の IP アドレス及び TCP/UDP ポート番号の情報を元にパケットの選別を行う方式で，ペイロード部分のデータのチェックは行いません．また，サーキットレベルゲートウェイ方式もペイロードデータのチェックを行わず，IP と TCP のヘッダ情報を参照し，TCP のセッション単位で任意のポートに関する通信の可否を制御する方式です．

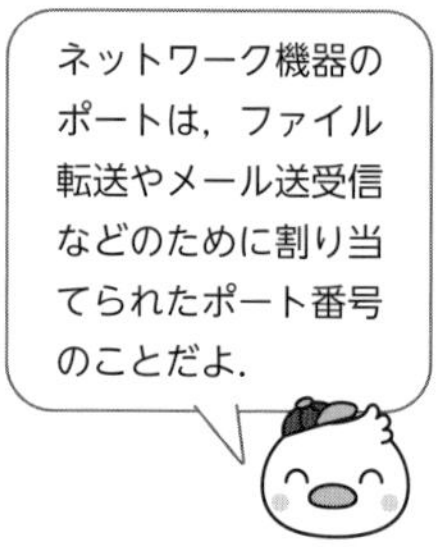

解答　①

問4 パケットフィルタリングについて述べた次の記述のうち，誤っているものは，［　　］である．

① IPパケットごとに，そのヘッダ部の情報に基づき通過の可否を制御することができる．

② IPパケットのヘッダ部に改ざんがあるかどうかを確認し，改ざんがあった場合には内部ネットワークへの通過を阻止することができる．

③ TCPヘッダをチェックし，特定の送信元及び宛先ポート番号のパケットだけを内部ネットワークに通過させることができる．

④ フィルタリングルールは，一般に，セキュリティポリシーなどに基づき設定される．

解説 ② 「IPパケットの**ヘッダ部に改ざんがあるかどうかを確認し，改ざんがあった場合には内部ネットワークへの通過を阻止することができる**」ではなく，正しくは「IPパケットの**通過の可否は判断するが，ヘッダ部の改ざんがあるかどうかは確認しない**」です．

解答 ②

問5 悪意のある第三者にサーバ管理者権限を奪われた場合の被害を軽減する方法として，OSの管理者権限のうち，任命された業務を遂行するために必要なアクセス権限のみを与えることは，一般に，［　　］といわれる．

① 職務分離の原則　② フェールセキュア　③ フォールトトレランス
④ 多重防御の原則　⑤ 最小特権の原則

解説 悪意のある第三者にサーバ管理者権限を奪われた場合の被害を軽減する方法として，OSの管理者権限のうち，任命された業務を遂行するために必要なアクセス権限のみを与えることは，一般に，**最小特権の原則**といわれます．なお，最小特権の原則とは，目的とする業務を実行するに必要な最小限の権限を与えるということです．

解答 ⑤

重要
フェールセキュアは，故障時にもセキュリティを維持する方法です．フォールトトレランスは，障害が起きても正常な動作を続けられる能力のことです．

問 6 UNIX（セキュア OS を除く）のアクセス管理などについて述べた次の記述のうち，正しいものは，［　　　］である．

① UNIX においてサーバの運用管理やアカウント管理を行うには root 権限を行使できるシステム管理者である必要がある．

② UNIX のファイルやディレクトリに対するアクセス権限の設定は，一般に，ファイルパーミッションといわれ，UNIX には OS の機能としてこの設定の誤りを検出する機能がある．

③ UNIX では，ファイルやディレクトリへのアクセスに強制アクセス制御方式が用いられている．

④ UNIX のファイルアクセス管理では，ファイルの所有者とそのファイルに対応付けられたグループでは，同じアクセス権限が割り当てられる．

⑤ UNIX におけるファイルへのアクセス権限には，読み込み権限，書き込み権限及び保留権限の 3 種類がある．

解説 ②「ファイルパーミッションといわれ，UNIX には OS の機能としてこの設定の誤りを**検出する機能がある**」ではなく，正しくは「ファイルパーミッションといわれ，UNIX には OS の機能としてこの設定の誤りを**検出する機能はない**」です．

③「ファイルやディレクトリへのアクセスに**強制アクセス制御方式**が用いられている」ではなく，正しくは「ファイルやディレクトリへのアクセスに**任意アクセス制御方式**が用いられている」です．

④「UNIX のファイルアクセス管理では，ファイルの所有者とそのファイルに対応付けられたグループでは，**同じアクセス権限が割り当てられる**」ではなく，正しくは「UNIX のファイルアクセス管理では，ファイルの所有者とそのファイルに対応付けられたグループでも，**区分ごとに異なるアクセス権限を割り当てることができる**」です．UNIX のファイルには，所有者（owner），グループ（group），それ以外（others）が設定されていて，それごとにアクセス権限が割り当てられます．

⑤「UNIX におけるファイルへのアクセス権限には，読み込み権限，書き込み権限及び**保留権限**の 3 種類がある」ではなく，正しくは「UNIX におけるファイルへのアクセス権限には，読み込み権限，書き込み権限及び**実効権限**の 3 種類がある」です．

解答 ①

問7 入退室管理におけるセキュリティ用語などについて述べた次の二つの記述は，［　　］．

A　一つの監視エリアにおいて，認証のための IC カードなどを用い，入室記録後の退室記録がない場合に再入室を不可能にしたり，退室記録後の入室記録がない場合に再退室を不可能にしたりする機能は，一般に，アンチパスバックといわれる．

B　セキュリティレベルの違いによって幾つかのセキュリティ区画を設定することは，ハウジングといわれ，セキュリティ区画は，一般に，一般区画，業務区画，アクセス制限区画などに分類される．

① Aのみ正しい　② Bのみ正しい
③ AもBも正しい　④ AもBも正しくない

解説 B「セキュリティレベルの違いによって幾つかのセキュリティ区画を設定することは，**ハウジング**といわれ，セキュリティ区画は，一般に，一般区画，業務区画，アクセス制限区画などに分類される」ではなく，正しくは「セキュリティレベルの違いによって幾つかのセキュリティ区画を設定することは，**セキュリティゾーニング**といわれ，セキュリティ区画は，一般に，一般区画，業務区画，アクセス制限区画などに分類される」です．

解答 ①

問8 一つの監視エリアにおいて，認証のための IC カードなどを用い，入室記録後の退室記録がない場合に再入室をできなくしたり，退室記録後の入室記録がない場合に再退室をできなくしたりする機能は，一般に，［　　］といわれる．

① アンチパスバック　② スプーフィング　③ ピギーバック
④ トラッシング　⑤ サニタイジング

解説 一つの監視エリアにおいて，認証のための IC カードなどを用い，入室記録後の退室記録がない場合に再入室をできなくしたり，退室記録後の入室記録がない場合に再退室をできなくしたりする機能は，一般に，**アンチパスバック**といわれます．アンチパスバックを利用すると，1人の認証だけで複数人が入室する共連れなどを防止することができます．

解答 ①

問9 情報セキュリティ対策技術としてのログ管理や侵入検知などについて述べた次の記述のうち，誤っているものは，［　　］である．

① 管理対象の複数のサーバから出力されるログについて，1 台のホスト（ログサーバ）にまとめることにより，集中して管理する方法がある．
② メモリ領域が小さすぎてログを記録できなくなったり，トラブルによりログを失ったりしてしまう場合に備えて，定期的にログのバックアップを取得する方法が有効であり，一般に，バックアップ先としては改ざんが不可能なメディアを使用することが望ましいとされている．
③ 侵入検知システムを導入しても，侵入検知システムのセンサの処理可能な能力を超えることなどが原因となってログを収集できない場合がある．
④ 不正侵入を検知した場合，そのアクセスがどのようなものかを知るためにはできるだけ詳細な情報が必要であるが，一般に，管理対象のシステム規模が大きいとログが膨大となる．
⑤ 侵入検知システムにおけるフォルスネガティブとは，正常な通信にもかかわらず不正であると判断してしまう誤検知のことである．フォルスネガティブを放置しておくと，どれが本当の不正な通信であるかわからなくなってしまう危険性がある．

解説 ⑤「侵入検知システムにおける**フォルスネガティブ**とは，正常な通信にもかかわらず不正であると判断してしまう誤検知のことである．**フォルスネガティブ**を放置しておくと，どれが本当の不正な通信であるかわからなくなってしまう危険性がある」ではなく，正しくは「侵入検知システムにおける**フォルスポジティブ**とは，正常な通信にもかかわらず不正であると判断してしまう誤検知のことである．**フォルスポジティブ**を放置しておくと，どれが本当の不正な通信であるかわからなくなってしまう危険性がある」です．

フォルスは誤った，ポジティブは肯定的で，ネガティブは否定的の意味だね．

解答 ⑤

問10 情報システムにおけるセキュリティの調査などには各種のログ情報が用いられる．UNIX 系の［　　］は，リモートホストにログをリアルタイムに送信することができ，ログの転送には，一般に，UDP を使用している．

① MIB　② syslog　③ イベントログ
④ SNMP　⑤ アプリケーションログ

解説 情報システムにおけるセキュリティの調査などには各種のログ情報が用いられます．UNIX 系の **syslog** は，リモートホストにログをリアルタイムに送信することができ，ログの転送には，一般に，UDP を使用しています．ログは情報システムにおけるセキュリティの調査などに用いられ，UNIX 系は，リモートホストにログをリアルタイムに送信することができますが，一般に，UDP プロトコルを使用しているため，ログが欠落するおそれがあります．

重要
UDP はパケット誤り時の再送機能がないため，ネットワーク内で転送中にログが欠落するおそれがあります．

解答 ②

問11 ネットワークに接続された情報システムがシステムの外部からの攻撃に対して安全かどうか，実際に攻撃手法を用いて当該情報システムに侵入を試みることにより安全性の検証を行うテスト手法は，一般に，［　　］といわれる．

① リグレッションテスト　② サニタイジング　③ データマイニング
④ ペネトレーションテスト　⑤ パターンマッチング

解説 ネットワークに接続された情報システムがシステムの外部からの攻撃に対して安全かどうか，実際に攻撃手法を用いて当該情報システムに侵入を試みることにより安全性の検証を行うテスト手法は，一般に，**ペネトレーションテスト**といわれます．ペネトレーションテストでは，実際にハッカーなどの攻撃手法によりシステムへの侵入を試みて，セキュリティホールなどの脆《ぜい》弱性をもたらす要因を検出します．

解答 ④

重要
リグレッションテストはプログラムに関するテスト，サニタイジングは，文字を変換する処理，データマイニングはデータの抽出技術，パターンマッチングはウイルスの検出方法です．

問12 無線 LAN のセキュリティについて述べた次の二つの記述は，［　　］．

A　無線 LAN アクセスポイントにおいて，MAC アドレスフィルタリングを有効に設定すると，一般に，MAC アドレスを利用した接続制限が可能となるが，無線 LAN 区間での傍受による情報漏洩《えい》を防ぐことはできない．

B　無線 LAN アクセスポイントの設定において，ANY 接続を拒否する設定にすることにより，SSID を知らない者の無線 LAN 端末からアクセスポイントに接続される危険性を低減できる．

① A のみ正しい　② B のみ正しい
③ A も B も正しい　④ A も B も正しくない

解説 A　MAC アドレスフィルタリングについての記述です．

B　ANY 接続を拒否する設定についての記述です．ANY 接続は，フリー Wi-Fi スポットサービスなどの不特定多数の無線 LAN 端末からの接続を許可するために用意された仕様なので，ANY 接続を許可する設定にすると，どの無線 LAN 端末からでも接続が可能になります．

解答 ③

問13 ウイルスを検知する仕組みの違いによるウイルス対策ソフトウェアの方式区分において，コンピュータウイルスに特徴的な挙動の有無を調べることによりコンピュータウイルスを検知するものは，一般に，[　　　]方式といわれる．

① ヒューリスティック　　② チェックサム
③ パケットフィルタリング　　④ チャレンジレスポンス

解説　ウイルスを検知する仕組みの違いによるウイルス対策ソフトウェアの方式区分において，コンピュータウイルスに特徴的な挙動の有無を調べることによりコンピュータウイルスを検知するものは，一般に，**ヒューリスティック**方式といわれます．ヒューリスティック方式は，ウイルス定義ファイルに頼ることなく，構造，動作，その他の属性を解析することでウイルスを検出するため，未知のウイルスに対しても効果的な検知方式です．

解答　①

問14 コンピュータウイルス対策について述べた次の二つの記述は，[　　　]．

A　コンピュータウイルスの検出手法の一つとして用いられているチェックサム方式は，ハードディスク内にある実行可能ファイルが改変されていないかを検査し，ウイルス名を特定することができる．

B　コンピュータウイルスに感染した添付ファイル付き電子メールの受信によるコンピュータウイルスの被害を抑制するには，電子メールの添付ファイルがコンピュータウイルスに感染していないかをチェックする機能などをメールサーバに設ける方法がある．

① Aのみ正しい　　② Bのみ正しい
③ AもBも正しい　　④ AもBも正しくない

解説　A「ハードディスク内にある実行可能ファイルが改変されていないかを検査し，**ウイルス名を特定することができる**」ではなく，正しくは「ハードディスク内にある実行可能ファイルが改変されていないかを検査し，**ウイルス名を特定することはできない**」です．データの誤り検出方式の一つであるチェックサム方式は，桁あふれを無視して合計するなどの方法で計算したチェックサムを導入時のチェックサムの値と比較することによって，データの改変の有無を検出する方式です．この方式で検出できるのはデータの改変の有無のみなので，改変の原因となったウイルスの名称を特定することはできません．

重要
チェックサムは，データ列を整数値の列とみなして和を求め，これをある定数で割った余りを検査用データとする誤り検出方式です．

解答　②

3.4 情報セキュリティ管理

出題のポイント

- 情報セキュリティポリシー
- 情報セキュリティマネジメントシステム

1 情報セキュリティポリシー

[1] 情報セキュリティポリシーの策定

情報セキュリティポリシーは，企業や組織が保有する情報資産を適切に保護するために，セキュリティ対策に関する統一的な考え方や具体的な遵守事項を定めたものです．企業や組織の情報セキュリティを確保するためには，現場レベルから経営陣のレベルまで，情報セキュリティ管理の基本方針や基準を徹底的に意識づける必要があります．

また，情報セキュリティ管理の運用が個人の判断に左右されることなく，組織として意思統一されるように，明文化された情報セキュリティポリシーを策定することが必要です．

なお，情報セキュリティポリシーは策定後においても，情報セキュリティマネジメントのPDCAサイクルを妥当かつ適切に運用することにより実態に合っているかどうかの見直しを定期的に行い，情報セキュリティポリシー文書は必要に応じて変更を行うことが求められます．また，変更した場合にはその変更内容の妥当性を確認することが求められます．

> **重要**
> PDCAサイクルとは，Plan（基本方針などの計画の策定），Do（組織全体への周知や教育などの導入と運用），Check（定期的な点検と評価），Act（点検と評価の結果より見直しと改善）を繰り返し行うサイクルのことです．

[2] 情報セキュリティポリシーの体系

情報セキュリティポリシー文書の体系は，一般に，次の3階層で構成されています．また，**基本方針をポリシー**，**対策基準をスタンダード**，**実施手順をプロシージャ**と呼ぶこともあります．

① **情報セキュリティ基本方針**

情報セキュリティに関する，組織としての基本的な考え方と基本方針を定めたものです．組織内外に対する行動指針として用いることもあります．

② **情報セキュリティ対策基準**

情報セキュリティ基本方針に準拠して何を実施しなければならないかを明確にした基準です．実際に守るべき規定を具体的に記述し，適用範囲や対象者を明確にした規定です．情報の取扱い基準や社内ネットワークの利用基準などがあります．

③　情報セキュリティ実施手順・規定など

情報セキュリティ対策基準で定めた管理策を実施する際の詳細な手順を記述するものです．操作マニュアル，業務手順書などが該当しますが，何をどの程度詳細に作成するかは，組織の実状などに合わせて適切に判断します．

具体的なセキュリティ対策の策定においては，守るべき情報資産とそのリスクを明確にし，低減させると判断したリスクに対して対策を策定します．また，残留リスクについては，リスクを残すとした判断理由を明確にし，そのリスクが実現化したときの対処方法についてまとめておかなければなりません．

2　情報セキュテリィマネジメントシステム

情報セキュリティマネジメントシステム（**ISMS**）は，情報資産を保護するための国際規格です．情報セキュリティ管理に関する国際標準（ISO/IEC27001）に基づき，わが国では，ISMS 適合性評価制度の評価基準 JIS Q 27001：2014 に規定されています．組織はこの規格の要求事項に従い，ISMS を確立し，実施し，維持し，かつ，継続的に改善していく必要があります．

JIS Q 27001：2014 に規定されている ISMS の要求事項を満たすための管理策を次に示します．

①　情報セキュリティのための方針群

情報セキュリティのための方針群は，これを定義し，管理層が承認し，発行し，すべての従業員及び関連する外部関係者に通知しなければならない．

②　情報セキュリティの役割及び責任

すべての情報セキュリティの責任を定め，割り当てなければならない．

③　職務の分離

相反する職務及び責任範囲は，組織の資産に対する，認可されていないもしくは意図しない変更又は不正使用の危険性を低減するために，分離しなければならない．

④　テレワーキング

テレワーキングの場所でアクセス，処理及び保存される情報を保護するために，方針及びその方針を支援するセキュリティ対策を実施しなければならない．

⑤　雇用条件

従業員及び契約相手との雇用契約書には，情報セキュリティに関する各自の責任及び組織の責任を記載しなければならない．

⑥　経営陣の責任

経営陣は，組織の確立された方針及び手順に従った情報セキュリティの適用を，すべての従業員及び契約相手に要求しなければならない．

⑦ 資産目録

情報及び情報処理施設に関連する資産を特定しなければならない．また，これらの資産の目録を，作成し，維持しなければならない．

⑧ 情報の分類

情報は，法的要求事項，価値，重要性，及び認可されていない開示又は変更に対して取扱いに慎重を要する度合いの観点から，分類しなければならない．

⑨ 情報のラベル付け

情報のラベル付けに関する適切な一連の手順は，組織が採用した情報分類体系に従って策定し，実施しなければならない．

⑩ 資産の取扱い

資産の取扱いに関する手順は，組織が採用した情報分類体系に従って策定し，実施しなければならない．

⑪ 取外し可能な媒体の管理

組織が採用した分類体系に従って，取外し可能な媒体の管理のための手順を実施しなければならない．

⑫ 媒体の処分

媒体が不要になった場合は，正式な手順を用いて，セキュリティを保って処分しなければならない．

⑬ 物理的媒体の輸送

情報を格納した媒体は，輸送の途中における，認可されていないアクセス，不正使用又は破損から保護しなければならない．

⑭ 情報へのアクセス制限

情報及びアプリケーションシステム機能へのアクセスは，アクセス制御方針に従って，制限しなければならない．

⑮ 暗号による管理策の利用方針

情報を保護するための暗号による管理策の利用に関する方針は，策定し，実施しなければならない．

⑯ 物理的入退管理策

セキュリティを保つべき領域は，認可された者だけにアクセスを許すことを確実にするために，適切な入退管理策によって保護しなければならない．

⑰ 装置の保守

装置は，可用性及び完全性を継続的に維持することを確実にするために，正しく保守しなければならない．

⑱ 操作手順書

操作手順は，文書化し，必要とするすべての利用者に対して利用可能にしなければならない．

⑲ 変更管理

情報セキュリティに影響を与える，組織，業務プロセス，情報処理設備及びシステムの変更は，管理しなければならない．

⑳　容量・能力の管理

要求されたシステム性能を満たすことを確実にするために，資源の利用を監視・調整しなければならず，また，将来必要とする容量・能力を予測しなければならない．

㉑　開発環境，試験環境及び運用環境の分離

開発環境，試験環境及び運用環境は，運用環境への認可されていないアクセス又は変更によるリスクを低減するために，分離しなければならない．

問 1　情報セキュリティポリシーに関して望ましいとされている運用方法などについて述べた次の記述のうち，誤っているものは，［　　］である．

①　情報セキュリティポリシー文書の体系は，一般に，基本方針，対策基準及び実施手順の 3 階層で構成され，基本方針をポリシー，対策基準をスタンダードと呼ぶこともある．

②　対策基準は，基本方針に準拠して何を実施しなければならないかを明確にした基準であり，実際に守るべき規定を具体的に記述し，適用範囲や対象者を明確にするものである．

③　実施手順は，対策基準で定めた管理策を実施する際の詳細な手順を記述するものであり，操作マニュアル，業務手順書などが該当するが，何をどの程度詳細に作成するかは，組織の実状などに合わせて適切に判断する．

④　情報セキュリティポリシー文書は，見直しを定期的に行い，必要に応じて変更する．また，変更した場合にはその変更内容の妥当性を確認する．

⑤　具体的なセキュリティ対策の策定においては，すべてのリスクに対して対策を策定することにより残留リスクを排除しなければならない．

解説　⑤「具体的なセキュリティ対策の策定においては，**すべてのリスクに対して対策を策定することにより残留リスクを排除しなければならない**」ではなく，正しくは「具体的なセキュリティ対策の策定においては，**守るべき情報資産とそのリスクを明確にし，低減させると判断したリスクに対して対策を策定する．また，残留リスクについては，リスクを残すとした判断理由を明確にし，そのリスクが実現化したときの対処方法についてまとめておかなければならない**」です．

解答　⑤

問 2 ISMS 及び情報セキュリティポリシーについて述べた次の二つの記述は，[　　].

A　取扱いに慎重を要する情報や重要な情報については，可用性を確保するために必ず暗号化する.

B　作成された情報セキュリティポリシーは，適用される組織の全関係者に周知し，PDCA サイクルにより妥当かつ適切に運用する.

① Aのみ正しい　② Bのみ正しい
③ AもBも正しい　④ AもBも正しくない

解説　A「取扱いに慎重を要する情報や重要な情報については，**可用性**を確保するために必ず暗号化する」ではなく，正しくは「取扱いに慎重を要する情報や重要な情報については，**機密性**を確保するために必ず暗号化する」です.

解答 ②

問 3 JIS Q 27001：2014 に規定されている，情報セキュリティマネジメントシステム (ISMS) の要求事項を満たすための管理策について述べた次の記述のうち，誤っているものは，[　　]である.

① 組織が採用した分類体系に従って，取外し可能な媒体の管理のための手順を実施しなければならない.

② 情報を格納した媒体は，輸送の途中における，認可されていないアクセス，不正使用又は破損から保護しなければならない.

③ 情報のラベル付けに関する適切な一連の手順は，認証機関が定める情報分類体系に従って策定し，実施しなければならない.

④ 媒体が不要になった場合は，正式な手順を用いて，セキュリティを保って処分しなければならない.

⑤ 情報は，法的要求事項，価値，重要性，及び認可されていない開示又は変更に対して取扱いに慎重を要する度合いの観点から，分類しなければならない.

解説　③「情報のラベル付けに関する適切な一連の手順は，**認証機関が定める情報分類体系**に従って策定し，実施しなければならない」ではなく，正しくは「情報のラベル付けに関する適切な一連の手順は，**組織が採用した情報分類体系**に従って策定し，実施しなければならない」です.

解答 ③

問 4 JIS Q 27001：2014 に規定されている，情報セキュリティマネジメントシステム（ISMS）の要求事項を満たすための管理策について述べた次の二つの記述は，[　　]．

A　情報セキュリティのための方針群は，これを定義し，管理層が承認し，発行し，すべての従業員に通知しなければならず，関連する外部関係者に対しては秘匿しなければならない．

B　情報セキュリティに影響を与える，組織，業務プロセス，情報処理設備及びシステムの変更は，管理しなければならない．

①　A のみ正しい　　②　B のみ正しい

③　A も B も正しい　　④　A も B も正しくない

解説　A「情報セキュリティのための方針群は，これを定義し，管理層が承認し，発行し，**すべての従業員に通知しなければならず，関連する外部関係者に対しては秘匿しなければならない**」ではなく，正しくは「情報セキュリティのための方針群は，これを定義し，管理層が承認し，発行し，**従業員及び関連する外部関係者に通知しなければならない**」です．

解答　②

問 5 JIS Q 27001：2014 に規定されている，ISMS（情報セキュリティマネジメントシステム）の要求事項を満たすための運用のセキュリティに関する管理策について述べた次の記述のうち，誤っているものは，[　　]である．

①　操作手順は，文書化し，必要とするすべての利用者に対して利用可能にしなければならない．

②　情報セキュリティに影響を与える，組織，業務プロセス，情報処理設備及びシステムの変更は，管理しなければならない．

③　要求されたシステム性能を満たすことを確実にするために，資源の利用を監視・調整しなければならず，また，将来必要とする容量・能力を予測しなければならない．

④　開発設備，試験環境及び運用環境は，運用環境への認可されていないアクセス又は変更によるリスクを低減するために，統合しなければならない．

解説　④「開発設備，試験環境及び運用環境は，運用環境への認可されていないアクセス又は変更によるリスクを低減するために，**統合**しなければならない」ではなく，正しくは「開発設備，試験環境及び運用環境は，運用環境への認可されていないアクセス又は変更によるリスクを低減するために，**分離**しなければならない」です．

補足

統合すると，問題が発生したときの影響が大きくなり，リスクが増えるので，分離します．

解答　④

問6 JIS Q 27001：2014 に規定されている，ISMS（情報セキュリティマネジメントシステム）の要求事項を満たすための管理策について述べた次の記述のうち，誤っているものは，［　　］である．

① 情報セキュリティのための方針群は，これを定義し，管理層が承認し，発行し，従業員及び関連する外部関係者に通知しなければならない．

② 資産の取扱いに関する手順は，組織が採用した情報分類体系に従って策定し，実施しなければならない．

③ 経営陣は，組織の確立された方針及び手順に従った情報セキュリティの適用を，すべての従業員及び契約相手に要求しなければならない．

④ 装置は，情報セキュリティの 3 要素のうちの機密性及び安全性を継続的に維持することを確実にするために，正しく保守しなければならない．

解説 ④「装置は，情報セキュリティの 3 要素のうちの**機密性及び安全性**を継続的に維持することを確実にするために，正しく保守しなければならない」ではなく，正しくは「装置は，情報セキュリティの 3 要素のうちの**可用性及び完全性**を継続的に維持することを確実にするために，正しく保守しなければならない」です．

解答 ④

問7 JIS Q 27001：2014 に規定されている，ISMS（情報セキュリティマネジメントシステム）の要求事項を満たすための管理策について述べた次の二つの記述は，［　　］．

A 情報セキュリティのための方針群は，これを定義し，管理層が承認し，発行し，従業員及び関連する外部関係者に通知しなければならない．

B 従業員及び契約相手との雇用契約書には，情報セキュリティに関する各自の責任及び組織の責任を記載しなければならない．

① A のみ正しい　② B のみ正しい
③ A も B も正しい　④ A も B も正しくない

解説 A 情報セキュリティのための方針群の規定です．
B 雇用条件（雇用契約書）に関する規定です．

解答 ③

4.1 LANの接続技術

出題のポイント

- イーサネットLANの接続ケーブルの種類と用途
- モジュラコネクタのピン配列とペアのピン番号
- UTPケーブルの結線の種類と用途

1 イーサネットLAN

[1] LANの接続ケーブル

LANの配線には，ツイストペアケーブル，同軸ケーブル，光ファイバケーブルなどがありますが，最もよく用いられているのはツイストペアケーブルです．

表4.1にイーサネットLANの規格と図4.1に記号の読み方を示します．

ツイストペアケーブルは，2本の導線が撚り線になっているので，電流の流れる位置が頻繁に逆転するんだよ．それで，外部に発生する電磁界の向きが交互に変わるんだね．なので，外部に雑音や漏話を出しにくくなって，外部からの誘導も受けにくくなるんだよ．

表4.1　LANの伝送媒体と規格

伝送媒体	規　格	伝送速度	最大延長距離	特性インピーダンス
ツイストペアケーブル（UTP）	10BASE-T	10 Mbit/s	100 m	100±15 Ω
	100BASE-TX	100 Mbit/s	100 m	100±15 Ω
	1000BASE-T	1 Gbit/s	100 m	100±15 Ω
同軸ケーブル	10BASE-5	10 Mbit/s	500 m	50 Ω
	10BASE-2	10 Mbit/s	185 m	50 Ω
	1000BASE-CX	1 Gbit/s	25 m	150±15 Ω
光ファイバケーブル	1000BASE-SX	1 Gbit/s	550 m	−
	1000BASE-LX	1 Gbit/s	5 km	−
	10GBASE-LX4	10 Gbit/s	300 m（MM型）	−
			10 km（SM型）	

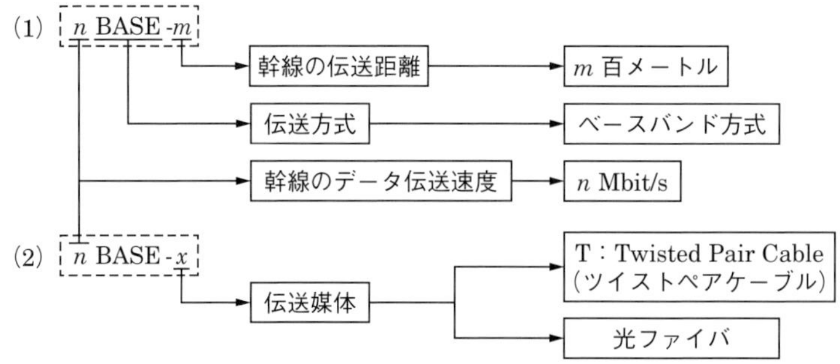

（例）1000BASE-T（せん・ベース・ティ）
幹線の伝送速度が1Gbit/s，伝送方式にベースバンド方式を採用し，
伝送媒体としてT（ツイストペアケーブル）を用いるLAN

図4.1　標準化されたLAN（IEEE802.3）の記号の読み方

［2］ツイストペアケーブル

図 4.2　UTP ケーブル外観

2 本 1 対の被覆銅線を撚り合わせて作られる撚り対線で，4 対に束ねられた構造のケーブルです．外部のノイズ対策のためにシールドを施した STP ケーブルとシールドのない UTP ケーブルがあります．図 4.2 に UTP ケーブルの構造を示します．

イーサネット LAN で用いられる UTP ケーブルは，カテゴリ 3 からカテゴリ 8 が使われています．カテゴリは伝送性能によって分類され，数字が大きいほど高い周波数の信号を伝送することができます．イーサネットの 100BASE-TX ではカテゴリ 5 以上，**1000BASE-T** では**カテゴリ 5e 以上**，**1000BASE-TX** では**カテゴリ 6 以上**の UTP ケーブルの使用が推奨されています．1000BASE-T の最大周波数は 100〔MHz〕，1000BASE-TX は 250〔MHz〕の規格です．

重要
1000BASE-T ではカテゴリ 5e 以上を使用します．
カテゴリ 5e は，カテゴリ 5 の改良型ケーブルです．

2 モジュラコネクタ

［1］モジュラコネクタのピン配列

モジュラコネクタは，機器側のモジュラジャックとケーブル側のモジュラプラグで構成され，電話機やネットワーク機器の接続に用いられます．UTP ケーブルは，4 対のツイストペアで構成されているので，UTP ケーブルの両端には 8 極 8 心の RJ-45 モジュラプラグが使用されます．ピン配列は，TIA/EIA（米国電気通信工業会 / 電子工業会）規格の T568A 又は T568B が用いられます．これらのピン配列を図 4.3 に示します．

ペアは，2 本の撚り線のことだよ．

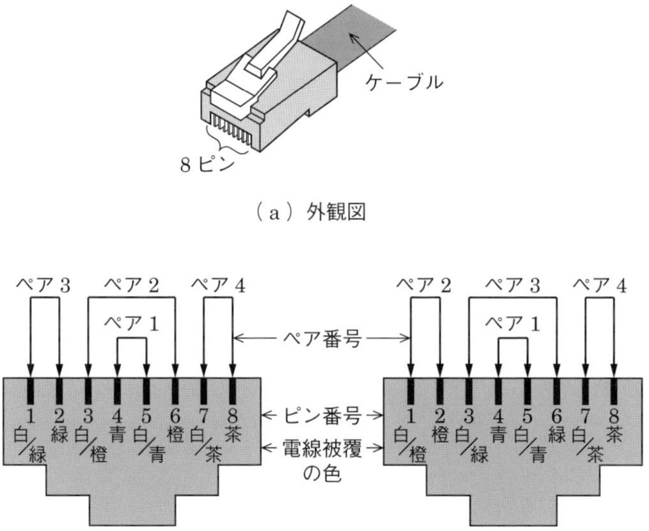

（a）外観図
（b）T568A のピン配列　（c）T568B のピン配列

図 4.3　RJ-45 モジュラプラグ

重要
T568B のピン配列
ペア 1：4 番と 5 番
ペア 2：1 番と 2 番
ペア 3：3 番と 6 番
ペア 4：7 番と 8 番

ペア 1 からペア 4 までのコネクタと UTP ケーブルを接続する場合に，10BASE-T 及び 100BASE-TX では，ペア 2 とペア 3 がデータの送信及び受信に使用されます．**1000BASE-T** では，**すべてのペア**をデータの送信及び受信に使用することで高速の伝送を可能にしています．

［2］PoE 機能

PoE 機能は，UTP ケーブルなどの通信用メタリックケーブルを利用するイーサネット LAN において，通信用メタリックケーブルによってネットワーク端末機器に電力を供給する機能をいいます．カテゴリ 5 の LAN ケーブルを使用して給電する場合，IEEE802.3at Type1 に準拠した PoE では，次の規格があります．

PoE は，Power over Ethernet の略語だよ．

① **オルタナティブ A**

給電に使用する RJ-45 のピン番号は，データの送受信に使用している信号対の **1**，**2**，**3**，**6** ピンを使用します．

② **オルタナティブ B**

給電に使用する RJ-45 のピン番号は，データの送受信に使用していない予備対（空き）の **4**，**5**，**7**，**8** ピンを使用します．

3 UTP ケーブルの結線

UTP ケーブルの結線には，図 4.4（a）のストレートケーブルと図 4.4（b）のクロスケーブルがあります．ストレートケーブルは，パソコンとスイッチングハブなどを接続するときに用いられます．**クロスケーブル**は，**パソコンどうしやハブどうし**を接続するときに用いられます．このとき，接続するハブは自動識別機能，アップリンクポート，カスケードポートが搭載されていないものです．

通常，LAN の配線で使うのは，ストレートケーブルだね．

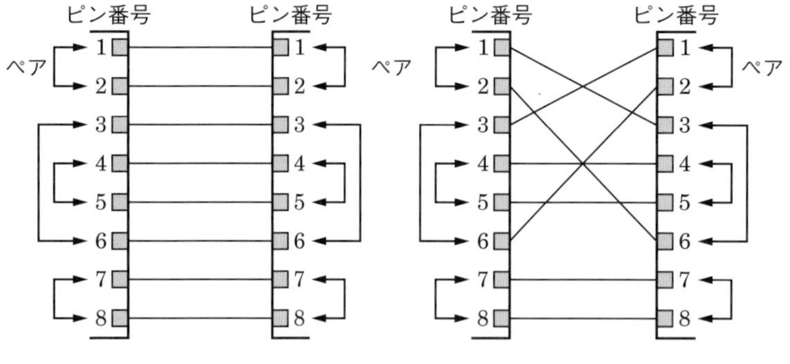

（a）ストレートケーブルの結線　（b）クロスケーブルの結線

図 4.4　UTP ケーブルの結線

問 1 1000BASE-T の LAN 配線工事では，8 心のカテゴリ 5e 以上の UTP ケーブルの使用が推奨されており，データの送受信には UTP ケーブルの［　　］が利用されている．

① ペア 1 と 2 の 4 心だけ　② ペア 2 と 3 の 4 心だけ
③ ペア 3 と 4 の 4 心だけ　④ ペア 1 と 4 の 4 心だけ
⑤ ペア 1 から 4 の 8 心すべて

解説 1000BASE-T の LAN 配線工事では，8 心のカテゴリ 5e 以上の UTP ケーブルの使用が推奨されており，データの送受信には UTP ケーブルの**ペア 1 から 4 の 8 心すべて**が利用されています．

1000BASE-T では，UTP ケーブルの心線（8 心）をすべて使用し，2 心を 1 ペアとして各ペアで 250〔Mbit/s〕の情報を両方向に伝送することにより，全体（4 ペア）で両方向に 1〔Gbit/s〕の伝送速度を実現しています．

解答 ⑤

問 2 ギガビットイーサネットの LAN 配線工事などについて述べた次の二つの記述は，［　　］．

A 1000BASE-T の LAN 配線工事では，ケーブルは 8 心のカテゴリ 5e 以上の UTP ケーブルを使用し，データの送受信は UTP ケーブルのペア 2 とペア 3 の 4 心だけを使用して行われる．

B 1000BASE-TX の LAN 配線工事では，ケーブルは 8 心のカテゴリ 6 以上の UTP ケーブルを用いる必要がある．

① A のみ正しい　② B のみ正しい
③ A も B も正しい　④ A も B も正しくない

解説 A 「データの送受信は UTP ケーブルの**ペア 2 とペア 3 の 4 心だけを使用して**行われる」ではなく，正しくは「データの送受信は UTP ケーブルの**ペア 1 から 4 のすべての心線を使用して**行われる」です．

解答 ②

問 3 IEEE802.3at Type1 に準拠した PoE では，カテゴリ 5 の LAN ケーブルを使用して給電する場合，給電方式がオルタナティブ B のとき，給電に使用する RJ-45 のピン番号は［　　］である．

① 1，2，3，4　② 1，2，3，6　③ 3，4，5，6
④ 4，5，6，7　⑤ 4，5，7，8

解説　IEEE802.3at Type1 に準拠した PoE では，カテゴリ 5 の LAN ケーブルを使用して給電する場合，給電方式がオルタナティブ B のとき，給電に使用する RJ-45 のピン番号は **4, 5, 7, 8** です．オルタナティブ B の給電では，信号対を使用しないで予備対を使用します．なお，オルタナティブ A で使用するピン番号は 1，2，3，6 です．

解答　⑤

問 4　IEEE802.3at Type1 に準拠した PoE では，カテゴリ 5 の LAN ケーブルを使用して給電する場合，給電方式がオルタナティブ A のとき，給電に使用する RJ-45 のピン番号は［　　］である．

①　1，2，3，4　②　1，2，3，6　③　3，4，5，6
④　4，5，6，7　⑤　4，5，7，8

解説　IEEE802.3at Type1 に準拠した PoE では，カテゴリ 5 の LAN ケーブルを使用して給電する場合，給電方式がオルタナティブ A のとき，給電に使用する RJ-45 のピン番号は **1，2，3，6** です．なお，オルタナティブ B で使用するピン番号は 4，5，7，8 です．

解答　②

問 5　UTP ケーブルを RJ-45 のモジュラジャックに結線するとき，配線規格 T568B では，ピン番号 8 番には［　　］色の心線が接続される．

①　橙　②　青　③　緑　④　茶　⑤　白

解説　UTP ケーブルを RJ-45 のモジュラジャックに結線するとき，配線規格 T568B では，ピン番号 8 番には**茶**色の心線が接続されます．なお，配線規格 T568B のピン番号と心線の色は表のとおりです．

ピン	1	2	3	4	5	6	7	8
色	白／橙	橙	白／緑	青	白／青	緑	白／茶	茶

解答　④

問 6　UTP ケーブルを RJ-45 のモジュラジャックに結線するとき，配線規格 T568B では，ピン番号 4 番には外被が［　　］色の心線が接続される．

①　橙《だいだい》　②　青　③　緑　④　白　⑤　茶

解説　UTP ケーブルを RJ-45 のモジュラジャックに結線するとき，配線規格 T568B では，ピン番号 4 番には**青**色の心線が接続されます．

解答　②

問7 UTPケーブルをRJ-45のモジュラジャックに結線するとき，配線規格T568Bでは，ピン番号2番には外被が[　　]色の心線が接続される．

① 橙《だいだい》　② 青　③ 緑　④ 白　⑤ 茶

解説 UTPケーブルをRJ-45のモジュラジャックに結線するとき，配線規格T568Bでは，ピン番号2番には**橙**色の心線が接続されます．

解答 ①

問8 図は，ツイストペアケーブルを使用したイーサネット環境においてルータとパーソナルコンピュータが対向している例を示したものである．[　　]内の（A）及び（B）に入るそれぞれの機器の通信モードの組合せを示す表において，送受信パケットの衝突に起因して発生する再送処理による双方向通信の効率低下が生ずるおそれのない組合せとして正しいものは，イ～ニのうち，[　　]である．

	(A)	(B)
イ	半二重	オートネゴシエーション
ロ	全二重	オートネゴシエーション
ハ	半二重	半二重
ニ	全二重	全二重

① イ　② ロ　③ ハ　④ ニ

解説 ツイストペアケーブルを使用したイーサネット環境においてルータとパーソナルコンピュータが対向しているとき，送受信パケットの衝突に起因して発生する再送処理による双方向通信の効率低下が生ずるおそれのない組合せは，ルータの通信モードが**全二重**，パーソナルコンピュータの通信モードが**全二重**です．半二重モードで通信を行うと信号の衝突が起こるおそれがあります．オートネゴシエーション機能をもつ機器は対向する双方の機器がオートネゴシエーション機能をもっていない場合は半二重通信になるので，信号の衝突が起こりえます．

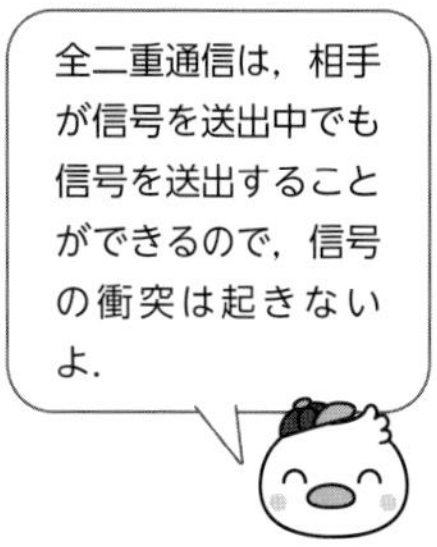

解答 ④

4.2 光ファイバの接続技術

出題のポイント

- 光ファイバの種類と構造
- 光ファイバの伝送特性
- 光ファイバの接続方法と接続の注意事項

1 光ファイバの構造と種類

光ファイバは，0.1〔mm〕程度の石英ガラス繊維の中に屈折率の高いコアと屈折率の低いクラッドを持ち，それをナイロン樹脂などで被覆した構造です．コアの中を伝搬する光は，屈折率の違いからそれらの境界面において，特定の角度の**全反射**を繰り返してコアの中を伝搬します．

光ファイバは，図4.5 (a)，(b) のような**コアの屈折率が一定**の**ステップインデックス型**と図4.5 (c) のような**屈折率が特定の曲率分布**の**グレーデッドインデックス型**があります．これらの光ファイバは屈折率の大きいコアと屈折率の小さいクラッドを持っています．グレーデッドインデックス型は伝搬モードが複数のマルチモード光ファイバとして用いられます．

プラスチック系の心線を用いたプラスチック光ファイバの心線は，曲げに強く折れにくい特徴があります．主にホームネットワークで用いられ，送信素子には光波長が 650〔nm〕の**赤色 LED** が用いられています．

光ファイバは，光信号が伝搬するコアとクラッドの屈折率の違いから，全反射現象により光信号が伝搬するよ．

重要

ステップインデックス型光ファイバのコアの屈折率は，クラッドよりわずかに大きい値です．

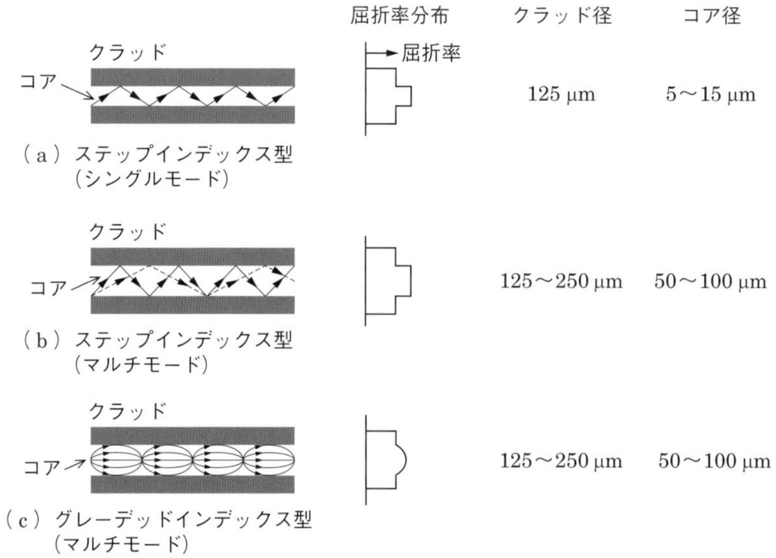

図 4.5　光ファイバの構造と伝搬モード

2 光ファイバの伝送特性

［1］光ファイバ固有の損失

① 吸収損失

光ファイバの中を伝わる光が材料自信によって吸収される損失です．

② レイリー散乱損失

光ファイバ中の屈折率のゆらぎによって，光が散乱するために生じる損失です．光ファイバの密度の違いにより，屈折率が場所によって異なることなどが原因です．

③ 構造不均一性による損失

コアとクラッドの境界面の凸凹により光が乱反射され，光ファイバ外に放射されることによる損失です．

［2］マイクロベンディングロス

光ファイバの側面に圧力が加わると，光ファイバの軸に μm 程度の曲がりが生じます．これを**マイクロベンディングロス**といいます．コアとクラッドの境界面で光が乱反射され，光ファイバ外に放出されることによる損失です．光ファイバの布設時に光ファイバの側面に圧力が加わったときに発生します．

［3］光ファイバの曲がりによる放射損失

光ファイバが小さな曲率半径で曲げられると，コアとクラッドの境界面と光の伝搬方向との角度が変化して，光ファイバ外に光が放射されることにより損失が生じます．

［4］接続損失

光ファイバを接続する場合に，軸ずれや光ファイバ端面の分離などがあると損失が生じます．

［5］分散

光ファイバ内を伝搬する間に，光の伝搬速度が伝搬モードや光の波長によって異なり，到達する波形に時間差が生じる現象を**分散**といいます．分散は伝送パルスが広がる原因となります．分散には次の発生原因があります．

① モード分散

光ファイバ内に複数の伝搬モードが存在する場合，各モードの伝搬速度の違いにより伝搬時間が異なるために生じる分散を**モード分散**といいます．

モード分散は，伝搬モードが一つのシングルモード光ファイバでは発生せず，マルチモード光ファイバで発生します．グレーデッドインデックス型光ファイバにおいて，コアの外側になるほど屈折率を小さくして，**屈折率分布を最適化**すれば**モード分散を小さくする**ことができます．

また，モード分散の影響を軽減するには，伝送帯域を狭くしなければなりません．そこで，マルチモード光ファイバは，主に LAN などの短距離伝送用に用いられています．

② 波長分散

光の波長に起因する分散には，材料分散と構造分散があります．

3 光ファイバの接続

［1］融着接続法

融着接続機によって，光ファイバの切断面を放電の熱で溶かして接続します．心線の接続部では被覆が除去されて機械的強度が低下するので，図4.6のような熱収縮チューブなどの**光ファイバ保護スリーブ**が用いられます．

補足

接続部に気泡が入った場合は，光ファイバカッタのメンテナンスを行い接続をやり直します．

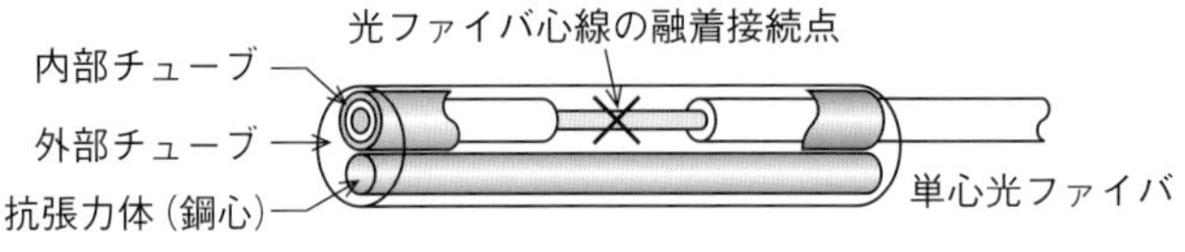

図4.6　融着補強用熱収縮チューブ

［2］メカニカルスプライスによる接続法

光ファイバ接続部品で図4.7のような構造のメカニカルスプライスを用いて接続します．ガイドのV溝により光ファイバどうしを軸合わせして接続することができるので，接続工具には電源を必要としません．

重要

メカニカルスプライスによる接続は，コネクタによる接続より接続損失値を小さくすることができます．

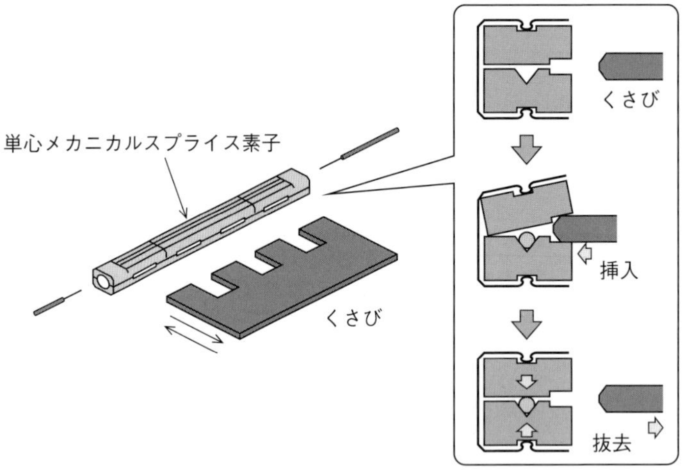

図4.7　メカニカルスプライスによる接続

［3］コネクタ法

光コネクタを用いて光ファイバを機械的に接続します．一般に図4.8のような構造のフェルール形コネクタが用いられ，図4.8（a）の単心SCコネクタや，図4.8（b）のFCコネクタ，図4.8（c）のSTコネクタなどの種類があります．図4.8（b）の**FCコネクタ**は接合部が**ねじ込み式**で振動に強い構造を持っています．

補足

フェルールは，光ファイバのコアの中心をコネクタの中心に固定するために用いられる部品です．

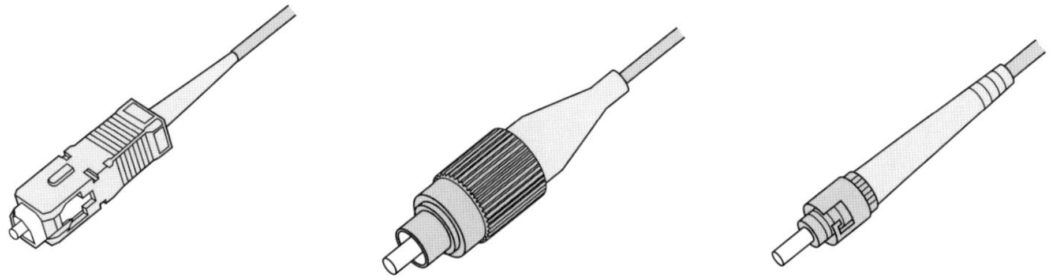

（a）単心 SC コネクタ　（b）FC コネクタ　（c）ST コネクタ

図 4.8　フェルール形コネクタ

コネクタ接続方式は**着脱が容易**なことが特徴ですが，接続損失が大きいので長距離の伝送には不向きです．また，接続損失や反射を極力発生させないように，取扱いに注意が必要です．**フェルール**は光ファイバのコアの中心をコネクタの中心に固定するために用いられます．ジルコニアなどの樹脂製の部品で，コアの軸がずれるのを防止することができます．

光ファイバの端面は，平面，球面，斜め球面などの形状があります．光ファイバのコネクタ接合では，フェルール先端を直角に研磨した端面形状の場合，コネクタ接合部の光ファイバ間に微少な空間ができるために，光ファイバと空間の境界面で反射が起きることがあります．これを**フレネル反射**といい，これを抑えるためには球面研磨が用いられます．

PON 方式の接続では，ユーザ宅に設置される ONU は，光ファイバ及び光スプリッタを介して設備センタに設置されている OLT に接続されます．ユーザ宅の引込線はドロップ光ファイバが引き込まれ，ドロップ光ファイバとユーザ宅の屋内配線のインドア光ファイバを接続する場合は，メカニカルスプライスや**外被把持型ターミネーションコネクタ**が用いられます．

外被把持型ターミネーションコネクタは，メカニカルスプライスの技術を応用しているので，特殊な機械装置や接着剤などが不要で，現場においてドロップ光ファイバやインドア光ファイバに直接取り付ける作業を簡便に行えることができます．また，現場取付け可能な単心接続用の外被把持型ターミネーションコネクタには，FA コネクタと FAS コネクタがあります．**FA コネクタ**は，ドロップ光ケーブルとインドア光ケーブルの接続や，宅内配線におけるインドア光ケーブルどうしの心線接続に用いられます．**FAS コネクタ**は，架空用クロージャ内での心線接続に用いられます．

補足

フレネル反射は，光ファイバの端面で屈折率の急激な変化のために反射が発生することです．

FA は，Field Assembly
FAS は，Field Assembly Small-sized
の略語だよ．

架空用クロージャは，架空線についている光ファイバケーブルを接続するためのボックスだよ．

問 1 光ファイバの融着接続後，接続部に気泡が入った不具合を発見した場合，一般に，［　　］を行い接続のやり直しを行う．

① 光ファイバ心線のスクリーニング　② 光ファイバカッタのメンテナンス
③ 光ファイバストリッパの交換　④ 光ファイバフォルダの交換
⑤ 熱収縮スリーブの加熱時間の変更

解説 光ファイバの融着接続後，接続部に気泡が入った不具合を発見した場合，一般に，**光ファイバカッタのメンテナンス**を行い接続のやり直しを行います．光ファイバの融着接続するときに，光ファイバカッタで光ファイバを切断してから融着接続を行いますが，光ファイバカッタにセットするときに光ファイバの側面を傷つけることが原因で，接続部に気泡が生じる場合があります．このようなときは，光ファイバカッタのメンテナンスを行い，接続をやり直す必要があります．

解答 ②

問 2 光ファイバケーブルを用いたLAN配線について述べた次の二つの記述は，［　　］．

A 光ファイバケーブルをメカニカルスプライス接続及びコネクタ接続したLAN配線の許容回線損失値は，メカニカルスプライス接続損失の合計値とコネクタ接続損失の合計値とケーブル伝送損失との和で算出され，測定値が許容回線損失値を上回らなければその配線は良好であると判定することができる．

B 接続損失は光ファイバの接続方式により異なり，1箇所当たりの損失値を比較すると，一般に，メカニカルスプライス接続損失値はコネクタ接続損失値より大きい．

① Aのみ正しい　② Bのみ正しい
③ AもBも正しい　④ AもBも正しくない

解説 B「一般に，メカニカルスプライス接続損失値はコネクタ接続損失値より**大きい**」ではなく，正しくは「一般に，メカニカルスプライス接続損失値はコネクタ接続損失値より**小さい**」です．光ファイバの接続技術は，永久接続である融着接続及びメカニカルスプライス接続と，繰り返し着脱が可能なコネクタ接続に分類されます．メカニカルスプライス接続の方が永久接続で固定するので，コネクタ接続より接続損失値は小さくなります．

解答 ①

問3 現場取付け可能なSC型の単心接続用の光コネクタのうち，光コネクタキャビネットなどで使用され，ドロップ光ファイバケーブルやインドア光ファイバケーブルに直接取り付ける光コネクタは，[　　　]コネクタといわれる．

① MT　② MU　③ MPO　④ FC　⑤ 外被把持型ターミネーション

解説 現場取付け可能なSC型の単心接続用の光コネクタのうち，光コネクタキャビネットなどで使用され，ドロップ光ファイバケーブルとインドア光ファイバケーブルに直接取り付ける光コネクタは，**外被把持型ターミネーション**コネクタといわれます．現場取付け可能な単心接続用の外被把持型ターミネーションコネクタには，FAコネクタ，FASコネクタがあります．

解答 ⑤

問4 現場取付け可能な単心接続用の光コネクタのうち，ドロップ光ファイバケーブルとインドア光ファイバケーブルの接続や宅内配線における光ローゼット内での心線接続に用いられる光コネクタは，[　　　]コネクタといわれる．

① MU（Miniature Universal-coupling）
② FA（Field Assembly）
③ MT（Mechanically Transferable splicing）
④ MPO（Multifiber Push-On）
⑤ DS（Optical fiber connector for Digital System equipment）

解説 現場取付け可能な単心接続用の光コネクタのうち，ドロップ光ファイバケーブルとインドア光ファイバケーブルの接続や宅内配線におけるローゼット内での心線接続に用いられる光コネクタは，**FA**コネクタです．

解答 ②

問5 現場取付け可能な単心接続用の光コネクタであって，コネクタプラグとコネクタソケットの2種類があり，架空光ファイバケーブルの光ファイバ心線とドロップ光ファイバケーブルに取り付け，架空用クロージャ内での心線接続に用いられる光コネクタは，[　　　]コネクタといわれる．

① DS（Optical fiber connector for Digital System equipment）
② FAS（Field Assembly Small-sized）
③ MPO（Multifiber Push-On）
④ MU（Miniature Universal-coupling）
⑤ ST（Straight Tip）

解説　現場取付け可能な単心接続用の光コネクタであって，コネクタプラグとコネクタソケットの2種類があり，架空光ファイバケーブルの光ファイバ心線とドロップ光ファイバケーブルに取り付け，架空用クロージャ内での心線接続に用いられる光コネクタは，**FAS（Field Assembly Small-sized）**コネクタといわれます．なお，現場取付け可能な単心接続用の外被把持型ターミネーションコネクタは，FAコネクタとFASコネクタがあります．

> **補足**
> FAコネクタは，ドロップ光ファイバケーブルとインドア光ファイバケーブルの接続や屋内配線のインドア光ファイバケーブルの接続に用いられます．

解答　②

問6　光コネクタのうち，12心，24心などの多心光ファイバを一つのコネクタでプッシュプル操作により容易に脱着することができるものは，［　　］コネクタといわれ，データセンタなどにおける高密度配線に適している．

①　FA　②　FAS　③　FC　④　MPO　⑤　MU

解説　光コネクタのうち，12心，24心などの多心光ファイバを一つのコネクタでプッシュプル操作により容易に脱着することができるものは，**MPO**コネクタといわれ，データセンタなどにおける高密度配線に適しています．

MPOコネクタは，データセンタ内の通信装置間を接続するときなどの大容量で高密度な配線に用いられます．

> MPOは，Multifiber Push-Onの略語だよ．

解答　④

問7　集合住宅における光ファイバ配線において，MDFから各戸までのメタリック電話線などが収容されている既設配管内の空間を利用して光ケーブルを敷設するときに使用する光ケーブルとして適しているものは，［　　］インドア光ケーブルであり，押し込み工法により敷設が容易とされている．

①　フラット型　②　透明　③　細径低摩擦　④　隙間配線　⑤　集合

解説　集合住宅における光ファイバ配線において，MDFから各戸までのメタリック電話線などが収容されている既設配管内の空間を利用して光ケーブルを敷設するときに使用する光ケーブルとして適しているものは，**細径低摩擦**インドア光ケーブルであり，押し込み工法により敷設が容易とされています．既存の建物では新たに配管を設備する工事を行うのは容易ではないので，既設の電話用の電線管を利用し細径低摩擦インドア光ケーブルで光ファイバを布設する方法が採られています．

> MDFは，Main Distributing Frame（主配線盤）の略語だよ．

解答　③

4.3 配線工事・配線設備

出題のポイント

- ●配線工事の配線方式
- ●光ケーブルの敷設の注意点
- ●建物内光配線システムに用いるプラスチック光ファイバの特徴
- ●汎用情報配線規格
- ●水平配線設備モデル

1 配線工事

［1］配線方式

① フロアダクト

フロアダクトは，各種のケーブルを床内で配線できるようにするための配管用品です．鋼製ダクトをコンクリートの床スラブに埋設し，電源ケーブルや通信ケーブルを配線するために使用されます．埋設されたフロアダクトには，**D種接地工事**を施す必要があります．

機器の接地には，A種，B種，D種接地があり，D種接地は，交流300〔V〕以下の低圧用の機器の外箱又は鉄台の接地工事の基準です．

フロアダクト配線工事において，フロアダクトが交差するところには，一般に，**ジャンクションボックス**と呼ばれる接合用の箱型の枠が設置されます．

② フリーアクセスフロア

フリーアクセスフロアは，床版上に支持脚つきのパネルを敷き，パネルと床版の間の空間に各種ケーブルを自由に配線する方式です．

学校や職場のパソコンがいっぱいある部屋は，二重床になっていて床の隙間にケーブルを自由に通してあるよ．それがフリーアクセスフロアだね．

③ セルラフロア

セルラフロアは，金属製又はコンクリートの床に設けられた配線ダクトの中にケーブルを通す方式です．電源用，通信用のあるいは，電力用，弱電用，データ通信用，電話用などに分けられた既設ダクトを利用して配線します．

［2］配線工事材料

① ワイヤプロテクタ

屋内線を床に設置する場合にケーブルを保護するためのプラスチック製のカバーです．

② エフモール

屋内線を壁や天井に設置する場合にケーブルの保護に用いられます．形状はワイヤプロテクタと同じですが軽量にできています．

③　硬質ビニル管

屋内線が家屋の壁などを貫通する箇所で絶縁を確保するためや，**電灯線及びその他の支障物から屋内線を保護**するために用いられます．

④　PVC 電線保護カバー

屋内線が障害物に接触する場合や電灯線から保護する場合に用いられます．材質がポリ塩化ビニル（PVC）で作られています．

重要

硬質ビニル管の用途
- 壁などを貫通する箇所で絶縁を確保
- 電灯線及びその他の支障物から屋内線を保護

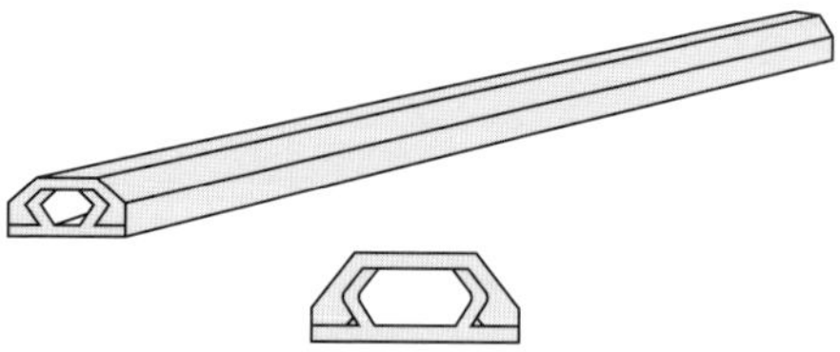

（a）ワイヤプロテクタ

（b）硬質ビニル管及びつば

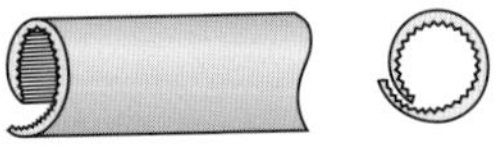

（c）PVC 電線防護カバー

図 4.9　配線工事材料

2　ケーブルの施工

［1］UTP ケーブル施工上の注意点

①　ケーブルの結線仕様を正しく正端する．

②　コネクタか所などでのツイストペアの**撚り戻し長をできるだけ短く**する．

図 4.10 のようにツイストペアケーブルは，コネクタなどに接続する際にケーブルの撚《よ》りを戻します．そのとき**撚《よ》り線の撚《よ》り戻しを長く**すると，電磁誘導を打ち消す機能が低下し，**近端漏話による伝送特性に与える影響が大きく**なります．また，撚《よ》り戻し部分の線路の特性インピーダンスが変化して反射波が発生します．

補足

UTP（Unshielded Twist Pair）ケーブルは，2 本 1 対の被覆銅線を撚り合わせて作られる撚り対線を 4 対に束ねられた構造のケーブルで，その束をシールドしていない LAN ケーブルです．

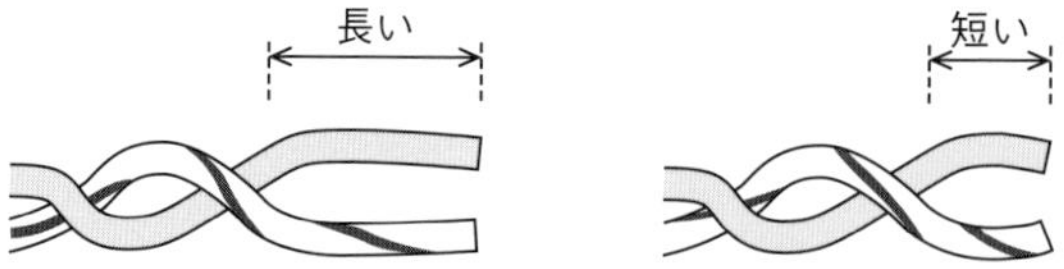

図 4.10　ケーブルの撚り戻し

撚り線を平行に戻すから撚り戻しだね．戻さないとコネクタの溝に入らないけど，なるべく戻さないようにして結線してね．

③　ケーブルを強く引っ張らない．

④　ケーブルは緩やかに曲げる．

⑤　ケーブルの結束バンドやステップルによる固定は，側圧に注意する．

⑥　ケーブルを長距離隣接して敷設しない．

⑦　電気機器などのノイズ源からはなるべく隔離する．

[2] 光ファイバケーブル施工上の注意点

① 許容曲げ半径は，ケーブル外径の 20 倍（固定時は 10 倍）以上にする．

② ケーブルに過大な張力や衝撃を与えない．

③ 撚り戻し金具を取り付けるなどして，ケーブルの撚《よ》れを防止する．

3 光ケーブルの施工

[1] 光ケーブルの敷設

光ケーブルを敷設するときは，許容曲げ半径を確保するとともに，過度の張力を加えたりねじれを起こさないように注意します．OITDA/TP 11/BW：2019 ビルディング内光配線システムで規定されている幹線系光ケーブルの敷設に関する事項では次のことなどが規定されています．

> **補足**
> OITDA/TP 11/BW：2019 は，JIS TS C 0017 の有効期限切れに伴い同規格を受け継いで光産業技術振興協会（OITDA）が技術資料として策定，公表しています．

① **敷設準備**

作業を安全に効率的に進めるためには，次の作業前の事前準備が必要です．

・設計図による現場確認（配線盤の位置，8 の字工法の中止め位置）

・顧客との折衝

・光ケーブルドラムの設置場所の確認

・材料の算出

② **光ケーブルドラムの設置**

光ケーブルドラムは床にシートなどを敷き，床を傷つけないように図 4.11 のように設置します．また，設置場所の搬入口が狭く光ケーブルドラムが搬入できない場合には光ケーブルドラムから外して光ケーブルを**8 の字取りを行って**図 4.12 のように**巻き取り搬入する**．光ケーブルドラムは，床を傷つけないよう床にシートなどを敷きその上に設置します．

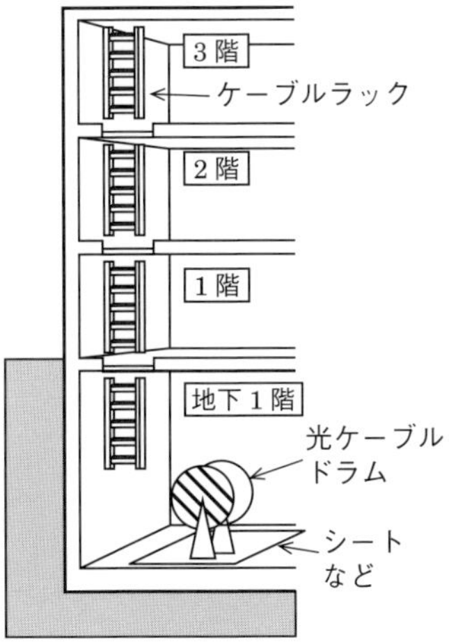

図 4.11　光ケーブルドラムの設置例

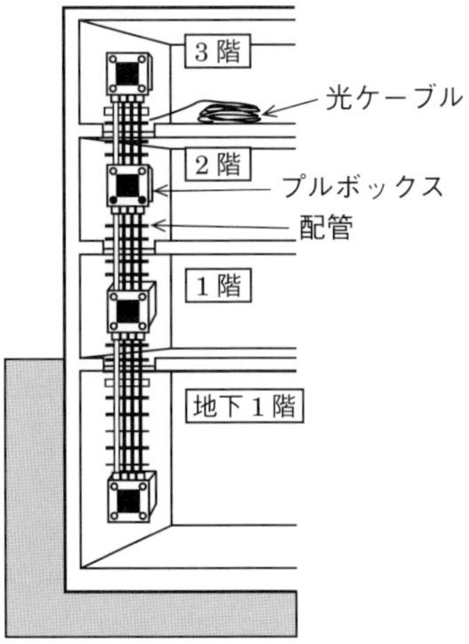

図 4.12　光ケーブルドラムから外して 8 の字取りでの設置例

③　**光ケーブルけん引端の作成**

光ケーブルにけん引端がついていない場合には，けん引張力及び光ケーブルの構造に応じて，けん引端を作成します．

> **補足**
> けん引端は，光ケーブルをけん引するためのケーブル端末です．

④　**光ケーブルのけん引**

光ケーブルのけん引方向は，現場の状況に応じて決定します．通常は，光ケーブルを引き上げる方向とします．ビルの階数が少なくて光ケーブルの質量が軽い場合には，上から下に下げてもよいです．

⑤　**けん引張力**

布設にあたっては，布設対象となる光ケーブルの許容張力以下のけん引張力で行い，急に強く引いたり止めたりしないで均一な張力で延線を行います．通常は，2 ～ 3 人の人力又は手巻きウインチで楽に引ける力を維持し，必要に応じて中間での引っ張り介添えを行います．特に過大な張力がかかると予想されるときは，張力計を入れて監視します．

⑥　**固定時及び布設時の許容曲げ半径**

光ケーブルの許容曲げ半径は，一般に延線時にはケーブル外径の 10 ～ 20 倍，最終固定時は 6 ～ 10 倍程度の曲げ半径まで許容できますが，ケーブル構造によって多少異なるので，ケーブル仕様書を参照しなければなりません．

⑦　**けん引速度**

光ケーブルのけん引速度は安全性を考慮し，**20〔m/min〕**以下を目安とします．

［2］フリーアクセスフロアの配線方式

フリーアクセスフロアが居住空間を構成する床パネル及びこれを床スラブ上に支持するための支柱で構成されるとした場合の配線方式について，OITDA/TP 11/BW：2019 では，次のことなどが規定されています．

> **補足**
> OITDA/TP 11/BW：2019 は，JIS TS C 0017 の有効期限切れに伴い同規格を受け継いで光産業技術振興協会（OITDA）が技術資料として策定，公表しています．

①　**パネル及び支柱分離形**

(1) 工法：床スラブと接合する支柱に，着脱可能なパネルを載置する工法

(2) 布設：床スラブに接着剤又は鋲によって支柱を接合し，パネルの脱落防止機能をもつ支柱頂部の台座にパネルを布設する．

(3) 不陸（床スラブ施工誤差）対応性：支柱の床レベル調整ナットによって±10〔mm〕程度を吸収する．

(4) 配線空間：床高さの選択範囲が広く最も大きい．

(5) 材料：パネル；鋼，アルミニウム，窯業系及び鋼複合系
　　　　：支柱；鋼，アルミニウム

②　**パネル及び支柱一体形**

(1) 工法：パネルの四隅に支柱を取り付けた工法．パネルと支柱とは分離できない．

(2) 布設：パネル及び支柱一体構成を構造床に敷き並べる．

(3) 不陸対応性：柱のねじ要素の調整によって±10〔mm〕程度を吸収する．

(4) 配線空間：比較的大きい．

(5) 材料：パネル；鋼，アルミニウム，窯業系及び鋼複合系
　　　　：支柱；鋼，アルミニウム

［3］配線盤

配線盤は，その中で光ケーブルを接続し，その接続部を収容することを目的とするもので，OITDA/TP 11/BW：2019 では，配線盤の種類は，用途，機能，接続形態及び設置場所によって図 4.13 のように分類されます．

- 配線盤
  - 用途
    - 引込点での幹線ケーブルとの接続（BD）
    - 幹線ケーブルとフロアケーブルの接続（FD）
    - フロアケーブルとターミネーションケーブルの接続（TO）
  - 機能
    - 相互接続
    - 交差接続
    - 成端
  - 接続形態
    - 融着接続
    - メカニカル接続
    - コネクタ接続
    - ジャンパ接続
    - 変換接続
  - 設置方法
    - 床置き（自立形）
    - 壁面取付け
    - ラック内取付け
    - 二重床内・装置内取付け

図 4.13　配線盤の分類

4 プラスチック光ファイバ建物内光配線システム

プラスチック光ファイバ建物内光配線システムの技術資料は，OITDA/TP 03/BW：2020 によって，策定，公表されています．

［1］プラスチック光ファイバ

プラスチック光ファイバ（POF）は，通信用途に広く普及している石英系光ファイバと比較して伝送可能距離は短いですが，口径が大きく加工・取扱いが容易で曲げによる破断が起こりにくいという特徴をもっています．一般ユーザが光ファイバに直接触れる可能性があるデジタルオーディオやファクトリーオートメーション，自動車内でのデータ伝送用途などに使用されています．さらに，それらの実績及び加工の容易性並びにプラスチックの安全性から，建物内ネットワークの配線材としての使用例が出てきています．

POF は，Plastic Optical Fiber の略語だよ．

［2］POF の特徴及び用途

① アクリル樹脂系 POF の特徴及び用途

石英系光ファイバに比べて，口径が大きく，伝送距離は一般に約 50〔m〕と短いですが，端面処理などの取扱いが容易です．また，現在普及している ANSI/TIA/EIA-568-B の UTP CAT5e ケーブル及び CAT6 ケーブルと同程度の伝送損失特性を持ち，ケーブルが細くかつ電力線との同時配線が可能であるなど施工上の制約条件が少ないという利点があります．現在，UTP ケーブルの置き換えとして，住戸内の配線に使用されています．光源波長としては

補足

100〔MHz〕の減衰量が，（≦18〔dB〕/100〔m〕）なので，CAT5e ケーブルの（≦22〔dB〕/10〔m〕）と CAT6 ケーブルの（≦19.8〔dB〕/100〔m〕）と同程度です．

650〔nm〕帯の可視領域が主であり，接続には成端加工又はコネクタが不要です．

② フッ素樹脂系 POF の特徴及び用途

アクリル樹脂系と比較して口径は小さいですが，伝送損失が小さく伝送帯域も 10 Gbps まで適用可能と高いため，ビル内幹線にも適用が可能です．また，石英系光ファイバと共通の光源波長（850〔nm〕，1 310〔nm〕）及び光コネクタ（SC，LC など）が使用可能です．

③ アクリル樹脂系 POF 及びフッ素樹脂系 POF の適用範囲

この技術資料の適用範囲は，アクリル樹脂系 POF の場合，各住戸の情報配線ボックス内の光回線終端装置（ONU）から各部屋内の情報端末までの住戸内配線とします．また，フッ素樹脂系 POF については，各住戸の情報配線ボックス内の光回線終端装置（ONU）から各部屋内の情報端末までの住戸内配線及び MDF から各住戸の室内までの配線を適用範囲とします．

5 構内情報配線システム

[1] 汎用情報配線システム

単一又は複数のビルから構成される商用構内などで使用する情報配線システムに関しては，JIS X 5150 の規格があります．JIS X 5150 の規格は，音声，データ，テキスト，イメージ及びビデオなど，広範囲のサービスを使用できる配線に適用されます．図 4.14 に構内配線システムの構成を示します．

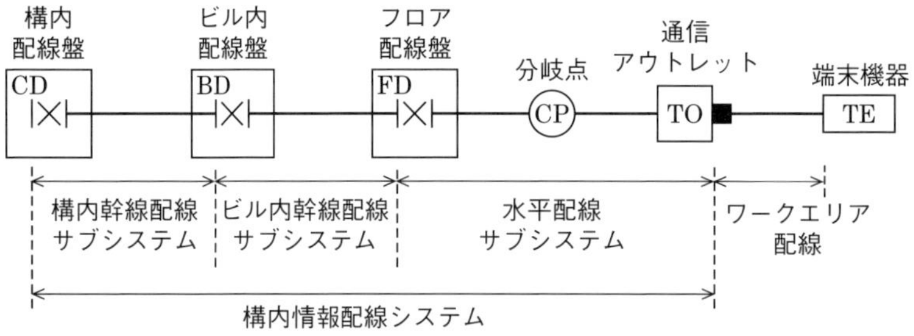

図 4.14　構内情報配線システム

補足

図の記号は次のとおりです．
CD：構内配線盤
BD：ビル内配線盤
FD：フロア配線盤
CP：分岐点
TO：通信アウトレット
TE：端末機器

[2] 水平配線設備

水平配線は，接続フロア配線盤からユーザが端末機器を使用するワークエリア配線に接続されるまでの配線です．

① インタコネクト方式

水平ケーブルとネットワーク機器などとを直接機器コードで接続する方式です，1 台のラックに機器やパッチパネルなどの機器構成をすべて収容する場合や少数ポート構成時に有効な方式です．

② クロスコネクト方式

水平ケーブルと機器コードを，パッチパネルを介したパッチコードで接続する方式です．クロスコネクト方式と比較して，作業性や運用性に優れていますが機器構成などの設置スペースを広く確保する必要があります．

［3］水平配線設備モデル

JIS X 5150 の規格に水平配線設備の範囲とチャネル仕様の相互関係を表すモデルが規定されています．

① インタコネクト-TO モデル

水平ケーブルとネットワーク機器などとを直接機器コードで接続する方式です，1 台のラックに機器やパッチパネルなどの機器構成をすべて収容する場合や少数ポート構成時に有効な方式です．

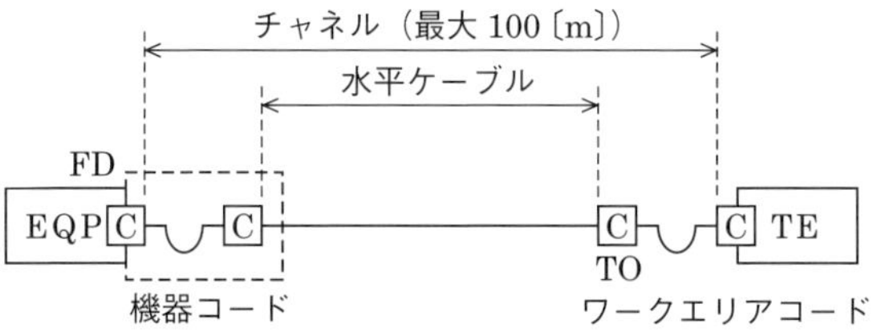

図 4.15　インタコネクト-TO モデル

② クロスコネクト-TO モデル

水平ケーブルは，FD を TO 又は MUTO に接続する方式です．チャネルには，パッチコード又はジャンパ，機器コード及びワークエリアコードを構成するコードを含んでいます．

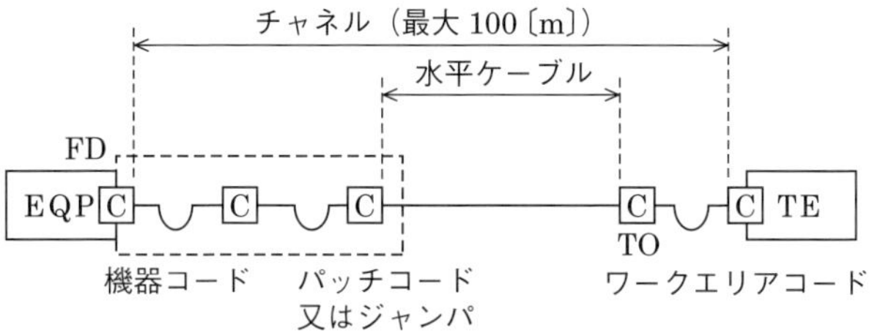

図 4.16　クロスコネクト-TO モデル

③ インタコネクト-CP-TO モデル

水平ケーブルは，FD を CP に接続します．機器コード，CP ケーブル及びワークエリアコードを構成するコードを含んでいます．

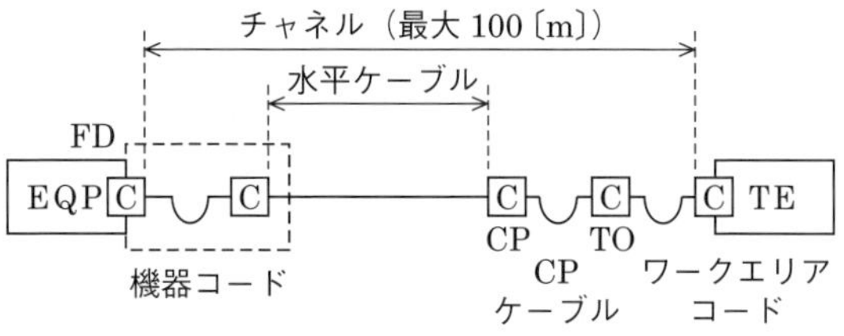

図 4.17　インタコネクト-CP-TO モデル

補足

図の記号は次のとおりです．
C：接続点
CP：分岐点
FD：フロア配線盤
TO：通信アウトレット
EQP：ビル内配線盤
TE：端末機器

④　クロスコネクト-CP-TO モデル

水平ケーブルは，FD を TO 又は MUTO に接続します．パッチコード又はジャンパ，機器コード，CP ケーブル及びワークエリアコードを構成するコードを含んでいます．

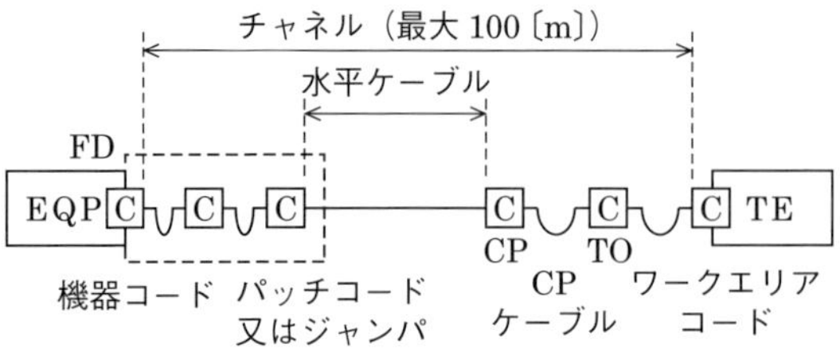

図 4.18　クロスコネクト-CP-TO モデル

[4] 水平配線設備の設計

JIS X 5150 の規格では，水平配線設備を設計するときの一般的な制限事項を次のように規定しています．

①　チャネルの物理長は，100〔m〕を超えてはならない．

②　固定水平ケーブルの物理長は，90〔m〕を超えてはならない．パッチコード，機器コード及びワークエリアコードの合計長が 10〔m〕を超える場合，表 4.2 の水平リンク長の式に従って固定水平ケーブルの許容物理長を減らさなければならない．

③　CP は，フロア配線盤から少なくとも 15〔m〕以上離れた位置に置かなければならない．

④　複数利用者 TO が使用される場合には，ワークエリアコードの長さは，20〔m〕を超えないのが望ましい．

⑤　パッチコード / ジャンパの長さは，5〔m〕を超えないのが望ましい．

補足

平衡配線設備のクラス：伝送周波数特性：カテゴリは次のとおりです．

D：100〔MHz〕まで：カテゴリ 5

E：250〔MHz〕まで：カテゴリ 6

E_A：500〔MHz〕まで：カテゴリ 6_A 又は 8.1

F：600〔MHz〕まで：カテゴリ 7

F_A：600〔MHz〕まで：カテゴリ 7_A 又は 8.2

表 4.2　水平リンク長さの式（JIS X 5150-2：2021 より抜粋）

モデル	式	
	クラス E 及び E_A チャネル	クラス F 及び F_A チャネル
インタコネクト-TO	$I_h = 104 - I_a \times X$	$I_h = 105 - I_a \times X$
クロスコネクト-TO	$I_h = 103 - I_a \times X$	$I_h = 103 - I_a \times X$
インタコネクト-CP-TO	$I_h = 103 - I_a \times X - I_c \times Y$	$I_h = 103 - I_a \times X - I_c \times Y$
クロスコネクト-CP-TO	$I_h = 102 - I_a \times X - I_c \times Y$	$I_h = 102 - I_a \times X - I_c \times Y$

【記号説明】I_h：水平ケーブルの最大長さ，I_a：バッチコード又はジャンパ，機器コード及びワークエリアコードの長さの総和〔m〕，I_c：CP ケーブルの長さ〔m〕，X：水平ケーブルの挿入損失〔dB/m〕に対するコードケーブルの挿入損失〔dB/m〕の比，Y：水平ケーブルの挿入損失〔dB/m〕に対する CP ケーブルの挿入損失〔dB/m〕の比

20℃を超える運用温度では，I_h の値は次のとおり減じる．

a）スクリーン付平衡ケーブルでは，20 ～ 60℃で 1℃当たり 0.2%減じる．

b）非スクリーン平衡ケーブルでは，20 ～ 40℃で 1℃当たり 0.4%減じる．

c）非スクリーン平衡ケーブルでは，40 ～ 60℃で 1℃当たり 0.6%減じる．

これらはデフォルト値であり，ケーブルの実際の特性が不明な場合に用いることが望ましい．

問1 OITDA/TP 11/BW：2019 ビルディング内光配線システムにおける，幹線系光ファイバケーブルの布設工事について述べた次の二つの記述は，［　　］．
なお，OITDA/TP 11/BW：2019 は，JIS TS C 0017 の有効期限切れに伴い同規格を受け継いで光産業技術振興協会（OITDA）が技術資料として策定，公表しているものである．

A　設置場所の搬入口が狭く光ケーブルドラムが搬入できない場合には，光ケーブルドラムから外して光ケーブルを同心円状に巻き取り搬入する．

B　光ケーブルにけん引端がついていない場合には，けん引張力及び光ケーブルの構造に応じてけん引端を作成するが，テンションメンバがプラスチックでけん引張力が小さい場合には，ロープなどをケーブルに巻き付け，けん引端を作成する．

①　A のみ正しい　　②　B のみ正しい
③　A も B も正しい　　④　A も B も正しくない

解説　A 「光ケーブルドラムから外して光ケーブルを**同心円状に巻き取り**搬入する」ではなく，正しくは「光ケーブルドラムから外して光ケーブルを **8 の字取りを行って巻き取り**搬入する」です．

解答　②

問2 OITDA/TP 11/BW：2019 ビルディング内光配線システムでは，幹線系光ファイバケーブル施工時のけん引速度は，布設の安全性を考慮し，1 分当たり［　　］メートル以下を目安としている．

①　10　　②　20　　③　30　　④　40　　⑤　50

解説　幹線系光ファイバケーブル施工時のけん引速度は，布設の安全性を考慮し，1 分当たり **20**〔m〕以下を目安としています．

解答　②

問3 OITDA/TP 11/BW：2019 ビルディング内光配線システムにおいて，光ケーブル配線設備のフリーアクセスフロアのパネル及び支柱一体形は，パネルの四隅に支柱を取り付け，パネル及び支柱一体構成を構造床に敷き並べる工法であり，不陸対応性は，［　　］の調整によって±10 ミリメートル程度を吸収するとされている．
なお，OITDA/TP 11/BW：2019 は，JIS TS C 0017 の有効期限切れに伴い同規格を受け継いで光産業技術振興協会（OITDA）が技術資料として策定，公表しているものである．

①　支柱の下床レベル　　②　パネル寸法　　③　下床の調整穴
④　支柱のねじ要素　　⑤　パネル材質差

解説　不陸対応性は，**支柱のねじ要素**の調整によって±10〔mm〕程度を吸収するとされています．なお，不陸対応性とは，不陸の凹凸や段差を減らして，パネルを平らに近づけることへの対応性を意味します．

解答　④

問 4　OITDA/TP 11/BW：2012 ビルディング内光配線システムにおいて，配線盤の種類は，用途，機能，接続形態及び設置場所によって分類されている．機能による分類の一つである[　　]接続は，ケーブルとケーブル又はケーブルとコードなどをジャンパコードで自由に選択できる接続で，需要の変動，支障移転，移動などによる心線間の切替えに容易に対応できる．
なお，OITDA/TP 11/BW：2012 は，JIS TS C 0017 の有効期限切れに伴い同規格を受け継いで光産業技術振興協会（OITDA）が技術資料として策定，公表しているものである．

① 変換　② 融着　③ 交差　④ メカニカル　⑤ 相互

解説　機能による分類の一つである**交差**接続は，ケーブルとケーブル又はケーブルとコードなどをジャンパコードで自由に選択できる接続で，需要の変動，支障移転，移動などによる心線間の切替えに容易に対応できます．なお，配線盤の機能分類には，相互接続，交差接続，成端があります．

補足
問題文中の（：2012）は規定の策定年です．

解答　③

問 5　OITDA/TP 03/BW：2020 プラスチック光ファイバ（POF）建物内光配線システムでは，POF はアクリル樹脂系とフッ素樹脂系の 2 種類に大別されている．それぞれの特徴などについて述べた次の二つの記述は，[　　]．
なお，OITDA/TP 03/BW：2020 は，光産業技術振興協会（OITDA）が技術資料として策定，公表しているものである．

A　アクリル樹脂系 POF は，石英系光ファイバと比較して口径が小さく，端面処理などの取扱いが容易であることなどから，住戸内の配線に適用される．

B　フッ素樹脂系 POF は，アクリル樹脂系 POF と比較して伝送損失が小さい．

① A のみ正しい　② B のみ正しい
③ A も B も正しい　④ A も B も正しくない

解説　A「アクリル樹脂系 POF は，石英系光ファイバと比較して**口径が小さく**，端面処理などの取扱いが容易であること」ではなく，正しくは「アクリル樹脂系 POF は，石英系光ファイバと比較して**口径が大きく**，端面処理などの取扱いが容易であること」です．

解答　②

問 6　情報配線システムにおけるフロア配線の配線方式について述べた次の二つの記述は，［　　］.

A　水平ケーブルとネットワーク機器などとを直接機器コードで接続する方式は，一般に，クロスコネクト方式といわれ，1台のラックに機器やパッチパネルなどの機器構成をすべて収容する場合や少数ポート構成時に有効な方式である.

B　水平ケーブルと機器コードとをパッチパネルを介したパッチコードで接続する方式は，一般に，インタコネクト方式といわれ，クロスコネクト方式と比較して，作業性や運用性に優れるが機器構成などの設置スペースを広く確保する必要がある.

①　Aのみ正しい　　②　Bのみ正しい

③　AもBも正しい　　④　AもBも正しくない

解説　A「水平ケーブルとネットワーク機器などとを直接機器コードで接続する方式は，一般に，**クロスコネクト方式**といわれ」ではなく，正しくは「水平ケーブルとネットワーク機器などとを直接機器コードで接続する方式は，一般に，**インタコネクト方式**といわれ」です.

B「水平ケーブルと機器コードとをパッチパネルを介したパッチコードで接続する方式は，一般に，**インタコネクト方式**といわれ，**クロスコネクト方式**と比較して」ではなく，正しくは「水平ケーブルと機器コードとをパッチパネルを介したパッチコードで接続する方式は，一般に，**クロスコネクト方式**といわれ，**インタコネクト方式**と比較して」です.

解答　④

問 7　JIS X 5150：2016に規定されている複数利用者通信アウトレットについて述べた次の二つの記述は，［　　］.

A　複数利用者通信アウトレットは，最大で12のワークエリアに対応するように制限されるのが望ましいと規定されている.

B　複数利用者通信アウトレットは，開放型のワークエリアにおいて，各ワークエリアグループに少なくとも二つは割り当てなければならないと規定されている.

①　Aのみ正しい　　②　Bのみ正しい

③　AもBも正しい　　④　AもBも正しくない

解説　B「各ワークエリアグループに少なくとも**二つ**は割り当てなければならないと規定されている」ではなく，正しくは「各ワークエリアグループに少なくとも**一つ**は割り当てなければならないと規定されている」です.

JIS X 5150：2016の規定では，「通信アウトレットとは，水平ケーブルを終端する接続器具でワークエリア配線へのインタフェースを提供する」と規定されています．「複数利用者通信アウトレットとは，幾つかの通信アウトレットを 1 箇所にグループ化したもので，最大で 12 のワークエリアに対応するように制限されるのが望ましい」と規定されています．

解答 ①

問 8 JIS X 5150-2：2021 では，図に示す水平配線設備モデルにおいて，インタコネクト-TO モデル，クラス E のチャネルの場合，機器コード及びワークエリアコードの長さの総和が 10 メートルのとき，水平ケーブルの最大長さは［　　］メートルとなる．ただし，使用温度は 20〔℃〕，コードの挿入損失〔dB/m〕は水平ケーブルの挿入損失〔dB/m〕に対して 50 パーセント増とする．

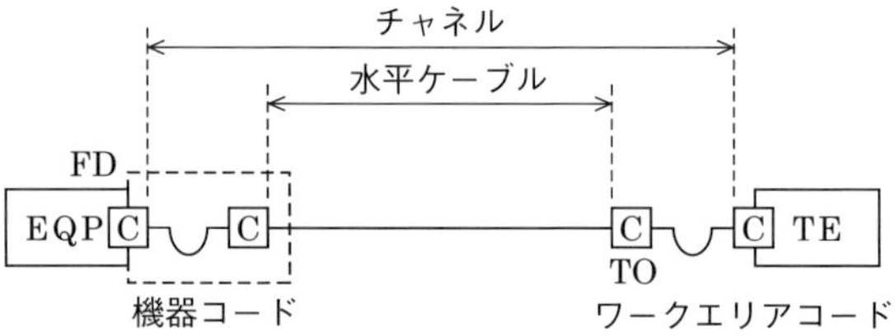

① 87.0　② 87.5　③ 88.0　④ 88.5　⑤ 89.0

解説 インターコネクト-TO モデル，クラス E のチャネルの場合，機器コード，パッチコード / ジャンパ及びワークエリアコードの長さの総和を $I_a = 10$〔m〕，コードの挿入損失〔dB/m〕は，水平ケーブルの挿入損失〔dB/m〕の 50〔%〕増であるため，それらの比を $X = 1.5$ とすると，使用温度が 20〔℃〕なので温度による調整がないので，固定水平ケーブルの最大長さ I_H〔m〕は，次式で表されます．

$$I_H = 104 - I_a X$$
$$= 104 - 10 \times 1.5 = 104 - 15 = 89 \text{〔m〕}$$

解答 ⑤

問 9 JIS X 5150-2：2021 では，図に示す水平配線設備モデルにおいて，クロスコネクト-TO モデル，クラス E のチャネルの場合，パッチコード又はジャンパ，機器コード及びワークエリアコードの長さの総和が 13 メートルのとき，水平ケーブルの最大長さは［　　］メートルとなる．ただし，運用温度は 20〔℃〕，コードの挿入損失〔dB/m〕は水平ケーブルの挿入損失〔dB/m〕に対して 50 パーセント増とする．

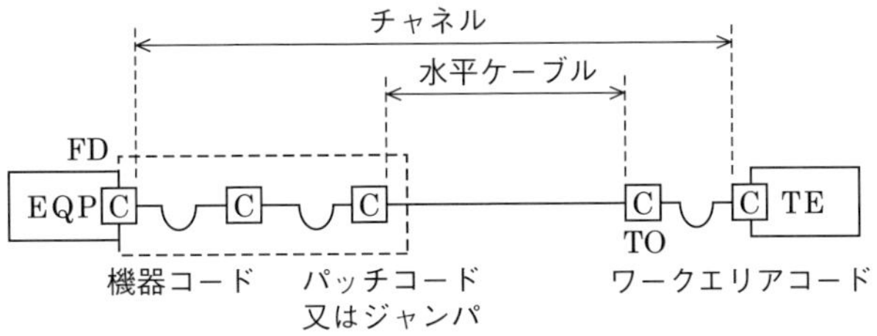

① 81.5　② 82.5　③ 83.5　④ 84.5　⑤ 85.5

解説　クロスコネクト-TOモデル，クラスEのチャネルの場合，機器コード，パッチコード／ジャンパ及びワークエリアコードの長さの総和を $I_a = 13$〔m〕，コードの挿入損失〔dB/m〕は，水平ケーブルの挿入損失〔dB/m〕の50〔%〕増であるため，それらの比を $X = 1.5$ とすると，使用温度が20〔℃〕なので温度による調整がないので，固定水平ケーブルの最大長さ I_H〔m〕は，次式で表されます．

$$I_H = 103 - I_a X$$
$$= 103 - 13 \times 1.5 = 103 - 19.5 = 83.5 \text{〔m〕}$$

解答　③

問10　JIS X 5150-1：2021の平衡配線設備の伝送性能において，挿入損失が3.0〔dB〕未満の周波数における［　　］の値は，参考とすると規定されている．

① 伝搬遅延時間差　② 反射減衰量　③ 不平衡減衰量
④ 近端漏話減衰量　⑤ 遠端漏話減衰量

解説　JIS X 5150：2021の情報配線設備，6.3平衡配線の伝送性能に，挿入損失が3.0〔dB〕未満の周波数における**反射減衰量**の値は，参考とすると規定されています．なお，挿入損失が4.0〔dB〕を下回る周波数での近端漏話減衰量（NEXT）の値は，参考とすると規定されています．

解答　②

問11　JIS X 5150：2016の平衡配線性能における反射減衰量の要求事項は，平衡配線のクラス分類のうち，クラス［　　］にだけ適用される．

① A，B，C及びD　② B，C及びD
③ B，C，D，E及びE_A　④ C，D，E及びE_A
⑤ C，D，E，E_A，F及びF_A

解説 JIS X 5150：2016 の情報配線システム 6.4.2 反射減衰量に，反射減衰量の要求事項は，平衡配線のクラス分類のうち，クラス **C**，**D**，**E**，$\mathbf{E_A}$，**F 及び** $\mathbf{F_A}$ にだけ適用されると規定されています．なお，クラスは，チャネル，パーマネントリンクなどの配線としての性能を規定している分類名です．

解答 ⑤

問12 JIS X 5150：2016 では，平衡ケーブルの機械的特性が規定されており，直径 6 ミリメートル以下の 4 対ケーブルの施工後における最小曲げ半径は，[　　] ミリメートルである．

① 15　② 20　③ 25　④ 30　⑤ 35

解説 JIS X 5150：2016 の情報配線システム 9.2.2.2 平衡ケーブルの機械的特性に規定されている，平衡配線性能直径 6〔mm〕以下の 4 対ケーブルの施工後における最小曲げ半径は，**25**〔mm〕です．なお，直径 6〔mm〕を超える最小曲げ半径は，50〔mm〕です．

解答 ③

問13 JIS X 5150：2016 では，平衡ケーブルの機械的特性が規定されており，直径 6 ミリメートルを超える 4 対ケーブルの施工後における最小曲げ半径は，[　　] ミリメートルである．

① 10　② 20　③ 30　④ 40　⑤ 50

解説 JIS X 5150：2016 の情報配線システム 9.2.2.2 平衡ケーブルの機械的特性に，直径 6〔mm〕を超える 4 対ケーブルの施工後における最小曲げ半径は，**50**〔mm〕に規定されています．なお，直径 6〔mm〕以下の最小曲げ半径は，25〔mm〕です．

解答 ⑤

問14 JIS C 0303：2000 構内電気設備の配線用図記号に規定されている，電話・情報設備のうちの情報用アウトレットの図記号は，[　　] である．

① 　② 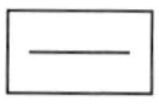　③ 　④ 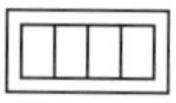　⑤ 

解説 JIS C 0303：2000 構内電気設備の配線用図記号 5. 通信・情報の 5.1 電話・情報設備に規定されている図記号のうち，情報用アウトレットの図記号は，①です．なお，②は端子盤，③は通信用（電話用）アウトレット，④は局線表示盤，⑤は複合アウトレットの図記号です．

解答 ①

4.4 工事試験

出題のポイント

- LAN配線の工事試験の種類と測定項目
- OSのコマンドによる接続試験
- 光ファイバケーブルの工事試験
- 光コネクタの挿入損失試験

1 LAN配線の工事試験

[1] UTPケーブルのワイヤマップ試験

ワイヤマップ試験（結線状況試験）は，UTPケーブルのペアすべてについて，**導通試験**を行います．試験はケーブルテスタを使用します．

ケーブルテスタは結線の正常性，断線，短絡などのワイヤマップ試験を行う機器と，ディスプレイ表示によってワイヤマップ，ケーブル長，直流ループ抵抗，周波数特性，**近端漏話減衰量**，ノイズレベル，相互静電容量，断線の位置，挿入損失，反射減衰量，伝搬遅延時間，伝送速度などが測定できる機器があります．なお，ワイヤマップ試験は，ケーブルのペアすべてに対して，エンドツーエンドで電気的導通を確認する試験です．

重要
ワイヤマップ試験は，ケーブル両端の接続に誤りがないかを検出します．

[2] 結線の配列誤り

結線の配列誤りには次のものがあります．

① スプリットペア（ペア割れ）

図4.19 (a) のように，ペア1の4番と5番，ペア3の3番と6番のペアで接続するところを図4.19 (b) のように3番と4番のペアと，5番と6番のペアに接続するなど，間違ったペアの組合せで接続することを**スプリットペア**といいます．

補足
複数のLANケーブルを長い距離並行して敷設する場合や，ケーブルをループ状に巻いたりするときに発生する漏話（混信）をエイリアンクロストークといいます．

モジュラコネクタT568Bのピン配列
ペア1：4番と5番
ペア2：1番と2番
ペア3：3番と6番
ペア4：7番と8番

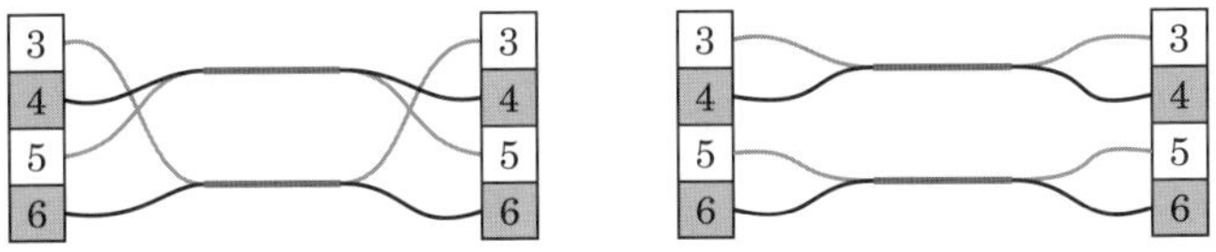

（a）正しい配線　（b）間違った配線

図4.19　スプリットペア

ペア3がペア割れしますが，10BASE-T，100BASE-TXでは信号を送っているのが1，2，3，6番なので，これらの信号線の両端が接続されていれば信号は送ることができます．ただし，図4.19 (b) の配線のように，3，4，5，6番（ペア1とペア3）でペア割れとなっていると，他のペアの影響により漏話やノイズが大きくなり，通信速度が低下することがあります．

② **クロスペア**

図4.20のように，ペア2（1番と2番）とペア3（3番と6番）どうしで接続するところをペア2とペア3で接続するなど両端のコネクタで異なるペアに接続することを**クロスペア**といいます．

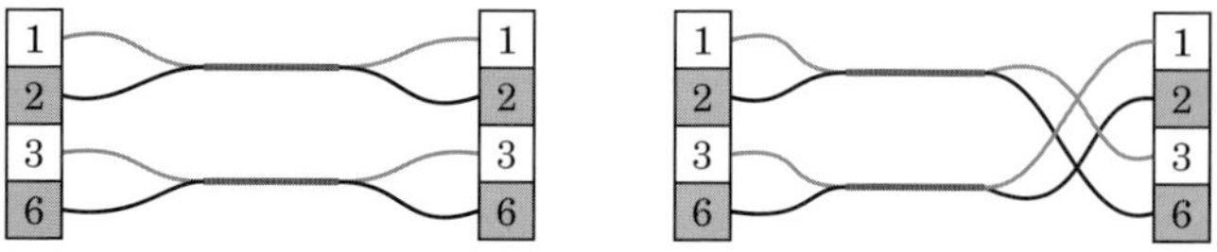

（a）正しい配線　　（b）間違った配線

図4.20　クロスペア

③ **リバースペア**

図4.21のように，ペア2の1番と1番，2番と2番のペアで接続するところを，両端を1番と2番，2番と1番に接続するなど，同じペア配線を両端のコネクタで逆に接続することを**リバースペア**といいます．

（a）正しい配線　　（b）間違った配線

図4.21　リバースペア

［3］3〔dB〕/4〔dB〕ルール

平衡配線におけるデータ信号の伝送特性としては，JIS X 5150の規格では3〔dB〕/4〔dB〕ルールという判定方法が採用されています．挿入損失の値が3.0〔dB〕を下回る周波数範囲，又は4.0〔dB〕未満となる周波数範囲の場合は，データの送受信を行ううえで十分なS/Nを確保できると規定されています．また，より短い配線長のほうが，より広い周波数範囲が適用されます．

① **3〔dB〕ルール**

挿入損失が3.0〔dB〕を下回る周波数における反射減衰量の値は参考とし，その周波数範囲の部分では反射減衰量に関する特性についての試験結果が規格値を満たしていなくても合格とみなすことができます．

② **4〔dB〕ルール**

挿入損失が4.0〔dB〕未満となる周波数における近端漏話減衰量は参考とし，その周波数範囲の部分では近端漏話減衰量についての試験結果が規格値を満たしていなくても合格とみなすことができます．

[4] LANの通信確認試験

Windows や Linux などの OS のコマンドプロンプトから入力される**ping コマンド**は，調べたいパーソナルコンピュータの IP アドレスを指定することにより，**ICMP メッセージ**を用いて **Windows** では初期設定値の **32 バイト**，**Linux** では **56 バイト**（ICMP ヘッダを除く）のデータを送信し，パーソナルコンピュータからの返信により接続の正常性を確認することができます．ping コマンドを実行すると，相手のパーソナルコンピュータから応答があったか，あるいは要求がタイムアウトしたかが画面に表示されます．

重要

ping コマンドは，IP アドレスを指定することにより，ICMP メッセージを用いて Linux では初期設定値の 56 バイトのデータを送信し，コンピュータからの返信により接続の正常性を確認することができます．

2 光ファイバケーブルの工事試験

[1] 光ファイバケーブルの工事試験

① ONU ランプの点灯を確認する．
② インターネット接続試験を行う．
③ 光ファイバケーブルの光伝送損失試験を行う．

[2] 光伝送損失試験

① カットバック法

被測定光ファイバの出力を光パワーメータで測定し，その光ファイバをカットバック長（入力端から 1 ～ 2〔m〕の位置）で切断し，出力を測定して比較します．直接光ファイバケーブルの損失を測定することができます．

② 挿入損失法

光コネクタが付いた状態で，光ファイバケーブルの入力と出力を光パワーメータで測定します．コネクタを含んだ光ファイバケーブルの損失を測定することができます．

③ OTDR 法

OTDR（後方散乱光）法は，レイリー散乱光（コア屈折率の微少な揺らぎにより生じる）の一部が光ファイバの入射端に戻ってくる後方散乱光を，光パルス試験器を用いて検出して測定します．伝送損失だけでなく，接続損失，ケーブル長及び光ファイバの異常点まで容易に測定することができます．布設時や布設後の保守などに有効な測定法です．

OTDR は，Optical Time Domain Reflectometer の略語だよ．

OTDR 法の測定能力を決める値として，ダイナミックレンジ，平均化時間，レーザのパルス幅が示されています．このうち，**ダイナミックレンジ**は，光ファイバから発生する後方散乱光が雑音レベルに到達するまでの範囲を示したものとされ，ダイナミックレンジが増加する場合として，レーザのパルスパワーの増加，有効パルス幅の増加，雑音レベルの低下が示されています．

図 4.22 のように，光パルス試験器による後方散乱光の波形は，コネクタ接続部のフレネル反射は山形，融着接続部のレイリー散乱は段差状で現れます．

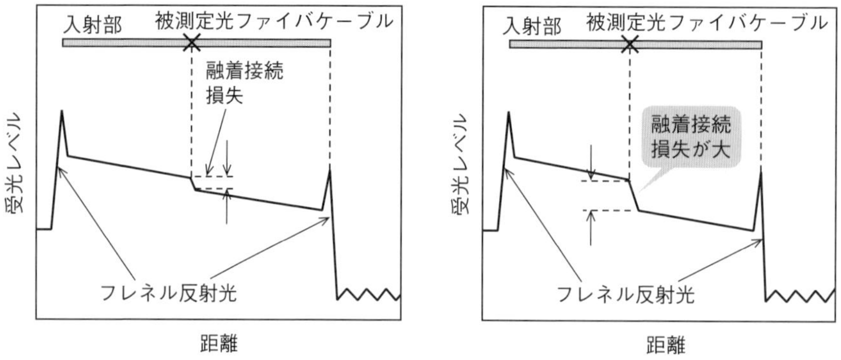

（a）正常な場合のOTDR波形　　（b）接続損失が大きい場合

図 4.22　OTDR 法の波形

④　**試験方法の適用**

JIS C 6823：2010 光ファイバ損失試験方法では，各種の光ファイバの実用的試験方法について規定しています．

光ファイバの損失試験方法のうち，カットバック法，挿入損失法及び OTDR 法の測定対象光ファイバは，すべてのマルチモード及びシングルモード光ファイバとされています．

損失波長モデルの測定対象光ファイバは，すべてのシングルモード光ファイバとされています．

[3] 光コネクタの挿入損失試験

光コネクタ等の光受動部品の挿入損失の測定については，供試品の端子の形態に対する測定方法として，JIS C 31600-3-4：2017 に規定されています．

①　**挿入法（A）**

供試品が**光ファイバ対光ファイバ**（**融着**又は**現場取付型光コネクタタイプ**）のときは，まず，テンポラリジョイントと光パワーメータの光検出器との間に規定長の光ファイバを接続して光パワーを測定します．次に，光ファイバを切断し，融着又は現場取付型光コネクタを取り付けて光パワーを測定します．それらの値から挿入損失を求めます．

②　**挿入法（B）**

供試品が**プラグ対プラグ**（**光受動部品**）及び**片端プラグ**（**光接続コード**）の場合は，テンポラリジョイントに接続した光ファイバの基準プラグに光パワーメータの光検出器を接続して光パワーを測定します．次に，基準アダプタと供試品を接続して光パワーを測定します．それらの値から挿入損失を求めます．

③　**挿入法（C）**

供試品が**プラグ対プラグ**（**光受動部品**）及び**プラグ対プラグ**（**光接続コード**）の場合は，まず，測定用光ファイバコードを光パワーメータの光検出器とテンポラリジョイントからの光コードとの間に接続して光パワーを測定します．次に，供試品と別の基準アダプタとを追加して光パワーを測定します．

重要

光コネクタの挿入損失を測定する試験は，光ファイバ対光ファイバ（現場取付け光コネクタ）のときは挿入法（A），片端プラグ（光接続コード）のときは挿入法（B），プラグ対プラグ（光接続コード）のときは挿入法（C）です．

レセプタクル対レセプタクル（光受動部品）の場合は光パワーの測定に基準アダプタは不要です．また，レセプタクル対プラグ（光受動部品）の場合は，光パワーの測定に基準アダプタが必要になります．

問 1 UTP ケーブルの配線は，一般に，ケーブルルートの変更などに伴うケーブル終端部の多少の延長・移動を想定して施工されるが，機器・パッチパネルが高密度で収納されるラック内などでは，小さな径のループ及び過剰なループ回数の余長処理を行うと，ケーブル間の同色対どうしにおいて［　　］が発生し，トラブルの原因となるおそれがある．

① グランドループ　② ショートリンク　③ パーマネントリンク
④ マージナルパス　⑤ エイリアンクロストーク

解説 機器・パッチパネルが高密度で収納されるラック内などでは，小さな径のループ及び過剰なループ回数の余長処理を行うと，ケーブル間の同色対どうしにおいて**エイリアンクロストーク**が発生し，トラブルの原因となるおそれがあります．なお，エイリアンクロストークとは，ケーブルの外部から侵入するクロストークのことで，複数の LAN ケーブルを長い距離に並行して敷設する場合や，ケーブルをループ状に巻いたりすると発生することがあります．

解答 ⑤

問 2 平衡ケーブルを用いた LAN 配線のフィールドテストなどについて述べた次の記述のうち，正しいものは，［　　］である．

① 挿入損失は，対の遠端を短絡させ，対の近端にケーブルテスタを接続して測定した直流ループ抵抗により求められる．
② 電力和近端漏話減衰量は，任意の 2 対間において，1 対を送信回線として，残りの 1 対を受信回線とし，送信回線の送信レベルを基準として，受信回線に漏れてくる近端側の受信レベルを測定することにより求められる．
③ 伝搬遅延時間差は，任意の 1 対において，信号の周波数の違いによる伝搬遅延時間を測定することにより求められる．
④ 反射減衰量は，入力信号の送信レベルを基準として，反射した信号レベルを測定することにより求められる．
⑤ ワイヤマップ試験は，高抵抗の接続を検出するために行う．

解説 ① 挿入損失の測定では，信号を発信する装置と受信する装置それぞれをケーブルの両端に取り付けて入力信号と出力信号の電力の比により求めます．

補足
反射減衰量〔dB〕＝入力信号レベル〔dBm〕－反射信号レベル〔dBm〕

② 電力和近端漏話減衰量は，すべての近端漏話発生源が同時に動作したときの漏話を加算した大きさで，選択した受信回線以外の残りの全回線の送信レベルを基準として，選択した受信回線に漏れてくる近端側の受信レベルを測定することによって求められます．

③ 「信号の周波数の違いによる**伝搬遅延時間**を測定することにより求められる」ではなく，正しくは「信号の周波数の違いによる**位相差**を測定することにより求められる」です．

⑤ 「ワイヤマップ試験は，**高抵抗の接続**を検出するために行う」ではなく，正しくは「ワイヤマップ試験は，**ケーブル両端のピン同士の接続に誤りがないか**を検出するために行う」です．

解答 ④

問 3 JIS X 5150：2004 の規定では，平衡配線の性能測定における 3 dB/4 dB ルールといわれる判定方法において，挿入損失の測定結果が［　　］となる周波数範囲の反射減衰量に関する特性について，その周波数範囲の部分で試験結果が不合格となっても合格とみなすことができるとされている．

① 3 dB 以下　② 3 dB 以上　③ 4 dB 以下　④ 4 dB 以上

解説 JIS X 5150：2004 の規定では，平衡配線の性能測定における 3〔dB〕/4〔dB〕ルールといわれる判定方法において，挿入損失の測定結果が **3〔dB〕以下**となる周波数範囲の反射減衰量に関する特性について，その周波数範囲の部分で試験結果が不合格となっても合格とみなすことができるとされています．

出る

下線の部分は，ほかの試験問題で穴埋めの字句として出題されています．

解答 ①

問 4 JIS X 5150：2004 の平衡配線の性能測定における反射減衰量の判定方法について述べた次の二つの記述は，［　　］．

A 反射減衰量の要求値は，配線の両端で満たさなければならない．挿入損失の測定結果が 3.0 dB を下回る周波数における反射減衰量の値は，参考とする．

B 反射減衰量の要求事項は，平衡配線のクラス分類のうち，クラス C，D 及び E にだけ適用される．

① A のみ正しい　② B のみ正しい
③ A も B も正しい　④ A も B も正しくない

解説 B 「平衡配線のクラス分類のうち，クラス **C**，**D 及び E** にだけ適用される」ではなく，正しくは「平衡配線のクラス分類のうち，クラス **C**，**D**，**E**，**E_A**，**F 及び F_A** にだけ適用される」です．

解答 ①

問 5 Linux のコマンドプロンプトから入力される ping コマンドは，調べたいパーソナルコンピュータを指定することにより，ICMP メッセージを用いてデフォルト値では［　　］バイト（ICMP ヘッダを除く）のデータを送信し，パーソナルコンピュータからの返信により接続の正常性を確認することができる．

① 48　② 56　③ 64　④ 128　⑤ 256

解説 Linux のコマンドプロンプトから入力される ping コマンドは，調べたいパーソナルコンピュータを指定することにより，ICMP メッセージを用いてデフォルト値では **56** バイト（ICMP ヘッダを除く）のデータを送信し，パーソナルコンピュータからの返信により接続の正常性を確認することができます．なお，ICMP は Internet Control Message Protocol の略語で，IP メッセージが送信元から送信相手に届くまでの間に起きたエラー情報を送信元に通知するプロトコルです．

解答 ②

問 6 イーサネットスイッチを複数接続したネットワークの経路において，ループが形成されると，フレームが無限に循環しネットワークが過負荷状態となる．このループの発生を防止するため，IEEE802.1D により標準化されたプロトコルとして［　　］がある．

① PPP　② UDP　③ HTTP　④ STP　⑤ SMTP

解説 イーサネットスイッチを複数接続したネットワークの経路において，ループが形成されると，フレームが無限に循環しネットワークが過負荷状態となります．このループの発生を防止するため，IEEE802.1D により標準化されたプロトコルとして **STP** があります．STP では，LAN スイッチ間で制御フレームの BPDU（Bridge Protocol Data Unit）を定期的に送ることで，その情報をもとに各 LAN スイッチがポートを自動的にブロックします．よって，ネットワークは論理的にはループのないツリー構造となって，MAC フレームがループ内を回り続けることが防止されます．

解答 ④

問 7 JIS C 6823：2010 光ファイバ損失試験方法における挿入損失法について述べた次の二つの記述は，［　　］．

A　挿入損失法は，カットバック法よりも精度は落ちるが，被測定光ファイバ及び両端に固定される端子に対して非破壊で測定することができる利点がある．

B　挿入損失法は，測定原理から光ファイバ長手方向での損失の解析に使用することができ，入射条件を変化させながら連続的な損失変動を測定することが可能である．

① A のみ正しい　② B のみ正しい
③ A も B も正しい　④ A も B も正しくない

解説　B　挿入損失法は，光を被測定光ファイバに入射させ，その光パワーと被測定光ファイバの終端での光パワーを比較して損失を求める方法なので，原理的に光ファイバの**長手方向での損失の解析に使用することはできません**.

解答　①

問 8　JIS C 6823：2010 光ファイバ損失試験方法における OTDR 法について述べた次の二つの記述は，［　　］.

A　OTDR 法は，光ファイバの単一方向の測定であり，光ファイバの異なる箇所から光ファイバの先端まで光波長の変化を測定する方法である.

B　OTDR 法での測定は，光ファイバ内の伝搬速度及び光ファイバの後方散乱作用に影響され，光ファイバ損失を正確に測定できないことがあるが，被測定光ファイバの両端からの後方散乱光を測定し，この二つの OTDR 波形を平均化することによって，光ファイバの損失試験に用いることができる.

①　A のみ正しい　　②　B のみ正しい
③　A も B も正しい　　④　A も B も正しくない

解説　A「OTDR 法は，光ファイバの単一方向の測定であり，光ファイバの異なる箇所から光ファイバの先端まで**光波長の変化**を測定する方法である」ではなく，正しくは「OTDR 法は，光ファイバの単一方向の測定であり，光ファイバの異なる箇所から光ファイバの先端まで**後方散乱光パワー**を測定する方法である」です.

解答　②

問 9　JIS C 6823：2010 光ファイバ損失試験方法に規定する測定方法などについて述べた次の二つの記述は，［　　］.

A　光ファイバの損失試験方法には，カットバック法，挿入損失法，OTDR 法及び損失波長モデルの四つがあり，このうちカットバック法，挿入損失法及び OTDR 法はシングルモード光ファイバだけに適用される.

B　OTDR 法において，短距離測定の場合は，最適な分解能を与えるために，短いパルス幅が必要であり，長距離測定の場合は，非線形現象の影響のない範囲内で光ピークパワーを大きくすることによってダイナミックレンジを大きくすることができる.

①　A のみ正しい　　②　B のみ正しい
③　A も B も正しい　　④　A も B も正しくない

解説 A 「このうちカットバック法，挿入損失法及びOTDR法は**シングルモード光ファイバだけに**適用される」ではなく，正しくは「このうちカットバック法，挿入損失法及びOTDR法は**すべてのマルチモード及びシングルモード光ファイバに**適用される」です．

解答 ②

重要
損失波長モデルは，すべてのシングルモード光ファイバだけに適用されます．

問10 図は，JIS C 6823：2010光ファイバ損失試験方法におけるOTDR法による不連続点での測定波形の例を示したものである．この測定波形のⒷからⒹまでの区間は，［　　］のOTDRでの測定波形を表示している．ただし，OTDR法による測定で必要なスプライス又はコネクタは，低挿入損失かつ低反射であり，OTDR接続コネクタでの初期反射を防ぐための反射制御器としてダミー光ファイバを使用している．また，測定に用いる光ファイバには，マイクロベンディングロスがないものとする．

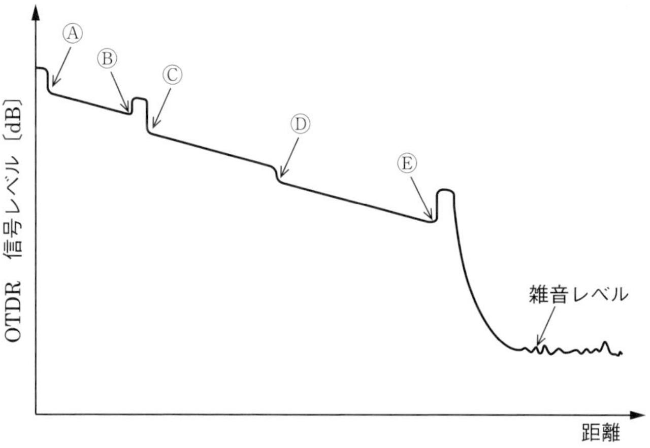

① 被測定光ファイバの入力端から被測定光ファイバの融着接続点まで
② 被測定光ファイバの入力端から被測定光ファイバの終端まで
③ 被測定光ファイバの融着接続点から被測定光ファイバの終端まで
④ ダミー光ファイバの出力端から被測定光ファイバの融着接続点まで
⑤ ダミー光ファイバの出力端から被測定光ファイバの入力端まで

解説 問題の図において，ⒶとⒷの間がダミー光ファイバ，ⒷとⒸの間の測定波形が高くなっている部分が，ダミー光ファイバと被測定光ファイバを接続する光コネクタからのフレネル反射光になります．ⒸとⒺの間が被測定光ファイバで，Ⓓで測定波形の大きさが下がっている部分が，被測定光ファイバの間にある融着接続点です．融着接続により，Ⓓより遠方から反射してくる後方散乱光パワーが減衰しています．Ⓔは被測定光ファイバの終端となります．終端部分で空気と接触することにより生じるフレネル反射により反射波が大きくなっています．

光コネクタと終端部分では光の反射が大きくなり，融着接続点では反射波が減衰するため，このような測定波形となります．

この測定波形のⒷからⒹまでの区間は，**ダミー光ファイバの出力端から被測定光ファイバの融着接続点まで**の OTDR での測定波形を表示しています．

解答　④

問11　図は，JIS C 6823：2010 光ファイバ損失試験方法における OTDR 法による不連続点での測定波形の例を示したものである．この測定波形のⒶからⒸまでの区間は，［　　　］の OTDR での測定波形を表示している．ただし，OTDR 法による測定で必要なスプライス又はコネクタは，低挿入損失かつ低反射であり，OTDR 接続コネクタでの初期反射を防ぐための反射制御器としてダミー光ファイバを使用している．また，測定に用いる光ファイバには，マイクロベンディングロスがないものとする．

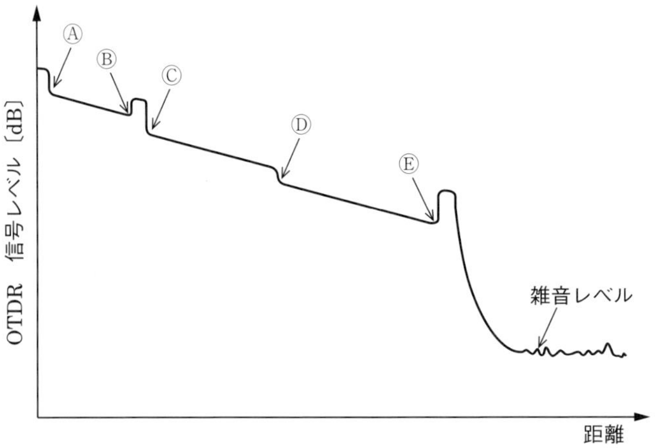

① ダミー光ファイバの入力端から被測定光ファイバの入力端まで
② ダミー光ファイバの出力端から被測定光ファイバの入力端まで
③ 被測定光ファイバの入力端から被測定光ファイバの融着接続点まで
④ 被測定光ファイバの融着接続点から被測定光ファイバの終端まで
⑤ 被測定光ファイバの入力端から被測定光ファイバの終端まで

解説　問題の図において，ⒶとⒷの間がダミー光ファイバ，ⒷとⒸの間の反射波が大きくなっている部分は，ダミー光ファイバと被測定光ファイバを接続する光コネクタからのフレネル反射光になります．

この測定波形のⒶからⒸまでの区間は，**ダミー光ファイバの入力端から被測定光ファイバの入力端まで**の OTDR での測定波形を表示しています．

解答　①

問12 図は，JIS C 6823：2010 光ファイバ損失試験方法における OTDR 法による不連続点での測定波形の例を示したものである．この測定波形のⒸからⒺまでの区間は，［　　　］の OTDR での測定波形を表示している．ただし，OTDR 法による測定で必要なスプライス又はコネクタは，低挿入損失かつ低反射であり，OTDR 接続コネクタでの初期反射を防ぐための反射制御器としてダミー光ファイバを使用している．また，測定に用いる光ファイバには，マイクロベンディングロスがないものとする．

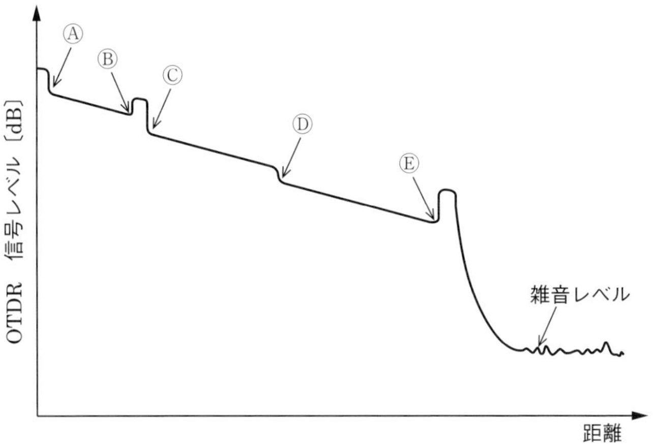

① ダミー光ファイバの入力端から被測定光ファイバの融着接続点まで
② ダミー光ファイバの入力端から被測定光ファイバの入力端まで
③ ダミー光ファイバの出力端から被測定光ファイバの融着接続点まで
④ 被測定光ファイバの入力端から被測定光ファイバの終端まで
⑤ 被測定光ファイバの融着接続点から被測定光ファイバの終端まで

解説 問題の図において，ⒶとⒷの間がダミー光ファイバ，ⒷとⒸの間の反射波が大きくなっている部分は，ダミー光ファイバと被測定光ファイバを接続する光コネクタからのフレネル反射光になります．Ⓓで測定波形の大きさが下がっている部分が，被測定光ファイバの間にある融着接続点です．融着接続により，Ⓓより遠方から反射してくる後方散乱光パワーが減衰しています．Ⓔは被測定光ファイバの終端となります．終端部分で空気と接触することにより生じるフレネル反射により反射波が大きくなっています．

この測定波形のⒸからⒺまでの区間は，**被測定光ファイバの入力端から被測定光ファイバの終端まで**の OTDR での測定波形を表示しています．

解答 ④

問13 図は，JIS C 6823：2010 光ファイバ損失試験方法における OTDR 法による不連続点での測定波形の例を示したものである．この OTDR での測定波形の示す区間について述べた次の二つの記述は，［　　］．ただし，OTDR 法による測定で必要なスプライス又はコネクタは，低挿入損失かつ低反射であり，OTDR 接続コネクタでの初期反射を防ぐための反射制御器として光ファイバを使用している．また，測定に用いる光ファイバには，マイクロベンディングロスがないものとする．

A　この測定波形のⒶからⒸの区間は，ダミー光ファイバの入力端から被測定光ファイバの入力端までを示している．

B　この測定波形のⒹからⒺの区間は，ダミー光ファイバの出力端から被測定光ファイバの終端までを示している．

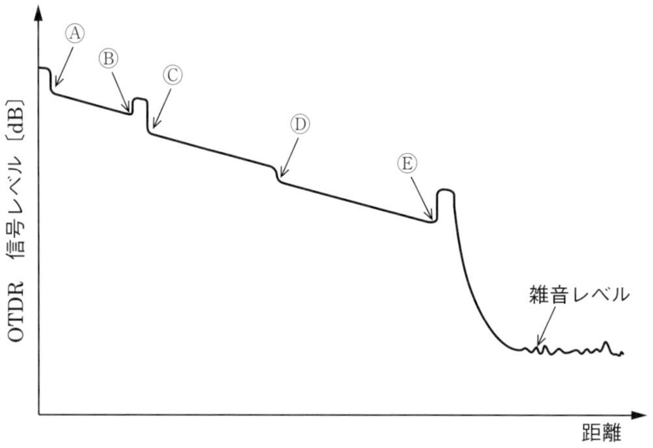

① Aのみ正しい　　② Bのみ正しい
③ AもBも正しい　　④ AもBも正しくない

解説　B「ⒹからⒺの区間は，**ダミー光ファイバの出力端**から被測定光ファイバの終端までを示している」ではなく，正しくは「ⒹからⒺの区間は，**被測定光ファイバの融着接続点**から被測定光ファイバの終端までを示している」です．

解答　①

問14 JIS X 5151：2018 光情報配線試験の OTDR 法に規定されている OTDR の測定能力を決める基本パラメータのうち，光ファイバから発生する後方散乱光が雑音レベルに到達するまでの範囲を示すものは［　　］であり，光ファイバに対してレーザのパルスパワーの増加により，［　　］を増加させることができる．

① レーザのパルス幅　　② 平均化時間　　③ ダイナミックレンジ
④ ゴースト　　⑤ 減衰量デッドゾーン

解説　JIS X 5151：2018 光情報配線試験の OTDR 法に規定されている OTDR の測定能力を決める基本パラメータのうち，光ファイバから発生する後方散乱光が雑音レベルに到達するまでの範囲を示すものは**ダイナミックレンジ**であり，光ファイバに対してレーザのパルスパワーの増加により，**ダイナミックレンジ**を増加させることができます．規定では，ダイナミックレンジが増加する場合として，レーザのパルスパワーの増加，有効パルス幅の増加，雑音レベルの低下が示されています．

解答　③

問15　JIS C 6823：2010 光ファイバ損失試験方法における光導通試験に用いられる光源などについて述べた次の二つの記述は，[　　]．

A　光源は，伝送器内にあり，安定化直流電源で駆動され，大きな放射面をもつ．例えば，白色光源，発光ダイオード（LED）などから成る．伝送器での損失変動を削減するために励振用光ファイバに接続する場合は，コア径が被測定光ファイバのコア径より十分に小さなグレーデッドインデックス形を使用する．

B　光検出器は，光源と整合した受信器，例えば，PIN ホトダイオードなどを使用する．検出レベルを調整できる分圧器，しきい値検出器及び表示器を結合する．同等のデバイスを用いてもよい．損失変動を削減するため，検出器の受感面の寸法は大きくする．

①　A のみ正しい　　②　B のみ正しい
③　A も B も正しい　　④　A も B も正しくない

解説　A「伝送器での損失変動を削減するために励振用光ファイバに接続する場合は，コア径が被測定光ファイバの**コア径より十分に小さなグレーデッドインデックス形**を使用する」ではなく，正しくは「伝送器での損失変動を削減するために励振用光ファイバに接続する場合は，コア径が被測定光ファイバの**コア径より十分に大きなステップインデックス形**を使用する」です．

解答　②

問16　光ファイバの接続に光コネクタを使用したときの挿入損失を測定する試験方法は，光コネクタの構成別に JIS で規定されており，光ファイバ対光ファイバ（現場取付け光コネクタ）のときの基準試験方法は，[　　]である．

①　ワイヤメッシュ法　　②　カットバック法　　③　挿入法（A）
④　マンドレル巻き法　　⑤　置換え法

解説　光ファイバ対光ファイバ（現場取付け光コネクタ）のときの基準試験方法は，**挿入法（A）**です．

解答　③

問17 光ファイバの接続に光コネクタを使用したときの挿入損失を測定する試験方法は，光コネクタの構成別にJISで規定されており，片端プラグ（光接続コード）のときの基準試験方法は，［　　］である．

① マンドレル巻き法　② カットバック法　③ 置換え法
④ 挿入法（B）　⑤ ワイヤメッシュ法

解説 片端プラグ（光接続コード）のときの基準試験方法は，**挿入法（B）**です．

解答 ④

問18 光ファイバの接続に光コネクタを使用したときの挿入損失を測定する試験方法は，光コネクタの構成別にJISで規定されており，プラグ対プラグ（光接続コード）のときの基準試験方法は，［　　］である．

① ワイヤメッシュ法　② 挿入法（C）　③ 置換え法
④ マンドレル巻き法　⑤ カットバック法

解説 プラグ対プラグ（光接続コード）のときの基準試験方法は，**挿入法（C）**です．

解答 ②

5章 工事の施工管理・工程管理・安全管理

5.1 工事の施工管理・工程管理

出題のポイント

- ●工事の施工管理
- ●工事の施工計画と施工計画書
- ●工事の工程管理
- ●施工出来高と工事原価

1 工事の施工管理

［1］施工管理

工事の施工前に契約条件に基づき設計図書どおりの工事目的物を工期内に，経済的にかつ安全に施工するため最善の方法を検討すること，次に策定した施工計画書に基づいて，工事の計画及び管理を行うことを**施工管理**といいます．

施工管理には**工程管理**，**出来形管理**，**品質管理**，**原価管理**，**安全管理**が含まれ，これらが**相互に関連性**を持ちます．

出来形管理とは，施工された構造物が発注者の意図する規格基準に対して，どの程度の精度で施工されたか，その施工技術の度合いを管理することです．

補足
出来形を金額に換算して表したものが出来高です．

［2］施工計画

工事の着手前に施工計画を策定します．施工計画は，契約書や要求仕様書などの契約条件の確認，現地調査，必要な部品や工具などの工事に必要なものの確認，施工計画の基本方針を定める，作業項目と日程の決定，部品や作業員の手配などについて計画を策定します．

施工計画書は，次の項目などが記載されます．

① 工事概要
② 計画工程表
③ 現場組織表
④ 指定機械，主要機械，主要資材
⑤ 施工方法
⑥ 施工管理計画
⑦ 安全管理
⑧ 環境対策

工事受注者は施工計画書を工事の着手前に作成し，発注者の監督員などに提出する必要があります．

また，工事全体を把握するためには総合工程表が必要です．なお，工事の品質を安定に保ち効率的に作業を行うためには作業手順書が必要です．

重要
施工計画書は，工事の受注者が工事着手前に作成し，工事の発注者の監督員などに提出するものです．

2 工事の工程管理

[1] PDCA サイクル

工程管理の役割は，生産活動時間の効率化及び短縮化なので，品質管理において高品質を達成するための Plan（計画），Do（実施），Check（評価），Act（改善）の 4 段階を繰り返す PDCA サイクルに沿って，工程管理は実施されます．問題解決及び課題達成のプロセスにおいて，PDCA サイクルを図に表すと図 5.1 のようになります．

① Plan（計画）：工事計画の作成
② Do（実施）：計画に沿った工事の実施
③ Check（評価）：工事の実施が計画に沿っているかの確認
④ Act（改善）：計画に沿っていない部分の改善

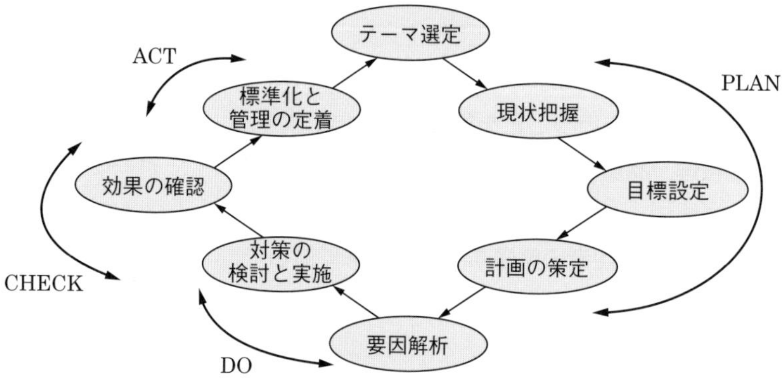

図 5.1　問題解決及び課題達成のプロセス

[2] 施工速度

工事費には直接工事費と間接工事費があります．これらは施工速度と関係があり，直接工事費は，ある施工速度までは一定ですが，施工を急がせると労賃の上昇，設備の増設，材料の手配を急ぐことによる材料費の上昇などにより費用が上がります．間接工事費は，工期速度が速いほど費用がかかりません．全体の工事費は，速度が遅すぎると間接工事費が上がり，一定以上に速くすると直接工事費が上がります．また，工事原価は施工速度が速くなるにつれて低くなりますが，ある時点で上昇し始めます．

重要
直接工事費は，直接仮設設備費，機械器具費，材料費，労務費などです．間接工事費は，共通仮設設備費，現場経費，一般管理費などです．

① **採算速度**

損益分岐点の施工出来高を上回る出来高を上げる速度をいいます．施工の段取り待ちや機械待ちなどによる工事者や機械などの損失時間を最小にすることによって得ることができます．

施工出来高と工事原価の関係を図 5.2 に示します．工事原価 Y は，施工出来高を X，固定費を F，変動費を aX（a は係数）とすると，次式で表されます．

$$Y = F + aX \qquad (5.1)$$

重要
損益分岐点は，一定期間における売上高と総原価が等しく，事業の損益が均衡する売上高のことです．売上高が損益分岐点を超えれば利益が発生し，達しなければ損失が発生します．

工事原価 Y の直線と施工出来高と工事原価が等しくなる直線 $\overline{\mathrm{OQ}}$ の交点 P が損益分岐点となります．このときの施工出来高 X_p で収支は等しくなります．また，X_p における施工速度を最低採算速度と呼び，利益のとれる状態にするためには，施工出来高を X_p 以上の β の領域に上げることが必要です．なお，X_p を下回る α の領域では損失が発生します．

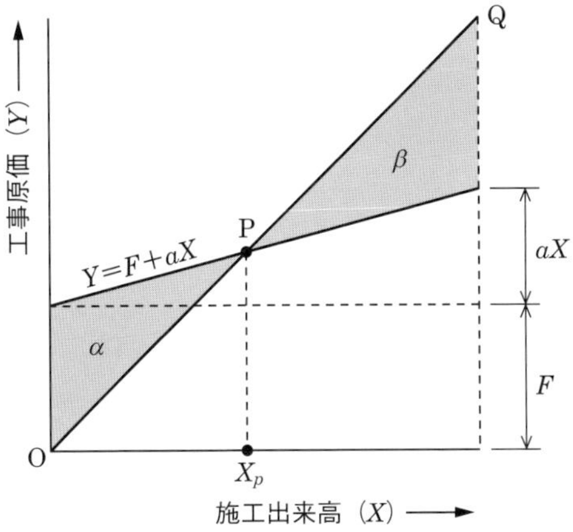

図 5.2　施工出来高と工事原価の関係

② 経済速度

工事費が最小となる経済的な施工速度のことをいいます．一般に，工程を速くすれば原価は安くなりますが，経済速度以上に速くすると突貫工事となり原価は増大します．また，経済速度よりも遅い工程では，手待ちなどが発生して不要な工程が増すため，原価は増大します．

工程を速くすれば品質は悪くなり，工程を遅くすれば品質は良くなります．また，品質を良くしようとすると，それに伴って原価は高くなり，原価を安くしようとすると品質は悪くなります．

突貫工事によって施工速度を速くすると品質は悪くなるよ．

重要

施工速度を速めると，直接費は増加し，間接費は減少します．

③ 直接費と間接費

（1）**直接費**

実際の工事で直接消費される費用です．直接費は材料費，機械経費，労務費などがあります．施工速度を速めると，短期に人工を投入することになるので，労務費が増加し，一般に直接費は増加します．

（2）**間接費**

直接費以外の工事費用を間接費といいます．現場管理費，減価償却費，事務経費などがあります．間接費は工期に比例して増加するので施工速度を速めて工期を短縮すると，一般に間接費は減少します．

図 5.3 に一般的な工期・建設費曲線を示します．図のノーマルタイムとは，直接費が最小になるような施工速度で工事を行った場合にかかる時間のことです．クラッシュタイムとは，これ以上どれだけ直接費を追加しても工期を短縮できない最小限の時間をいいます．

補足

ノーマルタイムで施工したときにかかる直接費をノーマルコストといいます．クラッシュタイムに達したときの直接費をクラッシュコストといいます．

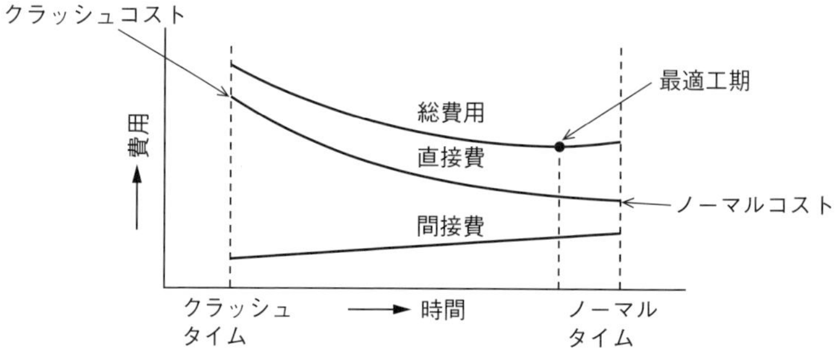

図 5.3　工期・建設費曲線

クラッシュタイムから，施工速度を速めて工期を短縮すると，施工速度が速いほど直接費は増大していきます．

直接費と間接費を合計したものを総費用（工事原価）といい，施工計画では総費用が最小になるように最適な工期を決定します．また，図中の総費用曲線において総費用が最小となる点が最適工期となります．

問 1　施工管理の概要について述べた次の二つの記述は，[　　　]．

A　施工管理の一環として実施される品質管理，原価管理，安全管理などは，それぞれ独立した個別のものであり，相互に関連性を持たないものである．

B　当初に計画した工程と実際に進行している工程とを比較検討し，進捗に差異が生じてきているとき，その原因を調査し，取り除くことにより工事が計画どおりの工程で進行するように管理し，調整を図ることは，出来形管理といわれる．

①　Aのみ正しい　　②　Bのみ正しい

③　AもBも正しい　　④　AもBも正しくない

解説　A「施工管理の一環として実施される品質管理，原価管理，安全管理などは，**それぞれ独立した個別のものであり，相互に関連性を持たないものである**」ではなく，正しくは「施工管理の一環として実施される**工程管理**，**出来形管理**，品質管理，原価管理，安全管理などは，**これらが相互に関連性を持つ**」です．

B「その原因を調査し，取り除くことにより工事が計画どおりの工程で進行するように管理し，調整を図ることは，**出来形管理**といわれる」ではなく，正しくは「その原因を調査し，取り除くことにより工事が計画どおりの工程で進行するように管理し，調整を図ることは，**工程管理**といわれる」です．

補足

出来形管理とは，施工された構造物が発注者の意図する規格基準に対して，どの程度の精度で施工されたか，その施工技術の度合を管理することです．

解答　④

問 2 工事実施に必要な施工計画書について述べた次の二つの記述は，［　　］．

A　施工計画書は，工事の発注者の現場代理人が工事着手前に作成し，工事の受注者の監督員などに提示するものである．

B　施工計画書は，工事目的物を完成するために必要な手順，工法などを記載したものであり，記載項目として，工事概要，計画工程表，施工方法，環境対策などがある．

①　A のみ正しい　　②　B のみ正しい

③　A も B も正しい　　④　A も B も正しくない

解説　A「施工計画書は，**工事の発注者の現場代理人**が工事着手前に作成し，工事の**受注者**の監督員などに提示するものである」ではなく，正しくは「施工計画書は，**工事の受注者**が工事着手前に作成し，工事の**発注者**の監督員などに提出するものである」です．

解答 ②

問 3 施工計画，施工管理などについて述べた次の記述のうち，誤っているものは，［　　］である．

①　工事の受注者は，工事着手前に施工計画書を工事の発注者に提出しなければならない．

②　施工計画書には，工事概要，計画工程表，施工方法，安全管理などが記載されなければならない．

③　施工管理において，当初に計画した工程と実際に進行している工程とを比較検討し，進捗に差異が生じているとき，その原因を調査し，取り除くことにより工事が計画どおりの工程で進行するように管理し，調整を図ることは，出来形管理といわれる．

④　工事の施工における工程と品質との関係では，一人当たりの 1 日の作業時間を大幅に延長して突貫工事で施工速度を速くすると，品質は悪くなるおそれがある．

⑤　工事費は，直接費と間接費に分けられ，現場管理費，共通仮設費などが含まれる間接費は，工期が長くなると，一般に，増加する．

解説　③「その原因を調査し，取り除くことにより工事が計画どおりの工程で進行するように管理し，調整を図ることは，**出来形管理**といわれる」ではなく，正しくは「その原因を調査し，取り除くことにより工事が計画どおりの工程で進行するように管理し，調整を図ることは，**工程管理**といわれる」です．なお，出来形管理とは，施工された構造物が発注者の意図する規格基準に対して，どの程度の精度で施工されたか，その施工技術の度合を管理することです．

解答 ③

問 4　施工計画，施工管理などについて述べた次の記述のうち，誤っているものは，【　　】である．

①　施工計画は，一般に，事前調査を実施した後，基本計画，詳細計画，管理計画の手順で策定される．

②　施工計画書は，工事目的物を完成するために必要な手順，工法などを記載したものであり，工事着手前に作成される．

③　受注者は，工事の施工計画書の内容に重要な変更が必要になった場合には，その都度当該工事に着手する前に変更に関する事項について，変更施工計画書を発注者に提出しなければならない．

④　発注者から提示された仕様書，設計図面などの設計図書間に不整合がある場合，受注者は，当該設計図書を修正して工事を実施し，工事終了後，速やかに実施状況を発注者に報告しなければならない．

⑤　施工管理の一環として実施される品質管理及び原価管理において，品質と原価は必ずしも独立したものではなく，相互に関連性がある．

解説　④「発注者から提示された仕様書，設計図面などの設計図書間に**不整合がある場合，受注者は，当該設計図書を修正して工事を実施し，工事終了後，速やかに実施状況を発注者に報告しなければならない**」ではなく，正しくは「発注者から提示された仕様書，設計図面などの設計図書間に**不整合があるために設計図書の変更が必要になった場合，受注者は，発注者と協議を行い，発注者の書面による指示に基づいて工事を実施しなければならない**」です．

解答　④

問 5　施工管理の概要について述べた次の二つの記述は，【　　】．

A　施工計画書は，工事目的物を完成するために必要な手順，工法などを記載したものであり，工事の受注者が工事着手前に作成し，工事の発注者の監督員などに提出するものである．

B　工事の施工に当たり，工程と品質との関係では，一般に，突貫工事により施工速度を速めるほど品質は良くなる．

①　A のみ正しい　　②　B のみ正しい

③　A も B も正しい　　④　A も B も正しくない

解説　B「一般に，突貫工事により施工速度を速めるほど**品質は良くなる**」ではなく，正しくは「一般に，突貫工事により施工速度を速めるほど**品質は悪くなる**」です．

解答　①

問 6 施工管理の概要について述べた次の二つの記述は，[　　].

A　設計図書どおりの工事目的物を工期内に，経済的に，かつ，安全に施工するため最善の方法を検討し，策定された施工計画書に基づき行われる工事の工程管理，出来形管理，品質管理などを総称して，一般に，施工管理という.

B　工事の施工に当たり，工程と品質との関係では，一般に，突貫工事により施工速度を速めるほど品質は良くなる.

①　A のみ正しい　　②　B のみ正しい

③　A も B も正しい　　④　A も B も正しくない

解説　B「工事の施工に当たり，工程と品質との関係では，一般に，突貫工事により施工速度を速めるほど品質は**良くなる**」ではなく，正しくは「工事の施工に当たり，工程と品質との関係では，一般に，突貫工事により施工速度を速めるほど品質は**悪くなる**」です.

解答　①

問 7 図に示す，JIS Q 9024：2003 マネジメントシステムのパフォーマンス改善-継続的改善の手順及び技法の指針における問題解決及び課題達成のプロセスについて述べた次の二つの記述は，[　　].

A　PDCA のサイクルを回す手順としてⒶに入るプロセスは，要因解析である.

B　プロセスの一つであるテーマ選定では，顧客の要求や組織の目標を重視すること，テーマの範囲を具体的で管理可能なものとすることなどを考慮するとよい.

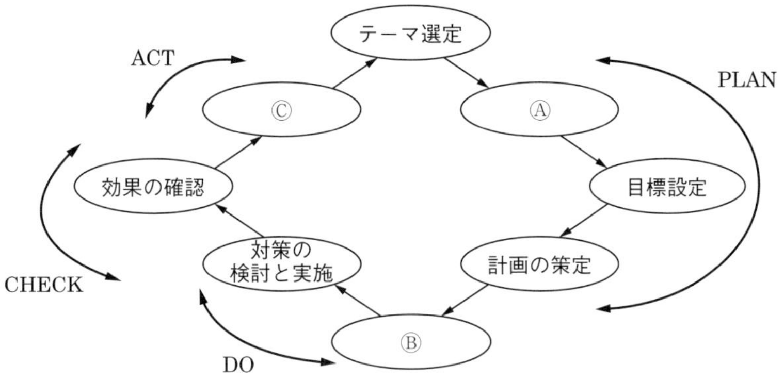

①　A のみ正しい　　②　B のみ正しい

③　A も B も正しい　　④　A も B も正しくない

解説　A「Ⓐに入るプロセスは，**要因解析**である」ではなく，正しくは「Ⓐに入るプロセスは，**現状把握**である」です．なお，Ⓑに入るプロセスが要因解析で，Ⓒにはいるプロセスが標準化と管理の定着です.

解答　②

問 8 図に示す JIS Q 9024：2003 マネジメントシステムのパフォーマンス改善-継続的改善の手順及び技法の指針における問題解決及び課題達成のプロセスについて述べた次の二つの記述は，［　　］.

A　PDCA のサイクルを回す手順としてⒷに入るプロセスは，現状把握である.

B　図に示す手順は循環型であり，PDCA，CAPD など，P，D，C 及び A のどこから始めてもよい.

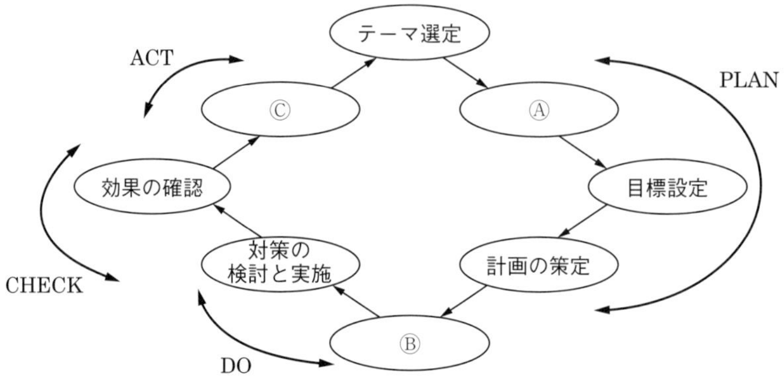

① A のみ正しい　　② B のみ正しい

③ A も B も正しい　　④ A も B も正しくない

解説　A 「Ⓑに入るプロセスは，**現状把握**である」ではなく，正しくは「Ⓑに入るプロセスは，**要因解析**である」です．なお，Ⓐに入るプロセスが現状把握で，Ⓒにはいるプロセスが標準化と管理の定着です.

解答 ②

問 9 図は，一般的な施工出来高と工事原価の関係を示したものである．三角形 OPR 内の領域を示す α と，三角形 PQS 内の領域を示す β について述べた次の記述のうち，正しいものは，［　　］である．ここで，工事原価 Y は固定費 F と変動費 aX の和で示され，a は係数とする．また，P 点は工事原価と施工出来高が等しくなる直線 OQ と $Y=F+aX$ で表される直線との交点を示し，X_p は P 点での施工出来高を示す．

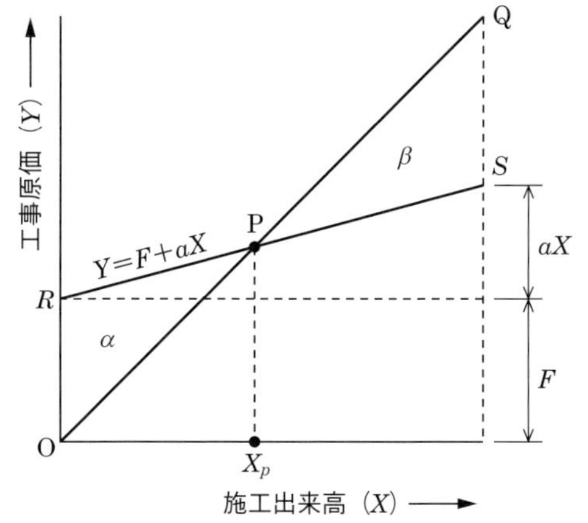

① α は利益が発生する範囲を示しており，β は損失が発生する範囲を示している．
② α は損失が発生する範囲を示しており，β は利益が発生する範囲を示している．
③ α，β とも損失が発生する範囲を示している．
④ α，β とも利益が発生する範囲を示している．
⑤ α，β とも収支の差がゼロの範囲を示している．

解説 問題の図は，施工出来高と工事原価の関係を示したもので，三角形 OPR の内側の領域を示す α は，施工出来高が工事原価を下回って，損失が発生している範囲です．三角形 PQS の内側の領域 β は，施工出来高が工事原価を上回って，利益が発生している範囲です．よって，**α は損失が発生する範囲を示しており，β は利益が発生する範囲を示しています．**

解答 ②

問10 図は，間接費，直接費及び総費用を表す一般的な工期・建設費曲線を示したものである．図について述べた次の記述のうち，正しいものは，［　　　］である．

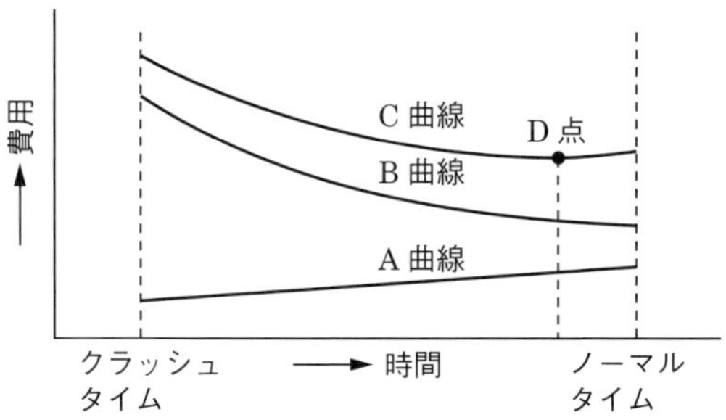

① A 曲線は間接費を表し，間接費は，一般に，施工速度を速くして工期を短縮するほど増加する．

② B 曲線は直接費を表し，直接費は，一般に，施工速度を遅くして工期を延長するほど増加する．

③ C 曲線は直接費と間接費を合計した総費用を表し，総費用が最小となる D 点における工期は，最適工期を示す．

④ クラッシュタイムは，直接費を大幅に増やせば更に短縮することができる．

解説 ① 「間接費は，一般に，施工速度を速くして工期を短縮するほど**増加する**」ではなく，正しくは「間接費は，一般に，施工速度を速くして工期を短縮するほど**減少する**」です．なお，間接費は現場管理費や共通仮設費が該当し，間接費に含まれる現場管理費は工期に比例して増加するので，間接費は，工期を短縮するほど減少します．

② 「直接費は，一般に，施工速度を**遅く**して工期を**延長**するほど増加する」ではなく，正しくは「直接費は，一般に，施工速度を**速く**して工期を**短縮**するほど増加する」です．なお，直接費は，材料費，労務費，水道光熱費などの直接かかる費用のことで，施工速度を速くして短期に工事を終わらせようとするとより多くの人が必要になるため，直接費に含まれる労務費は増加するので，直接費は，施工速度を速くして工期を短縮するほど増加します．

④ 「クラッシュタイムは，直接費を大幅に増やせば**更に短縮することができる**」ではなく，正しくは「クラッシュタイムは，直接費を大幅に増やしても**更に短縮することができない**」です．なお，クラッシュタイムとは，工期を極限まで短縮させたときの作業時間です．

解答 ③

5.2 工事の工程管理表・業務の改善

出題のポイント

- ●工程管理図表の種類と特徴
- ●アローダイアグラムの使い方
- ●業務の改善手法

1 工程管理表

［1］工程管理表

工程管理図表には，着工から完成引渡しまでの全体の工程表の総合工程表と各作業の詳細工程表の部分工程表があります．工程表の手法には，横線式のガントチャートやバーチャート，グラフ式，ネットワーク式などがあります．図5.4にこれらの工程図表を示します．

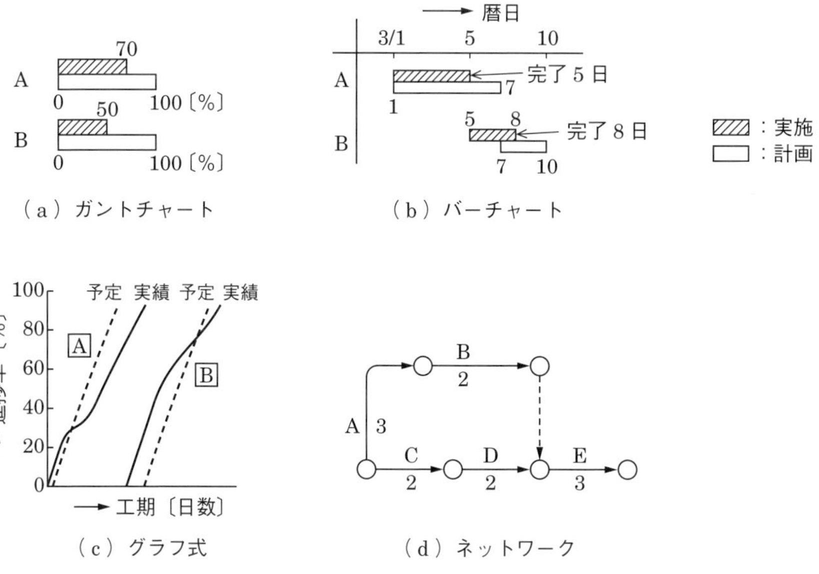

図5.4　工程管理表の種類

重要

バーチャート工程管理表は，作業間の関係を大まかに把握することができ，各作業の所要日数がわかります．

ガントチャート工程管理表は，横軸の各横線に各作業ごとの完成度をパーセントで表した図です．各作業項目の進捗状況はわかりやすいのですが，作業の相互関連や細部の表現ができません．

バーチャート工程管理表は，各作業項目ごとに１本の横線で表すので，横線式工程表ともいわれ，左から右に作業の流れを表しているので，**作業間の関係**を大まかに把握することができ，**各作業の所要日数**がわかります．

グラフ式工程管理表は，縦軸に工期，横軸に所要日数をとり，斜線グラフで表した図です．

ネットワーク工程管理表は，施工工程全体の各作業の進行と関連，所要日数と開始時期，完了時期など多くの作業の進行と結合を含め完了までの各作業全般を見ることができます．

［2］アローダイアグラム

図 5.5 にアローダイアグラムの例を示します．工事を独立した作業に分解し，これらの作業を実施順序に従って矢印の付いた線で表すことにより，作業の流れを視覚的に理解できるようにしたものです．アローダイアグラムは，作業の工程管理などに用いられ，ネットワーク工程管理表ともいわれます．

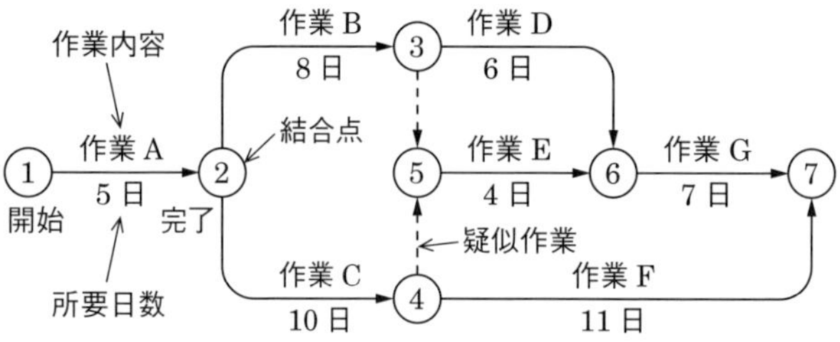

図 5.5　アローダイアグラム

［3］ネットワーク作成の基本ルール

①　アクティビティ（作業）

アクティビティは，作業活動，見積り，材料の入手など，時間を要する作業要素のことです．作業の流れは実線の矢線（アロー）で表されます．線の始まりは作業の開始と矢は作業の終了を意味します．線の上側に作業内容，下側に所要日数（デュレイション）を記入します．

補足

矢線の長さは所要日数とは関係ありません．

②　イベント（結合点）

作業の開始点と完了点の区切りを表します．結合点を○印で表し，○印の中にイベント番号又は記号を記入します．また，イベントに入る矢線群の作業がすべて完了した後でなければ，イベントから出る後続作業に着手できません．

イベント番号の重複はできないよ．

③　ダミー（擬似作業）

作業及び時間の要素を含まない架空の作業を破線の矢線で表し，作業の順序関係を表します．実際の作業ではないので所要時間はゼロです．

［4］ネットワーク作成の方法

各イベントの全工程を結んだ線図（ネットワーク）として完成させます．図 5.6 に作業の接続手法を示します．

［5］ネットワークの用語

①　クリティカルパス（CP）

ネットワークにおける各経路のうち，最も多くの日数を要する経路のことです．所要日数を記入したネットワーク工程管理表におけるトータルフロート（最大余裕日数）がゼロの余裕なしのアクティビティをクリティカルパス（CP）

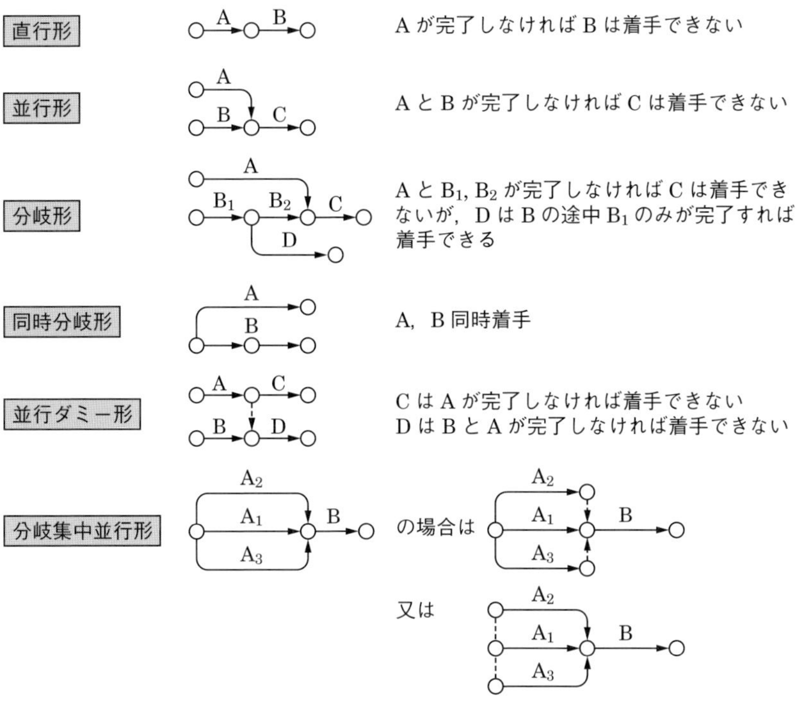

図 5.6　作業の接続手法

と呼びますが，この CP を基準とした全日数が工期上許されるかどうかを判断し，日程の短縮などの調整を行います．

② **最早結合点時刻（日数）**

先行作業すべてが予定日数どおり進んだ場合に着工できる時刻（日数）で，その作業に入るまでの作業経路の最大時間（日数）のことで，その結合点から始まる作業を最も早く開始できる時刻（日数）を表します．

重要
最早結合点時刻＝直前の結合点の最早結合点時刻＋作業の所要時間

複数の経路が合流する結合点のときは，それぞれの経路の到達時刻（日数）のうち最も大きい時間（日数）が，その結合点の最早結合点時刻（日数）となります．

③ **最遅結合点時刻（日数）**

工程上，作業に許される最も遅い開始日で，その作業及び後続の作業が予定どおりの工程日数で進められれば予定工期に合致するぎりぎりの日のことです．後続作業すべてに遅れが生じないように，先行作業を完了しておかなければならない最も遅い時刻（日数）を指しています．

重要
最遅結合点時刻＝次の結合点の最遅結合点時刻－作業の所要時間

複数の経路に分岐する結合点のときは，それぞれの経路について到達時刻（日数）を求めて，最も小さい時間（日数）が，その結合点の最遅結合時刻（日数）となります．

④ **最早完了時刻（日数）**

作業の最も早い時刻（日数）で，最早開始日でその作業開始が行われ，予定どおりでの完了時刻（日数）のことです．

⑤　**最遅完了時刻（日数）**

作業に許される最も遅い完了時刻（日数）で，作業がたとえ遅れても他の後続作業が予定日で進められて，全体の遅れは生じないぎりぎりの最大遅延可能完了時刻（日数）のことです．

⑥　**フロート（余裕時間（日数））**

クリティカルパスの最多時間（日数）で工程が進む場合，各作業が並行して進められて行くと余裕時間（日数）が生じます．それをフロートといいます．フロートは，全工程に影響を及ぼさない範囲で各作業に許される遅延時間（日数）を表します．

重要

余裕時間＝最遅結合点時刻－最早結合点時刻

フロートの一例を図 5.7 に示します．全体の所要日数は 12 日ですが，①→③は 9 日，①→②→③の経路は 7 日なので，2 日のフロートがあることになります．

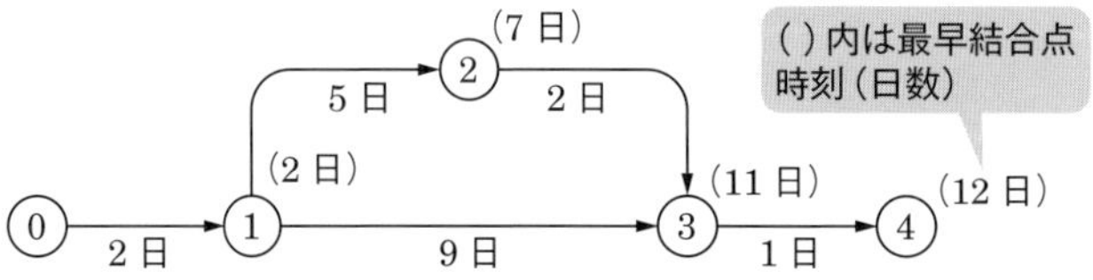

図 5.7　余裕日数

⑦　**フリーフロート（自由余裕時間（日数））**

その作業の完了が遅れても，それに続く作業の開始に遅延が生じない遅れの限度を表します．

任意の作業のフリーフロートは，その作業のトータルフロートと比較して小さいか又は等しいよ．

⑧　**トータルフロート（全余裕時間（日数））**

その作業の完了が遅れても，全工程には遅延が生じない遅れの限度を表します．ある作業がトータルフロートを使い切ると，その経路上の後続の作業のトータルフロートに影響を及ぼすことがあります．

全余裕時間＝終点の最遅結合点時刻－（始点の最早結合点時刻＋作業の所要時間）

2　業務の改善

[1] 品質管理

品質管理（QC）をどのように進めるかは，まず不良の統計と分析が必要です．一般に統計的品質管理（SQC）が主として用いられています．

SQC は，Statistical Quality Control の略語だよ．

品質管理の手順を次に示します．

① 計画・設計を行い，品質標準を決める．
② 作業標準を決め，それに従って実施させる．
③ データをとりチェックする．
④ 異常が発見されたら，処置をとる．品質管理は，この四つの段階を繰り返しつつ進んでいく．

［2］工程・原価・品質の一般的関係

工事施工において，品質管理工程管理，原価管理は相互に関係があります．それらの一般的関係を図 5.8 に示します．三次元の軸は工程，原価，品質を表します．

① 曲線 a

工程と原価の関係を表す曲線です．施工を速めて数量を多くすると単位数量当たりの原価は安くなりますが，突貫工事をすると逆に原価は高くなります．

② 曲線 b

原価と品質の関係を表す曲線です．品質を良くしようとすれば原価は高くなります．

③ 曲線 c

原価と工程の関係品を表す曲線です．品質を良くしようとすれば工期は長くなります．

補足

工事費が最小となる施工速度を経済速度と呼び，経済速度より速くすると突貫工事となって，労務費などが増加することで原価は高くなります．

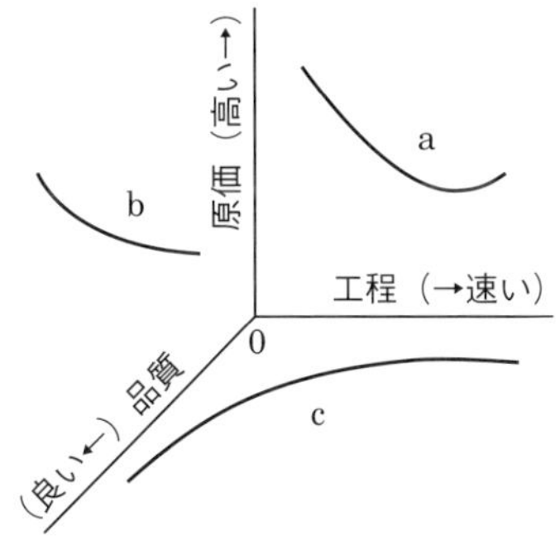

図 5.8　工程・原価・品質の一般的関係

［3］継続的改善

継続的改善のための技法について，JIS Q 9024：2003 マネジメントシステムのパフォーマンス改善に規定されています．継続的改善とは，問題又は課題を特定して，問題解決又は課題達成を繰り返し行う改善をいいます．継続的改善の技法について図 5.9 ～図 5.13 に示します．

① パレート図

不良項目を横軸に，度数を縦軸にとるとともに度数の多い項目から順に並べることで，その順位，不良件数と不良項目のそれぞれが全体に占める割合を表した図です．不良や欠点などを原因別，状態別，位置別などで層別した結果を示すために用いられ，現象，原因，要因のうち，最も重大な項目を発見するときに有効な手法です．改善すべき問題が全体に及ぼす影響及び改善による効果などを確認するためなどに用いられます．

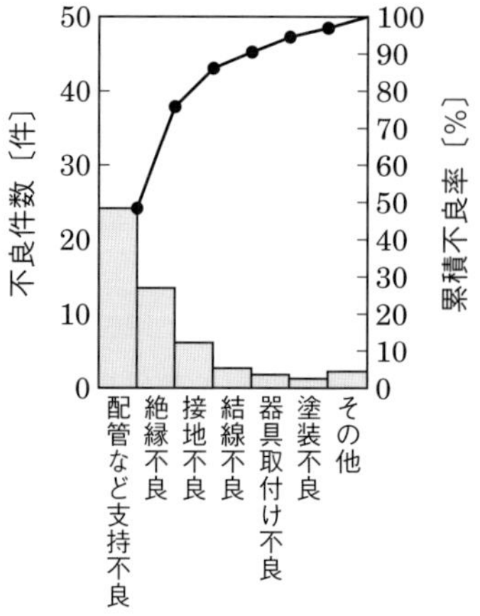

図 5.9　パレート図

② 特性要因図

不良の原因や要因を整理して，原因や要因を追求することで，不良対策，改善の手段を検討するときに解析する手法です．

補足

魚の骨といわれる図で体系的に整理し，小骨から結果に至る原因のうち結果に大きく影響するものを抽出します．

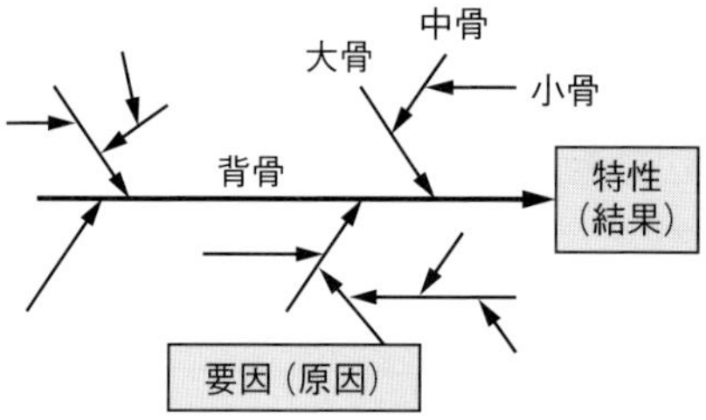

図 5.10　特性要因図

③ ヒストグラム

計測値の存在する範囲を幾つかの区間に分けて，各区間を底辺とし，その区間に属する測定値の度数に比例する面積をもつ長方形を並べた図です．ヒストグラムは，平均値，メジアン，モードなどの中心傾向，出現頻度の幅，範囲，及び形状を把握するためなどに用いられる手法です．

ヒストグラムの作成手順を次に示します．

(1) 期間を定め，データを収集する．
(2) データの**最大値**と**最小値**を求める．
(3) 級（柱）の数を決定する．
(4) 級の**幅**を決定する．
(5) 級の中心値を決定する．
(6) データを級によって分類する．
(7) ヒストグラムに表す．
(8) 必要事項（目的，データ数 n，期間，平均値 $\bar{x}$，標準偏差 s など）を記入する．

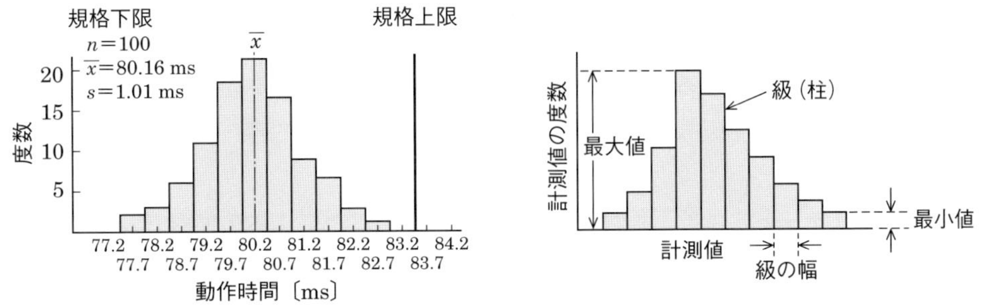

（a）ヒストグラムの例　　（b）ヒストグラムのパラメータ

図 5.11　ヒストグラム

④　管理図

連続した観測値又は群にある統計量の値を，通常は時間順又はサンプル番号順にプロットした図です．上側管理限界線及び下側管理限界線，あるいはどちらか一方の限界線を持ちます．工程の異常を発見して安定状態を維持すること，層別によって改善点を明確にすること，改善効果を確認することなどに使用される手法です．

重要
プロットした点が全部管理限界内にあれば安定状態で，管理限界外に出る点があれば，何らかの異常があると判断されます．

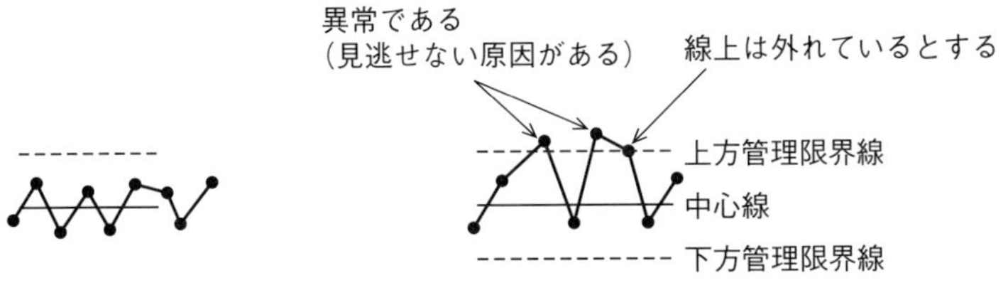

（a）安定状態　　（b）管理されていない状態

図 5.12　管理図

⑤　散布図

2 種類の要因を横軸と縦軸に取り，一対の二つのデータ（x，y）をグラフにプロットすることにより相関関係の有無や正，負の相関関係かを知ることができる手法です．

補足
相関関係がある場合は，どちらか一方の把握で他方を管理することができます．

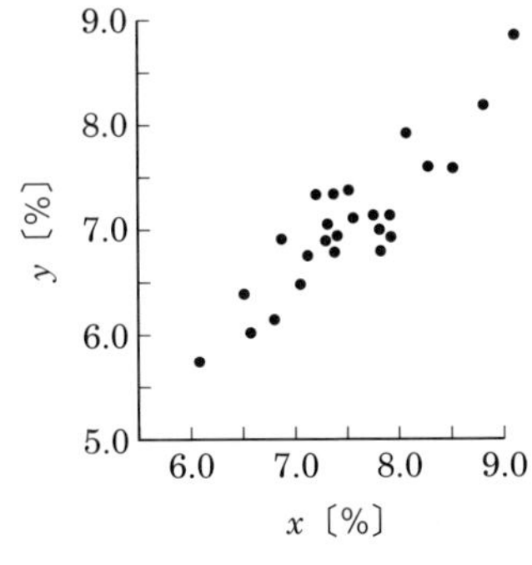

図 5.13　散布図

問 1　工程管理などに用いられる図表の特徴などについて述べた次の二つの記述は，[　　]．

A　ネットワークによる工程管理表は，全体作業の中で各作業がどのような相互関係にあるのかを結合点や矢線などによって表すとともに，作業内容，手順，日程などを表示する．

B　バーチャートによる工程管理表は，各作業項目ごとに１本の横線で表すので，横線式工程表ともいわれ，作業間の関係がわかりやすいが，各作業の所要日数がわからない．

①　Aのみ正しい　　②　Bのみ正しい

③　AもBも正しい　　④　AもBも正しくない

解説　B「各作業項目ごとに１本の横線で表すので，横線式工程表ともいわれ，作業間の**関係がわかりやすい**が，各作業の所要日数が**わからない**」ではなく，正しくは「各作業項目ごとに１本の横線で表すので，横線式工程表ともいわれ，作業間の**関係を大まかに把握することができ**，各作業の所要日数が**わかる**」です．

解答　①

問 2　工程管理などに用いられるアローダイアグラムについて述べた次の記述のうち，誤っているものは，[　　]である．

①　アクティビティ（作業）は，実線の矢線で表され，矢線の長さはその作業の所要日数とは無関係である．

②　ダミー（擬似作業）は，破線の矢線で表され，作業の相互関係を結び付けるのに用いられ，その所要日数はゼロである．

③　ある作業がトータルフロートを使い切るとその経路上の後続の作業のトータルフロートに影響を及ぼす場合がある．

④　クリティカルパス上の各作業のフリーフロートはゼロであるが，トータルフロートはゼロとは限らない．

⑤　任意の作業のフリーフロートは，その作業のトータルフロートと比較して小さい又は等しい．

解説　④「クリティカルパス上の各作業のフリーフロートはゼロであるが，トータルフロートは**ゼロとは限らない**」ではなく，正しくは「クリティカルパス上の各作業のフリーフロートはゼロであり，トータルフロートも**ゼロである**」です．

解答　④

補足

クリティカルパスは，作業に余裕のない経路なので，経路上のフロートは必ずゼロになります．

問 3　図に示すアローダイアグラムについて述べた次の二つの記述は，[　　　]．

A　結合点（イベント）番号 5 における最遅結合点時刻（日数）は 9 日である．

B　作業 D のフリーフロートは 1 日である．

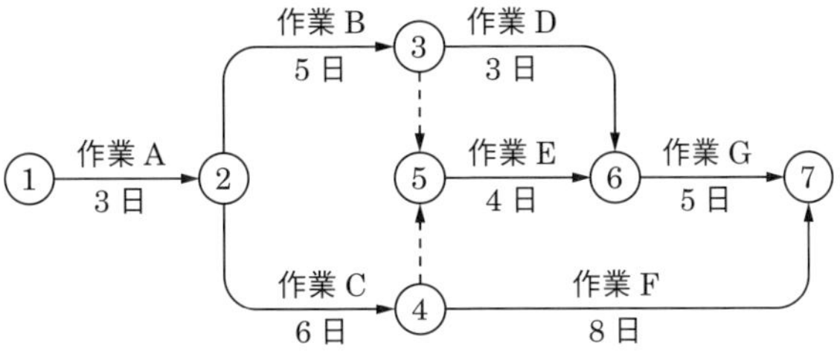

①　A のみ正しい　　②　B のみ正しい

③　A も B も正しい　　④　A も B も正しくない

解説　問題図のアローダイアグラムにおいて

A　クリティカルパスは，作業日数の合計が最も多い日数です．クリティカルパスは，①→②→④→⑤→⑥→⑦の経路なので，所要日数は 3＋6＋0＋4＋5＝18〔日〕です．

結合点番号 5 に続く作業経路は，⑤→⑥→⑦のみなので，所要日数は 4＋5＝9〔日〕となります．よって，この日数をクリティカルパスの所要日数から引けば，結合点番号 5 における最遅結合点時刻を求めることができるので，18－9＝9〔日〕です（正しい）．

B　最早結合点時刻は，その結合点に先行する作業の完了が遅れてもそれに続く作業の開始に遅延が生じない遅れの限度です．結合点番号 6 における最早結合点時刻は，①→②→④→⑤→⑥の経路なので，所要日数は 3＋6＋0＋4＝13〔日〕です．

作業 D の始点の結合点番号 3 における最早結合点時刻は，①→②→③の経路なので，3＋5＝8〔日〕です．

結合点番号 6 における最早結合点時刻から，作業の始点の結合点番号 3 における最早結合点時刻と作業 D の所要日数 3 日を引けば，作業 D のフリーフロートを求めることができるので，13－8－3＝2〔日〕となります（誤り）．

解答　①

補足

最遅結合点時刻は，次の結合点の最遅結合点時日数から作業の所要日数を引けば求めることができます．

補足

最早結合点時刻は，作業の完了が遅れてもそれに続く作業の開始に遅延が生じない遅れの限度のことで，最早結合点日数からその作業の始点における最早結合点日数とその作業の所要日数を引けば求めることができます．

問 4　図に示すアローダイアグラムについて述べた次の記述のうち，正しいものは，［　　］である．

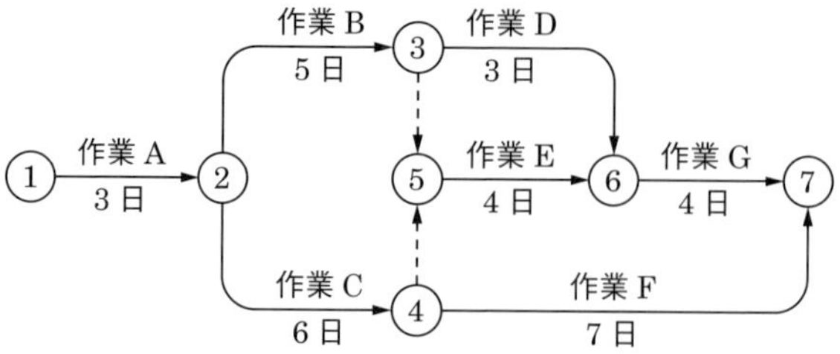

① クリティカルパスの所要日数は 16 日である．
② 結合点（イベント）番号 3 における最早結合点時刻（日数）は 10 日である．
③ 結合点（イベント）番号 4 における最遅結合点時刻（日数）は 8 日である．
④ 作業 D のフリーフロートは 2 日である．
⑤ 作業 G を 2 日短縮できると，全体の工期は 2 日短縮できる．

解説　問題図のアローダイアグラムにおいて

① クリティカルパスは，作業日数の合計が最も多い日数です．クリティカルパスは，①→②→④→⑤→⑥→⑦の経路なので，所要日数は 3＋6＋0＋4＋4＝17〔日〕です（誤り）．

② 最早結合点時刻は，その結合点に先行する作業の完了が遅れてもそれに続く作業の開始に遅延が生じない遅れの限度です．結合点番号 3 における最早結合点時刻は，①→②→③の経路なので，3＋5＝8〔日〕です（誤り）．

③ 最遅結合点時刻とは，最も遅く作業を開始できる日数のことです．結合点番号 4 に続く作業経路のうち最も多い所要日数は，④→⑤→⑥→⑦ので，所要日数は 0＋4＋4＝8〔日〕となります．よって，この日数をクリティカルパスの所要日数の 17 日から引けば，結合点番号 4 における最遅結合点時刻を求めることができるので，17－8＝9〔日〕です（誤り）．

④ フリーフロートは，その作業の完了が遅れても，それに続く作業の開始に遅延が生じない遅れの限度です．結合点番号 6 における最遅結合点時刻は，①→②→④→⑤→⑥の経路なので，所要日数は 3＋6＋0＋4＝13〔日〕です．

作業 D の始点の結合点番号 3 における最早結合点時刻は，①→②→③の経路なので，3＋5＝8〔日〕です．

結合点番号 6 における最早結合点時刻から，作業の始点の結合点番号 3 における最早結合点時刻と作業 D の所要日数 3 日を引けば，作業 D のフリーフロートを求めることができるので，13－8－3＝

補足
フリーフロートは，その作業の終点における最早結合点時刻からその作業の始点における最早結合点時刻とその作業の所要日数を引けば求めることができます．

2〔日〕となります（正しい）.

⑤　作業 G を 2 日短縮した場合，短縮前のクリティカルパス，①→②→④→⑤→⑥→⑦の経路の所要日数は 3 + 6 + 0 + 4 + 2 = 15〔日〕は 17 − 15 = 2〔日〕減少しますが，①→②→④→⑦の経路の所要日数が新たなクリティカルパスとなり，所要日数は 3 + 6 + 7 = 16〔日〕となるので，全体の工期は 17 − 16 = 1〔日〕短縮できます（誤り）.

解答 ④

問 5　図に示す，工程管理などに用いられるアローダイアグラムにおいて，クリティカルパスの所要日数に影響を及ぼさないことを条件とした場合，作業 E の作業遅れは，最大［　　］日許容できる.

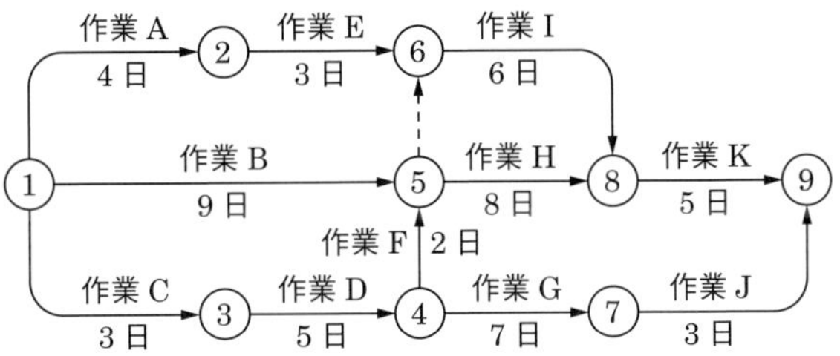

①　1　　②　2　　③　3　　④　4　　⑤　5

解説　クリティカルパスは，作業日数の合計が最も多い日数です．問題図のアローダイアグラムにおいて，クリティカルパスは，①→③→④→⑤→⑧→⑨の経路なので，所要日数は 3 + 5 + 2 + 8 + 5 = 23〔日〕です.

作業 E の終点の結合点番号 6 の最遅結合点時刻を求めると，⑥→⑧→⑨の経路の所要日数をクリティカルパスから引けば求めることができるので，23 − 6 − 8 = 12〔日〕が結合点番号 6 の最遅結合点時刻となります.

また，作業 E は作業 A の終了後，作業を開始できるため，作業 E の許容できる作業遅れは，結合点番号 6 における最遅結合点時刻と作業 A の日数の差から，作業 E の日数を引いた日数の 12 − 4 − 3 = 5〔日〕となるので，最大 5 日許容することができます.

クリティカルパスを見つけるときは，平行した線の日数を数えて，比較しながら見つけていくよ．経路の線を何本か書いて日数を入れてもいいね.

解答 ⑤

問 6　図は，作業 A ～ J で構成される工事のアローダイアグラムを示す．図において，作業 B を 3 日，作業 I を 2 日，それぞれ短縮できるとき，クリティカルパスの所要日数は，[　　]日短縮できる．

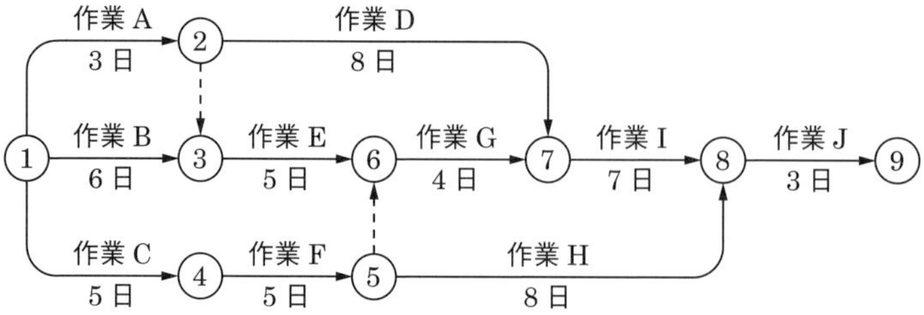

① 1　② 2　③ 3　④ 4　⑤ 5

解説　クリティカルパスは，作業日数の合計が最も多い日数です．問題図のアローダイアグラムにおいて，クリティカルパスは，①→③→⑥→⑦→⑧→⑨の経路なので，所要日数は 6 + 5 + 4 + 7 + 3 = 25〔日〕です．

次に，作業 B を 3 日短縮して 3 日とし，作業 I を 2 日短縮して 5 日とすると，アローダイアグラムは，解説図のようになります．クリティカルパスは，①→④→⑤→⑥→⑦→⑧→⑨の経路なので，所要日数は 5 + 5 + 0 + 4 + 5 + 3 = 22〔日〕です．

よって，作業 B を 3 日，作業 I を 2 日，それぞれ短縮すると，クリティカルパスの所要日数は，25 − 22 = 3〔日〕短縮できます．

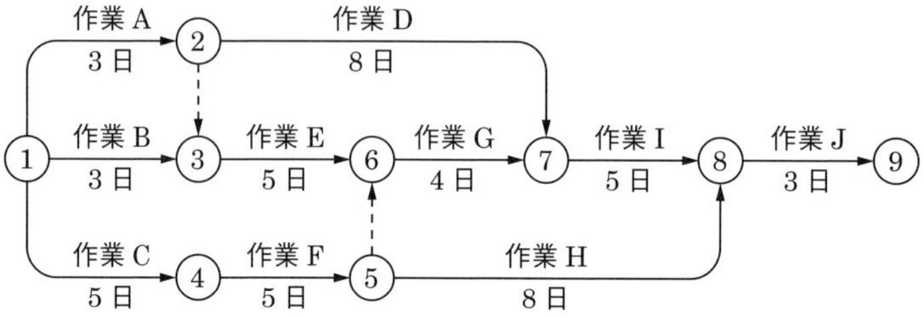

解説図

解答　③

問 7 図に示すアローダイアグラムについて述べた次の記述のうち，正しいものは，[　　]である.

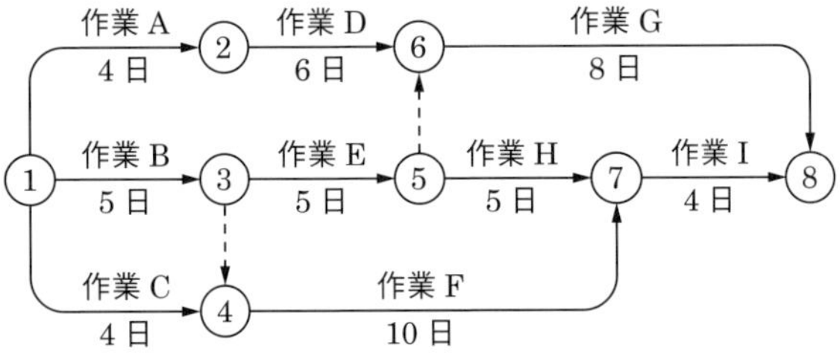

① 作業 A が 1 日遅れると，クリティカルパスの所要日数は 1 日延びる.
② 作業 B が 1 日遅れると，クリティカルパスの所要日数は 1 日延びる.
③ 作業 G を 1 日短縮すると，クリティカルパスの所要日数は 1 日短縮できる.
④ 作業 F を 1 日短縮すると，クリティカルパスの所要日数は 1 日短縮できる.
⑤ 二つのダミー作業を無くすと，クリティカルパスの所要日数は 1 日短縮できる.

解説 クリティカルパスは，作業日数の合計が最も多い日数です．問題図のアローダイアグラムにおいて，クリティカルパスは二つあります．①→③→⑤→⑦→⑧の経路の所要日数は 5 + 5 + 5 + 4 = 19〔日〕です．①→③→④→⑦→⑧の経路の所要日数は 5 + 0 + 10 + 4 = 19〔日〕です．
次に，各選択肢の場合は

① 作業 A が 1 日遅れた場合に，①→②→⑥→⑧の経路の所要日数は（4 + 1）+ 6 + 8 = 19〔日〕ですので，クリティカルパスは 19 日で変わりません（誤り）.

② 作業 B はクリティカルパス上にあったので，作業 B が 1 日遅れた場合は，①→③→⑤→⑦→⑧の経路の所要日数は（5 + 1）+ 5 + 5 + 4 = 20〔日〕となり，①→③→④→⑦→⑧の経路の所要日数は（5 + 1）+ 0 + 10 + 4 = 20〔日〕ですので，クリティカルパスは 20 日となるので，クリティカルパスの所要日数は，20 − 19 = 1 日延びます（正しい）.

③ 作業 G はクリティカルパス上になかったので，作業 G を 1 日短縮してもクリティカルパスの所要日数は短縮できません（誤り）.

④ 作業 F は①→③→④→⑦→⑧の経路のクリティカルパス上にありますが，①→③→⑤→⑦→⑧の経路のクリティカルパス上にないので，作業 F を 1 日短縮してもクリティカルパスの所要日数は短縮できません（誤り）.

⑤ 二つのダミー作業の経路は，③→④と⑤→⑥なので，①→③→⑤→⑦→⑧の経路のクリティカルパス上にはないので，クリティカルパスの所要日数は短縮できません（誤り）.

解答 ②

クリティカルパスを見つけるときは，平行した線の日数を数えながら，比較して見つけていくけど，③→⑤→⑦と④→⑦の経路が同じ日数になるよ.

問 8　図に示すアローダイアグラムについて述べた次の二つの記述は，［　　］.

A　クリティカルパスの所要日数は 20 日である.

B　作業 D のトータルフロートは 3 日である.

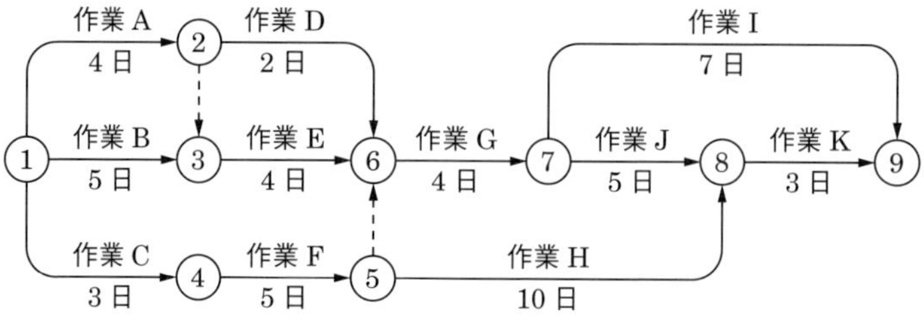

①　A のみ正しい　　②　B のみ正しい

③　A も B も正しい　　④　A も B も正しくない

解説　A　クリティカルパスは，作業日数の合計が最も多い日数です．問題図のアローダイアグラムにおいて，クリティカルパスは二つあります.

①→③→⑥→⑦→⑧→⑨の経路の所要日数は 5＋4＋4＋5＋3＝21〔日〕です．①→④→⑤→⑧→⑨の経路の所要日数は 3＋5＋10＋3＝21〔日〕です．ともにクリティカルパスの所要日数は 21 日です（誤り）.

B　トータルフロートとは全余裕時間のことです．結合点⑥における最遅結合点時刻は①→③→⑥の経路の 5＋4＝9〔日〕なので，作業 D のトータルフロートは，結合点⑥における最遅結合点時刻の 9 日から，結合点②における最早結合点時刻 4 日と作業 D の所要時間 2 日を足した 4＋2＝6〔日〕を引いた値となるので，9－6＝3〔日〕となります．（正しい）.

補足　トータルフロートは，その作業の完了が遅れても，全工程には遅延が生じない遅れの限度を表します.

解答　②

問 9　JIS Q 9024：2003 マネジメントシステムのパフォーマンス改善-継続的改善の手順及び技法の指針に規定されている，数値データを使用して継続的改善を実施するために利用される技法について述べた次の二つの記述は，［　　］.

A　計測値の存在する範囲を幾つかの区間に分けた場合，各区間を底辺とし，その区間に属する測定値の度数に比例する面積を持つ長方形を並べた図は，管理図といわれる.

B　計数データを収集する際に，分類項目のどこに集中しているかを見やすくした表又は図は，チェックシートといわれる.

①　A のみ正しい　　②　B のみ正しい

③　A も B も正しい　　④　A も B も正しくない

解説　A「各区間を底辺とし，その区間に属する測定値の度数に比例する面積を持つ長方形を並べた図は，**管理図**といわれる」ではなく，正しくは「各区間を底辺とし，その区間に属する測定値の度数に比例する面積を持つ長方形を並べた図は，**ヒストグラム**といわれる」です．

B　チェックシートは，計数データを収集する際に，分類項目のどこに集中しているかを見やすくした表又は図です．

解答　②

問10　JIS Q 9024：2003 マネジメントシステムのパフォーマンス改善に規定されている，継続的な改善の実施に当たって，数値データに基づき，差異，傾向及び変化に対する適切な統計的解釈を行う技法の一つであるヒストグラムの作成手順について述べたⓐ～ⓗにおいて，[　　　]内の（A）及び（B）に入るものの組合せとして，正しいものは，表に示すイ～ホのうち，[　　　]である．

ⓐ　期間を定め，データを収集する．
ⓑ　データの[(A)]を求める．
ⓒ　級（柱）の数を決定する．
ⓓ　級の[(B)]を決定する．
ⓔ　級の中心値を決定する．
ⓕ　データを級によって分類する．
ⓖ　ヒストグラムに表す．
ⓗ　必要事項（目的，データ数，期間，平均値，標準偏差など）を記入する．

	(A)	(B)
イ	最大値と最小値	重み付け
ロ	管理限界	幅
ハ	標準偏差と分散	重み付け
ニ	最大値と最小値	幅
ホ	管理限界	かたより

①　イ　　②　ロ　　③　ハ　　④　ニ　　⑤　ホ

解説　ヒストグラムの作成手順のうち，[　　　]内は次のとおりです．

ⓑ　データの**最大値と最小値**を求める．
ⓓ　級の**幅**を決定する．

解答　④

問11 JIS Q 9024：2003 マネジメントシステムのパフォーマンス改善-継続的改善の手順及び技法の指針に規定されている，数値データを使用して継続的改善を実施するために利用される技法について述べた次の二つの記述は，[　　]．

A　計測値の存在する範囲を幾つかの区間に分けた場合，各区間を底辺とし，その区間に属する測定値の度数に比例する面積を持つ長方形を並べた図は，管理図といわれる．

B　項目別に層別して，出現頻度の大きさの順に並べるとともに，累積和を示した図は，パレート図といわれる．

①　Aのみ正しい　　②　Bのみ正しい
③　AもBも正しい　　④　AもBも正しくない

解説　A「各区間を底辺とし，その区間に属する測定値の度数に比例する面積を持つ長方形を並べた図は，**管理図**といわれる」ではなく，正しくは「各区間を底辺とし，その区間に属する測定値の度数に比例する面積を持つ長方形を並べた図は，**ヒストグラム**といわれる」です．

B　パレート図は，不良の現象，原因，要因のうち，最も重大な項目を発見するときに有効な手法です．

解答　②

問12 JIS Q 9024：2003 マネジメントシステムのパフォーマンス改善-継続的改善の手順及び技法の指針に規定されている，数値データを使用して継続的改善を実施するために利用される技法について述べた次の二つの記述は，[　　]．

A　パレート図は，項目別に層別して，出現頻度の大きさの順に並べるとともに，累積和を示した図であり，改善すべき事項（問題）の全体に及ぼす影響の確認などに使用される．

B　グラフを使用目的別に分類すると，内訳を表す代表的なものとしては，折れ線グラフ，Zグラフなどがあり，推移を表す代表的なものとしては，円グラフ，帯グラフなどがある．

①　Aのみ正しい　　②　Bのみ正しい
③　AもBも正しい　　④　AもBも正しくない

解説　B「内訳を表す代表的なものとしては，**折れ線グラフ**，**Zグラフ**などがあり，推移を表す代表的なものとしては，**円グラフ**，**帯グラフ**などがある」ではなく，正しくは「内訳を表す代表的なものとしては，**円グラフ**，**帯グラフ**などがあり，推移を表す代表的なものとしては，**折れ線グラフ**，**レーダーチャート**，**Zグラフ**，**ガントチャート**などがある」です．

解答　①

III 編

端末設備の接続に関する法規

1 章は電気通信事業法と電気通信事業法施行規則の知識が問われ，5 問程度出題されます．基本的な法令の知識をしっかりと身につけましょう．
2 章は工事担任者規則，有線電気通信法令の知識が問われ，5 問程度出題されます．各法令の違いや規定されていることをしっかり理解しておきましょう．
3 章は端末設備等規則の知識が問われ，10 問程度出題されます．技術的なことについての規定で数値も多いので，しっかり覚えましょう．
4 章は有線電気通信設備令とその施行規則，不正アクセス禁止法，電子署名法の知識が問われ，5 問程度出題されます．各法令から試験に出題される規定をしっかり覚えましょう．

1章　電気通信事業法

1.1　法の目的と用語

出題のポイント

- ●電気通信事業法の目的
- ●電気通信事業法と電気通信事業法施行規則で定義されている用語

電気通信事業法は，電気通信事業を開業するための手続，電気通信設備，工事担任者などについての基本的なことをとり決めた法律です．工事担任者として必要な法令の中でも，有線電気通信法と並び基本的なことが規定されています．

［1］電気通信事業法の制定

電気通信事業法は，昭和 60 年に施行［法令の効力が生じること］された法律で，それまで独占されていた電気通信事業に競争会社を参入させることで，電気通信事業を能率的に運用し，良質で安い電気通信サービスを提供することを目的に制定された法律です．法律の施行によって，多くの事業者が参入しています．

［2］電気通信事業法令等

電気通信事業法に基づいて具体的にかつ詳細を規定しているのが政令，省令，告示です．これらをまとめて電気通信事業法令と呼びます．工事担任者の国家試験問題を解答するのに必要な法令を次に掲げます．（　）内は，本書の中で用いる略記です．

電気通信事業法（事業法）
電気通信事業法施行令（施行令）
電気通信事業法施行規則（施行規則）
事業用電気通信設備規則（事業設備）
工事担任者規則（工担）
端末設備等規則（端末設備）
端末機器の技術基準適合認定及び設計についての認証に関する規則
（端末認定）
有線電気通信法（有線法）
有線電気通信設備令（有線設備令）
有線電気通信設備令施行規則（有線設備令施則）
不正アクセス行為の禁止等に関する法律（不正アクセス禁止法）
電子署名及び認証業務に関する法律（電子署名法）

補足
法の目的と用語については，試験で出題される問題はありませんが，問題の中で扱われる用語が定義されているので必要な知識です．

電気通信事業法の施行によって，電電公社の独占から新しい会社が電気通信事業に参入することで，料金が安くなったね．

補足
電気通信事業を営むには，あらかじめ総務大臣に電気通信事業法による登録又は届出の手続をしなければなりません．

補足
電気通信事業法に基づいて，総務省で規則を制定します．これらを「総務省令」といいます．

[3] 電気通信事業法の目的

事業法 第1条（目的）

この法律は，電気通信事業の公共性にかんがみ，その運営を適正かつ合理的なものとするとともに，その公正な競争を促進することにより，電気通信役務の円滑な提供を確保するとともにその利用者の利益を保護し，もって電気通信の健全な発達及び国民の利便の確保を図り，公共の福祉を増進することを目的とする．

電気通信事業法の目的は次のことだよ．
- 運営を適正かつ合理的
- 公正な競争を促進
- 電気通信役務の円滑な提供
- 利用者の利益を保護

[4] 用語の定義

事業法 第2条（定義）

この法律において，次の各号に掲げる用語の意義は，当該各号に定めるところによる．

一 **電気通信** 有線，無線その他の電磁的方式により，符号，音響又は影像を送り，伝え，又は受けることをいう．

二 **電気通信設備** 電気通信を行うための機械，器具，線路その他の電気的設備をいう．

三 **電気通信役務** 電気通信設備を用いて他人の通信を媒介し，その他電気通信設備を他人の通信の用に供することをいう．

四 **電気通信事業** 電気通信役務を他人の需要に応ずるために提供する事業（放送法第118条第1項に規定する放送局設備供給役務に係る事業を除く．）をいう．

五 **電気通信事業者** 電気通信事業を営むことについて，法第9条の登録を受けた者及び法第16条第1項の規定による届出をした者をいう．

六 **電気通信業務** 電気通信事業者の行う電気通信役務の提供の業務をいう．

補足

2は，第2項を表します．第1項は通常「1」とは書いてありません．

施行規則 第2条（用語）〈抜粋〉

この省令において使用する用語は，法において使用する用語の例による．

2 この省令において，次の各号に掲げる用語の意義は，当該各号に定めるところによる．

一 **音声伝送役務** おおむね4キロヘルツ帯域の音声その他の音響を伝送交換する機能を有する電気通信設備を他人の通信の用に供する電気通信役務であってデータ伝送役務以外のもの

二 **データ伝送役務** 専ら符号又は影像を伝送交換するための電気通信設備を他人の通信の用に供する電気通信役務

三 **専用役務** 特定の者に電気通信設備を専用させる電気通信役務

四 **特定移動通信役務** 法第12条の2第4項第二号ニに規定する特定移動端末設備と接続される伝送路設備を用いる電気通信役務

電気通信回線設備とは，送信の場所と受信の場所との間を接続する伝送路設備及びこれと一体として設置される交換設備並びにこれらの附属設備をいうんだね．

補足

携帯電話やスマートフォンは特定移動端末設備です．

電気通信回線設備とは，事業法第9条第1項で「送信の場所と受信の場所との間を接続する伝送路設備及びこれと一体として設置される交換設備並びにこれらの附属設備」と規定されています．

事業法 **第 12 条の 2（登録の更新） 第 4 項 第二号 〈抜粋・改変〉**

ロ **移動端末設備**（利用者の電気通信設備であって，移動する無線局の無線設備であるものをいう.）

ニ **特定移動端末設備**（総務省令で定める移動端末設備をいう.）

端末設備とは，事業法第 52 条第 1 項で「電気通信回線設備の一端に接続される電気通信設備であって，一の部分の設置の場所が他の部分の設置の場所と同一の構内（これに準ずる区域内を含む）又は同一の建物内であるもの.」と規定されています.

また，施行規則第 3 条第 1 項で，端末設備又は自営電気通信設備と接続される伝送路設備を「端末系伝送路設備」，端末系伝送路設備以外の伝送路設備を「中継系伝送路設備」と規定されています.

端末設備とは，電気通信回線設備の一端に接続される電気通信設備であって，一の部分の設置の場所が他の部分の設置の場所と同一の構内（これに準ずる区域内を含む.）又は同一の建物内であるものをいうんだね.

1.2 電気通信事業者

出題のポイント

- 電気通信事業者の取扱中に係る秘密の保護
- 基礎的電気通信役務の提供
- 重要通信の確保と緊急に行うことを要する通信
- 業務の改善命令と技術基準適合命令
- 管理規程の届け出と管理規程で定める事項

[1] 検閲の禁止

事業法　第3条（検閲の禁止）

電気通信事業者の取扱中に係る通信は，検閲してはならない．

補足

検閲とは，国や公的機関が強制的に通信の内容を調べることをいいます．

[2] 通信の秘密の保護

事業法　第4条（秘密の保護）

電気通信事業者の取扱中に係る通信の秘密は，侵してはならない．

2　電気通信事業に従事する者は，在職中電気通信事業者の取扱中に係る通信に関して知り得た他人の秘密を守らなければならない．その職を退いた後においても，同様とする．

電気通信事業者の取扱中に係る通信の秘密を侵した者の罰則（罰金や懲役）は事業法第179条に規定されています．

事業法の罰金や懲役については，第一級デジタル通信の国家試験問題では出題されないので，覚えなくても大丈夫だよ．

[3] 利用の公平

事業法　第6条（利用の公平）

電気通信事業者は，電気通信役務の提供について，不当な差別的取扱いをしてはならない．

補足

電気通信役務は電気通信サービスのことです．

[4] 基礎的電気通信役務の提供

事業法　第7条（基礎的電気通信役務の提供）

基礎的電気通信役務（**国民生活に不可欠**であるためあまねく日本全国における提供が確保されるべきものとして総務省令で定める電気通信役務をいう．）を提供する電気通信事業者は，**その適切**，**公平かつ安定的な提供**に努めなければならない．

基礎的電気通信役務はユニバーサルサービスと呼ばれ，固定電話や携帯電話の利用者から負担金を徴収し，固定電話や緊急通報を全国一律の料金等の条件で提供するため，基礎的電気通信役務を提供する電気通信事業者への交付金となります．

携帯電話も毎月ユニバーサルサービス料を支払っているよ．請求書をよく見てね．

［5］重要通信の確保

事業法　第 8 条（重要通信の確保）

電気通信事業者は，天災，事変その他の非常事態が**発生し**，**又は発生するおそれがあるとき**は，災害の予防若しくは救援，交通，通信若しくは電力の供給の確保又は**秩序の維持**のために必要な事項を内容とする通信を**優先的に取り扱わなければならない**．**公共の利益**のため緊急に行うことを要するその他の通信であって総務省令で定めるものについても，同様とする．

2　前項の場合において，電気通信事業者は，必要があるときは，総務省令で定める基準に従い，**電気通信業務の一部を停止**することができる．

3　3 電気通信事業者は，第 1 項に規定する通信（以下「重要通信」という.）の円滑な実施を他の電気通信事業者と相互に連携を図りつつ確保するため，他の電気通信事業者と電気通信設備を相互に接続する場合には，総務省令で定めるところにより，**重要通信の優先的な取扱いについて取り決めること**その他の必要な措置を講じなければならない．

補足

重要通信の詳細は，電気通信事業法施行規則第 55 条，第 56 条に規定されています．

施行規則　第 55 条（緊急に行うことを要する通信）

法第 8 条第 1 項の総務省令で定める通信は，次の表の左欄に掲げる事項を内容とする通信であって，同表の右欄に掲げる機関等において行われるものとする．

表 1.1

通信の内容	機関等
一　火災，集団的疫病，交通機関の重大な事故その他**人命の安全**に係る事態が発生し，又は発生するおそれがある場合において，その予防，救援，復旧等に関し，緊急を要する事項	(1) 予防，救援，復旧等に直接関係がある機関相互間 (2) 上記の事態が発生し，又は発生するおそれがあることを知った者と (1) の機関との間
二　治安の維持のため緊急を要する事項	(1) 警察機関相互間 (2) 海上保安機関相互間 (3) 警察機関と海上保安機関との間 (4) 犯罪が発生し，又は発生するおそれがあることを知った者と警察機関又は海上保安機関との間
三　国会議員又は地方公共団体の長若しくはその議会の議員の**選挙の執行又はその結果に関し，緊急を要する**事項	**選挙管理機関相互間**
四　天災，事変その他の災害に際し，**災害状況の報道**を内容とするもの	**新聞社等の機関相互間**
五　気象，水象，地象若しくは地動の観測の**報告又は警報に関する事項であって，緊急に通報することを要する**事項	**気象機関相互間**
六　**水道**，**ガス等**の国民の日常生活に必要不可欠な役務の提供その他**生活基盤を維持するため**緊急を要する事項	左記の**通信を行う者相互間**

緊急事態を想像すると，通信の種類や関係する機関についても覚えやすいね．

大規模地震のとき，地震が起きた地域以外でも，携帯電話がつながらなかったことがあるね．電気通信業務の一部を停止したんだね．

[6] 電気通信事業の登録・登録の拒否・事業の届出

事業法　第9条（電気通信事業の登録）

電気通信事業を**営もうとする者**は，**総務大臣の登録**を受けなければならない．ただし，次に掲げる場合は，この限りでない．

一　その者の設置する電気通信回線設備（送信の場所と受信の場所との間を接続する伝送路設備及びこれと一体として設置される交換設備並びにこれらの附属設備をいう.）の規模及び**当該電気通信回線設備を設置する区域の範囲**が総務省令で定める基準を超えない場合

二　その者の設置する電気通信回線設備が電波法第7条第2項第六号に規定する基幹放送に加えて基幹放送以外の無線通信の送信をする無線局の無線設備である場合（前号に掲げる場合を除く.）

補足

電気通信事業を営もうとするときは，登録や届出の手続が必要です.

事業法　第12条（登録の拒否）〈抜粋〉

総務大臣は，法第10条第1項の申請書を提出した者が次の各号のいずれかに該当するとき，又は当該申請書若しくはその添付書類のうちに重要な事項について虚偽の記載があり，若しくは重要な事実の記載が欠けているときは，その登録を拒否しなければならない.

一　この法律又は有線電気通信法若しくは電波法の規定により罰金以上の刑に処せられ，その執行を終わり，又はその執行を受けることがなくなった日から2年を経過しない者

二　第14条第1項の規定により登録の取消しを受け，その取消しの日から2年を経過しない者

三　法人又は団体であって，その役員のうちに前2号のいずれかに該当する者があるもの

四　その電気通信事業が電気通信の健全な発達のために適切でないと認められる者

補足

携帯電話の事業者は，事業法による登録の手続と電波法による無線局の免許の手続が必要です.

事業法　第16条（電気通信事業の届出）〈抜粋〉

電気通信事業を営もうとする者（法第9条の登録を受けるべき者を除く.）は，総務省令で定めるところにより，次の事項を記載した書類を添えて，その旨を総務大臣に届け出なければならない.

一　氏名又は名称及び住所並びに法人にあっては，その代表者の氏名

二　業務区域

三　電気通信設備の概要

補足

電気通信事業を営もうとするときは，事前に届け出なければなりません.

電気通信回線設備を有する電気通信事業者は，小規模な事業者を除き登録の手続をしなければなりません．インターネットプロバイダーや携帯電話のSIMを販売する事業者などは，事業の開始前に届け出をしなければなりません.

［7］業務の改善命令

事業法　第 29 条（業務の改善命令）〈抜粋〉

総務大臣は，次の各号のいずれかに該当すると認めるときは，電気通信事業者に対し，利用者の利益又は**公共の利益**を確保するために必要な限度において，**業務の方法の改善**その他の措置をとるべきことを命ずることができる．

一　電気通信事業者の業務の方法に関し**通信の秘密の確保**に支障があるとき．

二　電気通信事業者が特定の者に対し**不当な差別的取扱い**を行っているとき．

三　電気通信事業者が重要通信に関する事項について適切に配慮していないとき．

四　電気通信事業者が提供する電気通信役務（基礎的電気通信役務又は指定電気通信役務（保障契約約款に定める料金その他の提供条件により提供されるものに限る．）を除く．次号から第七号までにおいて同じ．）に関する料金についてその額の算出方法が適正かつ明確でないため，利用者の利益を阻害しているとき．

五　電気通信事業者が提供する電気通信役務に関する料金その他の提供条件が他の電気通信事業者との間に不当な競争を引き起こすものであり，その他社会的経済的事情に照らして著しく不適当であるため，利用者の利益を阻害しているとき．

六　電気通信事業者が提供する電気通信役務に関する提供条件（料金を除く．次号において同じ．）において，電気通信事業者及びその利用者の責任に関する事項並びに電気通信設備の設置の工事その他の工事に関する費用の負担の方法が適正かつ明確でないため，利用者の利益を阻害しているとき．

七　電気通信事業者が提供する電気通信役務に関する提供条件が**電気通信回線設備**の**使用の態様**を不当に制限するものであるとき．

八　事故により電気通信役務の提供に支障が生じている場合に電気通信事業者がその支障を除去するために必要な修理その他の措置を速やかに行わないとき．

十二　前各号に掲げるもののほか，電気通信事業者の事業の運営が適正かつ合理的でないため，電気通信の健全な発達又は国民の利便の確保に支障が生ずるおそれがあるとき．

重要

総務大臣は，電気通信事業者が特定の者に対し不当な差別的取扱いを行っていると認めるときは，利用者の利益又は公共の利益を確保するために必要な限度において，業務の方法の改善その他の措置をとるべきことを命ずることができます．

補足

途中の抜けている規定は省略しています（ほかの規定でも同じです）．

［8］技術基準適合命令

事業法　第 43 条（技術基準適合命令）

総務大臣は，第 41 条第 1 項に規定する電気通信設備が同項の総務省令で定める技術基準に適合していないと認めるときは，当該電気通信設備を設置する電気通信事業者に対し，その技術基準に適合するように当該設備を修理し，若しくは改造することを命じ，又はその使用を制限することができる．

2　前項の規定は，第 41 条第 2 項，第 3 項又は第 5 項に規定する電気通信設備が当該各項の総務省令で定める技術基準に適合していないと認める場合について準用する．

補足

第 41 条は電気通信設備の維持に関する規定です．

[9] 管理規程

事業法 第44条（管理規程）

電気通信事業者は，総務省令で定めるところにより，第41条第1項から第5項まで（第4項を除く.）又は第41条の2のいずれかに規定する電気通信設備（以下「事業用電気通信設備」という.）の管理規程を定め，電気通信事業の開始前に，総務大臣に**届け出なければならない**.

2　管理規程は，電気通信役務の**確実かつ安定的**な提供を確保するために電気通信事業者が遵守すべき次に掲げる事項に関し，総務省令で定めるところにより，必要な内容を定めたものでなければならない.

一　電気通信役務の確実かつ安定的な提供を確保するための事業用電気通信設備の管理の方針に関する事項

二　電気通信役務の確実かつ安定的な提供を確保するための事業用電気通信設備の管理の体制に関する事項

三　電気通信役務の確実かつ安定的な提供を確保するための事業用電気通信設備の管理の方法に関する事項

四　第44条の3第1項に規定する電気通信設備統括管理者の選任に関する事項

補足

電気通信事業法に規定される「届け」の手続きでは，開始前の事前手続きが，よくあります.

問1 電気通信事業法に規定する「基礎的電気通信役務の提供」及び「管理規程」について述べた次の二つの文章は，□.

A　基礎的電気通信役務（国民生活に不可欠であるためあまねく日本全国における提供が確保されるべきものとして総務省令で定める電気通信役務をいう.）を提供する電気通信事業者は，その適切，公平かつ安定的な提供に努めなければならない.

B　電気通信事業者は，総務省令で定めるところにより，事業用電気通信設備の管理規程を定め，電気通信事業の開始前に，総務大臣の許可を受けなければならない.

①　Aのみ正しい　　②　Bのみ正しい

③　AもBも正しい　　④　AもBも正しくない

解説　B「総務大臣の**許可を受けなければ**ならない」ではなく，正しくは「総務大臣に**届け出なければならない**」です.電気通信事業法第44条第1項に規定されています.

電気通信事業法の手続きは，ほとんどが「届け」だよ.

解答　①

問2 電気通信事業法に規定する「重要通信の確保」又は「端末設備の接続の技術基準」について述べた次の文章のうち，誤っているものは，[　　　]である．

① 重要通信を優先的に取り扱わなければならない場合において，電気通信事業者は，必要があるときは，総務省令で定める基準に従い，電気通信業務の一部を停止することができる．

② 電気通信事業者は，重要通信の円滑な実施を他の電気通信事業者と相互に連携を図りつつ確保するため，他の電気通信事業者と電気通信設備を相互に接続する場合には，総務省令で定めるところにより，相互接続に係る技術的条件及び料金について取り決めることその他の必要な措置を講じなければならない．

③ 電気通信事業者は，利用者から端末設備をその電気通信回線設備に接続すべき旨の請求を受けたときは，その接続が総務省令で定める技術基準に適合しない場合その他総務省令で定める場合を除き，その請求を拒むことができない．

④ 端末設備の接続の技術基準は，電気通信回線設備を利用する他の利用者に迷惑を及ぼさないようにすることが確保されるものとして定められなければならない．

解説 ② 「**相互接続に係る技術的条件及び料金について**取り決めること」ではなく，正しくは「**重要通信の優先的な取扱いについて**取り決めること」です．電気通信事業法第 8 条第 3 項に規定されています．

解答 ②

問3 電気通信事業法に規定する公共の利益のため緊急に行うことを要するその他の通信として総務省令で定めるものについて述べた次の文章のうち，正しいものは，[　　　]である．

① 国会議員又は地方公共団体の長若しくはその議会の議員の選挙の執行又はその結果に関し，緊急を要する事項を内容とする通信であって，選挙執行機関と秩序の維持に直接関係がある機関相互間において行われるものは該当する通信である．

② 気象，水象，地象若しくは地動による被害の予防又は復旧の方法に関する事項を内容とする通信であって，気象機関相互間において行われるものは該当する通信である．

③ 陸運，水運等の国民の日常生活に必要不可欠な役務の提供その他生活基盤を維持するため緊急を要する事項を内容とする通信であって，これらの通信を行う者相互間において行われるものは該当する通信である．

④ 天災，事変その他の災害に際し，災害状況の報道を内容とする通信であって，新聞社等の機関相互間において行われるものは該当する通信である．

解説 ① 「**選挙執行機関と秩序の維持に直接関係がある機関**相互間」ではなく，正しくは「**選挙管理機関**相互間」です．

② 「気象，水象，地象若しくは地動**による被害の予防又は復旧の方法**に関する事項」ではなく，正しくは「気象，水象，地象若しくは地動**の観測の報告又は警報**に関する事項」です．

補足
電気通信事業法施行規則第 55 条に規定されています．

③ 「**陸運，水運等**の国民の日常生活に必要不可欠な役務」ではなく，正しくは「**水道，ガス等**の国民の日常生活に必要不可欠な役務」です．

解答 ④

問 4 電気通信事業法に基づき，[　　　]のため緊急に行うことを要するその他の通信として総務省令で定める通信には，火災，集団的疫病，交通機関の重大な事故その他人命の安全に係る事態が発生し，又は発生するおそれがある場合において，その予防，救援，復旧等に関し，緊急を要する事項を内容とする通信であって，予防，救援，復旧等に直接関係がある機関相互間において行われるものがある．

① 秩序の回復　② 治安の維持　③ 安全の確保
④ 危険の排除　⑤ 公共の利益

解説 電気通信事業法に基づき，**公共の利益**のため緊急に行うことを要するその他の通信として総務省令で定める通信が，電気通信事業法施行規則第 55 条に規定されています．電気通信事業法第 8 条には，「電気通信事業者は，天災，事変その他の非常事態が発生し，又は発生するおそれがあるときは，災害の予防若しくは救援，交通，通信若しくは電力の供給の確保又は秩序の維持のために必要な事項を内容とする通信を優先的に取り扱わなければならない．公共の利益のため緊急に行うことを要するその他の通信であって総務省令で定めるものについても，同様とする．」と，規定されています．

出る
下線の部分は，ほかの試験問題で穴埋めの字句として出題されています．

解答 ⑤

問 5 電気通信事業法の規定に基づき，公共の利益のため緊急に行うことを要するその他の通信として総務省令で定める通信には，水道，ガス等の国民の日常生活に必要不可欠な役務の提供その他[　　　]を維持するため緊急を要する事項を内容とする通信であって，これらの通信を行う者相互間において行われるものがある．

① 国民の権利　② 文化的な生活　③ 公共の福祉
④ 生活基盤　⑤ 利用者の利益

解説 電気通信事業法に基づき，水道，ガス等の国民の日常生活に必要不可欠な役務の提供その他**生活基盤**を維持するため緊急を要する事項を内容とする通信として総務省令で定める通信が，電気通信事業法施行規則第 55 条に規定されています．

解答 ④

問 6 電気通信事業法に基づき，公共の利益のため緊急に行うことを要するその他の通信として総務省令で定めるものに該当する通信について述べた次の二つの文章は，[　　]．

A　天災，事変その他の災害に際し，災害状況の報道を内容とする通信であって，新聞社等の機関相互間において行われるものは該当する通信である．

B　国会議員又は地方公共団体の長若しくはその議会の議員の選挙の執行又はその結果に関し，緊急を要する事項を内容とする通信であって，選挙管理機関相互間において行われるものは該当する通信である．

①　Aのみ正しい　　②　Bのみ正しい

③　AもBも正しい　　④　AもBも正しくない

解説　電気通信事業法に基づき，電気通信事業法施行規則第55条に規定されています．

解答　③

問 7 電気通信事業法の「業務の改善命令」において規定される，総務大臣が，該当すると認めるときは，電気通信事業者に対し，利用者の利益又は公共の利益を確保するために必要な限度において，業務の方法の改善その他の措置をとるべきことを命ずることができる場合について述べた次の文章のうち，誤っているものは，[　　]である．

①　電気通信事業者の業務の方法に関し通信の秘密の確保に支障があるとき．

②　電気通信事業者が提供する電気通信役務に関する提供条件（料金を除く．）が端末設備の使用の態様を不当に制限するものであるとき．

③　電気通信事業者が特定の者に対し不当な差別的取扱いを行っているとき．

④　電気通信事業者が重要通信に関する事項について適切に配慮していないとき．

⑤　事故により電気通信役務の提供に支障が生じている場合に電気通信事業者がその支障を除去するために必要な修理その他の措置を速やかに行わないとき．

解説　②「**端末設備**の使用の態様を不当に制限する」ではなく，正しくは「**電気通信回線設備**の使用の態様を不当に制限」です．電気通信事業法第29条に規定されています．

解答　②

問 8 電気通信事業法の「業務の改善命令」において，総務大臣は，電気通信事業者が重要通信に関する事項について[　　]していないと認めるときは，当該電気通信事業者に対し，利用者の利益又は公共の利益を確保するために必要な限度において，業務の方法の改善その他の措置をとるべきことを命ずることができると規定されている．

①　安全を確保　　②　技術基準に適合　　③　約款を遵守

④　情報を開示　　⑤　適切に配慮

解説　「電気通信事業者が重要通信に関する事項について**適切に配慮**していないと認めるとき」と電気通信事業法第 29 条に規定されています.

解答　⑤

問 9　電気通信事業者が提供する電気通信役務に関する提供条件（料金を除く.）が電気通信回線設備の［　　　］を不当に制限するものであると総務大臣が認めるときは，総務大臣は電気通信事業者に対し，利用者の利益又は公共の利益を確保するために必要な限度において，業務の方法の改善その他の措置をとるべきことを命ずることができる.

①　設置の権利　　②　接続の自由　　③　使用の態様
④　提供の範囲　　⑤　技術的条件

解説　「電気通信事業者が提供する電気通信役務に関する提供条件が電気通信回線設備の**使用の態様**を不当に制限するものであると総務大臣が認めるとき」と電気通信事業法第 29 条に規定されています.

解答　③

問10　事故により電気通信役務の提供に支障が生じている場合に電気通信事業者がその支障を除去するために必要な修理その他の措置を速やかに行わないと総務大臣が認めるときは，総務大臣は当該電気通信事業者に対し，利用者の利益又は公共の利益を確保するために必要な限度において，［　　　］ことを命ずることができる.

①　電気通信設備の工事，維持及び運用に関する管理規程を変更すべき
②　その理由又は原因について，速やかに報告すべき
③　業務の方法の改善その他の措置をとるべき
④　事業の一部を休止又は停止し，総務大臣に届け出るべき

解説　「電気通信事業者に対し，利用者の利益又は公共の利益を確保するために必要な限度において，**業務の方法の改善その他の措置をとるべき**ことを命ずることができる.」と電気通信事業法第 29 条に規定されています.

解答　③

問11　電気通信事業者は，総務省令で定めるところにより，事業用電気通信設備の管理規程を定め，電気通信事業の開始前に，総務大臣に届け出なければならない．管理規程は，電気通信役務の［　　　］な提供を確保するために電気通信事業者が遵守すべき事項に関し，総務省令で定めるところにより，必要な内容を定めたものでなければならない.

①　適正かつ継続的　　②　適切かつ合理的　　③　確実かつ安定的
④　公正かつ発展的　　⑤　健全かつ効率的

解説 「管理規程は，電気通信役務の**確実かつ安定的**な提供を確保するために電気通信事業者が遵守すべき次に掲げる事項に関し，総務省令で定めるところにより，必要な内容を定めたものでなければならない.」と電気通信事業法第 44 条に規定されています.

解答 ③

問12 電気通信事業法に規定する「技術基準適合命令」及び「自営電気通信設備の接続」について述べた次の二つの文章は，[ ].

A　総務大臣は，電気通信事業法に規定する電気通信設備が総務省令で定める技術基準に適合していないと認めるときは，当該電気通信設備を設置する電気通信事業者に対し，その技術基準に適合するように当該設備を修理し，若しくは改造することを命じ，又はその使用を制限することができる.

B　電気通信事業者は，電気通信回線設備を設置する電気通信事業者以外の者からその自営電気通信設備をその電気通信回線設備に接続すべき旨の請求を受けたとき，その自営電気通信設備を接続することにより当該電気通信事業者の電気通信回線設備の保持が経営上困難となることについて当該電気通信事業者が総務大臣の認定を受けたときは，その請求を拒むことができる.

①　A のみ正しい　　②　B のみ正しい
③　A も B も正しい　　④　A も B も正しくない

解説 A　技術基準適合命令については，電気通信事業法第 43 条に規定されています.

B　自営電気通信設備の接続については，電気通信事業法第 70 条に規定されています.

解答 ③

問13 電気通信事業者が，自営電気通信設備をその電気通信回線設備に接続すべき旨の請求を受けた場合について述べた次の二つの文章は，[ ].

A　その自営電気通信設備を接続することにより当該電気通信事業者の電気通信回線設備の保持が経営上困難となることについて当該電気通信事業者が総務大臣の認定を受けたときは，その請求を拒むことができる.

B　その自営電気通信設備の接続が，総務省令で定める技術基準（当該電気通信事業者又は当該電気通信事業者とその電気通信設備を接続する他の電気通信事業者であって総務省令で定めるものが総務大臣の認可を受けて定める技術的条件を含む.）に適合しないときは，その請求を拒むことができる.

①　A のみ正しい　　②　B のみ正しい
③　A も B も正しい　　④　A も B も正しくない

解説　自営電気通信設備の接続については，電気通信事業法第 70 条に規定されています．

解答　③

問14　電気通信事業法に規定する「電気通信事業の登録」，「基礎的電気通信役務の提供」，「重要通信の確保」又は「自営電気通信設備の接続」について述べた次の文章のうち，正しいものは，［　　］である．

① 電気通信事業を営もうとする者は，総務大臣の登録を受けなければならない．ただし，その者の設置する電気通信回線設備の規模及び利用者の数が総務省令で定める基準を超えない場合は，この限りでない．

② 基礎的電気通信役務（国民生活に不可欠であるためあまねく日本全国における提供が確保されるべきものとして総務省令で定める電気通信役務をいう．）を提供する電気通信事業者は，その適切，公平かつ安定的な提供に努めなければならない．

③ 電気通信事業者は，重要通信の円滑な実施を他の電気通信事業者と相互に連携を図りつつ確保するため，他の電気通信事業者と電気通信設備を相互に接続する場合には，総務省令で定めるところにより，相互接続に係る技術的条件及び料金について取り決めることその他の必要な措置を講じなければならない．

④ 電気通信事業者は，電気通信回線設備を設置する電気通信事業者以外の者からその自営電気通信設備をその電気通信回線設備に接続すべき旨の請求を受けたとき，その自営電気通信設備を接続することにより当該電気通信事業者の電気通信回線設備の保持が経営上困難となることについて当該電気通信事業者が仲裁委員の認定を受けたときは，その請求を拒むことができる．

解説　① 「電気通信回線設備の規模及び**利用者の数**」ではなく，正しくは「電気通信回線設備の規模及び**当該電気通信回線設備を設置する区域の範囲**」です．電気通信事業法第 9 条に規定されています．

③ 「総務省令で定めるところにより，**相互接続に係る技術的条件及び料金について**取り決めることその他の必要な措置を講じなければならない」ではなく，正しくは「総務省令で定めるところにより，**重要通信の優先的な取扱いについて**取り決めることその他の必要な措置を講じなければならない」です．電気通信事業法第 8 条に規定されています．

④ 「当該電気通信事業者が**仲裁委員**の認定を受けたときは，その請求を拒むことができる」ではなく，正しくは「当該電気通信事業者が**総務大臣**の認定を受けたとき」です．電気通信事業法第 70 条に規定されています．

解答　②

補足
②は電気通信事業法第 7 条に規定されています．

④の電気通信事業法第 70 条の規定は，次の 1.3 節を見てね．

1.3 端末設備の接続の条件と技術基準適合認定

出題のポイント

- ●端末設備及び自営電気通信設備の接続の条件
- ●端末機器技術基準適合認定の条件
- ●端末設備の接続の検査

[1] 端末設備の接続の技術基準

事業法　第 52 条（端末設備の接続の技術基準）〈抜粋〉

電気通信事業者は，利用者から**端末設備**（電気通信回線設備の一端に接続される電気通信設備であって，一の部分の設置の場所が他の部分の設置の場所と同一の構内（これに準ずる区域内を含む.）又は同一の建物内であるものをいう.）をその電気通信回線設備（その損壊又は故障等による利用者の利益に及ぼす影響が軽微なものとして総務省令で定めるものを除く.）に接続すべき旨の請求を受けたときは，その接続が**総務省令で定める技術基準に適合しない**場合その他総務省令で定める場合を除き，その請求を拒むことができない.

2　前項の総務省令で定める技術基準は，これにより次の事項が確保されるものとして定められなければならない.

一　電気通信回線設備を損傷し，又はその機能に障害を与えないようにすること.

二　電気通信回線設備を利用する他の利用者に迷惑を及ぼさないようにすること.

三　電気通信事業者の設置する電気通信回線設備と利用者の接続する端末設備との**責任の分界**が明確であるようにすること.

補足
技術基準の詳細は端末設備規則に規定されています.

施行規則　第 31 条（利用者からの端末設備の接続請求を拒める場合）

法第 52 条第 1 項の総務省令で定める場合は，利用者から，端末設備であって**電波**を使用するもの（別に告示で定めるものを除く.）及び公衆電話機その他**利用者による接続が著しく不適当なもの**の接続の請求を受けた場合とする.

重要
端末設備で電波を使用するもの（告示で定めるものを除く.）の接続の請求は拒むことができます.

[2] 自営電気通信設備の接続

事業法　第 70 条（自営電気通信設備の接続）〈抜粋〉

電気通信事業者は，**電気通信回線設備**を設置する電気通信事業者以外の者からその電気通信設備（端末設備以外のものに限る．以下「**自営電気通信設備**」という.）をその**電気通信回線設備**に接続すべき旨の請求を受けたときは，次に掲げる場合を除き，その請求を拒むことができない.

補足
電気通信回線設備に接続する利用者の設備には，端末設備と自営電気通信設備があります.

一　その自営電気通信設備の接続が，**総務省令で定める技術基準に適合しない**とき．

二　その自営電気通信設備を接続することにより当該電気通信事業者の電気通信回線設備の保持が経営上困難となることについて当該電気通信事業者が総務大臣の認定を受けたとき．

[3] 端末機器技術基準適合認定

事業法　第 53 条（端末機器技術基準適合認定）〈抜粋〉

法第 86 条第 1 項の規定により登録を受けた者（「登録認定機関」という）は，その登録に係る技術基準適合認定を受けようとする者から求めがあった場合には，総務省令で定めるところにより審査を行い，当該求めに係る端末機器が前条第 1 項の総務省令で定める技術基準に適合していると認めるときに限り，技術基準適合認定を行うものとする．

2　**登録認定機関**は，その登録に係る技術基準適合認定をしたときは，総務省令で定めるところにより，その端末機器に**技術基準適合認定をした旨の表示**を付さなければならない．

3　何人も，前項の規定により表示を付する場合を除くほか，国内において端末機器又は端末機器を組み込んだ製品にこれらの表示又はこれらと紛らわしい表示を付してはならない．

技術基準適合認定をした旨の表示の「技適マーク」だよ．

[4] 妨害防止命令

事業法　第 54 条（妨害防止命令）

総務大臣は，登録認定機関による技術基準適合認定を受けた端末機器であって法第 53 条第 2 項 **[3]** 又は法第 68 条の 8 第 3 項の表示が付されているものが，法第 52 条第 1 項 **[1]** の総務省令で定める技術基準に適合しておらず，かつ，当該端末機器の使用により電気通信回線設備を利用する他の利用者の通信に妨害を与えるおそれがあると認める場合において，当該妨害の拡大を防止するために特に必要があると認めるときは，当該技術基準適合認定を受けた者に対し，当該端末機器による妨害の拡大を防止するために必要な措置を講ずべきことを命ずることができる．

補足

法第 68 条の 8 第 3 項は，登録修理業者が登録に係る特定端末機器を修理したときに，修理をした旨の表示を付す規定です．

[5] 表示が付されていないものとみなす場合

事業法　第 55 条（表示が付されていないものとみなす場合）

登録認定機関による技術基準適合認定を受けた端末機器であって法第 53 条第 2 項 **[3]** 又は法第 68 条の 8 第 3 項の規定により表示が付されているものが法第 52 条第 1 項 **[1]** の総務省令で定める技術基準に適合していない場合において，総務大臣が電気通信回線設備を利用する**他の利用者**の**通信への妨害**の発生を防止するため特に必要があると認めるときは，当該端末機器は，法第 53 条第 2 項 **[3]** 又は法第 68 条の 8 第 3 項の規定による**表示が付されていない**ものとみなす．

2　**総務大臣**は，前項の規定により端末機器について表示が付されていないものとみなされたときは，その旨を公示しなければならない．

補足

適合認定の表示が付されているもので技術基準に適合していない場合において，利用者の通信への妨害の発生を防止するために表示が付されていないものとみなされます．

[6] 端末設備の接続の検査

事業法　第 69 条（端末設備の接続の検査）〈抜粋〉

利用者は，適合表示端末機器を接続する場合その他総務省令で定める場合を除き，電気通信事業者の電気通信回線設備に端末設備を接続したときは，**当該電気通信事業者の検査**を受け，その接続が法第 52 条第 1 項の総務省令で定める**技術基準に適合している**と認められた後でなければ，これを使用してはならない．これを変更したときも，同様とする．

2　電気通信回線設備を設置する電気通信事業者は，端末設備に異常がある場合その他電気通信役務の円滑な提供に支障がある場合において必要と認めるときは，利用者に対し，その端末設備の接続が法第 52 条第 1 項の総務省令で定める技術基準に適合するかどうかの検査を受けるべきことを求めることができる．この場合において，当該利用者は，正当な理由がある場合その他総務省令で定める場合を除き，その請求を拒んではならない．

4　第 1 項及び第 2 項の検査に従事する者は，端末設備の設置の場所に立ち入るときは，**その身分を示す証明書**を携帯し，関係人に提示しなければならない．

補足

適合表示端末機器を接続する場合は電気通信事業者の検査はありません．

検査をする人が持っているのは，免許証じゃなくて証明書だよ．

問 1　電気通信事業法に規定する「端末設備の接続の技術基準」，「端末機器技術基準適合認定」，又は「端末設備の接続の検査」について述べた次の文章のうち，誤っているものは，[　　]である．

① 電気通信事業者は，利用者から端末設備をその電気通信回線設備（その損壊又は故障等による利用者の利益に及ぼす影響が軽微なものとして総務省令で定めるものを除く．）に接続すべき旨の請求を受けたときは，その接続が総務省令で定める技術基準に適合しない場合その他総務省令で定める場合を除き，その請求を拒むことができない．

② 端末設備の接続の技術基準は，電気通信事業者の設置する電気通信回線設備と利用者の接続する端末設備の設置の場所が明確であるようにすることが確保されるものとして定められなければならない．

③ 登録認定機関は，その登録に係る技術基準適合認定をしたときは，総務省令で定めるところにより，その端末機器に技術基準適合認定をした旨の表示を付さなければならない．

④ 電気通信回線設備を設置する電気通信事業者は，端末設備に異常がある場合その他電気通信役務の円滑な提供に支障がある場合において必要と認めるときは，利用者に対し，その端末設備の接続が電気通信事業法の規定に基づく総務省令で定める技術基準に適合するかどうかの検査を受けるべきことを求めることができる．この場合において，当該利用者は，正当な理由がある場合その他総務省令で定める場合を除き，その請求を拒んではならない．

解説　②「電気通信事業者の設置する電気通信回線設備と利用者の接続する端末設備**の設置の場所**が明確であるようにすること」ではなく，正しくは「電気通信事業者の設置する電気通信回線設備と利用者の接続する端末設備**との責任の分界**が明確であるようにすること」です．

補足
②は電気通信事業法第 52 条第 2 項第三号に規定されています．

解答　②

問 2　電気通信事業法の「端末設備の接続の技術基準」に基づき総務省令で定める技術基準により確保されるべき事項の一つとして，電気通信回線設備を損傷し，又はその［　　　］を与えないようにすることがある．

①　使用に制約　　②　機能に障害　　③　接続に制限
④　運用に支障　　⑤　品質に影響

解説　総務省令で定める技術基準により確保されるべきものとして，次の事項が定められています．

一　電気通信回線設備を損傷し，又はその**機能に障害**を与えないようにすること．
二　電気通信回線設備を利用する他の利用者に迷惑を及ぼさないようにすること．
三　電気通信事業者の設置する電気通信回線設備と利用者の接続する端末設備との責任の分界が明確であるようにすること．

補足
電気通信事業法第 52 条第 2 項に規定されています．

解答　②

問 3　電気通信事業者が利用者から端末設備の接続請求を受けた場合について述べた次の二つの文章は，［　　　］．

A　電気通信事業者は，利用者から端末設備をその電気通信回線設備に接続すべき旨の請求を受けたときは，その接続が電気通信事業者が定める契約約款に適合しない場合その他総務省令で定める場合を除き，その請求を拒むことができない．

B　総務省令で定める，電気通信事業者が利用者からの端末設備の接続請求を拒める場合とは，利用者から，端末設備であって電波を使用するもの（別に告示で定めるものを除く．）及び公衆電話機その他通信の秘密を侵すおそれのあるものの接続の請求を受けた場合である．

①　A のみ正しい　　②　B のみ正しい
③　A も B も正しい　　④　A も B も正しくない

解説 A 「その接続が**電気通信事業者が定める契約約款**に適合しない場合その他総務省令で定める場合」ではなく，正しくは「その接続が**総務省令で定める技術基準**に適合しない場合その他総務省令で定める場合」です．

B 「公衆電話機その他**通信の秘密を侵すおそれのあるもの**の接続の請求」ではなく，正しくは「公衆電話機その他**利用者による接続が著しく不適当なもの**の接続の請求」です．

解答 ④

補足
Aは電気通信事業法第52条第1項に規定されています．Bは電気通信事業法施行規則第31条に規定されています．

問4 電気通信事業法施行規則において，電気通信事業者が利用者からの端末設備の接続請求を拒める場合とは，利用者から，端末設備であって[　　]を使用するもの（別に告示で定めるものを除く.）及び公衆電話機その他利用者による接続が著しく不適当なものの接続の請求を受けた場合とされている.

① 直流電圧　② 強電流電気　③ 帯域外信号　④ 電波　⑤ 赤外線

解説 「利用者から，端末設備であって**電波**を使用するもの（別に告示で定めるものを除く.）及び公衆電話機その他利用者による接続が著しく不適当なものの接続の請求を受けた場合」と電気通信事業法施行規則第31条に規定されています.

解答 ④

出る
下線の部分は，ほかの試験問題で穴埋めの字句として出題されています.

問5 電気通信事業法に規定する「端末機器技術基準適合認定」又は「端末設備の接続の検査」について述べた次の文章のうち，誤っているものは，[　　]である.

① 登録認定機関は，その登録に係る技術基準適合認定を受けようとする者から求めがあった場合には，総務省令で定めるところにより審査を行い，当該求めに係る端末機器が総務省令で定める技術基準に適合していると認めるときに限り，技術基準適合認定を行うものとする.

② 登録認定機関は，その登録に係る技術基準適合認定をしたときは，電気通信事業者が定めるところにより，その端末機器に技術基準適合認定をした旨の表示を付さなければならない.

③ 何人も，電気通信事業法の規定により端末機器に技術基準適合認定をした旨の表示を付する場合を除くほか，国内において端末機器又は端末機器を組み込んだ製品にこれらの表示又はこれらと紛らわしい表示を付してはならない.

④ 電気通信回線設備を設置する電気通信事業者は，端末設備に異常がある場合その他電気通信役務の円滑な提供に支障がある場合において必要と認めるときは，利用者に対し，その端末設備の接続が電気通信事業法に規定する技術基準に適合するかどうかの検査を受けるべきことを求めることができる．この場合において，当該利用者は，正当な理由がある場合その他総務省令で定める場合を除き，その請求を拒んではならない.

解説 ② 「**電気通信事業法事業者が定める**ところにより」ではなく，正しくは「**総務省令で定める**ところにより」です．電気通信事業法第53条第2項に規定されています．

解答 ②

問6 端末機器の技術基準適合認定番号の表示が付されていないものとみなす場合について述べた次の二つの文章は，[　　]．

A　登録認定機関による技術基準適合認定を受けた端末機器であって電気通信事業法の規定により表示が付されているものが総務省令で定める技術基準に適合していない場合において，総務大臣が電気通信回線設備を利用する他の利用者の通信への妨害の発生を防止するため特に必要があると認めるときは，当該端末機器は，同法の規定による表示が付されていないものとみなす．

B　登録認定機関は，電気通信事業法の規定により端末機器について表示が付されていないものとみなされたときは，その旨を公示しなければならない．

① Aのみ正しい　② Bのみ正しい
③ AもBも正しい　④ AもBも正しくない

解説 B 「**登録認定機関**は，電気通信事業法の」ではなく，正しくは「**総務大臣**は，電気通信事業法の」です．電気通信事業法第55条に規定されています．

解答 ①

問7 登録認定機関による技術基準適合認定を受けた端末機器であって電気通信事業法の規定により表示が付されているものが総務省令で定める技術基準に適合していない場合において，総務大臣が電気通信回線設備を利用する[　　]の通信への妨害の発生を防止するため特に必要があると認めるときは，当該端末機器は，同法の規定による表示が付されていないものとみなす．

① 重要通信を行う公共機関　② 特定の端末設備　③ 他の利用者
④ 特定の自営電気通信設備　⑤ 他の電気通信事業者

解説 「総務大臣が電気通信回線設備を利用する**他の利用者**の通信への妨害の発生を防止するため特に必要があると認めるときは，当該端末機器は，同法の規定による表示が付されていないものとみなす．」と電気通信事業法第55条に規定されています．

解答 ③

問 8 電気通信事業法に規定する「端末設備の接続の検査」について述べた次の二つの文章は，[　　].

A　電気通信回線設備と端末設備との接続の検査に従事する者は，端末設備の設置の場所に立ち入るときは，端末設備の種類に応じた工事担任者資格者証を携帯し，関係人に提示しなければならない.

B　利用者は，適合表示端末機器を接続する場合その他総務省令で定める場合を除き，電気通信事業者の電気通信回線設備に端末設備を接続したときは，当該電気通信事業者の検査を受け，その接続が電気通信事業法の規定に基づく総務省令で定める技術基準に適合していると認められた後でなければ，これを使用してはならない.

①　Aのみ正しい　　②　Bのみ正しい
③　AもBも正しい　　④　AもBも正しくない

解説　A「**端末設備の種類に応じた工事担任者資格者証**を携帯し」ではなく，正しくは「**その身分を示す証明書**を携帯し」です．電気通信事業法第69条に規定されています.

解答　②

問 9 利用者は，適合表示端末機器を接続する場合その他総務省令で定める場合を除き，電気通信事業者の電気通信回線設備に端末設備を接続したときは，当該電気通信事業者の[　　]を受け，その接続が電気通信事業法の規定に基づく総務省令で定める技術基準に適合していると認められた後でなければ，これを使用してはならない．これを変更したときも，同様とする.

①　登録　②　審査　③　査察　④　検査　⑤　認可

解説　「電気通信事業者の電気通信回線設備に端末設備を接続したときは，当該電気通信事業者の**検査**を受け」と電気通信事業法第69条に規定されています.

解答　④

問 10 電気通信事業法の「端末設備の接続の検査」において，電気通信事業者の電気通信回線設備と端末設備との接続の検査に従事する者は，その身分を示す[　　]を携帯し，関係人に提示しなければならないと規定されている.

①　免許証　②　資格者証　③　許可証　④　証明書　⑤　認定書

解説　「その身分を示す**証明書**を携帯し，関係人に提示しなければならない」と電気通信事業法第69条に規定されています.

解答　④

1.4 工事担任者の資格と職務

出題のポイント

- ●工事担任者による工事の実施及び監督
- ●工事担任者資格者証と工事担任者の職務

[1] 工事担任者による工事の実施及び監督

事業法 第71条（工事担任者による工事の実施及び監督）

利用者は，端末設備又は**自営電気通信設備**を**接続**するときは，工事担任者資格者証の交付を受けている者（「**工事担任者**」という.）に，当該工事担任者資格者証の種類に応じ，これに係る工事を行わせ，又は実地に監督させなければならない．ただし，総務省令で定める場合は，この限りでない．

2　工事担任者は，その工事の実施又は**監督の職務**を誠実に行わなければならない．

重要

端末設備又は自営電気通信設備を接続するときは，工事担任者が工事又は実地に監督します．
工事の範囲は総務省令で定めます．

[2] 工事担任者資格証及び工事担任者試験

事業法 第72条（工事担任者資格者証）

工事担任者資格者証の種類及び工事担任者が行い，又は監督することができる端末設備若しくは**自営電気通信設備**の接続に係る工事の範囲は，**総務省令で定める**．

2　法第46条第3項から第5項まで及び法第47条の規定は，工事担任者資格者証について準用する．この場合において，第46条第3項第一号中「電気通信主任技術者試験」とあるのは「工事担任者試験」と，同項第三号中「専門的知識及び能力」とあるのは「知識及び技能」と読み替えるものとする．

補足

工事担任者資格者証の規定は，電気通信主任技術者資格者証の規定が準用されます．

事業法 第73条（工事担任者試験）

工事担任者試験は，端末設備及び自営電気通信設備の接続に関して必要な知識及び技能について行う．

2　第48条第2項及び第3項の規定は，工事担任者試験について準用する．この場合において，同条第2項中「電気通信主任技術者資格者証」とあるのは，「工事担任者資格者証」と読み替えるものとする．

事業法　第46条（電気通信主任技術者資格者証）〈抜粋・改変〉

3　総務大臣は，次の各号のいずれかに該当する者に対し，工事担任者**資格者証を交付する**.

一　工事担任者試験に合格した者

二　工事担任者資格者証の交付を受けようとする者の**養成課程**で，総務大臣が総務省令で定める基準に適合するものであることの**認定をしたものを修了した者**

三　前2号に掲げる者と同等以上の**知識及び技能**を有すると**総務大臣**が認定した者

4　総務大臣は，前項の規定にかかわらず，次の各号のいずれかに該当する者に対しては，工事担任者**資格者証の交付を行わない**ことができる.

一　次条の規定により工事担任者資格者証の返納を命ぜられ，その日から**1年**を経過しない者

二　この法律の規定により罰金以上の刑に処せられ，その執行を終わり，又はその執行を受けることがなくなった日から**2年**を経過しない者

「電気通信主任技術者」を「工事担任者」に読み替えてあるよ.

重要

資格者証の交付は次のいずれかです.

・工事担任者試験に合格

・養成課程を修了

・総務大臣が認定

問 1　電気通信事業法に規定する「工事担任者資格者証」について述べた次の二つの文章は，[　　].

A　総務大臣は，電気通信事業法の規定により工事担任者資格者証の返納を命ぜられ，その日から2年を経過しない者に対しては，工事担任者資格者証の交付を行わないことができる.

B　総務大臣は，工事担任者試験に合格した者と同等以上の知識及び技能を有すると電気通信事業者が認定した者に対し，工事担任者資格者証を交付する.

①　Aのみ正しい　　②　Bのみ正しい

③　AもBも正しい　　④　AもBも正しくない

解説　A「**2年**を経過しない者」ではなく，正しくは「**1年**を経過しない者」です.

B「**電気通信事業者**が認定した者」ではなく，正しくは「**総務大臣**が認定した者」です.

解答　④

補足

電気通信事業法第72条及び第46条に規定されています.

問 2　電気通信事業法に規定する「工事担任者資格者証」について述べた次の文章のうち，正しいものは，[　　]である．

① 工事担任者資格者証の種類及び工事担任者が行い，又は監督することができる端末設備若しくは交換設備の接続に係る工事の範囲は，総務省令で定める．

② 総務大臣は，工事担任者資格者証の交付を受けようとする者の養成課程で，総務大臣が総務省令で定める基準に適合するものであることの認定をしたものを修了した者に対し，工事担任者資格者証を交付する．

③ 総務大臣は，電気通信事業法の規定により工事担任者資格者証の返納を命ぜられ，その日から 2 年を経過しない者に対しては，工事担任者資格者証の交付を行わないことができる．

④ 総務大臣は，電気通信事業法の規定により罰金以上の刑に処せられ，その執行を終わり，又はその執行を受けることがなくなった日から 3 年を経過しない者に対しては，工事担任者資格者証の交付を行わないことができる．

解説　① 「端末設備若しくは**交換設備**」ではなく，正しくは「端末設備若しくは**自営電気通信設備**」です．電気通信事業法第 72 条に規定されています．

③ 「**2 年**を経過しない者」ではなく，正しくは「**1 年**を経過しない者」です．電気通信事業法第 72 条及び第 46 条に規定されています．

④ 「**3 年**を経過しない者」ではなく，正しくは「**2 年**を経過しない者」です．電気通信事業法第 72 条及び第 46 条に規定されています．

解答 ②

2.1 工事担任者規則

出題のポイント

- 工事担任者資格者証と工事の範囲
- 資格者証の申請・交付・再交付・返納

電気通信事業者の回線設備と利用者の端末設備等を接続するとき，端末設備の条件及びそれを接続する工事が，技術基準に適合するようにするために専門的な知識と技能を持つ者に工事を行わせる必要があります．この専門的な知識と技能を持った者が工事担任者です．

［1］工事担任者を要しない工事

事業法　第 71 条（工事担任者による工事の実施及び監督）

利用者は，端末設備又は**自営電気通信設備**を**接続**するときは，工事担任者資格者証の交付を受けている者（「**工事担任者**」という．）に，当該工事担任者資格者証の種類に応じ，これに係る工事を行わせ，又は実地に監督させなければならない．ただし，総務省令で定める場合は，この限りでない．

2　工事担任者は，その工事の実施又は**監督の職務**を誠実に行わなければならない．

工担　第 3 条（工事担任者を要しない工事）

事業法第 71 条第 1 項ただし書の総務省令で定める場合は，次のとおりとする．

一　**専用設備**（電気通信事業法施行規則第 2 条第 2 項に規定する専用の役務に係る電気通信設備をいう．）に端末設備又は自営電気通信設備（「端末設備等」という．）を接続するとき．

二　**船舶又は航空機に設置する端末設備**（総務大臣が別に告示するものに限る．）を接続するとき．

三　**適合表示端末機器**，電気通信事業法施行規則第 32 条第 1 項第四号に規定する端末設備，同項第五号に規定する端末機器又は同項第七号に規定する端末設備を**総務大臣が別に告示する方式**により接続するとき．

補足

専用設備は，専用線サービスや映像伝送サービスなどの利用者が特定され，専用の目的で用いられる電気通信設備をいいます．

総務大臣が別に告示する方式は次のとおりです．

① プラグジャック方式
② アダプタ式ジャック方式
③ 音響結合方式により接続する接続の方式

家にある固定電話機は，プラグジャンク方式で接続されているね．

[2] 資格者証の種類と工事の範囲

工担 第4条（資格者証の種類及び工事の範囲）

事業法第72条第1項の工事担任者資格者証（「資格者証」という.）の種類及び工事担任者が行い，又は監督することができる端末設備等の接続に係る工事の範囲は，次の表に掲げるとおりとする.

資　格	工事の範囲
第一級アナログ通信	アナログ伝送路設備（アナログ信号を入出力とする電気通信回線設備をいう.）に端末設備等を接続するための工事及び総合デジタル通信用設備に端末設備等を接続するための工事
第二級アナログ通信	アナログ伝送路設備に端末設備を接続するための工事（**端末設備に収容される電気通信回線の数が1のもの**に限る.）及び総合デジタル通信用設備に端末設備を接続するための工事（**総合デジタル通信回線の数が基本インタフェースで1のもの**に限る.）
第一級デジタル通信	デジタル伝送路設備（デジタル信号を入出力とする電気通信回線設備をいう.）に端末設備等を接続するための工事．ただし，**総合デジタル通信用設備に端末設備等を接続するための工事を除く**.
第二級デジタル通信	デジタル伝送路設備に端末設備等を接続するための工事（**接続点**におけるデジタル信号の入出力速度が毎秒1ギガビット以下であって，主として**インターネット**に接続するための回線に係るものに限る.）．ただし，**総合デジタル通信用設備に端末設備等を接続するための工事を除く**.
総合通信	アナログ伝送路設備又はデジタル伝送路設備に端末設備等を接続するための工事

第一級デジタル通信だけでなく，各資格の工事の範囲を覚えてね.

補足

端末設備等は，端末設備と自営電気通信設備のことです．第二級アナログ通信の工事の範囲は端末設備のみです.

[3] 資格者証の交付の申請

工担 第37条（資格者証の交付の申請）〈抜粋〉

資格者証の交付を受けようとする者は，別表第10号に定める様式の申請書に次に掲げる書類を添えて，総務大臣に提出しなければならない.

一　氏名及び生年月日を証明する書類

二　写真（申請前6月以内に撮影した無帽，正面，上三分身，無背景の縦30ミリメートル，横24ミリメートルのもので，裏面に申請に係る資格及び氏名を記載したものとする.）1枚

三　養成課程（交付を受けようとする資格者証のものに限る.）の修了証明書（養成課程の修了に伴い資格者証の交付を受けようとする者の場合に限る）

2　資格者証の交付の申請は，試験に合格した日，養成課程を修了した日又は工担規則第4章に規定する認定を受けた日から3月以内に行わなければならない.

国家試験に合格したら，3か月以内に資格者証の申請の手続きをしてね．書類は，総務省の「電気通信関係資格手続きの案内」からダウンロードできるよ.

[4] 資格者証の交付

工担 第 38 条（資格者証の交付）

総務大臣は，前条の申請があったときは，別表第 11 号に定める様式の資格者証を交付する.

2　前項の規定により資格者証の交付を受けた者は，**端末設備等の接続に関する知識及び技術の向上を図るように努めなければならない**.

重要

資格者証の交付を受けた者は，端末設備等の接続に関する知識及び技術の向上に努めなければなりません.

[5] 資格者証の再交付

工担 第 40 条（資格者証の再交付）

工事担任者は，**氏名に変更を生じたとき又は資格者証を汚し，破り若しくは失ったため**に資格者証の再交付の申請をしようとするときは，別表第 12 号に定める様式の申請書に次に掲げる書類を添えて，総務大臣に提出しなければならない.

一　資格者証（資格者証を失った場合を除く.）

二　**写真 1 枚**

三　**氏名の変更の事実を証する書類**（氏名に変更を生じたときに限る.）

2　総務大臣は，前項の申請があったときは，資格者証を再交付する.

再交付の申請書類は，総務省の「電気通信関係資格手続きの案内」からダウンロードできるよ.

[6] 資格者証の返納

工担 第 41 条（資格者証の返納）

事業法第 72 条第 2 項において準用する事業法第 47 条の規定により資格者証の返納を命ぜられた者は，その処分を受けた日から **10 日以内**にその資格者証を総務大臣に返納しなければならない．資格者証の再交付を受けた後失った資格者証を発見したときも同様とする.

問 1　工事担任者規則に規定する「資格者証の種類及び工事の範囲」について述べた次の文章のうち，誤っているものは，［　　］である．

① 第一級アナログ通信の工事担任者は，アナログ伝送路設備に端末設備等を接続するための工事及び総合デジタル通信用設備に端末設備等を接続するための工事を行い，又は監督することができる．

② 第二級アナログ通信の工事担任者は，アナログ伝送路設備に端末設備を接続するための工事のうち，端末設備に収容される電気通信回線の数が 10 以下のものに限る工事を行い，又は監督することができる．また，総合デジタル通信用設備に端末設備を接続するための工事のうち，総合デジタル通信回線の数が基本インタフェースで 10 以下のものに限る工事を行い，又は監督することができる．

③ 第一級デジタル通信の工事担任者は，デジタル伝送路設備に端末設備等を接続するための工事を行い，又は監督することができる．ただし，総合デジタル通信用設備に端末設備等を接続するための工事を除く．

④ 第二級デジタル通信の工事担任者は，デジタル伝送路設備に端末設備等を接続するための工事のうち，接続点におけるデジタル信号の入出力速度が毎秒 1 ギガビット以下であって，主としてインターネットに接続するための回線に係るものに限る工事を行い，又は監督することができる．ただし，総合デジタル通信用設備に端末設備等を接続するための工事を除く．

⑤ 総合通信の工事担任者は，アナログ伝送路設備又はデジタル伝送路設備に端末設備等を接続するための工事を行い，又は監督することができる．

解説　② 「端末設備に収容される電気通信回線の数が **10 以下**のもの……総合デジタル通信回線の数が基本インタフェースで **10 以下**のもの」ではなく，正しくは「端末設備に収容される電気通信回線の数が **1** のもの……総合デジタル通信回線の数が基本インタフェースで **1** のもの」です．工事担任者規則第 4 条に規定されています．

解答　②

問 2　工事担任者規則に規定する「資格者証の交付」及び「工事担任者を要しない工事」について述べた次の二つの文章は，［　　］．

A　工事担任者資格者証の交付を受けた者は，端末設備等の接続に関する知識及び技術の普及に寄与しなければならない．

B　船舶又は航空機に設置する端末設備（総務大臣が別に告示するものに限る．）を接続するときは，工事担任者を要しない．

① A のみ正しい　② B のみ正しい
③ A も B も正しい　④ A も B も正しくない

解説　A「端末設備等の接続に関する知識及び技術の**普及に寄与しなければ**ならない」ではなく，正しくは「端末設備等の接続に関する知識及び技術の**向上を図るように努めなければ**ならない」です．工事担任者規則第 38 条に規定されています．

解答　②

問 3　工事担任者規則に規定する「資格者証の再交付」及び「資格者証の交付」について述べた次の二つの文章は，[　　　]．

A　工事担任者は，資格者証を汚したことが理由で資格者証の再交付の申請をしようとするときは，別に定める様式の申請書に資格者証及び写真 1 枚を添えて，総務大臣に提出しなければならない．

B　工事担任者資格者証の交付を受けた者は，端末設備等の接続に関する知識及び技術の普及に寄与しなければならない．

①　A のみ正しい　　②　B のみ正しい
③　A も B も正しい　　④　A も B も正しくない

解説　B「端末設備等の接続に関する知識及び技術の**普及に寄与しなければ**ならない」ではなく，正しくは「端末設備等の接続に関する知識及び技術の**向上を図るように努めなければ**ならない」です．工事担任者規則第 38 条に規定されています．

解答　①

問 4　工事担任者規則に規定する「資格者証の再交付」について述べた次の二つの文章は，[　　　]．

A　工事担任者は，住所に変更を生じたときは，別に定める様式の申請書に，資格者証，写真 1 枚及び住所の変更の事実を証する書類を添えて，総務大臣に提出しなければならない．

B　工事担任者は，資格者証を破ったことが理由で資格者証の再交付の申請をしようとするときは，別に定める様式の申請書に，資格者証及び写真 1 枚を添えて，総務大臣に提出しなければならない．

①　A のみ正しい　　②　B のみ正しい
③　A も B も正しい　　④　A も B も正しくない

解説　A「**住所**に変更を生じたときは，別に定める様式の申請書に，資格者証，写真 1 枚及び**住所**の変更の事実を証する書類を添えて」ではなく，正しくは「**氏名**に変更を生じたときは，別に定める様式の申請書に，資格者証，写真 1 枚及び**氏名**の変更の事実を証する書類を添えて」です．工事担任者規則第 40 条に規定されています．

解答　②

問5 工事担任者規則に規定する「資格者証の再交付」及び「資格者証の返納」について述べた次の二つの文章は，[　　]．

A　工事担任者は，資格者証を汚したことが理由で資格者証の再交付の申請をしようとするときは，別に定める様式の申請書に資格者証及び住民票の写しを添えて，総務大臣に提出しなければならない．

B　工事担任者資格者証の返納を命ぜられた者は，その処分を受けた日から 10 日以内にその資格者証を総務大臣に返納しなければならない．資格者証の再交付を受けた後失った資格者証を発見したときも同様とする．

①　A のみ正しい　　②　B のみ正しい
③　A も B も正しい　　④　A も B も正しくない

解説　A「別に定める様式の申請書に資格者証及び**住民票の写し**を添えて」ではなく，正しくは「別に定める様式の申請書に資格者証及び**写真 1 枚**を添えて」です．工事担任者規則第 40 条に規定されています．

解答　②

補足
B は工事担任者規則第 41 条に規定されています．

問6 工事担任者規則に規定する事項について述べた次の二つの文章は，[　　]．

A　専用設備（特定の者に電気通信設備を専用させる電気通信役務に係る電気通信設備をいう．）に端末設備を接続する工事は，工事担任者を要しない工事に該当する．

B　電気通信事業法の規定により工事担任者資格者証の返納を命ぜられた者は，その処分を受けた日から 30 日以内にその資格者証を総務大臣に返納しなければならない．資格者証の再交付を受けた後失った資格者証を発見したときも同様とする．

①　A のみ正しい　　②　B のみ正しい
③　A も B も正しい　　④　A も B も正しくない

解説　B「その処分を受けた日から **30 日**以内」ではなく，正しくは「その処分を受けた日から **10 日**以内」です．工事担任者規則第 41 条に規定されています．

解答　①

補足
A は工事担任者規則第 3 条に規定されています．

問 7 工事担任者規則に規定する「資格者証の交付」，「資格者証の返納」又は「工事担任者を要しない工事」について述べた次の文章のうち，誤っているものは，［　　］である．

① 工事担任者資格者証の交付を受けた者は，事業用電気通信設備の接続に関する知識及び技術の向上を図るように努めなければならない．

② 電気通信事業法の規定により工事担任者資格者証の返納を命ぜられた者は，その処分を受けた日から 10 日以内にその資格者証を総務大臣に返納しなければならない．資格者証の再交付を受けた後失った資格者証を発見したときも同様とする．

③ 船舶又は航空機に設置する端末設備（総務大臣が別に告示するものに限る．）を接続するときは，工事担任者を要しない．

④ 専用設備（特定の者に電気通信設備を専用させる電気通信役務に係る電気通信設備をいう．）に端末設備を接続するときは，工事担任者を要しない．

解説 ① 「**事業用電気通信設備**の接続に関する知識及び技術」ではなく，正しくは「**端末設備等**の接続に関する知識及び技術」です．工事担任者規則第 38 条に規定されています．

解答 ①

補足
②は工事担任者規則第 41 条に，③及び④は工事担任者規則第 3 条に規定されています．

2.2 端末機器の技術基準適合認定等に関する規則

出題のポイント

- ●技術基準適合認定番号の最初の文字
- ●技術基準適合認定の表示の様式

利用者が安心して端末機器を選択し，利用できるように電気通信事業者の電気通信回線設備に接続する端末機器について，あらかじめ技術基準に適合していることの認定を行う制度で，端末機器の技術基準適合認定等に関する規則（端末認定規則）に規定されています．

［1］認定の対象とする端末機器

端末認定規則　第 3 条（対象とする端末機器）〈抜粋・改変〉

事業法第 53 条第 1 項の総務省令で定める種類の端末設備の機器は，次の端末機器とする．

一　アナログ電話用設備又は**移動電話用設備**に接続される電話機，構内交換設備，ボタン電話装置，変復調装置，ファクシミリその他総務大臣が別に告示する端末機器（第三号に掲げるものを除く.）［A］

二　**インターネットプロトコル電話用設備**に接続される電話機，構内交換設備，ボタン電話装置，符号変換装置，ファクシミリその他呼の制御を行う端末機器［E］

三　**インターネットプロトコル移動電話用設備**に接続される端末機器［F］

四　無線呼出用設備に接続される端末機器［B］

五　**総合デジタル通信用設備**に接続される端末機器［C］

六　**専用通信回線設備又はデジタルデータ伝送用設備**に接続される端末機器［D］

［　］の記号は，技術基準適合認定番号又は設計認証番号の最初の文字を表します．

重要

技術基準適合認定番号の最初の文字を覚えましょう．

A：アナログ電話用設備，移動電話用設備
B：無線呼出用設備
C：総合デジタル通信用設備
D：専用通信回線設備，デジタルデータ伝送用設備
E：インターネットプロトコル電話用設備
F：インターネットプロトコル移動電話用設備

［2］表　示

端末認定規則　第 10 条（表示）〈抜粋・改変〉

事業法第 53 条第 2 項の規定により表示を付するときは，次に掲げる方法のいずれかによるものとする．

一　様式第 7 号による表示を技術基準適合認定を受けた**端末機器の見やすい箇所に付す**方法

二　様式第7号による表示を技術基準適合認定を受けた端末機器に電磁的方法により記録し，当該**端末機器の映像面**に直ちに明瞭な状態で表示することができるようにする方法

三　様式第7号による表示を技術基準適合認定を受けた端末機器に電磁的方法により記録し，当該表示を特定の操作によって当該**端末機器に接続した製品の映像面**に直ちに明瞭な状態で表示することができるようにする方法

スマートフォンを操作すると認証マークと番号を見ることができるよ．

端末認定規則　様式第7号〈抜粋〉

表示は，次の様式に記号Ⓐ及び技術基準適合認定番号又は記号Ⓣ及び設計認証番号を付加したものとする．

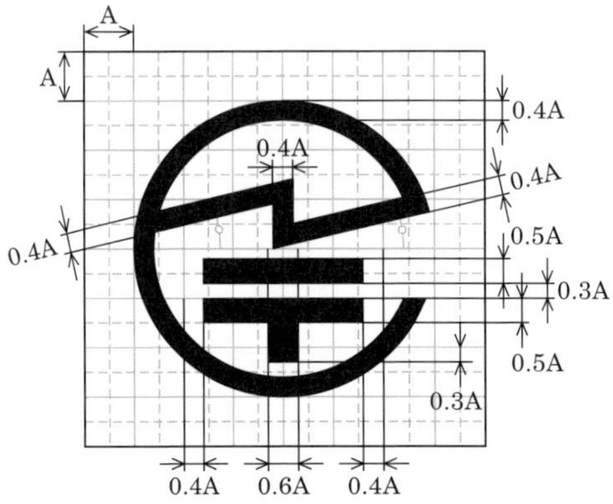

端末機器の種類	記号
一　第3条第1項第1号に掲げる端末機器	A
二　第3条第1項第2号に掲げる端末機器	E
三　第3条第1項第3号に掲げる端末機器	F
四　第3条第1項第4号に掲げる端末機器	B
五　第3条第1項第5号に掲げる端末機器	C
六　第3条第1項第6号に掲げる端末機器	D

補足

様式第7号の注3に，技術基準適合認定番号又は設計認証番号の最後の3文字は総務大臣が別に定める登録認定機関又は承認認定機関の区別とし，最初の文字は表に定めるとおりとすることが規定されています．

問1　端末機器の技術基準適合認定等に関する規則に規定する，端末機器の技術基準適合認定番号について述べた次の二つの文章は，［　　］．

A　移動電話用設備（インターネットプロトコル移動電話用設備を除く．）に接続される端末機器に表示される技術基準適合認定番号の最初の文字は，Eである．

B　総合デジタル通信用設備に接続される端末機器に表示される技術基準適合認定番号の最初の文字は，Cである．

①　Aのみ正しい　　②　Bのみ正しい
③　AもBも正しい　　④　AもBも正しくない

解説 A「最初の文字は，**E** である」ではなく，正しくは「最初の文字は，**A** である」です．端末認定規則第 3 条及び第 10 条の様式第 7 号に規定されています．

解答 ②

問 2 端末機器の技術基準適合認定番号について述べた次の文章のうち，正しいものは，[　　　]である．

① 移動電話用設備（インターネットプロトコル移動電話用設備を除く.）に接続される端末機器に表示される技術基準適合認定番号の最初の文字は，C である．

② インターネットプロトコル移動電話用設備に接続される端末機器に表示される技術基準適合認定番号の最初の文字は，E である．

③ 専用通信回線設備に接続される端末機器に表示される技術基準適合認定番号の最初の文字は，A である．

④ 総合デジタル通信用設備に接続される端末機器に表示される技術基準適合認定番号の最初の文字は，B である．

⑤ デジタルデータ伝送用設備に接続される端末機器に表示される技術基準適合認定番号の最初の文字は，D である．

解説 ① 正しくは「最初の文字は，**A** である」です．
② 正しくは「最初の文字は，**F** である」です．
③ 正しくは「最初の文字は，**D** である」です．
④ 正しくは「最初の文字は，**C** である」です．

補足
端末認定規則第 3 条及び第 10 条の様式第 7 号に規定されています．

解答 ⑤

問 3 端末機器の技術基準適合認定等に関する規則に規定する，端末機器の技術基準適合認定番号について述べた次の文章のうち，誤っているものは，[　　　]である．

① 専用通信回線設備に接続される端末機器に表示される技術基準適合認定番号の最初の文字は，D である．

② デジタルデータ伝送用設備に接続される端末機器に表示される技術基準適合認定番号の最初の文字は，D である．

③ 移動電話用設備（インターネットプロトコル移動電話用設備を除く.）に接続される端末機器に表示される技術基準適合認定番号の最初の文字は，A である．

④ 総合デジタル通信用設備に接続される端末機器に表示される技術基準適合認定番号の最初の文字は，A である．

⑤ 技術基準適合認定番号の最後の 3 文字は総務大臣が別に定める登録認定機関の区別である．

解説　④　正しくは「最初の文字は，**C** である」です．端末認定規則第 3 条及び第 10 条の様式第 7 号に規定されています．

解答　④

問 4　端末機器の技術基準適合認定等に関する規則に規定する，端末機器の技術基準適合認定番号について述べた次の文章のうち，誤っているものは，［　　］である．

①　移動電話用設備（インターネットプロトコル移動電話用設備を除く.）に接続される端末機器に表示される技術基準適合認定番号の最初の文字は，A である．

②　総合デジタル通信用設備に接続される端末機器に表示される技術基準適合認定番号の最初の文字は，C である．

③　専用通信回線設備に接続される端末機器に表示される技術基準適合認定番号の最初の文字は，D である．

④　デジタルデータ伝送用設備に接続される端末機器に表示される技術基準適合認定番号の最初の文字は，D である．

⑤　インターネットプロトコル電話用設備に接続される端末機器に表示される技術基準適合認定番号の最初の文字は，F である．

解説　⑤　正しくは「最初の文字は，**E** である」です．端末認定規則第 3 条及び第 10 条の様式第 7 号に規定されています．

解答　⑤

問 5　端末機器の技術基準適合認定等に関する規則の「表示」において，技術基準適合認定をした旨の表示を付するときは，表示を技術基準適合認定を受けた端末機器の見やすい箇所に付す方法（当該表示を付すことが困難又は不合理である端末機器にあっては，当該端末機器に付属する取扱説明書及び包装又は容器の見やすい箇所に付す方法），表示を技術基準適合認定を受けた端末機器に電磁的方法により記録し，当該端末機器の［　　］に直ちに明瞭な状態で表示することができるようにする方法，又は表示を技術基準適合認定を受けた端末機器に電磁的方法により記録し，当該表示を特定の操作によって当該端末機器に接続した製品の［　　］に直ちに明瞭な状態で表示することができるようにする方法のいずれかによるものとすると規定されている．

①　監視装置　　②　天板面　　③　映像面　　④　操作卓　　⑤　筐《きょう》体カバー

解説　端末認定規則第 10 条第一号，第二号，第三号に規定されている内容がまとめて記載されている問題です．

解答　③

2.3 有線電気通信法

出題のポイント

- 有線電気通信法の目的
- 有線電気通信設備の届出
- 本邦外にわたる有線電気通信設備
- 有線電気通信設備の技術基準，検査
- 非常事態における通信の確保

有線電気通信法（有線法）は，有線電気通信に関する基本となる法律で，有線電気通信設備の設置者，目的，用途を問わず，我が国にある全ての有線電気通信設備に適用されます．電気通信事業者の事業用電気通信設備については，設置の届出は免除されています．

重要
有線電気通信法の目的の重要項目です．
・有線電気通信設備の設置及び使用を規律
・有線電気通信に関する秩序を確立

[1] 目　的

有線法　第1条（目的）

この法律は，有線電気通信設備の**設置及び使用を規律**し，有線電気通信に関する**秩序を確立**することによって，公共の福祉の増進に寄与することを目的とする．

[2] 用語の定義

有線法　第2条（定義）

この法律において「**有線電気通信**」とは，送信の場所と受信の場所との間の線条その他の導体を利用して，電磁的方式により，符号，音響又は影像を送り，伝え，又は受けることをいう．

2　この法律において「**有線電気通信設備**」とは，有線電気通信を行うための機械，器具，線路その他の電気的設備（無線通信用の有線連絡線を含む.）をいう．

[3] 有線電気通信設備の届出

有線法　第3条（有線電気通信設備の届出）〈抜粋〉

有線電気通信設備を設置しようとする者は，次の事項を記載した書類を添えて，**設置の工事の開始の日の2週間前まで**（工事を要しないときは，設置の日から2週間以内）に，その旨を総務大臣に届け出なければならない．

一　**有線電気通信の方式の別**
二　**設備の設置の場所**
三　**設備の概要**

3　有線電気通信設備を設置した者は，**第1項各号の事項**若しくは前項の届出に係る事項を**変更しようとするとき**，又は同項に規定する設備に該当しない設備をこれに該当するものに変更しようとするときは，**変更の工事の開始の日の2週間前まで**（工事を要しないときは，変更の日から2週間以内）に，その旨を総務大臣に届け出なければならない．

重要
一般に，届出の手続は何かの行為をしてから事後に提出しますが，有線電気通信設備の届出の手続では，設置の工事の開始の日の2週間前までに届け出なければなりません．

4　前3項の規定は，次の有線電気通信設備については，適用しない．
一　電気通信事業法第44条第1項に規定する事業用電気通信設備
二　放送法第2条第一号に規定する放送を行うための有線電気通信設備
三　設備の一の部分の設置の場所が他の部分の設置の場所と同一の構内（これに準ずる区域内を含む．以下同じ．）又は同一の建物内であるもの
四　警察事務，消防事務，水防事務，航空保安事務，海上保安事務，気象業務，鉄道事業，軌道事業，電気事業，鉱業その他政令で定める業務を行う者が設置するもの

［4］本邦外にわたる有線電気通信設備

有線法　第4条（本邦外にわたる有線電気通信設備）

本邦内の場所と本邦外の場所との間の有線電気通信設備は，電気通信事業者がその事業の用に供する設備として設置する場合を除き，設置してはならない．ただし，特別の事由がある場合において，**総務大臣の許可を受けたとき**は，この限りでない．

外国まで有線電気通信設備を設置する場合だね．設置できるのは，海底ケーブルを持っている大規模な会社だね．

［5］有線電気通信設備の技術基準

有線法　第5条（技術基準）

有線電気通信設備（政令で定めるものを除く．）は，政令で定める技術基準に適合するものでなければならない．
2　前項の技術基準は，これにより次の事項が確保されるものとして定められなければならない．
一　有線電気通信設備は，**他人の設置する有線電気通信設備に妨害を与えない**ようにすること．
二　有線電気通信設備は，**人体に危害を及ぼし，又は物件に損傷を与えない**ようにすること．

重要

有線電気通信設備の技術基準により確保されるべき事項は，「他人の設置する有線電気通信設備に妨害を与えない」，「人体に危害を及ぼし，又は物件に損傷を与えない」の二つです．

［6］有線電気通信設備の検査等

有線法　第6条（設備の検査等）

総務大臣は，この法律の施行に必要な限度において，有線電気通信設備を**設置した者からその設備に関する報告を徴し**，又は**その職員**に，その事務所，営業所，工場若しくは事業場に立ち入り，その設備若しくは帳簿書類を**検査させる**ことができる．
2　前項の規定により立入検査をする職員は，その身分を示す証明書を携帯し，関係人に提示しなければならない．
3　第1項の規定による検査の権限は，犯罪捜査のために認められたものと解してはならない．

[7] 設備の改善等の措置

有線法 第7条（設備の改善等の措置）〈抜粋〉

総務大臣は，有線電気通信設備を設置した者に対し，その設備が有線法第5条の技術基準に適合しないため他人の設置する有線電気通信設備に妨害を与え，又は人体に危害を及ぼし，若しくは物件に損傷を与えると認めるときは，その妨害，危害又は損傷の防止又は除去のため必要な限度において，**その設備の使用の停止又は改造，修理その他の措置を命ずる**ことができる．

[8] 非常事態における通信の確保

有線法 第8条（非常事態における通信の確保）

総務大臣は，**天災，事変その他の非常事態**が発生し，又は発生するおそれがあるときは，有線電気通信設備を設置した者に対し，災害の予防若しくは救援，交通，通信若しくは電力の供給の確保若しくは秩序の維持のために必要な通信を行い，又はこれらの通信を行うためその**有線電気通信設備を他の者に使用させ，若しくはこれを他の有線電気通信設備に接続すべきことを命ずる**ことができる．

2　総務大臣が前項の規定により有線電気通信設備を設置した者に通信を行い，又はその設備を他の者に使用させ，若しくは接続すべきことを命じたときは，国は，その通信又は接続に要した実費を弁償しなければならない．

3　第1項の規定による処分については，審査請求をすることができない．

問1　有線電気通信法に規定する「目的」及び「設備の検査等」について述べた次の二つの文章は，[　　]．

A　有線電気通信法は，有線電気通信設備の設置及び使用を規律し，有線電気通信に関する技術基準を確立することによって，公共の福祉の増進に寄与することを目的とする．

B　総務大臣は，有線電気通信法の施行に必要な限度において，有線電気通信設備を設置した者からその事業計画書を徴し，又はその職員に，その事務所，営業所，工場若しくは事業場に立ち入り，その設備若しくは帳簿書類を検査させることができる．

①　Aのみ正しい　　②　Bのみ正しい
③　AもBも正しい　　④　AもBも正しくない

解説　A「有線電気通信に関する**技術基準**を確立すること」ではなく，正しくは「有線電気通信に関する**秩序**を確立すること」です．有線電気通信法第1条に規定されています．

B「設置した者からその**事業計画書**を徴し」ではなく，正しくは「設置した者からその**設備に関する報告**を徴し」です．有線電気通信法第6条に規定されています．

解答　④

問2 有線電気通信法に規定する「目的」,「定義」,「設備の検査等」又は「技術基準」について述べた次の文章のうち，誤っているものは，＿＿＿である.

① 有線電気通信法は，有線電気通信設備の設置及び使用を規律し，有線電気通信に関する技術基準を確立することによって，公共の福祉の増進に寄与することを目的とする.

② 有線電気通信とは，送信の場所と受信の場所との間の線条その他の導体を利用して，電磁的方式により，符号，音響又は影像を送り，伝え，又は受けることをいう.

③ 有線電気通信設備とは，有線電気通信を行うための機械，器具，線路その他の電気的設備（無線通信用の有線連絡線を含む.）をいう.

④ 総務大臣は，有線電気通信法の施行に必要な限度において，有線電気通信設備を設置した者からその設備に関する報告を徴し，又はその職員に，その事務所，営業所，工場若しくは事業場に立ち入り，その設備若しくは帳簿書類を検査させることができる.

⑤ 有線電気通信設備（政令で定めるものを除く.）の技術基準により確保されるべき事項の一つとして，有線電気通信設備は，人体に危害を及ぼし，又は物件に損傷を与えないようにすることがある.

解説 ① 「有線電気通信に関する**技術基準**を確立する」ではなく，正しくは「有線電気通信に関する**秩序**を確立する」です．有線電気通信法第１条に規定されています.

解答 ①

補足
②と③は有線電気通信法第２条に，④は第６条に，⑤は第５条に規定されています.

問3 有線電気通信設備（その設置について総務大臣に届け出る必要のないものを除く.）を設置した者は，有線電気通信の方式の別，設備の設置の場所又は設備の概要に係る事項を変更しようとするときは，変更の工事の＿＿＿の２週間前まで（工事を要しないときは，変更の日から２週間以内）に，その旨を総務大臣に届け出なければならない.

① 仕様の開示　② 契約の締結　③ 開始の日
④ 完成検査　⑤ 竣《しゅん》工

解説 「変更の工事の**開始の日**の２週間前までに，その旨を総務大臣に届け出なければならない.」と有線電気通信法第３条に規定されています.

解答 ③

出る
下線の部分は，ほかの試験問題で穴埋めの字句として出題されています.

問 4 本邦内の場所と本邦外の場所との間の有線電気通信設備は，電気通信事業者がその事業の用に供する設備として設置する場合を除き，設置してはならない．ただし，特別の事由がある場合において，[　　　]ときは，この限りでない．

① 総務省令で定める届出をした　② 政令で定められた事項に該当する
③ 国際電気通信連合の承認を得た　④ 本邦外の電気通信事業者と合意した
⑤ 総務大臣の許可を受けた

解説「ただし，特別の事由がある場合において，**総務大臣の許可を受けた**ときは，この限りでない.」と有線電気通信法第 4 条に規定されています．

解答 ⑤

問 5 有線電気通信法に規定する「本邦外にわたる有線電気通信設備」及び「設備の検査等」について述べた次の二つの文章は，[　　　]．

A 本邦内の場所と本邦外の場所との間の有線電気通信設備は，電気通信事業者がその事業の用に供する設備として設置する場合を除き，設置してはならない．ただし，特別の事由がある場合において，本邦外の電気通信事業者と協定を締結したときは，この限りでない．

B 総務大臣は，有線電気通信法の施行に必要な限度において，有線電気通信設備を設置した者からその設備に関する報告を徴し，又はその職員に，その事務所，営業所，工場若しくは事業場に立ち入り，その設備若しくは帳簿書類を検査させることができる．

① A のみ正しい　② B のみ正しい
③ A も B も正しい　④ A も B も正しくない

解説 A「特別の事由がある場合において，**本邦外の電気通信事業者と協定を締結した**ときは」ではなく，正しくは「特別の事由がある場合において，**総務大臣の許可を受けた**ときは」です．有線電気通信法第 4 条に規定されています．

補足 B は有線電気通信法第 6 条に規定されています．

解答 ②

問 6 有線電気通信法に規定する，有線電気通信設備（政令で定めるものを除く.）の技術基準により確保される事項について述べた次の二つの文章は，[　　　]．

A 有線電気通信設備は，重要通信の確保に支障を与えないようにすること．

B 有線電気通信設備は，人体に危害を及ぼし，又は物件に損傷を与えないようにすること．

① A のみ正しい　② B のみ正しい
③ A も B も正しい　④ A も B も正しくない

解説　A 「**重要通信の確保に支障**を与えない」ではなく，正しくは「**他人の設置する有線電気通信設備に妨害**を与えない」です．

解答　②

補足

有線電気通信法第 5 条に規定されています．

問 7　有線電気通信法の「技術基準」において，政令で定める技術基準は，これにより次の事項が確保されるものとして定められなければならないと規定されている．

（i）有線電気通信設備（政令で定めるものを除く.）は，［　　　］有線電気通信設備に妨害を与えないようにすること.

（ii）有線電気通信設備（政令で定めるものを除く.）は，人体に危害を及ぼし，又は物件に損傷を与えないようにすること.

①　接続品質を満たした　②　重要通信を取り扱う　③　他人の設置する
④　設置基準に適合した　⑤　電気通信事業者が保有する

解説　「**他人の設置する**有線電気通信設備に妨害を与えないようにすること.」と有線電気通信法第 5 条に規定されています.

解答　③

問 8　有線電気通信法の「技術基準」において，有線電気通信設備（政令で定めるものを除く.）の技術基準により確保されるべき事項の一つとして，有線電気通信設備は，［　　　］ようにすることが規定されている.

①　重要通信に妨害を与えないよう，他の通信の一部を制限し，又は停止できる
②　重要通信に付される識別信号を識別できる
③　電気通信事業者の設置する電気通信回線設備と利用者の接続する端末設備との責任の分界が明確である
④　他人の設置する有線電気通信設備に妨害を与えない
⑤　通信の秘密の確保に支障を与えない

解説　「有線電気通信設備は，**他人の設置する有線電気通信設備に妨害を与えない**ようにすること.」と有線電気通信法第 5 条に規定されています.

解答　④

問 9　総務大臣は，有線電気通信法の施行に必要な限度において，有線電気通信設備を設置した者からその［　　　］を徴し，又はその職員に，その事務所，営業所，工場若しくは事業場に立ち入り，その設備若しくは帳簿書類を検査させることができる.

①　管理規程の写し　②　工事の完成報告書　③　運営に関する記録
④　事業計画　⑤　設備に関する報告

解説　「有線電気通信設備を設置した者からその**設備に関する報告**を徴し」と有線電気通信法第 6 条に規定されています．

解答　⑤

問10　有線電気通信法に規定する「設備の改善等の措置」及び「非常事態における通信の確保」について述べた次の二つの文章は，［　　］．

A　総務大臣は，有線電気通信設備（政令で定めるものを除く．）を設置した者に対し，その設備が有線電気通信法の規定に基づく政令で定める技術基準に適合しないため他人の設置する有線電気通信設備に妨害を与え，又は人体に危害を及ぼし，若しくは物件に損傷を与えると認めるときは，その妨害，危害又は損傷の防止又は除去のため必要な限度において，その設備の使用の停止又は改造，修理その他の措置を命ずることができる．

B　総務大臣は，天災，事変その他の非常事態が発生し，又は発生するおそれがあるときは，有線電気通信設備を設置した者に対し，災害の予防若しくは救援，交通，通信若しくは電力の供給の確保若しくは秩序の維持のために必要な通信を行い，又はこれらの通信を行うためその有線電気通信設備を他の者に使用させ，若しくはこれを他の有線電気通信設備に接続すべきことを命ずることができる．

①　A のみ正しい　　②　B のみ正しい
③　A も B も正しい　　④　A も B も正しくない

解説　A　設備の改善等の措置については，有線電気通信法第 7 条に規定されています．

B　非常事態における通信の確保については，有線電気通信法第 8 条に規定されています．

解答　③

問11　有線電気通信法の「非常事態における通信の確保」において，総務大臣は，天災，事変その他の非常事態が発生し，又は発生するおそれがあるときは，有線電気通信設備を設置した者に対し，［　　］若しくは救援，交通，通信若しくは電力の供給の確保若しくは秩序の維持のために必要な通信を行い，又はこれらの通信を行うためその有線電気通信設備を他の者に使用させ，若しくはこれを他の有線電気通信設備に接続すべきことを命ずることができると規定されている．

①　人命の保護　　②　避難の指示　　③　危険の回避
④　災害の予防　　⑤　公共の福祉

解説　「**災害の予防**若しくは救援，交通，通信若しくは電力の供給の確保若しくは秩序の維持のために必要な通信を行い」と有線電気通信法第 8 条に規定されています．

解答　④

出る

下線の部分は，ほかの試験問題で穴埋めの字句として出題されています．

3章 端末設備等規則

3.1 用語の定義

出題のポイント

- ●端末設備等規則で定義されている用語

電気通信事業法では，電気通信事業者に利用者が端末設備を接続するとき，端末設備の技術基準を総務省令で定めることが定められ，端末設備等規則に規定されています．

［1］用語の定義

端末設備　第 2 条（定義）

この規則において使用する用語は，法において使用する用語の例による．

2　この規則の規定の解釈については，次の定義に従うものとする．

一 「**電話用設備**」とは，電気通信事業の用に供する**電気通信回線設備**であって，主として**音声の伝送交換**を目的とする電気通信役務の用に供するものをいう．

二 「**アナログ電話用設備**」とは，電話用設備であって，端末設備又は自営電気通信設備を接続する点において**アナログ信号を入出力**とするものをいう．

三 「**アナログ電話端末**」とは，端末設備であって，アナログ電話用設備に接続される点において 2 線式の接続形式で接続されるものをいう．

四 「**移動電話用設備**」とは，電話用設備であって，**端末設備又は自営電気通信設備**との接続において電波を使用するものをいう．

五 「**移動電話端末**」とは，端末設備であって，**移動電話用設備**（インターネットプロトコル移動電話用設備を除く．）に接続されるものをいう．

六 「**インターネットプロトコル電話用設備**」とは，電話用設備であって，端末設備又は自営電気通信設備との接続において**インターネットプロトコルを使用する**ものをいう．

七 「**インターネットプロトコル電話端末**」とは，端末設備であって，**インターネットプロトコル電話用設備**に接続されるものをいう．

八 「インターネットプロトコル移動電話用設備」とは，移動電話用設備であって，端末設備又は自営電気通信設備との接続においてインターネットプロトコルを使用するものをいう．

九 「**インターネットプロトコル移動電話端末**」とは，端末設備であって，**インターネットプロトコル移動電話用設備**に接続されるものをいう．

十 「無線呼出用設備」とは，電気通信事業の用に供する電気通信回線設備であって，無線によって利用者に対する呼出しを行うことを目的とする電気通信役務の用に供するものをいう．

十一 「無線呼出端末」とは，端末設備であって，無線呼出用設備に接続されるものをいう．

補足

電気通信事業法では，電気通信事業者に利用者が端末設備を接続するとき，端末設備の技術基準を総務省令で定めることが定められ，端末設備等規則に規定されています．

太字の用語は，国家試験で穴あきや正誤問題として出題された用語だよ．たくさんあるけど全部覚えてね．

十二　「**総合デジタル通信用設備**」とは，電気通信事業の用に供する電気通信回線設備であって，主として**64 キロビット毎秒**を単位とするデジタル信号の伝送速度により，**符号**，**音声その他の音響又は影像**を統合して伝送交換することを目的とする電気通信役務の用に供するものをいう．

十三　「**総合デジタル通信端末**」とは，端末設備であって，**総合デジタル通信用設備**に接続されるものをいう．

十四　「**専用通信回線設備**」とは，電気通信事業の用に供する電気通信回線設備であって，特定の利用者に当該設備を専用させる電気通信役務の用に供するものをいう．

十五　「**デジタルデータ伝送用設備**」とは，電気通信事業の用に供する電気通信回線設備であって，**デジタル方式により**，専ら符号又は影像の伝送交換を目的とする電気通信役務の用に供するものをいう．

十六　「**専用通信回線設備等端末**」とは，端末設備であって，専用通信回線設備又はデジタルデータ伝送用設備に接続されるものをいう．

十七　「**発信**」とは，通信を行う**相手を呼び出す**ための動作をいう．

十八　「**応答**」とは，電気通信回線からの**呼出しに応ずる**ための動作をいう．

十九　「**選択信号**」とは，主として**相手の端末設備を指定**するために使用する信号をいう．

二十　「**直流回路**」とは，端末設備又は自営電気通信設備を接続する点において**2 線式**の接続形式を有するアナログ電話用設備に接続して電気通信事業者の**交換設備の動作の開始及び終了の制御**を行うための回路をいう．

二十一　「**絶対レベル**」とは，一の**皮相電力**の**1 ミリワット**に対する比をデシベルで表したものをいう．

二十二　「**通話チャネル**」とは，**移動電話用設備**と**移動電話端末**又はインターネットプロトコル移動電話端末の間に設定され，主として**音声の伝送**に使用する通信路をいう．

二十三　「**制御チャネル**」とは，**移動電話用設備と移動電話端末又はインターネットプロトコル移動電話端末**の間に設定され，主として**制御信号の伝送**に使用する通信路をいう．

二十四　「呼設定用メッセージ」とは，呼設定メッセージ又は応答メッセージをいう．

二十五　「**呼切断用メッセージ**」とは，**切断メッセージ**，**解放メッセージ**又は**解放完了メッセージ**をいう．

出る

用語の定義に関する出題は，正誤式の問題なので，太字のポイントに注意して内容を覚えましょう．

問 1 用語について述べた次の文章のうち，誤っているものは，［　　］である．

① アナログ電話用設備とは，電話用設備であって，端末設備又は自営電気通信設備を接続する点においてアナログ信号を入出力とするものをいう．

② インターネットプロトコル電話端末とは，端末設備であって，インターネットプロトコル電話用設備に接続されるものをいう．

③ 移動電話用設備とは，電話用設備であって，端末設備又は自営電気通信設備との接続において電波を使用するものをいう．

④ デジタルデータ伝送用設備とは，電気通信事業の用に供する電気通信回線設備であって，デジタル方式により，専ら符号又は影像の伝送交換を目的とする電気通信役務の用に供するものをいう．

⑤ 通話チャネルとは，無線呼出用設備と無線呼出端末又はインターネットプロトコル移動電話端末の間に設定され，主として制御信号の伝送に使用する通信路をいう．

解説 ⑤「**無線呼出用設備と無線呼出端末**又はインターネットプロトコル電話用設備」ではなく，正しくは「**移動電話用設備と移動電話端末**又はインターネットプロトコル電話用設備」です．端末設備等規則第 2 条第 2 項第二十二号に規定されています．

解答 ⑤

補足

端末設備等規則第 2 条第 2 項，①は第二号，②は第七号，③は第四号，④は第十五号に規定されています．

問 2 用語について述べた次の文章のうち，誤っているものは，［　　］である．

① アナログ電話端末とは，端末設備であって，アナログ電話用設備に接続される点において 2 線式の接続形式で接続されるものをいう．

② 専用通信回線設備とは，電気通信事業の用に供する電気通信回線設備であって，特定の利用者に当該設備を専用させる電気通信役務の用に供するものをいう．

③ インターネットプロトコル電話端末とは，端末設備であって，インターネットプロトコル電話用設備又はデジタルデータ伝送用設備に接続されるものをいう．

④ デジタルデータ伝送用設備とは，電気通信事業の用に供する電気通信回線設備であって，デジタル方式により，専ら符号又は影像の伝送交換を目的とする電気通信役務の用に供するものをいう．

⑤ 絶対レベルとは，一の皮相電力の 1 ミリワットに対する比をデシベルで表したものをいう．

解説 ③「**インターネットプロトコル電話用設備又はデジタルデータ伝送用設備**に接続されるもの」ではなく，正しくは「**インターネットプロトコル電話用設備**に接続されるもの」です．端末設備等規則第 2 条第 2 項第七号に規定されています．

解答 ③

問 3　用語について述べた次の文章のうち，正しいものは，［　　　］である．

①　アナログ電話用設備とは，電話用設備であって，端末設備又は自営電気通信設備を接続する点において音声信号を入出力とするものをいう．

②　インターネットプロトコル移動電話端末とは，端末設備であって，インターネットプロトコル電話用設備又はデジタルデータ伝送用設備に接続されるものをいう．

③　デジタルデータ伝送用設備とは，電気通信事業の用に供する電気通信回線設備であって，多重伝送方式により，専ら符号又は影像の伝送交換を目的とする電気通信役務の用に供するものをいう．

④　移動電話用設備とは，電話用設備であって，電気通信事業者の無線呼出用設備に接続し，その端末設備内において基地局を使用するものをいう．

⑤　制御チャネルとは，移動電話用設備と移動電話端末又はインターネットプロトコル移動電話端末の間に設定され，主として制御信号の伝送に使用する通信路をいう．

解説　①「**音声信号**を入出力とする」ではなく，正しくは「**アナログ信号**を入出力とする」です．端末設備等規則第 2 条第 2 項第二号に規定されています．

②「**インターネットプロトコル電話用設備又はデジタルデータ伝送用設備**に接続されるもの」ではなく，正しくは「**インターネットプロトコル電話用設備**に接続されるもの」です．端末設備等規則第 2 条第 2 項第九号に規定されています．

③「**多重伝送方式**により」ではなく，正しくは「**デジタル方式**により」です．端末設備等規則第 2 条第 2 項第十五号に規定されています．

④「**電気通信事業者の無線呼出用設備に接続し，その端末設備内において基地局**を使用するもの」ではなく，正しくは「**端末設備又は自営電気通信設備との接続において電波**を使用するもの」です．端末設備等規則第 2 条第 2 項第四号に規定されています．

補足
⑤は端末設備等規則第2条 第2項 第二十三号に規定されています．

解答　⑤

問 4 用語について述べた次の文章のうち，誤っているものは，　　　である．

① インターネットプロトコル電話端末とは，端末設備であって，インターネットプロトコル電話用設備に接続されるものをいう．

② 総合デジタル通信用設備とは，電気通信事業の用に供する電気通信回線設備であって，主として 64 キロビット毎秒を単位とするデジタル信号の伝送速度により，専ら符号又は影像を統合して伝送交換することを目的とする電気通信役務の用に供するものをいう．

③ 移動電話用設備とは，電話用設備であって，端末設備又は自営電気通信設備との接続において電波を使用するものをいう．

④ デジタルデータ伝送用設備とは，電気通信事業の用に供する電気通信回線設備であって，デジタル方式により，専ら符号又は影像の伝送交換を目的とする電気通信役務の用に供するものをいう．

⑤ 専用通信回線設備とは，電気通信事業の用に供する電気通信回線設備であって，特定の利用者に当該設備を専用させる電気通信役務の用に供するものをいう．

解説 ② 「**専ら符号又は影像を**統合して伝送交換することを目的とする」ではなく，正しくは「**符号，音声その他の音響又は影像を**統合して伝送交換することを目的とする」です．端末設備等規則第 2 条第 2 項第十二号に規定されています．

解答 ②

補足
端末設備等規則第 2 条第 2 項，①は第七号，③は第四号，④は第十五号，⑤は第十四号に規定されています．

問 5 用語について述べた次の文章のうち，正しいものは，　　　である．

① 電話用設備とは，電気通信事業の用に供する電気通信回線設備であって，主としてアナログ信号の伝送交換を目的とする電気通信役務の用に供するものをいう．

② インターネットプロトコル電話用設備とは，電話用設備であって，端末設備又は自営電気通信設備との接続においてメディアコンバータを必要とするものをいう．

③ インターネットプロトコル移動電話端末とは，端末設備であって，インターネットプロトコル移動電話用設備又はデジタルデータ伝送用設備に接続されるものをいう．

④ 専用通信回線設備等端末とは，端末設備であって，専用通信回線設備又はデジタルデータ伝送用設備に接続されるものをいう．

⑤ 通話チャネルとは，移動電話用設備と移動電話端末又はインターネットプロトコル移動電話端末の間に設定され，主として制御信号の伝送に使用する通信路をいう．

解説　①「主として**アナログ信号**の伝送交換」ではなく，正しくは「主として**音声**の伝送交換」です．端末設備等規則第 2 条第 2 項第一号に規定されています．

②「接続において**メディアコンバータを必要とする**もの」ではなく，正しくは「接続において**インターネットプロトコルを使用する**もの」です．端末設備等規則第 2 条第 2 項第六号に規定されています．

③「**インターネットプロトコル電話用設備又はデジタルデータ伝送用設備**に接続されるもの」ではなく，正しくは「**インターネットプロトコル電話用設備**に接続されるもの」です．端末設備等規則第 2 条第 2 項第九号に規定されています．

⑤「主として**制御信号**の伝送に使用する」ではなく，正しくは「主として**音声**の伝送に使用する」です．端末設備等規則第 2 条第 2 項第二十二号に規定されています．

補足
④は端末設備等規則第 2 条第 2 項第十六号に規定されています．

解答　④

問 6　絶対レベルとは，一の［　　］に対する比をデシベルで表したものをいう．

①　有効電力の 1 ワット　　②　有効電力の 1 ミリワット
③　皮相電力の 1 ワット　　④　皮相電力の 1 ミリワット
⑤　無効電力の 1 ワット　　⑥　無効電力の 1 ミリワット

解説　「一の**皮相電力の 1 ミリワット**に対する比をデシベルで表したもの」と端末設備等規則第 2 条第 2 項第二十一号に規定されています．

解答　④

問 7　用語について述べた次の二つの文章は，［　　］．

A　選択信号とは，主として相手の端末設備を指定するために使用する信号をいう．

B　直流回路とは，端末設備又は自営電気通信設備を接続する点においてモジュラジャック式の接続形式を有するアナログ電話用設備に接続して電気通信事業者の交換設備の通話路の設定及び解放の制御を行うための回路をいう．

①　A のみ正しい　　②　B のみ正しい
③　A も B も正しい　　④　A も B も正しくない

解説　B「**モジュラジャック式**の接続形式を有するアナログ電話用設備に接続して電気通信事業者の交換設備の**通話路の設定及び解放**の制御」ではなく，正しくは「**2 線式**の接続形式を有するアナログ電話用設備に接続して電気通信事業者の**交換設備の動作の開始及び終了**の制御」です．端末設備等規則第 2 条第 2 項第二十号に規定されています．

補足
A は端末設備等規則第 2 条第 2 項第十九号に規定されています．

解答　①

問 8 制御チャネルとは，[ ]の間に設定され，主として制御信号の伝送に使用する通信路をいう.

① アナログ電話用設備とアナログ電話端末
② 専用通信回線設備と専用通信回線設備等端末
③ 無線呼出用設備と無線呼出端末
④ インターネットプロトコル電話用設備とインターネットプロトコル電話端末
⑤ 移動電話用設備と移動電話端末又はインターネットプロトコル移動電話端末

解説 「制御チャネルとは，**移動電話用設備と移動電話端末又はインターネットプロトコル移動電話端末**の間に設定され，主として制御信号の伝送に使用する通信路をいう.」と端末設備等規則第 2 条第 2 項第二十三号に規定されています.

解答 ⑤

問 9 直流回路とは，端末設備又は自営電気通信設備を接続する点において 2 線式の接続形式を有するアナログ電話用設備に接続して電気通信事業者の[ ]の開始及び終了の制御を行うための回路をいう.

① 伝送路設備の選択 ② 電源設備からの給電 ③ 共通制御装置の指定
④ 交換設備の動作 ⑤ 有線電気通信設備からの応答

解説 「2 線式の接続形式を有するアナログ電話用設備に接続して電気通信事業者の**交換設備の動作**の開始及び終了の制御を行うための回路をいう.」と端末設備等規則第 2 条第 2 項第二十号に規定されています.

解答 ④

問 10 呼切断用メッセージとは，切断メッセージ，[ ]メッセージ又は[ ]完了メッセージをいう.

① 応答 ② 接続 ③ 解放 ④ 呼設定 ⑤ 呼出

解説 「切断メッセージ，**解放**メッセージ又は**解放**完了メッセージをいう.」と端末設備等規則第 2 条第 2 項第二十五号に規定されています.

解答 ③

3.2 責任の分界と安全性等の端末設備の条件

出題のポイント

- ●端末設備と事業用電気通信設備との責任の分界
- ●分界点における接続の方式
- ●漏えいする通信の識別禁止，鳴音の発生防止
- ●端末設備と事業用電気通信設備の絶縁抵抗，接地抵抗
- ●電波を利用する端末設備の条件

[1] 責任の分界

端末設備　**第 3 条（責任の分界）**

利用者の接続する端末設備（「端末設備」という.）は，**事業用電気通信設備**との**責任の分界を明確にするため**，事業用電気通信設備との間に**分界点**を有しなければならない.

2　分界点における接続の方式は，**端末設備を電気通信回線ごとに事業用電気通信設備から容易に切り離せる**ものでなければならない.

容易に切り離せるとは，いったん切り離した後に電気通信設備を損なうことなく再接続することができることです．総務大臣が告示する接続の方式には電話機のプラグジャック方式があり，その他の容易に切り離せる方式として，ローゼットによるねじ止め方式や保安装置などがあります.

重要

端末設備接続の条件の重要項目を覚えましょう.
・責任の分界を明確にする
・接続の方式は，電気通信回線ごとに容易に切り離せる

[2] 漏えいする通信の識別禁止

端末設備　**第 4 条（漏えいする通信の識別禁止）**

端末設備は，**事業用電気通信設備**から漏えいする通信の内容を**意図的に識別**する機能を有してはならない.

[3] 鳴音の発生防止

端末設備　**第 5 条（鳴音の発生防止）**

端末設備は，**事業用電気通信設備**との間で**鳴音**（電気的又は音響的結合により生ずる**発振状態**をいう.）を発生することを防止するために**総務大臣が別に告示する条件**を満たすものでなければならない.

鳴音の発生を防止するため総務大臣が告示して定める条件では，端末設備に入力した信号に対する端末設備から反射する信号の電力の減衰量（リターンロス）を 2 デシベル以上としています.

補足

受話器（スピーカ）から送話器（マイクロホン）に回り込んでピーと大きな音が発生するように，電気的又は音響的結合により生ずる発振状態を鳴音《めいおん》又はハウリングといいます.

[4] 絶縁抵抗等

端末設備　第6条（絶縁抵抗等）

端末設備の機器は，その電源回路と筐《きょう》体及びその電源回路と**事業用電気通信設備**との間に次の絶縁抵抗及び絶縁耐力を有しなければならない．

一　**絶縁抵抗**は，使用電圧が **300 ボルト以下**の場合にあっては，**0.2 メガオーム以上**であり，**300 ボルトを超え 750 ボルト以下の直流及び 300 ボルトを超え 600 ボルト以下の交流**の場合にあっては，**0.4 メガオーム以上**であること．

二　**絶縁耐力**は，使用電圧が 750 ボルトを超える直流及び 600 ボルトを超える交流の場合にあっては，その**使用電圧の 1.5 倍の電圧**を連続して **10 分間**加えたときこれに耐えること．

2　端末設備の機器の金属製の台及び筐《きょう》体は，**接地抵抗**が **100 オーム以下**となるように接地しなければならない．ただし，安全な場所に危険のないように設置する場合にあっては，この限りでない．

重要

次の用語のポイントを覚えましょう．
絶縁抵抗：300 ボルト以下の場合は，0.2 メガオーム以上．300 ボルトを超え 750 ボルト以下の直流及び 300 ボルトを超え 600 ボルト以下の交流の場合は，0.4 メガオーム以上．
絶縁耐力：750 ボルトを超える直流及び 600 ボルトを超える交流の場合は，使用電圧の 1.5 倍の電圧を 10 分間加える．
接地抵抗：100 オーム以下

[5] 過大な音響衝撃の発生防止

端末設備　第7条（過大音響衝撃の発生防止）

通話機能を有する端末設備は，通話中に受話器から過大な**音響衝撃**が発生することを防止する機能を備えなければならない．

補足

雷などによる電気通信回線からの誘導電圧や電話機内部の回路の異常電圧などにより，受話器に音響衝撃が発生することを防止する規定です．

[6] 配線設備等

端末設備　第8条（配線設備等）

利用者が端末設備を**事業用電気通信設備**に接続する際に使用する線路及び保安器その他の機器（「配線設備等」という．）は，次の各号により**設置**されなければならない．

一　配線設備等の**評価雑音電力**（通信回線が受ける妨害であって人間の聴覚率を考慮して定められる**実効的雑音電力**をいい，**誘導によるものを含む**．）は，絶対レベルで表した値で**定常時**において**マイナス 64 デシベル以下**であり，かつ，**最大時**において**マイナス 58 デシベル以下**であること．

二　配線設備等の電線相互間及び電線と大地間の**絶縁抵抗**は，**直流 200 ボルト以上**の一の電圧で測定した値で **1 メガオーム以上**であること．

三　配線設備等と**強電流電線との関係**については**有線電気通信設備令**第 11 条から第 15 条まで及び第 18 条に適合するものであること．

四　事業用電気通信設備を損傷し，又はその機能に障害を与えないようにするため，**総務大臣が別に告示する**ところにより配線設備等の**設置**の方法を定める場合にあっては，その方法によるものであること．

重要

評価雑音電力とは，通信回線が受ける妨害であって人間の聴覚率を考慮して定められる実効的雑音電力をいい，誘導によるものを含みます．

［7］電波を使用する端末設備の条件

端末設備　第 9 条（端末設備内において電波を使用する端末設備）

　端末設備を構成する一の部分と他の部分相互間において電波を使用する端末設備は，次の各号の条件に適合するものでなければならない．

一　総務大臣が別に告示する条件に適合する**識別符号**（端末設備に使用される**無線設備**を識別するための符号であって，通信路の設定に当たってその照合が行われるものをいう．）を有すること．

二　使用する電波の周波数が空き状態であるかどうかについて，総務大臣が別に告示するところにより判定を行い，空き状態である場合にのみ通信路を設定するものであること．ただし，総務大臣が別に告示するものについては，この限りでない．

三　使用される無線設備は，一の筐《きょう》体に収められており，かつ，**容易に開けることができないこと**．ただし，総務大臣が別に告示するものについては，この限りでない．

補足

電波を使用する端末設備は，コードレス電話や無線 LAN などの端末設備のことです．

補足

第二号に規定する機能については 3.3 節の範囲です．

補足

総務大臣が別に告示する一の筐体に収めなくてもよいものとして，電源装置，送話器（マイクロホン），受話器（スピーカ）などがあります．

問 1　責任の分界について述べた次の二つの文章は，［　　］．

A　利用者の接続する端末設備は，事業用電気通信設備との責任の分界を明確にするため，事業用電気通信設備との間に分界点を有しなければならない．

B　分界点における接続の方式は，総務大臣が別に告示する電気的条件及び光学的条件のいずれかの条件に適合するものでなければならない．

①　A のみ正しい　　②　B のみ正しい

③　A も B も正しい　　④　A も B も正しくない

解説　B「分界点における接続の方式は，**総務大臣が別に告示する電気的条件及び光学的条件のいずれかの条件に適合する**」ではなく，正しくは「分界点における接続の方式は，**端末設備を電気通信回線ごとに事業用電気通信設備から容易に切り離せる**」です．

解答　①

補足

端末設備等規則第 3 条に規定されています．

問 2 責任の分界及び安全性等について述べた次の二つの文章は，[　　]．

A　利用者の接続する端末設備は，事業用電気通信設備との責任の分界を明確にするため，事業用電気通信設備との間に保安器を有しなければならない．

B　端末設備の機器の金属製の台及び筐《きょう》体は，接地抵抗が 500 オーム以下となるように接地しなければならない．ただし，安全な場所に危険のないように設置する場合にあっては，この限りでない．

①　A のみ正しい　　②　B のみ正しい
③　A も B も正しい　　④　A も B も正しくない

解説　A 「事業用電気通信設備との間に**保安器**を有しなければならない」ではなく，正しくは「事業用電気通信設備との間に**分界点**を有しなければならない」です．端末設備等規則第 3 条に規定されています．

B 「接地抵抗が **500 オーム**以下となるように」ではなく，正しくは「接地抵抗が **100 オーム**以下となるように」です．端末設備等規則第 6 条第 2 項に規定されています．

数値を覚えるのはたいへんだね．端末設備規則に規定する接地抵抗は 100 オームだけだよ．

解答　④

問 3 責任の分界及び安全性等について述べた次の二つの文章は，[　　]．

A　分界点における接続の方式は，端末設備を電気通信回線ごとに事業用電気通信設備から容易に切り離せるものでなければならない．

B　端末設備は，自営電気通信設備との間で鳴音（電気的又は音響的結合により生ずる発振状態をいう．）を発生することを防止するために総務大臣が別に告示する条件を満たすものでなければならない．

①　A のみ正しい　　②　B のみ正しい
③　A も B も正しい　　④　A も B も正しくない

解説　B 「端末設備は，**自営電気通信設備**との間で鳴音」ではなく，正しくは「端末設備は，**事業用電気通信設備**との間で鳴音」です．端末設備等規則第 5 条に規定されています．

補足
A は端末設備等規則第 3 条に規定されています．

解答　①

問 4 安全性等について述べた次の二つの文章は，[　　]．

A　端末設備は，事業用電気通信設備との間で鳴音（電気的又は音響的結合により生ずる発振状態をいう．）を発生することを防止するために総務大臣が別に告示する条件を満たすものでなければならない．

B　通話機能を有する端末設備は，通話中に受話器から過大な誘導雑音が発生することを防止する機能を備えなければならない．

① Aのみ正しい　② Bのみ正しい

③ AもBも正しい　④ AもBも正しくない

解説　B「受話器から過大な**誘導雑音**が発生する」ではなく，正しくは「受話器から過大な**音響衝撃**が発生する」です．端末設備等規則第7条に規定されています．

解答　①

補足

Aは端末設備等規則第5条に規定されています．

問5

端末設備は，事業用電気通信設備から漏えいする通信の内容を［　　］する機能を有してはならない．

① 容易に判別　② 意図的に識別　③ 保存

④ 任意に消去　⑤ 自動的に記録

解説　「事業用電気通信設備から漏えいする通信の内容を**意図的に識別**する機能を有してはならない．」と端末設備等規則第4条に規定されています．

解答　②

問6

安全性等について述べた次の二つの文章は，［　　］．

A　端末設備を構成する一の部分と他の部分相互間において電波を使用する端末設備にあっては，使用される無線設備は，一の筐《きょう》体に収められており，かつ，容易に開けることができないものでなければならない．ただし，総務大臣が別に告示するものについては，この限りでない．

B　端末設備は，自営電気通信設備から漏えいする通信の内容を意図的に識別する機能を有してはならない．

① Aのみ正しい　② Bのみ正しい

③ AもBも正しい　④ AもBも正しくない

解説　B「**自営電気通信設備**から漏えいする通信」ではなく，正しくは「**事業用電気通信設備**から漏えいする通信」です．端末設備等規則第4条に規定されています．

解答　①

補足

Aは端末設備等規則第9条に規定されています．

問 7 「絶縁抵抗等」において，端末設備の機器は，その電源回路と筐《きょう》体及びその電源回路と事業用電気通信設備との間において，使用電圧が 300 ボルトを超え 750 ボルト以下の直流及び 300 ボルトを超え 600 ボルト以下の交流の場合にあっては，［　　］メガオーム以上の絶縁抵抗を有しなければならないと規定されている．

① 0.2　② 0.3　③ 0.4　④ 0.5　⑤ 1

解説 「使用電圧が 300 ボルトを超え 750 ボルト以下の直流及び 300 ボルトを超え 600 ボルト以下の交流の場合にあっては，**0.4 メガオーム**以上の絶縁抵抗を有しなければならない.」と端末設備等規則第 6 条第 1 項第一号に規定されています．

解答 ③

問 8 「絶縁抵抗等」について述べた次の二つの文章は，［　　］.

A　端末設備の機器の金属製の台及び筐《きょう》体は，接地抵抗が 0.2 メガオーム以下となるように接地しなければならない．ただし，安全な場所に危険のないように設置する場合にあっては，この限りでない．

B　端末設備の機器は，その電源回路と筐《きょう》体及びその電源回路と事業用電気通信設備との間において，使用電圧が 750 ボルトを超える直流及び 600 ボルトを超える交流の場合にあっては，その使用電圧の 1.5 倍の電圧を連続して 20 分間加えたときこれに耐える絶縁耐力を有しなければならない．

① A のみ正しい　② B のみ正しい
③ A も B も正しい　④ A も B も正しくない

解説 A 「接地抵抗が **0.2 メガオーム**以下となるように」ではなく，正しくは「接地抵抗が **100 オーム**以下となるように」です．端末設備等規則第 6 条第 2 項に規定されています．

B 「連続して **20 分間**加えたとき」ではなく，正しくは「連続して **10 分間**加えたとき」です．端末設備等規則第 6 条第 1 項第二号に規定されています．

解答 ④

問 9 安全性等について述べた次の文章のうち，誤っているものは，［　　］である．

① 端末設備は，事業用電気通信設備から漏えいする通信の内容を意図的に識別する機能を有してはならない．

② 通話機能を有する端末設備は，通話中に受話器から過大な音響衝撃が発生することを防止する機能を備えなければならない．

③　端末設備の機器は，その電源回路と筐《きょう》体及びその電源回路と事業用電気通信設備との間において，使用電圧が 750 ボルトを超える直流及び 600 ボルトを超える交流の場合にあっては，その使用電圧の 1.5 倍の電圧を連続して 15 分間加えたときこれに耐える絶縁耐力を有しなければならない.

④　配線設備等の電線相互間及び電線と大地間の絶縁抵抗は，直流 200 ボルト以上の一の電圧で測定した値で 1 メガオーム以上でなければならない.

⑤　配線設備等は，事業用電気通信設備を損傷し，又はその機能に障害を与えないようにするため，総務大臣が別に告示するところにより配線設備等の設置の方法を定める場合にあっては，その方法によるものでなければならない.

解説　③「連続して **15 分間**加えたとき」ではなく，正しくは「連続して **10 分間**加えたとき」です．端末設備等規則第 6 条第 1 項第二号に規定されています.

補足

端末設備等規則，①は第 4 条，②は第 7 条，④は第 8 条第二号，⑤は第 8 条第四号に規定されています.

解答　③

問10　「絶縁抵抗等」において，端末設備の機器は，その電源回路と筐《きょう》体及びその電源回路と事業用電気通信設備との間において，使用電圧が 750 ボルトを超える直流及び 600 ボルトを超える交流の場合にあっては，その使用電圧の 1.5 倍の電圧を連続して ☐ 分間加えたときこれに耐える絶縁耐力を有しなければならないと規定されている.

①　5　　②　10　　③　15　　④　20　　⑤　30

解説　「その使用電圧の 1.5 倍の電圧を連続して **10 分間**加えたときこれに耐えること」と端末設備等規則第 6 条第 1 項第二号に規定されています.

解答　②

問11　責任の分界又は安全性等について述べた次の文章のうち，誤っているものは，☐ である.

①　分界点における接続の方式は，端末設備を電気通信回線ごとに事業用電気通信設備から容易に切り離せるものでなければならない.

②　端末設備は，事業用電気通信設備との間で鳴音（電気的又は音響的結合により生ずる発振状態をいう.）を発生することを防止するために総務大臣が別に告示する条件を満たすものでなければならない.

③　通話機能を有する端末設備は，通話中に受話器から過大な音響衝撃が発生することを防止する機能を備えなければならない.

④　配線設備等と強電流電線との関係については有線電気通信設備令の規定に適合するものであること．

⑤　配線設備等の電線相互間及び電線と大地間の絶縁抵抗は，直流200ボルト以上の一の電圧で測定した値で0.4メガオーム以上であること．

解説　⑤「**0.4メガオーム**以上であること」ではなく，正しくは「**1メガオーム**以上であること」です．端末設備等規則第8条第二号に規定されています．

解答　⑤

補足

端末設備等規則，①は第3条，②は第5条，③は第7条，④は第8条第三号に規定されています．

問12　端末設備の機器の金属製の台及び筐《きょう》体は，接地抵抗が[　　]オーム以下となるように接地しなければならない．ただし，安全な場所に危険のないように設置する場合にあっては，この限りでない．

①　10　②　50　③　100　④　200　⑤　300

解説　「接地抵抗が**100オーム以下**となるように接地しなければならない」と端末設備等規則第6条第2項に規定されています．

解答　③

問13　安全性等について述べた次の文章のうち，誤っているものは，[　　]である．

①　端末設備は，事業用電気通信設備との間で鳴音（電気的又は音響的結合により生ずる発振状態をいう．）を発生することを防止するために総務大臣が別に告示する条件を満たすものでなければならない．

②　通話機能を有する端末設備は，通話中に受話器から過大な音響衝撃が発生することを防止する機能を備えなければならない．

③　配線設備等の評価雑音電力とは，通信回線が受ける妨害であって人間の聴覚率を考慮して定められる雑音電力の尖《せん》頭値をいい，誘導によるものを含む．

④　配線設備等と強電流電線との関係については有線電気通信設備令の規定に適合するものであること．

⑤　端末設備は，事業用電気通信設備から漏えいする通信の内容を意図的に識別する機能を有してはならない．

解説　③「**雑音電力の尖頭値**をいい」ではなく，正しくは「**実効的雑音電力**をいい」です．端末設備等規則第8条第一号に規定されています．

解答　③

問14 配線設備等の評価雑音電力とは，通信回線が受ける妨害であって人間の聴覚率を考慮して定められる［　　］をいい，誘導によるものを含む．

① 雑音電力の尖《せん》頭値　② 漏話雑音電力　③ 信号送出電力

④ 実効的雑音電力　⑤ 雑音電力の最大値

解説「通信回線が受ける妨害であって人間の聴覚率を考慮して定められる**実効的雑音電力**をいい，誘導によるものを含む」と端末設備等規則第 8 条第一号に規定されています．

解答 ④

問15「配線設備等」について述べた次の二つの文章は，［　　］．

A　評価雑音電力とは，通信回線が受ける妨害であって人間の聴覚率を考慮して定められる実効的雑音電力をいい，誘導によるものは含まない．

B　配線設備等の評価雑音電力は，絶対レベルで表した値で定常時においてマイナス 64 デシベル以下であり，かつ，最大時においてマイナス 58 デシベル以下であること．

① A のみ正しい　② B のみ正しい

③ A も B も正しい　④ A も B も正しくない

解説 A「誘導によるもの**は含まない**」ではなく，正しくは「誘導によるもの**を含む**」です．

解答 ②

補足
端末設備等規則第 8 条第一号に規定されています．

問16「配線設備等」において，配線設備等の電線相互間及び電線と大地間の絶縁抵抗は，直流 200 ボルト以上の一の電圧で測定した値で［　　］メガオーム以上でなければならないと規定されている．

① 0.2　② 0.4　③ 1　④ 2　⑤ 5

解説「直流 200 ボルト以上の一の電圧で測定した値で **1** メガオーム以上でなければならない」と端末設備等規則第 8 条第二号に規定されています．

解答 ③

出る
下線の部分は，ほかの試験問題で穴埋めの字句として出題されています．

問17 「配線設備等」について述べた次の二つの文章は，[　　　].

A　配線設備等と強電流電線との関係については有線電気通信設備令の規定に適合するものであること.

B　配線設備等の評価雑音電力（通信回線が受ける妨害であって人間の聴覚率を考慮して定められる実効的雑音電力をいい，誘導によるものを含む.）は，絶対レベルで表した値で定常時においてマイナス 64 デシベル以下であり，かつ，最小時においてマイナス 58 デシベル以下であること.

①　Aのみ正しい　　②　Bのみ正しい

③　AもBも正しい　　④　AもBも正しくない

解説　B 「かつ，**最小時**において」ではなく，正しくは「かつ，**最大時**において」です．端末設備等規則第 8 条第一号に規定されています．

解答　①

補足

Aは端末設備等規則第 8 条第三号に規定されています．

デシベルの値がマイナスなので，数値が小さい方が大きい値だよ．

問18 端末設備を構成する一の部分と他の部分相互間において電波を使用する端末設備が有することとされる識別符号とは，端末設備に使用される[　　　]を識別するための符号であって，通信路の設定に当たってその照合が行われるものをいう.

①　電波の周波数　　②　メッセージの内容　　③　無線設備

④　無線チャネル　　⑤　配線設備

解説　「端末設備に使用される**無線設備**を識別するための符号であって，通信路の設定に当たってその照合が行われるものをいう」と端末設備等規則第 9 条第一号に規定されています．

解答　③

問19 「配線設備等」について述べた次の二つの文章は，[　　].

A　事業用電気通信設備を損傷し，又はその機能に障害を与えないようにするため，総務大臣が別に告示するところにより配線設備等の設置の方法を定める場合にあっては，その方法によるものであること.

B　配線設備等の電線相互間及び電線の中性点と大地との間の絶縁抵抗は，直流 100 ボルト以上の一の電圧で測定した値で 1 メガオーム以上であること.

①　A のみ正しい　　②　B のみ正しい

③　A も B も正しい　　④　A も B も正しくない

解説　B 「**電線の中性点と大地**との絶縁抵抗は，直流 **100 ボルト**以上の一の電圧」ではなく，正しくは「**電線と大地**との絶縁抵抗は，直流 **200 ボルト**以上の一の電圧」です．端末設備等規則第 8 条第二号に規定されています.

補足

A は端末設備等規則第 8 条第四号に規定されています.

解答　①

問20 端末設備を構成する一の部分と他の部分相互間において電波を使用する端末設備は，総務大臣が別に告示するものを除き，使用する電波の周波数が空き状態であるかどうかについて，総務大臣が別に告示するところにより判定を行い，空き状態である場合にのみ[　　]ものでなければならない.

①　通信路を識別する　　②　直流回路を開く　　③　電源回路を開く

④　通信路を設定する　　⑤　直流回路を閉じる

解説　「空き状態である場合にのみ**通信路を設定する**ものでなければならない」と端末設備等規則第 9 条第二号に規定されています.

解答　④

問21 「端末設備内において電波を使用する端末設備」について述べた次の二つの文章は，[　　].

A　使用する電波の周波数が空き状態であるかどうかについて，総務大臣が別に告示するところにより判定を行い，空き状態である場合にのみ通信路を設定するものであること．ただし，総務大臣が別に告示するものについては，この限りでない.

B　総務大臣が別に告示する条件に適合する呼出符号（端末設備に使用される無線設備を識別するための符号であって，通信路の設定に当たってその照合が行われるものをいう.）を有すること.

①　A のみ正しい　　②　B のみ正しい

③　A も B も正しい　　④　A も B も正しくない

解説　B「別に告示する条件に適合する**呼出符号**」ではなく，正しくは「別に告示する条件に適合する**識別符号**」です．端末設備等規則第9条第一号に規定されています．

補足
Aは端末設備等規則第9条第二号に規定されています．

解答　①

問22　端末設備を構成する一の部分と他の部分相互間において電波を使用する端末設備にあっては，使用される無線設備は，一の筐《きょう》体に収められており，かつ，容易に［　　］ことができないものでなければならない．ただし，総務大臣が別に告示するものについては，この限りでない．

①　交換する　②　取り外す　③　照合する　④　開ける　⑤　改造する

解説　「一の筐体に収められており，かつ，容易に**開ける**ことができないものでなければならない」と端末設備等規則第9条第三号に規定されています．

解答　④

問23　「端末設備内において電波を使用する端末設備」について述べた次の二つの文章は，［　　］．

A　端末設備を構成する一の部分と他の部分相互間において電波を使用する端末設備は，総務大臣が別に告示する条件に適合する識別符号（端末設備に使用される無線設備を識別するための符号であって，通信路の設定に当たってその照合が行われるものをいう．）を有しなければならない．

B　端末設備を構成する一の部分と他の部分相互間において電波を使用する端末設備にあっては，使用される無線設備は，一の筐体に収められており，かつ，気密性を有しなければならない．ただし，総務大臣が別に告示するものについては，この限りでない．

①　Aのみ正しい　②　Bのみ正しい
③　AもBも正しい　④　AもBも正しくない

解説　B「かつ，**気密性を有しなければならない**」ではなく，正しくは「かつ，**容易に開けることができないこと**」です．端末設備等規則第9条第三号に規定されています．

補足
Aは端末設備等規則第9条第一号に規定されています．

解答　①

3.3 アナログ電話端末

出題のポイント

- ●アナログ電話端末の押しボタンダイヤル信号の選択信号の条件
- ●緊急通報を発信する機能
- ●電波を使用する端末設備の接続の機能

[1] 通信の基本的機能

端末設備 第10条（基本的機能）

アナログ電話端末の直流回路は，発信又は応答を行うとき閉じ，通信が終了したとき開くものでなければならない．

直流回路を閉じて，交換設備と端末設備との間に直流電流が流れると，交換設備は，それを検知することによって，端末設備の発信又は応答を判別します．

補足

発信や応答のとき，直流回路は閉じます．

[2] 発信の機能

端末設備 第11条（発信の機能）

アナログ電話端末は，発信に関する次の機能を備えなければならない．

一 自動的に選択信号を送出する場合にあっては，直流回路を閉じてから3秒以上経過後に選択信号の送出を開始するものであること．ただし，電気通信回線からの発信音又はこれに相当する可聴音を確認した後に選択信号を送出する場合にあっては，この限りでない．

二 発信に際して相手の端末設備からの応答を自動的に確認する場合にあっては，電気通信回線からの応答が確認できない場合選択信号送出終了後2分以内に直流回路を開くものであること．

三 自動再発信（応答のない相手に対し引き続いて繰り返し自動的に行う発信をいう．以下同じ．）を行う場合（自動再発信の回数が15回以内の場合を除く．）にあっては，その回数は最初の発信から3分間に2回以内であること．この場合において，最初の発信から3分を超えて行われる発信は，別の発信とみなす．

四 前号の規定は，火災，盗難その他の非常の場合にあっては，適用しない．

補足

発信とは，通信を行う相手を呼び出すための動作です．応答とは，電気通信回線からの呼出しに応じるための動作です．電話機の送受話器を上げると（オフフック）発信又は応答状態になり，電話機の送受話器を下ろすと（オンフック）通信の終了状態となります．

[3] 選択信号の条件

端末設備 第12条（選択信号の条件）

アナログ電話端末の選択信号は，次の条件に適合するものでなければならない．

一 ダイヤルパルスにあっては，別表第1号（表3.1）の条件

二 押しボタンダイヤル信号にあっては，別表第2号（表3.2）の条件

表3.1 ダイヤルパルスの選択信号の条件

ダイヤルパルスの種類	ダイヤルパルス速度	ダイヤルパルスメーク率	ミニマムポーズ
10パルス毎秒方式	10±1.0パルス毎秒以内	30%以上42%以下	600 ms以上
20パルス毎秒方式	20±1.6パルス毎秒以内	30%以上36%以下	450 ms以上

注）1 ダイヤルパルス速度とは，1秒間に断続するパルス数をいう．

2 ダイヤルパルスメーク率とは，ダイヤルパルスの接（メーク）と断（ブレーク）の時間の割合をいい，次式で定義するものとする．

$$\text{ダイヤルパルスメーク率} = \frac{\text{接時間}}{\text{接時間} + \text{断時間}} \times 100 \ 〔\%〕$$

3 ミニマムポーズとは，隣接するパルス列間の休止時間の最小値をいう．

表3.2 押しボタンダイヤル信号の条件

（1）ダイヤル信号の周波数

押しボタンダイヤル信号	周波数	押しボタンダイヤル信号	周波数
1	697 Hz及び1 209 Hz	9	852 Hz及び1 477 Hz
2	697 Hz及び1 336 Hz	0	941 Hz及び1 336 Hz
3	697 Hz及び1 477 Hz	*	941 Hz及び1 209 Hz
4	770 Hz及び1 209 Hz	#	941 Hz及び1 477 Hz
5	770 Hz及び1 336 Hz	A	697 Hz及び1 633 Hz
6	770 Hz及び1 477 Hz	B	770 Hz及び1 633 Hz
7	852 Hz及び1 209 Hz	C	852 Hz及び1 633 Hz
8	852 Hz及び1 336 Hz	D	941 Hz及び1 633 Hz

（2）その他の条件

項目		条件
信号周波数偏差		信号周波数の±1.5%以内
信号送出電力の許容範囲	低群周波数	図4.1（a）に示す．
	高群周波数	図4.1（b）に示す．
	2周波電力差	5 dB以内，かつ低群周波数の電力が高群周波数の電力を超えないこと．
信号送出時間		50 ms以上
ミニマムポーズ		30 ms以上
周期		120 ms以上

注）1 低群周波数とは，697 Hz，770 Hz，852 Hz及び941 Hzをいい，高群周波数とは，1 209 Hz，1 336 Hz，1 477 Hz及び1 633 Hzをいう．

2 ミニマムポーズとは，隣接する信号間の休止時間の最小値をいう．

3 **周期**とは，**信号送出時間とミニマムポーズの和**をいう．

補足

ダイヤルパルスは，10パルス毎秒方式と20パルス毎秒方式があります．

補足

押しボタンダイヤル（プッシュホン）信号は，4の低群周波数と，4の高群周波数のうち二つの周波数を組み合わせた信号により，16種類の押しボタンダイヤル信号を作ります．一般に用いられているのは，このうち1～0，*，#の12種類の信号です．

重要

選択信号の条件を覚えましょう．

低群周波数：600 Hzから1 000 Hzまでの範囲内における特定の四つの周波数

高群周波数：1 200 Hzから1 700 Hzまでの範囲内における特定の四つの周波数

ミニマムポーズ：隣接する信号間の休止時間の最小値

周期：信号送出時間とミニマムポーズの和

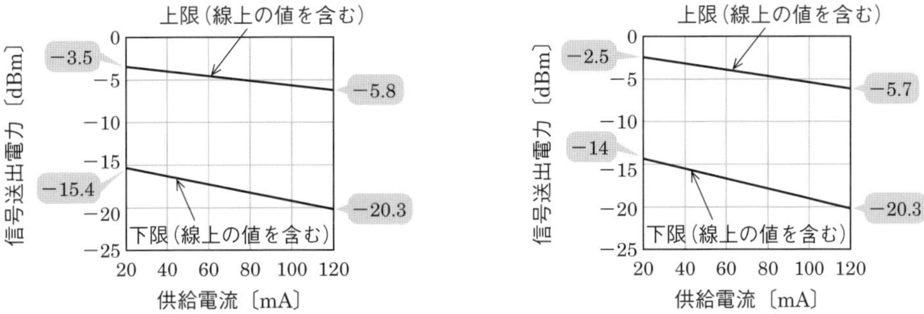

注　供給電流が 20 mA 未満の場合の信号送出電力は−15.4 dBm 以上−3.5 dBm 以下，供給電流が 120 mA を超える場合の信号送出電力は−20.3 dBm 以上−5.8 dBm 以下であること．

（a）低群周波数

注　供給電流が 20 mA 未満の場合の信号送出電力は−14 dBm 以上−2.5 dBm 以下，供給電流が 120 mA を超える場合の信号送出電力は−20.3 dBm 以上−5.7 dBm 以下であること．

（b）高群周波数

図 3.1　信号送出電力許容範囲

［4］緊急通報機能

端末設備　第 12 条の 2（緊急通報機能）

アナログ電話端末であって，通話の用に供するものは，電気通信番号規則別表第 12 号に掲げる**緊急通報番号**を使用した**警察機関**，**海上保安機関**又は**消防機関**への通報（以下「緊急通報」という．）を発信する機能を備えなければならない．

電気通信番号規則　別表

電気通信番号の種別
十二　緊急通報番号

電気通信番号計画　（令和元年総務省告示第 6 号）第 4

事業者設備等識別番号（プレフィックスを除く．）に関する事項

電気通信番号		電気通信番号により識別する電気通信設備又は提供すべき電気通信役務の種類若しくは内容
電気通信番号の種別	電気通信番号の構成	
緊急通報番号	110	警察機関への緊急通報を行う機能の提供に係る電気通信役務
	118	海上保安機関への緊急通報を行う機能の提供に係る電気通信役務
	119	消防機関への緊急通報を行う機能の提供に係る電気通信役務

補足
直流回路が閉じているときの条件と開いているときの電気的条件が規定されています．

［5］直流回路の電気的条件等

端末設備　第 13 条（直流回路の電気的条件等）

直流回路を閉じているときのアナログ電話端末の直流回路の電気的条件は，次のとおりでなければならない．

一　直流回路の直流抵抗値は，20 ミリアンペア以上 120 ミリアンペア以下の電流で測定した値で 50 オーム以上 300 オーム以下であること．ただし，直流回路の直流抵抗値と電気通信事業者の交換設備からアナログ電話端末までの線路の直流抵抗値の和が 50 オーム以上 1 700 オーム以下の場合にあっては，この限りでない．
二　ダイヤルパルスによる選択信号送出時における直流回路の静電容量は，3 マイクロファラド以下であること．
2　直流回路を開いているときのアナログ電話端末の直流回路の電気的条件は，次のとおりでなければならない．
一　直流回路の直流抵抗値は，1 メガオーム以上であること．
二　直流回路と大地の間の絶縁抵抗は，直流 200 ボルト以上の一の電圧で測定した値で 1 メガオーム以上であること．
三　呼出信号受信時における直流回路の静電容量は，3 マイクロファラド以下であり，インピーダンスは，75 ボルト，16 ヘルツの交流に対して 2 キロオーム以上であること．
3　アナログ電話端末は，電気通信回線に対して直流の電圧を加えるものであってはならない．

補足
電話機の送受話器を上げると（オフフック）直流回路が閉じて，発信又は応答状態になります．
通信が終了して電話機の送受話器を下ろすと（オンフック）直流回路が開き，通信の終了状態となります．

75 V，16 Hz の交流によって電話機のベルが鳴るんだね．

［6］送出電力

端末設備　第 14 条（送出電力）

アナログ電話端末の送出電力の許容範囲は，通話の用に供する場合を除き，表 3.3 のとおりとする．

表 3.3　アナログ電話端末の送出電力の許容範囲

項　目		アナログ電話端末の送出電力の許容範囲
4kHz までの送出電力		−8 dBm（平均レベル）以下で，かつ 0 dBm（最大レベル）を超えないこと
不要送出レベル	4 kHz から 8 Hz まで	−20 dBm 以下
	8 Hz から 12 kHz まで	−40 dBm 以下
	12 kHz 以上の各 4 kHz 帯域	−60 dBm 以下

注 1　平均レベルとは，端末設備の使用状態における平均的なレベル（実効値）であり，最大レベルとは，端末設備の送出レベルが最も高くなる状態でのレベル（実効値）とする．
2　送出電力及び不要送出レベルは，平衡 600 Ω のインピーダンスを接続して測定した値を絶対レベルで表した値とする．
3　dBm は，絶対レベルを表す単位とする．

補足
絶対レベルは〔dBm〕の単位で表されます．

端末設備　第 2 条（定義）第 2 項第二十一号

「絶対レベル」とは，一の皮相電力の 1 ミリワットに対する比をデシベルで表したものをいう．

「絶対レベル」とは一の皮相電力の 1 ミリワットに対する比をデシベルで表したものだよ．

［7］漏話減衰量

端末設備　第 15 条（漏話減衰量）

複数の電気通信回線と接続されるアナログ電話端末の回線相互間の漏話減衰量は，1 500 ヘルツにおいて 70 デシベル以上でなければならない．

[8] 電波を使用する端末設備の接続の機能

端末設備　第9条（端末設備内において電波を使用する端末設備）

端末設備を構成する一の部分と他の部分相互間において電波を使用する端末設備は，次の各号の条件に適合するものでなければならない．

一　総務大臣が別に告示する条件に適合する識別符号（端末設備に使用される無線設備を識別するための符号であって，通信路の設定に当たってその照合が行われるものをいう.）を有すること．

二　使用する電波の周波数が空き状態であるかどうかについて，総務大臣が別に告示するところにより判定を行い，空き状態である場合にのみ通信路を設定するものであること．ただし，総務大臣が別に告示するものについては，この限りでない．

三　使用される無線設備は，一の筐《きょう》体に収められており，かつ，容易に開けることができないこと．ただし，総務大臣が別に告示するものについては，この限りでない．

補足

3.2 [7] 電波を使用する端末設備の条件の節にも同じ規定があります．

問 1　アナログ電話端末の「選択信号の条件」における押しボタンダイヤル信号について述べた次の文章のうち，誤っているものは，［　　］である．

① 周期とは，信号送出時間とミニマムポーズの和をいう．

② ミニマムポーズは，30 ミリ秒以上でなければならない．

③ 低群周波数は，600 ヘルツから 900 ヘルツまでの範囲内における特定の四つの周波数で規定されている．

④ 高群周波数は，1 200 ヘルツから 1 700 ヘルツまでの範囲内における特定の四つの周波数で規定されている．

⑤ 信号送出時間は，50 ミリ秒以上でなければならない．

解説　③「低群周波数は，600 ヘルツから **900 ヘルツ**までの範囲内」ではなく，正しくは「低群周波数は，600 ヘルツから **1 000 ヘルツ**までの範囲内」です．端末設備等規則第 12 条第二号別表第 2 号に規定されています．

解答 ③

問 2　アナログ電話端末の「選択信号の条件」における押しボタンダイヤル信号について述べた次の文章のうち，正しいものは，［　　］である．

① 低群周波数は，600 ヘルツから 900 ヘルツまでの範囲内における特定の四つの周波数で規定されている．

② 高群周波数は，1 200 ヘルツから 1 600 ヘルツまでの範囲内における特定の四つの周波数で規定されている．

③ ミニマムポーズは，30 ミリ秒以上でなければならない．

④ 周期とは，信号送出時間と信号受信時間の和をいう．

⑤ 信号送出時間は，120 ミリ秒以上でなければならない．

解説　①「低群周波数は，600 ヘルツから **900 ヘルツ**までの範囲内」ではなく，正しくは「低群周波数は，600 ヘルツから **1 000 ヘルツ**までの範囲内」です．

②「高群周波数は，1 200 ヘルツから **1 600 ヘルツ**までの範囲内」ではなく，正しくは「高群周波数は，1 200 ヘルツから **1 700 ヘルツ**までの範囲内」です．

④「周期とは，信号送出時間と**信号受信時間**の和」ではなく，正しくは「周期とは，信号送出時間と**ミニマムポーズ**の和」です．

⑤「信号送出時間は，**120 ミリ秒**以上」ではなく，正しくは「信号送出時間は，**50 ミリ秒**以上」です．

補足

端末設備等規則第12条第二号別表第2号に規定されています．

解答　③

問 3　アナログ電話端末の「選択信号の条件」における押しボタンダイヤル信号について述べた次の文章のうち，誤っているものは，［　　］である．

①　低群周波数は，600 ヘルツから 1 000 ヘルツまでの範囲内における特定の四つの周波数で規定されている．

②　高群周波数は，1 200 ヘルツから 1 700 ヘルツまでの範囲内における特定の四つの周波数で規定されている．

③　信号周波数偏差は，信号周波数の ±1.5 パーセント以内でなければならない．

④　ミニマムポーズは，30 ミリ秒以上でなければならない．

⑤　信号送出時間は，30 ミリ秒以上でなければならない．

解説　⑤「信号送出時間は，**30 ミリ秒**以上」ではなく，正しくは「信号送出時間は，**50 ミリ秒**以上」です．

補足

端末設備等規則第12条第二号別表第2号に規定されています．

解答　⑤

問 4　アナログ電話端末の「選択信号の条件」における押しボタンダイヤル信号について述べた次の文章のうち，誤っているものは，［　　］である．

①　数字又は数字以外を表すダイヤル番号として規定されている総数は，12 種類である．

②　信号送出電力の許容範囲として規定されている 2 周波電力差は，5 デシベル以内であり，かつ，低群周波数の電力が高群周波数の電力を超えないものでなければならない．

③　信号周波数偏差は，信号周波数の ±1.5 パーセント以内でなければならない．

④　ミニマムポーズは，30 ミリ秒以上でなければならない．

⑤　周期は，120 ミリ秒以上でなければならない．

解説　①「総数は，**12 種類**である」ではなく，正しくは「総数は，**16 種類**である」です．端末設備等規則第 12 条第二号別表第 2 号に規定されています．

解答　①

問 5　アナログ電話端末の「選択信号の条件」における押しボタンダイヤル信号について述べた次の二つの文章は，［　　］．

A　周期は，120 ミリ秒以上でなければならない．

B　数字又は数字以外を表すダイヤル番号として規定されている総数は，12 種類である．

①　A のみ正しい　　②　B のみ正しい

③　A も B も正しい　　④　A も B も正しくない

解説　B「総数は，**12 種類**である」ではなく，正しくは「総数は，**16 種類**である」です．

解答　①

問 6　アナログ電話端末であって，通話の用に供するものは，電気通信番号規則に掲げる緊急通報番号を使用した警察機関，［　　］機関又は消防機関への通報を発信する機能を備えなければならない．

①　報道　　②　医療　　③　気象　　④　検察　　⑤　海上保安

解説　「警察機関，**海上保安**機関又は消防機関への通報を発信する機能を備えなければならない」と端末設備等規則第 12 条の 2 に規定されています．

解答　⑤

3.4 移動電話端末

出題のポイント

- 移動電話端末の基本的機能，発信の機能
- 移動電話端末の漏話減衰量

[1] 基本的機能

端末設備 第 17 条（基本的機能）

移動電話端末は，次の機能を備えなければならない．

一 **発信を行う場合**にあっては，**発信を要求する信号**を送出するものであること．

二 **応答を行う場合**にあっては，**応答を確認する信号**を送出するものであること．

三 **通信を終了する場合**にあっては，**チャネル**（通話チャネル及び制御チャネルをいう．以下同じ．）**を切断する信号**を送出するものであること．

重要

移動電話端末の基本的機能を覚えましょう．
発信を行う場合：発信を要求する信号を送出
応答を行う場合：応答を確認する信号を送出
通信を終了する場合：チャネルを切断する信号を送出

[2] 発信の機能

端末設備 第 18 条（発信の機能）

移動電話端末は，発信に関する次の機能を備えなければならない．

一 発信に際して相手の端末設備からの応答を自動的に確認する場合にあっては，電気通信回線からの応答が確認できない場合選択信号送出終了後 **1 分以内**にチャネルを切断する信号を送出し，送信を停止するものであること．

二 **自動再発信**を行う場合にあっては，その回数は **2 回以内**であること．ただし，最初の発信から **3 分を超えた**場合にあっては，別の発信とみなす．

三 前号の規定は，火災，盗難その他の非常の場合にあっては，適用しない．

補足

携帯電話・携帯端末システムは，電気通信事業者の基地局，交換設備及びこれらを結ぶ回線設備で構成された移動電話設備と利用者が設置する携帯電話などの移動電話端末で構成されています．

[3] 送信タイミング

端末設備 第 19 条（送信タイミング）

移動電話端末は，**総務大臣が別に告示する条件**に適合する**送信タイミング**で送信する機能を備えなければならない．

[4] ランダムアクセス制御

端末設備 第 20 条（ランダムアクセス制御）

移動電話端末は，総務大臣が別に告示する条件に適合するランダムアクセス制御（複数の移動電話端末からの送信が衝突した場合，再び送信が衝突することを避けるために各移動電話端末がそれぞれ不規則な遅延時間の後に再び送信することをいう.）を行う機能を備えなければならない.

補足

送信タイミング，ランダムアクセス制御，タイムアライメント制御は，複数の端末からの送信が衝突しないように制御します.

[5] タイムアラインメント制御

端末設備 第 21 条（タイムアラインメント制御）

移動電話端末は，総務大臣が別に告示する条件に適合するタイムアラインメント制御（移動電話端末が，移動電話用設備から指示された値に従い送信タイミングを調整することをいう.）を行う機能を備えなければならない.

[6] 漏話減衰量

端末設備 第 31 条（漏話減衰量）

複数の電気通信回線と接続される移動電話端末の回線相互間の**漏話減衰量**は，1 500 ヘルツにおいて **70 デシベル**以上でなければならない.

問 1 移動電話端末の「基本的機能」，「発信の機能」又は「送信タイミング」について述べた次の文章のうち，誤っているものは，［　　］である.

① 発信を行う場合にあっては，発信を要求する信号を送出するものであること.

② 応答を行う場合にあっては，応答を確認する信号を送出するものであること.

③ 通信を終了する場合にあっては，チャネル（通話チャネル及び制御チャネルをいう.）を切断する信号を送出するものであること.

④ 発信に際して相手の端末設備からの応答を自動的に確認する場合にあっては，電気通信回線からの応答が確認できない場合選択信号送出終了後直ちにチャネルを切断する信号を送出し，送信を停止するものであること.

⑤ 移動電話端末は，総務大臣が別に告示する条件に適合する送信タイミングで送信する機能を備えなければならない.

解説 ④「選択信号送出終了後**直ちに**」ではなく，正しくは「選択信号送出終了後 **1 分以内に**」です．端末設備等規則第 18 条第一号に規定されています.

解答 ④

補足

端末設備等規則，①は第 17 条第一号，②は第 17 条第二号，③は第 17 条第三号，⑤は第 19 条に規定されています.

問 2 移動電話端末の「基本的機能」及び「発信の機能」について述べた次の二つの文章は，[　　　].

A　発信を行う場合にあっては，発信を要求する信号を送出するものであること．応答を行う場合にあっては，応答を確認する信号を送出するものであること．

B　自動再発信を行う場合にあっては，その回数は 3 回以内であること．ただし，最初の発信から 2 分を超えた場合にあっては，別の発信とみなす．

なお，この規定は，火災，盗難その他の非常の場合にあっては，適用しない．

①　A のみ正しい　　②　B のみ正しい

③　A も B も正しい　　④　A も B も正しくない

解説　B「その回数は **3 回**以内であること．ただし，最初の発信から **2 分**を超えた場合にあっては，別の発信とみなす」ではなく，正しくは「その回数は **2 回**以内であること．ただし，最初の発信から **3 分**を超えた場合にあっては，別の発信とみなす」です．端末設備等規則第 18 条第二号に規定されています．

補足
A は端末設備等規則第 17 条第一号及び第二号に規定されています．

解答　①

問 3 移動電話端末の「漏話減衰量」，「基本的機能」又は「発信の機能」について述べた次の文章のうち，正しいものは，[　　　]である．

①　複数の電気通信回線と接続される移動電話端末の回線相互間の漏話減衰量は，1 500 ヘルツにおいて 50 デシベル以上でなければならない．

②　発信を行う場合にあっては，呼設定メッセージを送出するものであること．

③　応答を行う場合にあっては，応答メッセージを送出するものであること．

④　通信を終了する場合にあっては，チャネル（通話チャネル及び制御チャネルをいう．）を切断する信号を送出するものであること．

⑤　自動再発信を行う場合にあっては，その回数は 3 回以内であること．ただし，最初の発信から 2 分を超えた場合にあっては，別の発信とみなす．

なお，この規定は，火災，盗難その他の非常の場合にあっては，適用しない．

補足

④は端末設備等規則第17条第三号に規定されています．

解説 ①「漏話減衰量は，1 500ヘルツにおいて**50デシベル**以上」ではなく，正しくは「漏話減衰量は，1 500ヘルツにおいて**70デシベル**以上」です．端末設備等規則第31条に規定されています．

②「**呼設定メッセージ**を送出する」ではなく，正しくは「**発信を要求する信号**を送出する」です．端末設備等規則第17条第一号に規定されています．

③「**応答メッセージ**を送出する」ではなく，正しくは「**応答を確認する信号**を送出する」です．端末設備等規則第17条第二号に規定されています．

⑤「その回数は**3回**以内であること．ただし，最初の発信から**2分**を超えた場合にあっては，別の発信とみなす.」ではなく，正しくは「その回数は**2回**以内であること．ただし，最初の発信から**3分**を超えた場合にあっては，別の発信とみなす.」です．端末設備等規則第18条第二号に規定されています．

解答 ④

問4 移動電話端末の「漏話減衰量」において，複数の電気通信回線と接続される移動電話端末の回線相互間の漏話減衰量は，1 500ヘルツにおいて［　　］デシベル以上でなければならないと規定されている．

① 58　② 64　③ 70　④ 80　⑤ 90

解説「1 500ヘルツにおいて**70**デシベル以上でなければならない」と端末設備等規則第31条に規定されています．

解答 ③

3章　端末設備等規則

3.5　インターネットプロトコル端末と専用通信回線設備等端末

出題のポイント

- ●インターネットプロトコル電話端末の基本的機能，発信の機能
- ●インターネットプロトコル移動電話端末の発信の機能等
- ●専用通信回線設備等端末の漏話減衰量，電気的条件等
- ●インターネットプロトコルを使用する専用通信回線設備等端末

1　インターネットプロトコル電話端末

[1] 基本的機能

端末設備　**第32条の2（基本的機能）**

　インターネットプロトコル電話端末は，次の機能を備えなければならない．

一　**発信又は応答を行う場合**にあっては，呼の設定を行うためのメッセージ又は当該メッセージに対応するためのメッセージを送出するものであること．

二　**通信を終了する場合**にあっては，呼の切断，解放若しくは取消しを行うためのメッセージ又は当該メッセージに対応するためのメッセージ（以下「通信終了メッセージ」という．）を送出するものであること．

[2] 発信の機能

端末設備　**第32条の3（発信の機能）**

　インターネットプロトコル電話端末は，発信に関する次の機能を備えなければならない．

一　発信に際して**相手の端末設備からの応答を自動的に確認する場合**にあっては，電気通信回線からの応答が確認できない場合呼の設定を行うためのメッセージ送出終了後2分以内に**通信終了メッセージ**を送出するものであること．

二　**自動再発信を行う場合**（自動再発信の回数が15回以内の場合を除く．）にあっては，その回数は最初の発信から**3分間に2回以内**であること．この場合において，最初の発信から**3分を超えて**行われる発信は，別の発信とみなす．

三　前号の規定は，火災，盗難その他の非常の場合にあっては，適用しない．

重要

インターネットプロトコル電話端末の機能を覚えましょう．
発信又は応答を行う場合：呼の設定を行うためのメッセージ又は当該メッセージに対応するためのメッセージを送出
相手の端末設備からの応答を自動的に確認する場合：応答が確認できない場合呼の設定を行うためのメッセージ送出終了後2分以内に通信終了メッセージを送出
自動再発信を行う（15回以内）場合：最初の発信から3分間に2回以内

2 インターネットプロトコル移動電話端末

[1] 基本的機能

端末設備 第 32 条の 10（基本的機能）

インターネットプロトコル移動電話端末は，次の機能を備えなければならない．

一　**発信を行う場合**にあっては，発信を要求する信号を送出するものであること．

二　**応答を行う場合**にあっては，応答を確認する信号を送出するものであること．

三　**通信を終了する場合**にあっては，チャネルを切断する信号を送出するものであること．

四　発信又は応答を行う場合にあっては，呼の設定を行うためのメッセージ又は当該メッセージに対応するためのメッセージを送出するものであること．

五　通信を終了する場合にあっては，通信終了メッセージを送出するものであること．

重要

インターネットプロトコル移動電話端末の機能を覚えましょう．

発信に際し相手端末からの応答を自動的に確認する場合：電気通信回線からの応答が確認できない場合呼の設定を行うためのメッセージ送出終了後 128 秒以内に通信終了メッセージを送出

自動再発信を行う場合：3 回以内

総務大臣が別に告示する条件に適合する送信タイミングで送信する機能を備える．

[2] 発信の機能

端末設備 第 32 条の 11（発信の機能）

インターネットプロトコル移動電話端末は，発信に関する次の機能を備えなければならない．

一　**発信に際して相手の端末設備からの応答を自動的に確認する場合**にあっては，電気通信回線からの応答が確認できない場合呼の設定を行うためのメッセージ送出終了後 **128 秒以内に通信終了メッセージ**を送出するものであること．

二　**自動再発信を行う場合**にあっては，その回数は **3 回以内**であること．ただし，最初の発信から **3 分を超えた**場合にあっては，**別の発信とみなす**．

三　前号の規定は，火災，盗難その他の**非常の場合にあっては，適用しない**．

[3] 送信タイミング

端末設備 第 32 条の 12（送信タイミング）

インターネットプロトコル移動電話端末は，**総務大臣が別に告示する条件**に適合する**送信タイミングで送信する機能**を備えなければならない．

3　専用通信回線設備又はデジタルデータ伝送用設備に接続される端末設備

［1］基本的機能

端末設備　第34条の8（電気的条件等）

専用通信回線設備等端末は，総務大臣が別に告示する**電気的条件**及び**光学的条件**のいずれかの条件に適合するものでなければならない．

2　**専用通信回線設備等端末**は，**電気通信回線**に対して**直流の電圧**を加えるものであってはならない．ただし，前項に規定する総務大臣が別に告示する条件において**直流重畳**が認められる場合にあっては，この限りでない．

［2］漏話減衰量

端末設備　第34条の9（漏話減衰量）

複数の電気通信回線と接続される**専用通信回線設備等端末**の回線相互間の**漏話減衰量**は，**1 500 ヘルツ**において **70 デシベル**以上でなければならない．

重要

専用通信回線設備等端末の条件を覚えましょう．
総務大臣が別に告示する電気的条件及び光学的条件のいずれかに適合
電気通信回線に対して直流の電圧を加えない
漏話減衰量：1 500 ヘルツにおいて 70 デシベル以上

［3］インターネットプロトコルを使用する専用通信回線設備等端末

端末設備　第34条の10（インターネットプロトコルを使用する専用通信回線設備等端末）

専用通信回線設備等端末（デジタルデータ伝送用設備に接続されるものに限る．以下この条において同じ．）であって，デジタルデータ伝送用設備との接続においてインターネットプロトコルを使用するもののうち，電気通信回線設備を介して接続することにより当該専用通信回線設備等端末に備えられた電気通信の機能（送受信に係るものに限る．以下この条において同じ．）に係る設定を変更できるものは，次の各号の条件に適合するもの又はこれと同等以上のものでなければならない．ただし，次の各号の条件に係る機能又はこれらと同等以上の機能を利用者が任意のソフトウェアにより随時かつ容易に変更することができる専用通信回線設備等端末については，この限りでない．

一　当該専用通信回線設備等端末に備えられた電気通信の機能に係る設定を変更するための**アクセス制御機能**（不正アクセス行為の禁止等に関する法律第2条第3項に規定するアクセス制御機能をいう．以下同じ．）を有すること．

二　前号のアクセス制御機能に係る識別符号（不正アクセス行為の禁止等に関する法律第2条第2項に規定する識別符号をいう．以下同じ．）であって，初めて当該専用通信回線設備等端末を利用するときにあらかじめ設定されているもの（2以上の符号の組合せによる場合は，少なくとも1の符号に係るもの．）の**変更**を促す機能若しくはこれに準ずるものを有すること又は当該識別符号について当該専用通信回線設備等端末の機器ごとに異なるものが付されていること若しくはこれに準ずる措置が講じられていること．

三　当該専用通信回線設備等端末の電気通信の機能に係る**ソフトウェアを更新できる**こと．

四　当該専用通信回線設備等端末への電力の供給が停止した場合であっても，第一号のアクセス制御機能に係る設定及び前号の機能により**更新されたソフトウェアを維持できる**こと．

重要

第一号に関する試験問題では「専用通信回線設備等端末（デジタルデータ伝送用設備に接続されるものに限る．以下同じ．）であって，デジタルデータ伝送用設備との接続においてインターネットプロトコルを使用するもののうち，電気通信回線設備を介して接続することにより当該専用通信回線設備等端末に備えられた電気通信の機能（送受信に係るものに限る．以下同じ．）に係る設定を変更できるものは，当該専用通信回線設備等端末に備えられた電気通信の機能に係る設定を変更するためのアクセス制御機能を有しなければならない．」のように記載されています．

問 1 インターネットプロトコル電話端末の「基本的機能」について述べた次の二つの文章は，[　　].

A　発信又は応答を行う場合にあっては，呼の設定を行うためのメッセージ又は当該メッセージに対応するためのメッセージを送出するものであること.

B　通信を終了する場合にあっては，呼の切断，解放若しくは取消しを行うためのメッセージ又は当該メッセージに対応するためのメッセージを送出するものであること.

①　A のみ正しい　　②　B のみ正しい
③　A も B も正しい　　④　A も B も正しくない

解説　A　発信又は応答を行う場合については，端末設備等規則第 32 条の 2 第一号に規定されています.

B　通信を終了する場合については，端末設備等規則第 32 条の 2 第二号に規定されています.

解答　③

問 2 インターネットプロトコル電話端末の「発信の機能」及び「基本的機能」について述べた次の二つの文章は，[　　].

A　自動再発信を行う場合（自動再発信の回数が 15 回以内の場合を除く.）にあっては，その回数は最初の発信から 2 分間に 3 回以内であること．この場合において，最初の発信から 2 分を超えて行われる発信は，別の発信とみなす.

なお，この規定は，火災，盗難その他の非常の場合にあっては，適用しない.

B　発信又は応答を行う場合にあっては，呼の設定を行うためのメッセージ又は当該メッセージに対応するためのメッセージを送出するものであること.

①　A のみ正しい　　②　B のみ正しい
③　A も B も正しい　　④　A も B も正しくない

解説　A「その回数は最初の発信から **2 分間に 3 回以内**であること．この場合において，最初の発信から **2 分を超えて**行われる発信」ではなく，正しくは「その回数は最初の発信から **3 分間に 2 回以内**であること．この場合において，最初の発信から **3 分を超えて**行われる発信」です．端末設備等規則第 32 条の 2 第二号に規定されています.

解答　②

補足

B は端末設備等規則第 32 条の 2 第一号に規定されています.

問 3 インターネットプロトコル電話端末は，発信に際して相手の端末設備からの応答を自動的に確認する場合にあっては，電気通信回線からの応答が確認できない場合呼の設定を行うためのメッセージ送出終了後 2 分以内に［　　］を送出する機能を備えなければならない.

① 選択信号　② 通信終了メッセージ　③ チャネルを切断する信号
④ 切断信号　⑤ 呼切断用メッセージ

解説 「呼の設定を行うためのメッセージ送出終了後 2 分以内に**通信終了メッセージ**を送出する機能を備えなければならない.」と端末設備等規則第 32 条の 3 第一号に規定されています.

解答 ②

問 4 インターネットプロトコル移動電話端末は，発信に際して相手の端末設備からの応答を自動的に確認する場合にあっては，電気通信回線からの応答が確認できない場合呼の設定を行うためのメッセージ送出終了後［　　］メッセージを送出する機能を備えなければならない.

① 128 秒以内に応答確認　② 3 分以内に応答確認
③ 128 秒以内に通信終了　④ 3 分以内に通信終了

解説 「呼の設定を行うためのメッセージ送出終了後 **128 秒以内に通信終了**メッセージを送出する機能を備えなければならない.」と端末設備等規則第 32 条の 11 第一号に規定されています.

解答 ③

問 5 インターネットプロトコル移動電話端末の「基本的機能」,「発信の機能」又は「送信タイミング」について述べた次の文章のうち，誤っているものは，［　　］である.

① 発信を行う場合にあっては，発信を要求する信号を送出するものであること.
② 応答を行う場合にあっては，応答を確認する信号を送出するものであること.
③ 通信を終了する場合にあっては，チャネルを切断する信号を送出するものであること.
④ 発信に際して相手の端末設備からの応答を自動的に確認する場合にあっては，電気通信回線からの応答が確認できない場合呼の設定を行うためのメッセージ送出終了後 100 秒以内に通信終了メッセージを送出するものであること.
⑤ インターネットプロトコル移動電話端末は，総務大臣が別に告示する条件に適合する送信タイミングで送信する機能を備えなければならない.

解説　④「**100秒以内**に通信終了メッセージ」ではなく，正しくは「**128秒以内**に通信終了メッセージ」です．端末設備等規則第32条の11に規定されています．

解答　④

補足
端末設備等規則第32条の10，①は第一号，②は第二号，③は第三号，⑤は第32条の12に規定されています．

問6　インターネットプロトコル移動電話端末の「基本的機能」及び「発信の機能」について述べた次の二つの文章は，[　　]．

A　通信を終了する場合にあっては，チャネルを切断する信号を送出するものであること．

B　自動再発信を行う場合にあっては，その回数は3回以内であること．ただし，最初の発信から3分を超えた場合にあっては，別の発信とみなす．
　なお，この規定は，火災，盗難その他の非常の場合にあっては，適用しない．

①　Aのみ正しい　　②　Bのみ正しい
③　AもBも正しい　　④　AもBも正しくない

解説　A　通信を終了する場合については，端末設備等規則第32条の10第三号に規定されています．

B　自動再発信を行う場合については，端末設備等規則第32条の11第二号及び第三号に規定されています．

解答　③

回数と時間に注意してね．

問7　専用通信回線設備等端末の「電気的条件等」について述べた次の二つの文章は，[　　]．

A　専用通信回線設備等端末は，総務大臣が別に告示する電気的条件及び光学的条件のいずれかの条件に適合するものでなければならない．

B　専用通信回線設備等端末は，電気通信回線に対して音声周波の交流電圧を加えるものであってはならない．ただし，総務大臣が別に告示する条件において音声周波の交流重畳が認められる場合にあっては，この限りでない．

①　Aのみ正しい　　②　Bのみ正しい
③　AもBも正しい　　④　AもBも正しくない

解説　B「電気通信回線に対して**音声周波の交流電圧**を加えるものであってはならない．ただし，総務大臣が別に告示する条件において**音声周波の交流重畳**が認められる場合にあっては，この限りでない．」ではなく，正しくは「電気通信回線に対して**直流の電圧**を加えるものであってはならない．ただし，総務大臣が別に告示する条件において**直流重畳**が認められる場合にあっては，この限りでない．」です．端末設備等規則第 34 条の 8 第 2 項に規定されています．

補足
A は端末設備等規則第 34 条の 8 第 1 項に規定されています．

解答　①

問 8　複数の電気通信回線と接続される専用通信回線設備等端末の回線相互間の［　　　］は，1 500 ヘルツにおいて 70 デシベル以上でなければならない．

①　漏話雑音電力　　②　平衡度　　③　誘導雑音電力
④　漏話減衰量　　⑤　送出電力

解説　「回線相互間の**漏話減衰量**は，1 500 ヘルツにおいて 70 デシベル以上でなければならない．」と端末設備等規則第 34 条の 9 に規定されています．

出る
下線の部分は，ほかの試験問題で穴埋めの字句として出題されています．

解答　④

問 9　専用通信回線設備等端末の「電気的条件等」及び「漏話減衰量」について述べた次の二つの文章は，［　　　］．

A　専用通信回線設備等端末は，総務大臣が別に告示する電気的条件及び光学的条件のいずれかの条件に適合するものでなければならない．

B　複数の電気通信回線と接続される専用通信回線設備等端末の回線相互間の漏話減衰量は，1 700 ヘルツにおいて 70 デシベル以上でなければならない．

①　A のみ正しい　　②　B のみ正しい
③　A も B も正しい　　④　A も B も正しくない

解説　B「漏話減衰量は，**1 700 ヘルツ**において 70 デシベル以上」ではなく，正しくは「漏話減衰量は，**1 500 ヘルツ**において 70 デシベル以上」です．端末設備等規則第 34 条の 9 に規定されています．

補足
A は端末設備等規則第 34 条の 8 第 1 項に規定されています．

解答　①

問10 専用通信回線設備等端末（デジタルデータ伝送用設備に接続されるものに限る．以下同じ．）であって，デジタルデータ伝送用設備との接続においてインターネットプロトコルを使用するもののうち，電気通信回線設備を介して接続することにより当該専用通信回線設備等端末に備えられた電気通信の機能（送受信に係るものに限る．以下同じ．）に係る設定を変更できるものは，当該専用通信回線設備等端末に備えられた電気通信の機能に係る設定を変更するための［　　　］機能を有しなければならない．

① 自動実行　② 優先制御　③ 情報管理
④ アクセス制御　⑤ セキュリティ管理

解説 「当該専用通信回線設備等端末に備えられた電気通信の機能に係る設定を変更するための**アクセス制御機能**を有しなければならない．」と端末設備等規則第 34 条の 10 第一号に規定されています．

解答 ④

問11 「インターネットプロトコルを使用する専用通信回線設備等端末」において規定される専用通信回線設備等端末が，適合しなければならない条件について述べた次の文章のうち，誤っているものは，［　　　］である．

① 当該専用通信回線設備等端末に備えられた電気通信の機能に係る設定を変更するためのアクセス制御機能を有すること．
② 当該専用通信回線設備等端末が有するアクセス制御機能に係る識別符号であって，初めて当該専用通信回線設備等端末を利用するときにあらかじめ設定されているものの記録を促す機能若しくはこれに準ずるものを有すること又は当該識別符号について当該専用通信回線設備等端末の機器ごとに異なるものが付されていること若しくはこれに準ずる措置が講じられていること．
③ 当該専用通信回線設備等端末の電気通信の機能に係るソフトウェアを更新できること．
④ 当該専用通信回線設備等端末への電力の供給が停止した場合であっても，アクセス制御機能に係る設定及び更新されたソフトウェアを維持できること．

解説 ② 「あらかじめ設定されているものの**記録**を促す機能若しくはこれに準ずるものを有すること」ではなく，正しくは「あらかじめ設定されているものの**変更**を促す機能若しくはこれに準ずるものを有すること」です．端末設備等規則第 34 条の 10 第二号に規定されています．

補足
端末設備等規則第 34 条の 10，①は第一号，③は第三号，④は第四号に規定されています．

解答 ②

4章　有線電気通信設備令・有線電気通信設備令施行規則・不正アクセス禁止法・電子署名法

4.1　有線電気通信設備令

出題のポイント

- ●有線電気通信設備令で定義されている用語
- ●有線電気通信設備に使用する電線の条件
- ●有線電気通信設備の保安

有線電気通信設備令（「有線設備令」）は，有線電気通信法に基づき，有線電気通信設備の詳細な条件について規定されています．

［1］用語の定義

有線設備令　**第１条（定義）**

この政令及びこの政令に基づく命令の規定の解釈に関しては，次の定義に従うものとする．

一　**電線**　有線電気通信（送信の場所と受信の場所との間の線条その他の導体を利用して，電磁的方式により信号を行うことを含む．）を行うための導体（絶縁物又は保護物で被覆されている場合は，これらの物を含む．）であって，**強電流電線に重畳される通信回線に係るもの以外のもの**

二　**絶縁電線**　**絶縁物のみで被覆**されている電線

三　**ケーブル**　**光ファイバ**並びに**光ファイバ以外の絶縁物及び保護物で被覆**されている電線

四　**強電流電線**　**強電流電気の伝送**を行うための**導体**（**絶縁物又は保護物で被覆**されている場合は，**これらの物を含む**．）

五　**線路**　送信の場所と受信の場所との間に設置されている**電線及びこれに係る中継器その他の機器**（これらを支持し，又は保蔵するための工作物を含む．）

六　**支持物**　電柱，支線，つり線その他**電線又は強電流電線を支持する**ための工作物

七　**離隔距離**　線路と他の物体（線路を含む．）とが気象条件による位置の変化により**最も接近した場合**におけるこれらの物の間の距離

八　**音声周波**　周波数が **200 ヘルツを超え**，**3 500 ヘルツ以下**の電磁波

九　**高周波**　周波数が **3 500 ヘルツを超える**電磁波

十　**絶対レベル**　一の**皮相電力**の１ミリワットに対する比をデシベルで表したもの

十一　**平衡度**　**通信回線の中性点と大地**との間に起電力を加えた場合におけるこれらの間に生ずる電圧と**通信回線の端子間**に生ずる電圧との比をデシベルで表したもの

重要

用語の定義のポイントを覚えましょう．
電線：有線電気通信を行う導体で，強電流電線に重畳される回線以外
絶縁電線：絶縁物のみで被覆
ケーブル：光ファイバ並びに光ファイバ以外
強電流電線：強電流電気の伝送，導体，絶縁物又は保護物を含む
線路：電線，中継器，その他の機器
支持物：電線又は強電流電線を支持する工作物
離隔距離：最も接近した場合の距離
音声周波：200 ヘルツを超え，3 500 ヘルツ以下
高周波：3 500 ヘルツを超える
絶対レベル：皮相電力の１ミリワットに対するデシベル
平衡度：通信回線の中性点と大地に起電力，端子間に生ずる電圧のデシベル

[2] 使用可能な電線の種類

有線設備令　第2条の2（使用可能な電線の種類）

有線電気通信設備に使用する電線は，**絶縁電線又はケーブル**でなければならない．ただし，総務省令で定める場合は，この限りでない．

[3] 通信回線の平衡度

有線設備令　第3条（通信回線の平衡度）

通信回線（導体が光ファイバであるものを除く．以下同じ．）の**平衡度**は，**1 000 ヘルツ**の交流において **34 デシベル以上**でなければならない．ただし，総務省令で定める場合は，この限りでない．

2　前項の平衡度は，総務省令で定める方法により測定するものとする．

[4] 線路の電圧及び通信回線の電力

有線設備令　第4条（線路の電圧及び通信回線の電力）

通信回線の線路の**電圧**は，**100 ボルト以下**でなければならない．ただし，電線としてケーブルのみを使用するとき，又は人体に危害を及ぼし，若しくは物件に損傷を与えるおそれがないときは，この限りでない．

2　通信回線の**電力**は，絶対レベルで表した値で，その周波数が**音声周波であるときは，プラス 10 デシベル以下**，**高周波であるときは，プラス 20 デシベル以下**でなければならない．ただし，総務省令で定める場合は，この限りでない．

[5] 架空電線の支持物

有線設備令　第5条（架空電線の支持物）

架空電線の**支持物**は，その架空電線が他人の設置した架空電線又は架空強電流電線と交差し，又は接近するときは，次の各号により設置しなければならない．ただし，その他人の承諾を得たとき，又は人体に危害を及ぼし，若しくは物件に損傷を与えないように必要な設備をしたときは，この限りでない．

一　他人の設置した架空電線又は架空強電流電線を挟み，又はこれらの間を通ることがないようにすること．

二　架空強電流電線（当該架空電線の支持物に架設されるものを除く．）との間の離隔距離は，総務省令で定める値以上とすること．

有線設備令　第6条

道路上に設置する電柱，架空電線と架空強電流電線とを架設する電柱その他の総務省令で定める電柱は，総務省令で定める**安全係数**をもたなければならない．

2　前項の安全係数は，その電柱に架設する物の重量，電線の不平均張力及び総務省令で定める風圧荷重が加わるものとして計算するものとする．

有線設備令　第7条

第5条第一号及び前条の規定は，次に掲げる線路であって，絶縁電線又はケーブルを使用するものについては，その設置の日から1月以内は，適用しない．

重要

有線電気通信設備令のポイントを覚えましょう．
使用する電線：絶縁電線又はケーブル
平衡度：1 000 ヘルツの交流において 34 デシベル以上
電圧：100 ボルト以下
電力：音声周波はプラス 10 デシベル以下，高周波はプラス 20 デシベル以下
支持物は，その架空電線が他人の設置した架空電線又は架空強電流電線と交差し又は接近するとき：①架空電線又は架空強電流電線を挟み又は間を通ることがない．②離隔距離は，総務省令で定める値以上
電柱：総務省令で定める安全係数をもたなければならない．

一　天災，事変その他の非常事態が発生し，又は発生するおそれがある場合において，災害の予防若しくは救援，交通，通信若しくは電力の供給の確保又は秩序の維持に必要な通信を行うため設置する線路
二　警察事務を行う者がその事務に必要な緊急の通信を行うため設置する線路
三　自衛隊法（昭和 29 年法律第 165 号）第 2 条第 1 項に規定する自衛隊がその業務に必要な緊急の通信を行うため設置する線路

有線設備令　第 7 条の 2

架空電線の**支持物**には，取扱者が昇降に使用する**足場金具等**を地表上 **1.8 メートル未満**の高さに取り付けてはならない．ただし，総務省令で定める場合は，この限りでない．

重要
支持物の足場金具等：地表上 1.8 メートル未満の高さに取り付けてはならない．
高さ：道路上にあるとき，鉄道又は軌道を横断するとき，河川を横断するときは，総務省令で定めるところによる．
他人の設置した架空電線との離隔距離：30 センチメートル以下となるように設置してはならない．
他人の建造物との離隔距離：30 センチメートル以下となるように設置してはならない．
架空強電流電線と交差する，水平距離が条件以下：総務省令で定めるところによる．
架空電線は，架空強電流電線と同一の支持物に架設してはならない．

[6] 架空電線の高さ

有線設備令　第 8 条（架空電線の高さ）

架空電線の**高さ**は，その架空電線が道路上にあるとき，鉄道又は軌道を横断するとき，及び河川を横断するときは，総務省令で定めるところによらなければならない．

[7] 架空電線と他人の設置した架空電線等との関係

有線設備令　第 9 条（架空電線と他人の設置した架空電線等との関係）

架空電線は，他人の設置した架空電線との離隔距離が 30 センチメートル以下となるように設置してはならない．ただし，その他人の承諾を得たとき，又は設置しようとする架空電線（これに係る中継器その他の機器を含む．以下この条において同じ．）が，その他人の設置した架空電線に係る作業に支障を及ぼさず，かつ，その他人の設置した架空電線に損傷を与えない場合として総務省令で定めるときは，この限りでない．

有線設備令　第 10 条

架空電線は，**他人の建造物**との離隔距離が **30 センチメートル以下**となるように設置してはならない．ただし，その他人の承諾を得たときは，この限りでない．

有線設備令　第 11 条

架空電線は，**架空強電流電線**と交差するとき，又は架空強電流電線との**水平距離**がその架空電線若しくは架空強電流電線の支持物のうちいずれか高いものの高さに相当する距離以下となるときは，総務省令で定めるところによらなければ，設置してはならない．

有線設備令　第 12 条

架空電線は，総務省令で定めるところによらなければ，**架空強電流電線**と同一の支持物に架設してはならない．

[8] 強電流電線に重畳される通信回線

有線設備令　第 13 条（強電流電線に重畳される通信回線）

強電流電線に重畳される通信回線は，左の各号により設置しなければならない．

一　重畳される部分とその他の部分とを**安全に分離し**，**且つ**，**開閉できる**ようにすること．

二　重畳される部分に異常電圧が生じた場合において，その他の部分を保護するため総務省令で定める保安装置を設置すること．

[9] 屋内電線

有線設備令　第 17 条（屋内電線）

屋内電線（光ファイバを除く．以下この条において同じ．）と大地との間及び屋内電線相互間の絶縁抵抗は，直流 100 ボルトの電圧で測定した値で，1 メグオーム以上でなければならない．

有線設備令　第 18 条

屋内電線は，屋内強電流電線との離隔距離が **30 センチメートル以下**となるときは，総務省令で定めるところによらなければ，設置してはならない．

[10] 有線電気通信設備の保安

有線設備令　第 19 条（有線電気通信設備の保安）

有線電気通信設備は，総務省令で定めるところにより，**絶縁機能**，**避雷機能**その他の**保安機能**をもたなければならない．

重要

強電流電線に重畳される通信回線：①安全に分離し，開閉できる．②異常電圧の保安装置を設置する．
屋内電線：大地間と屋内電線相互間の絶縁抵抗は直流 100 ボルトで1メグオーム以上．屋内強電流電線との離隔距離が 30 センチメートル以下となるときは，総務省令で定めるところにより設置．
有線電気通信設備の保安：絶縁機能，避雷機能その他の保安機能．

問 1　有線電気通信設備令に規定する用語について述べた次の文章のうち，誤っているものは，[　　　]である．

① 線路とは，送信の場所と受信の場所との間に設置されている電線及びこれに係る中継器その他の機器（これらを支持し，又は保蔵するための工作物を含む．）をいう．

② 支持物とは，電柱，支線，つり線その他電線又は強電流電線を支持するための工作物をいう．

③ 音声周波とは，周波数が 200 ヘルツを超え，3 500 ヘルツ以下の電磁波をいう．

④ 絶対レベルとは，一の有効電力の 1 ミリワットに対する比をデシベルで表したものをいう．

⑤ 絶縁電線とは，絶縁物のみで被覆されている電線をいう．

解説　④「一の**有効電力**の 1 ミリワットに対する比」ではなく，正しくは「一の**皮相電力**の 1 ミリワットに対する比」です．有線電気通信設備令第 1 条第十号に規定されています．

解答　④

補足

有線電気通信設備令第 1 条，①は第五号，②は第六号，③は第八号，⑤は第二号に規定されています．

問 2 有線電気通信設備令に規定する用語について述べた次の文章のうち，正しいものは，［　　］である．

① ケーブルとは，絶縁物のみで被覆されている光ファイバ以外の電線をいう．

② 強電流電線とは，強電流電気の伝送を行うための導体のほか，つり線，支線などの工作物を含めたものをいう．

③ 高周波とは，周波数が 3 000 ヘルツを超える電磁波をいう．

④ 離隔距離とは，線路と他の物体（線路を含む．）とが気象条件による位置の変化により最も接近した場合におけるこれらの物の間の距離をいう．

⑤ 音声周波とは，周波数が 300 ヘルツを超え，3 000 ヘルツ以下の電磁波をいう．

解説 ①「**絶縁物のみで被覆されている光ファイバ以外の**電線」ではなく，正しくは「**光ファイバ並びに光ファイバ以外の絶縁物及び保護物で被覆されている**電線」です．有線電気通信設備令第 1 条第三号に規定されています．

②「強電流電気の伝送を行うための**導体のほか**，**つり線**，**支線などの工作物を含めたもの**」ではなく，正しくは「強電流電気の伝送を行うための**導体（絶縁物又は保護物で被覆されている場合は，これらの物を含む．）**」です．有線電気通信設備令第 1 条第四号に規定されています．

③「周波数が **3 000 ヘルツ**を超える電磁波」ではなく，正しくは「周波数が **3 500 ヘルツ**を超える電磁波」です．有線電気通信設備令第 1 条第九号に規定されています．

⑤「周波数が **300 ヘルツを超え**，**3 000 ヘルツ以下**の電磁波」ではなく，正しくは「周波数が **200 ヘルツを超え**，**3 500 ヘルツ以下**の電磁波」です．有線電気通信設備令第 1 条第八号に規定されています．

補足
④は有線電気通信設備令第 1 条第七号に規定されています．

解答 ④

問 3 有線電気通信設備令に規定する用語について述べた次の文章のうち，誤っているものは，［　　］である．

① 強電流電線とは，強電流電気の伝送を行うための導体（絶縁物又は保護物で被覆されている場合は，これらの物を含む．）をいう．

② 絶縁電線とは，絶縁物のみで被覆されている電線をいう．

③ 離隔距離とは，線路と他の物体（線路を含む．）とが気象条件による位置の変化により最も接近した場合におけるこれらの物の間の距離をいう．

④ 平衡度とは，通信回線の中性点と大地との間に起電力を加えた場合におけるこれらの間に生ずる電圧と通信回線の端子間に生ずる電圧との比をデシベルで表したものをいう．

⑤ 電線とは，有線電気通信（送信の場所と受信の場所との間の線条その他の導体を利用して，電磁的方式により信号を行うことを含む.）を行うための導体（絶縁物又は保護物で被覆されている場合は，これらの物を含む.）であって，強電流電線に重畳される通信回線に係るものを含んだものをいう.

解説 ⑤「強電流電線に重畳される通信回線に**係るものを含んだ**もの」ではなく，正しくは「強電流電線に重畳される通信回線に**係るもの以外の**もの」です．有線電気通信設備令第 1 条第一号に規定されています.

解答 ⑤

補足
有線電気通信設備令第 1 条，①は第四号，②は第二号，③は第七号，④は第十一号に規定されています.

問 4 有線電気通信設備令に規定する「線路の電圧及び通信回線の電力」,「通信回線の平衡度」,「架空電線の支持物」又は「使用可能な電線の種類」について述べた次の文章のうち，誤っているものは，［　　］である．ただし，通信回線は，導体が光ファイバであるものを除くものとする.

① 通信回線の線路の電圧は，100 ボルト以下でなければならない．ただし，電線としてケーブルのみを使用するとき，又は人体に危害を及ぼし，若しくは物件に損傷を与えるおそれがないときは，この限りでない.

② 通信回線の電力は，絶対レベルで表した値で，その周波数が音声周波であるときは，プラス 10 デシベル以下，高周波であるときは，プラス 20 デシベル以下でなければならない．ただし，総務省令で定める場合は，この限りでない.

③ 通信回線の平衡度は，1 000 ヘルツの交流において 34 デシベル以上でなければならない．ただし，総務省令で定める場合は，この限りでない.

④ 架空電線の支持物は，その架空電線が他人の設置した架空電線又は架空強電流電線と交差し，又は接近するときは，他人の設置した架空電線又は架空強電流電線を挟み，又はこれらの間を通ることがないように設置しなければならない．ただし，その他人の承諾を得たとき，又は人体に危害を及ぼし，若しくは物件に損傷を与えないように必要な設備をしたときは，この限りでない.

⑤ 有線電気通信設備に使用する電線は，絶縁電線又は強電流絶縁電線でなければならない．ただし，総務省令で定める場合は，この限りでない.

解説　⑤「絶縁電線又は**強電流絶縁電線**でなければならない」ではなく，正しくは「絶縁電線又は**ケーブル**でなければならない」です．有線電気通信設備令第 2 条の 2 に規定されています．

解答　⑤

強電流電線は電力を送る電線だから違うよね．

補足

有線電気通信設備令，①は第 4 条第 1 項，②は第 4 条第 2 項，③は第 3 条第 1 項，④は第 5 条に規定されています．

問 5　有線電気通信設備令に規定する「架空電線の支持物」及び「架空電線の高さ」について述べた次の二つの文章は，［　　］．

A　道路上に設置する電柱，架空電線と架空強電流電線とを架設する電柱その他の総務省令で定める電柱は，総務省令で定める絶縁耐力をもたなければならない．

B　架空電線の高さは，その架空電線が道路上にあるとき，鉄道又は軌道を横断するとき，及び河川を横断するときは，総務省令で定めるところによらなければならない．

①　A のみ正しい　　②　B のみ正しい

③　A も B も正しい　　④　A も B も正しくない

解説　A「総務省令で定める**絶縁耐力**をもたなければならない」ではなく，正しくは「総務省令で定める**安全係数**をもたなければならない」です．有線電気通信設備令第 6 条第 1 項に規定されています．

解答　②

補足

B は有線電気通信設備令第 8 条に規定されています．

問 6　有線電気通信設備令に規定する「架空電線の支持物」又は「架空電線と他人の設置した架空電線等との関係」について述べた次の文章のうち，<u>誤っているものは</u>，［　　］である．

①　架空電線の支持物は，その架空電線が他人の設置した架空電線又は架空強電流電線と交差し，又は接近するときは，他人の設置した架空電線又は架空強電流電線を挟み，又はこれらの間を通ることがないように設置しなければならない．ただし，その他人の承諾を得たとき，又は人体に危害を及ぼし，若しくは物件に損傷を与えないように必要な設備をしたときは，この限りでない．

②　架空電線の支持物には，取扱者が昇降に使用する足場金具等を地表上 1.8 メートル未満の高さに取り付けてはならない．ただし，総務省令で定める場合は，この限りでない．

③　架空電線は，架空強電流電線と交差するとき，又は架空強電流電線との水平距離がその架空電線若しくは架空強電流電線の支持物のうちいずれか高いものの高さに相当する距離以下となるときは，総務省令で定めるところによらなければ，設置してはならない．

④　架空電線は，他人の建造物との離隔距離が 60 センチメートル以下となるように設置してはならない．ただし，その他人の承諾を得たときは，この限りでない．

⑤　架空電線は，総務省令で定めるところによらなければ，架空強電流電線と同一の支持物に架設してはならない．

解説　④「離隔距離が **60 センチメートル**以下となるように」ではなく，正しくは「離隔距離が **30 センチメートル**以下となるように」です．有線電気通信設備令第 10 条に規定されています．

補足　有線電気通信設備令，① は 第 5 条，②は第 7 条の 2，③は第 11 条，⑤は第 12 条に規定されています．

解答　④

問 7　有線電気通信設備令に規定する「架空電線の支持物」及び「架空電線と他人の設置した架空電線等との関係」について述べた次の二つの文章は，[　　　]．

A　架空電線の支持物には，取扱者が昇降に使用する足場金具等を地表上 2.5 メートル未満の高さに取り付けてはならない．ただし，総務省令で定める場合は，この限りでない．

B　架空電線は，架空強電流電線と交差するとき，又は架空強電流電線との水平距離がその架空電線若しくは架空強電流電線の支持物のうちいずれか高いものの高さに相当する距離以下となるときは，総務省令で定めるところによらなければ，設置してはならない．

①　A のみ正しい　　②　B のみ正しい

③　A も B も正しい　　④　A も B も正しくない

解説　A「地表上 **2.5 メートル**未満の高さに」ではなく，正しくは「地表上 **1.8 メートル**未満の高さに」です．有線電気通信設備令第 7 条の 2 に規定されています．

補足　B は有線電気通信設備令第 11 条に規定されています．

解答　②

問 8 有線電気通信設備令に規定する「有線電気通信設備の保安」及び「屋内電線」について述べた次の二つの文章は，[ ]．

A　有線電気通信設備は，総務省令で定めるところにより，絶縁機能，避雷機能その他の保安機能をもたなければならない．

B　屋内電線は，屋内強電流電線との離隔距離が 60 センチメートル以下となるときは，総務省令で定めるところによらなければ，設置してはならない．

①　A のみ正しい　　②　B のみ正しい

③　A も B も正しい　　④　A も B も正しくない

解説　B 「離隔距離が **60 センチメートル**以下」ではなく，正しくは「離隔距離が **30 センチメートル**以下」です．有線電気通信設備令第 18 条に規定されています．

補足

A は有線電気通信設備令第 19 条に規定されています．

解答　①

問 9 有線電気通信設備令において，強電流電線に重畳される通信回線は，次の（i）及び（ii）により設置しなければならないと規定されている．

（i）重畳される部分とその他の部分[ ]ようにすること．

（ii）重畳される部分に異常電圧が生じた場合において，その他の部分を保護するため総務省令で定める保安装置を設置すること．

①　とを個別に監視し，一方が故障しても他方で監視が継続できる

②　との間に分界点を設け，責任の分界が明確になる

③　とを切り替えて，個別に確認又は試験できる

④　とを安全に分離し，且つ，開閉できる

⑤　とは容易に切り離すことができない

解説　「重畳される部分とその他の部分**とを安全に分離し，且つ，開閉できる**ようにすること．」と有線電気通信設備令第 13 条に規定されています．

解答　④

4章 有線電気通信設備令・有線電気通信設備令施行規則・不正アクセス禁止法・電子署名法

4.2 有線電気通信設備令施行規則

出題のポイント

- 有線電気通信設備令のただし書きによる使用可能な電線の種類
- 架空強電流電線との間の離隔距離
- 架空電線の高さの条件
- 屋内電線と屋内強電流電線との交差又は接近

有線電気通信設備令（「有線設備令」）に基づき，有線電気通信設備の技術的な条件の詳細について有線電気通信設備令施行規則（「有線設備令施則」）に規定されています．

[1] 用語の定義

有線設備令施則　第１条（定義）

この省令の規定の解釈に関しては，次の定義に従うものとする．

一　令　有線電気通信設備令

二　強電流裸電線　絶縁物で被覆されていない強電流電線

三　強電流絶縁電線　絶縁物のみで被覆されている強電流電線

四　強電流ケーブル　絶縁物及び保護物で被覆されている強電流電線

五　電車線　電車にその動力用の電気を供給するために使用する接触強電流裸電線及び鋼索鉄道の車両内の装置に電気を供給するために使用する接触強電流裸電線

六　低周波　周波数が 200 ヘルツ以下の電磁波

七　最大音量　通信回線に伝送される音響の電力を別に告示するところにより測定した値

八　低圧　直流にあっては 750 ボルト以下，交流にあっては 600 ボルト以下の電圧

九　高圧　直流にあっては 750 ボルトを，交流にあっては 600 ボルトを超え，7 000 ボルト以下の電圧

十　特別高圧　7 000 ボルトを超える電圧

補足
令は，政令の有線電気通信設備令のことで，詳細を定めているのが総務省令の有線電気通信設備令施行規則です．

[2] 使用可能な電線の種類

有線設備令施則　第１条の２（使用可能な電線の種類）

令第２条の２ただし書に規定する総務省令で定める場合は，絶縁電線又はケーブルを使用することが困難な場合において，他人の設置する有線電気通信設備に妨害を与えるおそれがなく，かつ，**人体に危害を及ぼし**，又は物件に損傷を与えるおそれのないように設置する場合とする．

重要
絶縁電線又はケーブルを使用することが困難な場合は，他人の有線電気通信設備に妨害を与えるおそれがなく，かつ，人体に危害を及ぼし，又は物件に損傷を与えるおそれのないように設置します．

[3] 架空電線の支持物と架空強電流電線との間の離隔距離

有線設備令施則　第 4 条（架空電線の支持物と架空強電流電線との間の離隔距離）

令第 5 条第二号に規定する総務省令で定める値は，次の各号の場合において，それぞれ当該各号のとおりとする．

一　架空強電流電線の使用高圧が低圧又は高圧であるときは，次の表の左欄に掲げる架空強電流電線の使用電圧及び種別に従い，それぞれ同表の右欄に掲げる値以上とすること．

表 4.1

架空強電流電線の使用電圧及び種別		離隔距離
低圧		30 センチメートル
高圧	強電流ケーブル	30 センチメートル
	その他の強電流電線	60 センチメートル

二　架空強電流電線の使用電圧が特別高圧であるときは，次の表の左欄に掲げる架空強電流電線の使用電圧及び種別に従い，それぞれ同表の右欄に掲げる値以上とすること．

表 4.2

架空強電流電線の使用電圧及び種別		離隔距離
35 000 ボルト以下のもの	強電流ケーブル	50 センチメートル
	特別高圧強電流絶縁電線	**1 メートル**
	その他の強電流電線	2 メートル
35 000 ボルトを超え 60 000 ボルト以下のもの		2 メートル
60 000 ボルトを超えるもの		2 メートルに使用電圧が 60 000 ボルトを超える 10 000 ボルト又はその端数ごとに 12 センチメートルを加えた値

特別高圧は，7 000 ボルトを超える電圧だよ．

[4] 架空電線の高さ

有線設備令施則　第 7 条（架空電線の高さ）

令第 8 条に規定する総務省令で定める架空電線の高さは，次の各号によらなければならない．

一　架空電線が**道路上にあるとき**は，**横断歩道橋の上にあるときを除き**，路面から **5 メートル**（交通に支障を及ぼすおそれが少ない場合で工事上やむを得ないときは，歩道と車道との区別がある道路の歩道上においては，2.5 メートル，その他の道路上においては，4.5 メートル）**以上**であること．

二　架空電線が**横断歩道橋の上にあるとき**は，その路面から **3 メートル以上**であること．

三　架空電線が**鉄道又は軌道を横断する**ときは，軌条面から **6 メートル**（車両の運行に支障を及ぼすおそれがない高さが **6 メートル**より低い場合は，その高さ）**以上**であること．

四　架空電線が河川を横断するときは，舟行に支障を及ぼすおそれがない高さであること．

重要

架空電線の高さは路面から，
道路上にあるとき：5 メートル以上（横断歩道橋の上にあるときを除く）．
横断歩道橋の上にあるとき：3 メートル以上．
鉄道又は軌道を横断するとき：軌道面から 6 メートル以上．

[5] 屋内電線と屋内強電流電線との交差又は接近

有線設備令施則　第18条（屋内電線と屋内強電流電線との交差又は接近）

令第18条の規定により，屋内電線が低圧の屋内強電流電線と交差し，又は同条に規定する距離以内に接近する場合には，屋内電線は，次の各号に規定するところにより設置しなければならない.

一　屋内電線と屋内強電流電線との離隔距離は，10センチメートル（屋内強電流電線が強電流裸電線であるときは，30センチメートル）以上とすること．ただし，屋内強電流電線が300ボルト以下である場合において，屋内電線と屋内強電流電線との間に絶縁性の隔壁を設置するとき，又は屋内強電流電線が絶縁管（絶縁性，難燃性及び耐水性のものに限る.）に収めて設置されているときは，この限りでない.

二　屋内強電流電線が，接地工事をした金属製の，又は絶縁度の高い管，ダクト，ボックスその他これに類するもの（以下「管等」という.）に収めて設置されているとき，又は強電流ケーブルであるときは，屋内電線は，屋内強電流電線を収容する管等又は強電流ケーブルに接触しないように設置すること.

三　屋内電線と屋内強電流電線とを同一の管等に収めて設置しないこと．ただし，次のいずれかに該当する場合は，この限りでない.

イ　屋内電線と屋内強電流電線との間に堅ろうな隔壁を設け，かつ，金属製部分に特別保安接地工事を施したダクト又はボックスの中に屋内電線と屋内強電流電線を収めて設置するとき.

ロ　屋内電線が，特別保安接地工事を施した金属製の電気的遮へい層を有するケーブルであるとき.

ハ　屋内電線が，光ファイバその他金属以外のもので構成されているとき.

2　令第18条の規定により，屋内電線が高圧の屋内強電流電線と交差し，又は同条に規定する距離以内に接近する場合には，屋内電線と屋内強電流電線との離隔距離が**15センチメートル以上**となるように設置しなければならない．ただし，屋内強電流電線が強電流ケーブルであって，屋内電線と屋内強電流電線との間に**耐火性のある堅ろうな隔壁**を設けるとき，又は屋内強電流電線を**耐火性のある堅ろうな管に収めて**設置するときは，この限りでない.

3　令第18条の規定により，屋内電線が特別高圧の屋内強電流電線であって，ケーブルであるものから同条に規定する距離に接近する場合には，屋内電線は，屋内強電流電線と接触しないように設置しなければならない.

補足

令第18条は，「屋内電線は，屋内強電流電線との離隔距離が30センチメートル以下となるときは，総務省令で定めるところによらなければ，設置してはならない.」と規定されています.

問1　有線電気通信設備令及び有線電気通信設備令施行規則の「使用可能な電線の種類」において，有線電気通信設備に使用する電線は，絶縁電線又はケーブルでなければならないが，絶縁電線又はケーブルを使用することが困難な場合において，他人の設置する有線電気通信設備に妨害を与えるおそれがなく，かつ，［　　　］，又は物件に損傷を与えるおそれのないように設置する場合は，この限りでないと規定されている.

①　絶縁管に収めて設置する場合　　②　人体に危害を及ぼし

③　規定の離隔距離を確保し　　④　その他人が承諾し

⑤　堅ろうな隔壁を設けている場合

解説　「絶縁電線又はケーブルを使用することが困難な場合において，他人の設置する有線電気通信設備に妨害を与えるおそれがなく，かつ，**人体に危害を及ぼし**，又は物件に損傷を与えるおそれのないように設置する場合は，この限りでない」と有線電気通信設備令施行規則第 1 条の 2 に規定されています．

解答　②

問 2　有線電気通信設備令施行規則において，架空電線の支持物と架空強電流電線（当該架空電線の支持物に架設されるものを除く．以下同じ．）との間の離隔距離は，架空強電流電線の使用電圧が特別高圧の 35 000 ボルト以下であって，使用する電線の種別が特別高圧強電流絶縁電線の場合，［　　］以上でなければならないと規定されている．

①　30 センチメートル　　②　60 センチメートル　　③　1 メートル
④　1.8 メートル　　⑤　2 メートル

解説　「使用する電線の種別が特別高圧強電流絶縁電線の場合，**1 メートル**以上でなければならない」と有線電気通信設備令施行規則第 4 条に規定されています．

解答　③

問 3　有線電気通信設備令施行規則の「架空電線の高さ」において，架空電線が道路上にあるときは，横断歩道橋の上にあるときを除き，路面から［　　］メートル以上であることと規定されているが，交通に支障を及ぼすおそれが少ない場合で工事上やむを得ないときは，この高さとは別の高さを確保すればよいと規定されている．

①　3　　②　3.5　　③　4　　④　4.5　　⑤　5

解説　「道路上にあるときは，横断歩道橋の上にあるときを除き，路面から **5** メートル以上であること」と有線電気通信設備令施行規則第 7 条第一号に規定されています．

解答　⑤

問 4　有線電気通信設備令施行規則の「架空電線の高さ」において，架空電線の高さは，架空電線が横断歩道橋の上にあるときは，その路面から［　　］メートル以上でなければならないと規定されている．

①　2.5　　②　3　　③　4.5　　④　5　　⑤　6

解説　「横断歩道橋の上にあるときは，路面から **3** メートル以上であること」と有線電気通信設備令施行規則第 7 条第二号に規定されています．

解答　②

問 5　有線電気通信設備令施行規則の「架空電線の高さ」において，架空電線が鉄道又は軌道を横断するときは，軌条面から［　　］メートル（車両の運行に支障を及ぼすおそれがない高さが［　　］メートルより低い場合は，その高さ）以上でなければならないと規定されている．

① 3　② 3.8　③ 4.5　④ 5　⑤ 6

解説　「軌条面から **6** メートル（車両の運行に支障を及ぼすおそれがない高さが **6** メートルより低い場合は，その高さ）以上でなければならない」と有線電気通信設備令施行規則第 7 条第三号に規定されています．

解答　⑤

問 6　有線電気通信設備令施行規則に規定する，屋内電線と高圧の屋内強電流電線との離隔距離を 15 センチメートル未満とすることができる場合について述べた次の二つの文章は，［　　］．ただし，高圧の屋内強電流電線は強電流ケーブルとする．

A　屋内電線と高圧の屋内強電流電線との間に耐火性のある堅ろうな隔壁を設けるとき．

B　高圧の屋内強電流電線を絶縁性のある管に収めて設置するとき．

① A のみ正しい　② B のみ正しい

③ A も B も正しい　④ A も B も正しくない

解説　B 「**絶縁性のある管**に収めて」ではなく，正しくは「**耐火性のある堅牢な管**に収めて」です．

解答　①

補足

有線電気通信設備令施行規則第 18 条第 2 項に規定されています．

4章 有線電気通信設備令・有線電気通信設備令施行規則・不正アクセス禁止法・電子署名法

4.3 不正アクセス行為の禁止等に関する法律

出題のポイント

●不正アクセス禁止法の目的と用語の定義

●不正アクセス行為を行った者の罰則

[1] 不正アクセス禁止法の目的

不正アクセス禁止法　第１条（目的）

この法律は，不正アクセス行為を禁止するとともに，これについての罰則及びその**再発防止**のための都道府県公安委員会による援助措置等を定めることにより，**電気通信回線を通じて行われる電子計算機**に係る**犯罪の防止**及び**アクセス制御機能**により実現される電気通信に関する**秩序の維持**を図り，もって高度情報通信社会の健全な発展に寄与することを目的とする．

補足

電子計算機はコンピュータのことで，特定電子計算機はインターネットに接続できるコンピュータなどのことです．

[2] 用語の定義

不正アクセス禁止法　第２条（定義）〈抜粋〉

この法律において「**アクセス管理者**」とは，電気通信回線に接続している電子計算機（「**特定電子計算機**」という．）の利用（当該電気通信回線を通じて行うものに限る．「**特定利用**」という．）につき当該特定電子計算機の**動作を管理**する者をいう．

２　この法律において「識別符号」とは，特定電子計算機の特定利用をすることについて当該特定利用に係るアクセス管理者の許諾を得た者（「利用権者」という．）及び当該アクセス管理者（「利用権者等」という．）に，当該アクセス管理者において当該利用権者等を他の利用権者等と区別して識別することができるように付される符号であって，次のいずれかに該当するもの又は次のいずれかに該当する符号とその他の符号を組み合わせたものをいう．

一　当該アクセス管理者によってその内容をみだりに第三者に知らせてはならないものとされている符号

二　当該利用権者等の身体の全部若しくは一部の影像又は音声を用いて当該アクセス管理者が定める方法により作成される符号

三　当該利用権者等の署名を用いて当該アクセス管理者が定める方法により作成される符号

３　この法律において「**アクセス制御機能**」とは，特定電子計算機の特定利用を自動的に制御するために当該特定利用に係るアクセス管理者によって当該特定電子計算機又は当該特定電子計算機に電気通信回線を介して接続された他の特定電子計算機に付加されている機能であって，当該特定利用をしようとする者により当該機能を有する特定電子計算機に入力された符号が当該特定利用に係

重要

次の用語の定義を覚えましょう．

アクセス管理者：特定電子計算機の特定利用につき当該特定電子計算機の動作を管理する者

アクセス制御機能：特定利用をしようとする者により，アクセス制御機能を有する特定電子計算機に入力された符号が当該特定利用に係る識別符号であることを確認して，当該特定利用の制限の全部又は一部を解除するもの

る**識別符号**であることを確認して，当該特定利用の**制限**の全部又は一部を**解除**するものをいう.

4　この法律において「不正アクセス行為」とは，次の各号のいずれかに該当する行為をいう.

一　アクセス制御機能を有する特定電子計算機に電気通信回線を通じて当該アクセス制御機能に係る**他人の識別符号を入力**して当該特定電子計算機を作動させ，当該アクセス制御機能により制限されている**特定利用**をし得る状態にさせる行為（当該アクセス制御機能を付加したアクセス管理者がするもの及び当該アクセス管理者又は当該識別符号に係る利用権者の承諾を得てするものを除く.）

二　アクセス制御機能を有する特定電子計算機に電気通信回線を通じて当該アクセス制御機能による**特定利用**の**制限を免れることができる情報**（識別符号であるものを除く.）**又は指令を入力**して当該特定電子計算機を作動させ，その制限されている**特定利用**をし得る状態にさせる行為（当該アクセス制御機能を付加したアクセス管理者がするもの及び当該アクセス管理者の承諾を得てするものを除く．次号において同じ.）

三　**電気通信回線を介して接続された他の特定電子計算機**が有するアクセス制御機能によりその特定利用を制限されている特定電子計算機に電気通信回線を通じてその**制限を免れることができる情報又は指令を入力**して当該特定電子計算機を作動させ，その制限されている特定利用をし得る状態にさせる行為

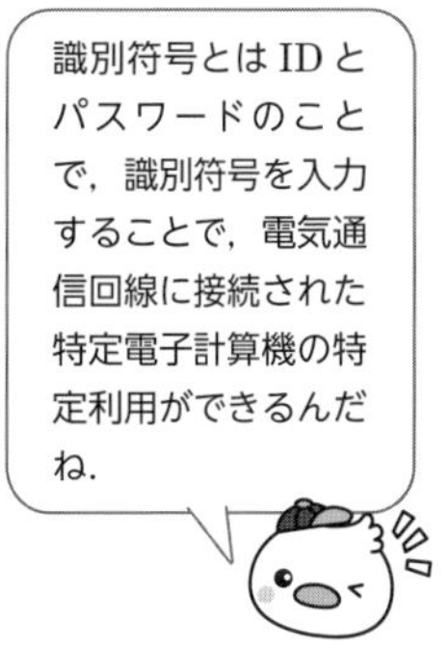

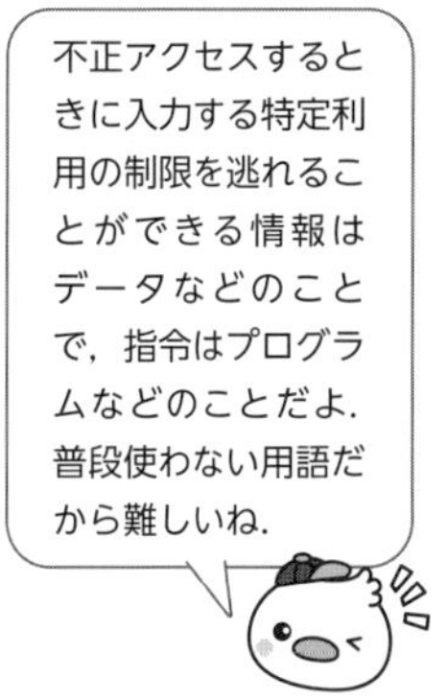

[3] 不正アクセス行為の禁止

不正アクセス禁止法　**第 3 条（不正アクセス行為の禁止）**

何人も，不正アクセス行為をしてはならない.

他の不正な行為の禁止については，不正アクセス禁止法第 4 条から第 7 条に規定されています.

[4] アクセス管理者による防御措置

不正アクセス禁止法　**第 8 条（アクセス管理者による防御措置）**

アクセス制御機能を特定電子計算機に付加したアクセス管理者は，当該アクセス制御機能に係る識別符号又はこれを当該アクセス制御機能により確認するために用いる符号の適正な管理に努めるとともに，常に当該アクセス制御機能の**有効性を検証し**，必要があると認めるときは速やかにその機能の高度化その他当該特定電子計算機を不正アクセス行為から防御するため必要な措置を講ずるよう努めるものとする.

[5] 罰　則

不正アクセス禁止法　**第 11 条（罰則）**

第 3 条の規定に違反した者は，3 年以下の懲役又は 100 万円以下の罰金に処する.

問 1 不正アクセス行為の禁止等に関する法律は，不正アクセス行為を禁止するとともに，これについての罰則及びその再発防止のための都道府県公安委員会による援助措置等を定めることにより，電気通信回線を通じて行われる電子計算機に係る犯罪の防止及び［　　　］により実現される電気通信に関する秩序の維持を図り，もって高度情報通信社会の健全な発展に寄与することを目的とする.

① 盗聴防止機能　　② 適切な情報管理
③ 監視体制の強化　④ アクセス制御機能

解説 「電気通信回線を通じて行われる電子計算機に係る犯罪の防止及び**アクセス制御機能**により実現される電気通信に関する秩序の維持を図り，もって高度情報通信社会の健全な発展に寄与することを目的とする.」と不正アクセス行為の禁止等に関する法律第 1 条に規定されています.

解答 ④

問 2 不正アクセス行為の禁止等に関する法律において，［　　　］とは，電気通信回線に接続している電子計算機（以下「特定電子計算機」という.）の利用（当該電気通信回線を通じて行うものに限る.）につき当該特定電子計算機の動作を管理する者をいう.

① ネットワーク管理責任者　② アクセス管理者　③ 電気通信設備統括管理者
④ 情報システム管理責任者　⑤ セキュリティ管理者

解説 「**アクセス管理者**とは，電気通信回線に接続している電子計算機（以下「特定電子計算機」という.）の利用（当該電気通信回線を通じて行うものに限る.）につき当該特定電子計算機の動作を管理する者をいう.」と不正アクセス行為の禁止等に関する法律第 2 条第 1 項に規定されています.

解答 ②

問 3 不正アクセス行為の禁止等に関する法律に規定する不正アクセス行為に該当する行為の一つとして，アクセス制御機能を有する特定電子計算機に電気通信回線を通じて当該アクセス制御機能に係る他人の識別符号を入力して当該特定電子計算機を作動させ，当該アクセス制御機能により制限されている［　　　］をし得る状態にさせる行為（当該アクセス制御機能を付加したアクセス管理者がするもの及び当該アクセス管理者又は当該識別符号に係る利用権者の承諾を得てするものを除く.）がある.

① 遠隔操作　② ファイル転送　③ 権限解除
④ 動作解析　⑤ 特定利用

解説　「アクセス制御機能を有する特定電子計算機に電気通信回線を通じて当該アクセス制御機能に係る他人の識別符号を入力して当該特定電子計算機を作動させ，当該アクセス制御機能により制限されている**特定利用**をし得る状態にさせる行為」と不正アクセス行為の禁止等に関する法律第 2 条第 4 項第一号に規定されています．

解答　⑤

問 4　不正アクセス行為の禁止等に関する法律に規定する「定義」について述べた次の二つの文章は，［　　］．

A　アクセス管理者とは，特定電子計算機の利用（電気通信回線を通じて行うものに限る.）につき当該特定電子計算機の識別符号を管理する者をいう.

B　アクセス制御機能を有する特定電子計算機に電気通信回線を通じて当該アクセス制御機能による特定利用の制限を免れることができる情報（識別符号であるものを除く.）又は指令を入力して当該特定電子計算機を作動させ，その制限されている特定利用をし得る状態にさせる行為（当該アクセス制御機能を付加したアクセス管理者がするもの及び当該アクセス管理者の承諾を得てするものを除く.）は，不正アクセス行為に該当する.

①　A のみ正しい　　②　B のみ正しい
③　A も B も正しい　　④　A も B も正しくない

解説　A 「当該特定電子計算機の**識別符号**を管理する者」ではなく，正しくは「当該特定電子計算機の**動作**を管理する者」です．不正アクセス行為の禁止等に関する法律第 2 条第 1 項に規定されています．

解答　②

補足
B は不正アクセス行為の禁止等に関する法律第 2 条第 4 項第二号に規定されています.

問 5　不正アクセス行為の禁止等に関する法律に規定する不正アクセス行為に該当する行為の一つとして，アクセス制御機能を有する特定電子計算機に電気通信回線を通じて当該アクセス制御機能による［　　］の制限を免れることができる情報（識別符号であるものを除く.）又は指令を入力して当該特定電子計算機を作動させ，その制限されている［　　］をし得る状態にさせる行為（当該アクセス制御機能を付加したアクセス管理者がするもの及び当該アクセス管理者の承諾を得てするものを除く.）がある.

①　コマンド入力　　②　特定利用　　③　権限解除
④　動作解析　　⑤　認証業務

解説 「アクセス制御機能を有する特定電子計算機に電気通信回線を通じて当該アクセス制御機能による**特定利用**の制限を免れることができる情報（識別符号であるものを除く.）又は指令を入力して当該特定電子計算機を作動させ，その制限されている**特定利用**をし得る状態にさせる行為」と不正アクセス行為の禁止等に関する法律第２条第４項第二号に規定されています.

解答 ②

問 6 不正アクセス行為の禁止等に関する法律に規定する事項について述べた次の二つの文章は，［　　］.

A　電気通信回線を介して接続された他の特定電子計算機が有するアクセス制御機能によりその特定利用を制限されている特定電子計算機に電気通信回線を通じてその制限を免れることができる情報又は指令を入力して当該特定電子計算機を作動させ，その制限されている特定利用をし得る状態にさせる行為（当該アクセス制御機能を付加したアクセス管理者がするもの及び当該アクセス管理者の承諾を得てするものを除く.）は，不正アクセス行為に該当する行為である.

B　アクセス管理者とは，電気通信回線に接続している電子計算機（以下「特定電子計算機」という.）の利用（当該電気通信回線を通じて行うものに限る.）につき当該特定電子計算機の動作を管理する者をいう.

①　Aのみ正しい　　②　Bのみ正しい
③　AもBも正しい　　④　AもBも正しくない

解説 A　不正アクセス行為に該当する行為については，不正アクセス行為の禁止等に関する法律第２条第４項第三号に規定されています.

B　アクセス管理者については，不正アクセス行為の禁止等に関する法律第２条第１項に規定されています.

解答 ③

問 7 不正アクセス行為の禁止等に関する法律に規定する事項について述べた次の二つの文章は，［　　］.

A　アクセス制御機能を特定電子計算機に付加したアクセス管理者は，当該アクセス制御機能に係る識別符号又はこれを当該アクセス制御機能により確認するために用いる符号の適正な管理に努めるとともに，常に当該アクセス制御機能の有効性を検証し，必要があると認めるときは速やかにその機能の高度化その他当該特定電子計算機を不正アクセス行為から防御するため必要な措置を講ずるよう努めるものとする.

B　アクセス管理者とは，特定電子計算機の利用（電気通信回線を通じて行うものに限る.）につき当該特定電子計算機の識別符号を管理する者をいう.

①　Aのみ正しい　　②　Bのみ正しい
③　AもBも正しい　　④　AもBも正しくない

解説　B「当該特定電子計算機の**識別符号**を管理する者」ではなく，正しくは「当該特定電子計算機の**動作**を管理する者」です．不正アクセス行為の禁止等に関する法律第 2 条第 1 項に規定されています．

解答　①

補足
Aは不正アクセス行為の禁止等に関する法律第8条に規定されています．

問 8　不正アクセス行為の禁止等に関する法律の「アクセス管理者による防御措置」において，アクセス制御機能を特定電子計算機に付加したアクセス管理者は，当該アクセス制御機能に係る識別符号又はこれを当該アクセス制御機能により確認するために用いる符号の適正な管理に努めるとともに，常に当該アクセス制御機能の［　　　］，必要があると認めるときは速やかにその機能の高度化その他当該特定電子計算機を不正アクセス行為から防御するため必要な措置を講ずるよう努めるものとすると規定されている．

① 活用を促進し　② 重要性にかんがみ　③ 有効性を検証し
④ 機密性を評価し　⑤ 緊要性にかんがみ

解説「常に当該アクセス制御機能の**有効性を検証し**，必要があると認めるときは速やかにその機能の高度化その他当該特定電子計算機を不正アクセス行為から防御するため必要な措置を講ずるよう努める」と不正アクセス行為の禁止等に関する法律第 8 条に規定されています．

解答　③

4章 有線電気通信設備令・有線電気通信設備令施行規則・不正アクセス禁止法・電子署名法

4.4 電子署名及び認証業務に関する法律

出題のポイント

- ●電子署名法の目的と用語の定義
- ●特定認証業務

インターネット等を経由して送られたデータの発信者の確認及びデータの改ざんがされていないかを確認するために電子署名が用いられます．

電子署名及び認証業務に関する法律（「電子署名法」）は，インターネット等のオープンなネットワークで用いられる電子署名に法的な効力を与えること，及び認証業務の認定制度を設けること等について規定されています．

[1] 目　的

電子署名法　第1条（目的）

この法律は，電子署名に関し，電磁的記録の**真正な成立の推定**，特定認証業務に関する認定の制度その他必要な事項を定めることにより，電子署名の円滑な利用の確保による情報の電磁的方式による**流通及び情報処理の促進**を図り，もって国民生活の向上及び国民経済の健全な発展に寄与することを目的とする．

[2] 定　義

電子署名法　第2条（定義）

この法律において「**電子署名**」とは，電磁的記録（電子的方式，磁気的方式その他**人の知覚によっては認識**することができない方式で作られる記録であって，電子計算機による情報処理の用に供されるものをいう．以下同じ．）に**記録することができる情報**について行われる措置であって，次の要件のいずれにも該当するものをいう．

一　当該情報が当該措置を行った者の**作成**に係るものであることを示すためのものであること．

二　当該情報について改変が行われていないかどうかを確認することができるものであること．

2　この法律において「**認証業務**」とは，**自らが行う電子署名**についてその業務を利用する者（以下「利用者」という．）その他の者の求めに応じ，当該利用者が電子署名を行ったものであることを確認するために用いられる事項が当該利用者に係るものであることを証明する業務をいう．

「磁気的方式その他人の知覚によっては」は「その他人の知覚」と読まないで，「その他，人の知覚」と読むんだよ．

3　この法律において「**特定認証業務**」とは，電子署名のうち，その方式に応じて**本人**だけが行うことができるものとして主務省令で定める基準に適合するものについて行われる認証業務をいう.

[3] 電磁的記録の真正な成立の推定

電子署名法　第3条（電磁的記録の真正な成立の推定）

電磁的記録であって情報を表すために作成されたもの（公務員が職務上作成したものを除く.）は，当該電磁的記録に記録された情報について本人による電子署名（これを行うために必要な符号及び物件を適正に管理することにより，本人だけが行うことができることとなるものに限る.）が行われているときは，**真正に成立したもの**と推定する.

重要

「真性に成立したもの」とは，利用者本人によって，電磁的記録が作成されたものであるということです.

問1　電子署名及び認証業務に関する法律は，電子署名に関し，電磁的記録の［　　　］，特定認証業務に関する認定の制度その他必要な事項を定めることにより，電子署名の円滑な利用の確保による情報の電磁的方式による流通及び情報処理の促進を図り，もって国民生活の向上及び国民経済の健全な発展に寄与することを目的とする.

①　セキュリティの強化　　②　不正利用の禁止　　③　漏えいの防止
④　真正な成立の推定　　⑤　秘密の保護及び適正な管理

解説　「電子署名に関し，電磁的記録の**真正な成立の推定**，特定認証業務に関する認定の制度その他必要な事項を定めること」と電子署名及び認証業務に関する法律第1条に規定されています.

解答　④

重要

下線の部分は，ほかの試験問題で穴埋めの字句として出題されています.

問2　電子署名及び認証業務に関する法律において電子署名とは，電磁的記録（電子的方式，磁気的方式その他人の知覚によっては認識することができない方式で作られる記録であって，電子計算機による情報処理の用に供されるものをいう.）に記録することができる情報について行われる措置であって，次の（i）及び（ii）の要件のいずれにも該当するものをいう.

（i）当該情報が当該措置を行った者の［　　　］に係るものであることを示すためのものであること.

（ii）当該情報について改変が行われていないかどうかを確認することができるものであること.

①　特定　　②　真偽　　③　命令　　④　作成　　⑤　符号

解説　「当該情報が当該措置を行った者の**作成**に係るものであることを示すためのもの」と電子署名及び認証業務に関する法律第２条第１項に規定されています．

解答　④

出る

下線の部分は，ほかの試験問題で穴埋めの字句として出題されています．

問３　電子署名及び認証業務に関する法律において，電磁的記録とは，電子的方式，磁気的方式その他［　　　］することができない方式で作られる記録であって，電子計算機による情報処理の用に供されるものをいう．

①　電気的手段だけでは認証　　②　光学的方式によっては保存
③　利用権者以外は識別　　④　本人以外は任意に改変
⑤　人の知覚によっては認識

解説　「電磁的記録とは，電子的方式，磁気的方式その他**人の知覚によっては認識**することができない方式で作られる記録」と電子署名及び認証業務に関する法律第２条第１項に規定されています．

解答　⑤

問４　電子署名及び認証業務に関する法律において，認証業務とは，［　　　］電子署名についてその業務を利用する者（以下「利用者」という．）その他の者の求めに応じ，当該利用者が電子署名を行ったものであることを確認するために用いられる事項が当該利用者に係るものであることを証明する業務をいう．

①　特定の者に係る　　②　不特定多数の者が行う　　③　自らが行う
④　公的文書に係る　　⑤　公務員が職務上作成した

解説　「認証業務とは，**自らが行う**電子署名についてその業務を利用する者（以下「利用者」という．）その他の者の求めに応じ，当該利用者が電子署名を行ったものであることを確認するために用いられる事項が当該利用者に係るものであることを証明する業務」と電子署名及び認証業務に関する法律第２条第２項に規定されています．

解答　③

問 5 電子署名及び認証業務に関する法律に規定する用語について述べた次の二つの文章は，[　　　].

A　電磁的記録とは，電子的方式，磁気的方式その他本人以外は任意に改変することができない方式で作られる記録であって，電子計算機による情報処理の用に供されるものをいう.

B　特定認証業務とは，電子署名のうち，その方式に応じて本人だけが行うことができるものとして主務省令で定める基準に適合するものについて行われる認証業務をいう.

① Aのみ正しい　② Bのみ正しい
③ AもBも正しい　④ AもBも正しくない

解説 A「電子的方式，磁気的方式その他**本人以外は任意に改変**することができない方式」ではなく，正しくは「電子的方式，磁気的方式その他**人の知覚によっては認識**することができない方式」です．電子署名及び認証業務に関する法律第2条第1項に規定されています.

解答 ②

補足
Bは電子署名及び認証業務に関する法律第2条第3項に規定されています.

問 6 電子署名及び認証業務に関する法律において，特定認証業務とは，電子署名のうち，その方式に応じて[　　　]だけが行うことができるものとして主務省令で定める基準に適合するものについて行われる認証業務をいう.

① 本人　② アクセス管理者　③ 公務員　④ 第三者　⑤ 主務大臣

解説「特定認証業務とは，電子署名のうち，その方式に応じて**本人**だけが行うことができるもの」と電子署名及び認証業務に関する法律第2条第3項に規定されています.

解答 ①

問 7 電子署名及び認証業務に関する法律において，電磁的記録であって情報を表すために作成されたもの（公務員が職務上作成したものを除く.）は，当該電磁的記録に記録された情報について本人による電子署名（これを行うために必要な符号及び物件を適正に管理することにより，本人だけが行うことができることとなるものに限る.）が行われているときは，[　　　]したものと推定すると規定されている.

① 適正に認証　② 内容を保障　③ 作成を証明
④ 真正に成立　⑤ 円滑に利用

解説「本人による電子署名（これを行うために必要な符号及び物件を適正に管理することにより，本人だけが行うことができることとなるものに限る.）が行われているときは，**真正に成立**したものと推定する」と電子署名及び認証業務に関する法律第3条に規定されています.

解答 ④

索引

あ行

か行

さ行

な行

は行

ま行

や行

ら行

わ行

英数字・記号

〈著者略歴〉
吉川忠久（よしかわ　ただひさ）

学　歴　東京理科大学物理学科卒業
職　歴　郵政省関東電気通信監理局
　　　　日本工学院八王子専門学校
　　　　中央大学理工学部兼任講師
　　　　明星大学理工学部非常勤講師

本文イラスト：kumi
http://www.md-211.com/

ラクしてうかる！
工事担任者第１級デジタル通信

2024年7月25日　第1版第1刷発行

著　者　吉川忠久
発行者　村上和夫
発行所　株式会社 オーム社
　　　　郵便番号　101-8460
　　　　東京都千代田区神田錦町3-1
　　　　電話　03(3233)0641(代表)
　　　　URL　https://www.ohmsha.co.jp/

組版　新生社　　印刷・製本　精文堂印刷
ISBN978-4-274-23202-2　Printed in Japan